“十四五”高等学校数字媒体类专业系列教材

数字媒体技术及应用

（上册）

王国省　党改红◎主　编
夏其表　张广群　许凤亚◎副主编

中国铁道出版社有限公司
CHINA RAILWAY PUBLISHING HOUSE CO., LTD.

内 容 简 介

本书针对高等院校数字媒体专业编写，由浅入深、循序渐进地介绍了数字媒体技术的相关知识，其中包含多个 Adobe 公司最新推出的数字媒体制作软件的操作方法和使用技巧。全书分为教学篇和实践篇：教学篇主要概述数字媒体技术，讲解数字图像处理和音频编辑；实践篇则提供了与理论教学内容相配套的八个实验，是对教学内容的实践和补充。

本书内容丰富、结构清晰、语言简练、图文并茂，与实践结合密切，具有很强的实用性和可操作性，便于读者自学，使学生充分体验自由创作的乐趣。

本书适合作为高等院校数字媒体技术课程的教材，也可作为培训学校的培训教材，以及广大图像处理人员、动画制作人员、音视频编辑人员的自学参考书。

图书在版编目（CIP）数据

数字媒体技术及应用. 上册/王国省，党改红主编. —北京：中国铁道出版社有限公司，2023. 11

“十四五”高等学校数字媒体类专业系列教材

ISBN 978-7-113-30343-3

Ⅰ.①数… Ⅱ.①王…②党… Ⅲ.①数字技术 - 多媒体技术 - 高等学校 - 教材 Ⅳ.① TP37

中国国家版本馆 CIP 数据核字 (2023) 第 119392 号

书　　名：**数字媒体技术及应用（上册）**
作　　者：王国省　党改红

策　　划：汪　敏　侯　伟　　　　**编辑部电话**：（010）51873628
责任编辑：汪　敏　许　璐
封面设计：刘　颖
责任校对：安海燕
责任印制：樊启鹏

出版发行：中国铁道出版社有限公司（100054，北京市西城区右安门西街 8 号）
网　　址：http://www.tdpress.com/51eds/
印　　刷：天津嘉恒印务有限公司
版　　次：2023 年 11 月第 1 版　2023 年 11 月第 1 次印刷
开　　本：787 mm×1 092 mm　1/16　**印张**：18.25　**字数**：478 千
书　　号：ISBN 978-7-113-30343-3
定　　价：49.80 元

前 言

数字媒体技术是当今计算机科学技术领域的热点技术之一，也是计算机应用中与人关系最为密切的技术之一。数字媒体技术应用已经渗透到人们生活的各个领域，如多媒体教学、影视娱乐、广告宣传、数字图书、电子出版、建筑工艺等，它发挥着越来越重要的作用。数字媒体技术使计算机具有综合处理文字、声音、图形、图像、视频和动画信息的能力，改善了人机交互界面，改变了人们使用计算机的方式，使计算机融入人们的学习、生活及生产的各个领域。高校纷纷开设数字媒体专业，但是由于专业开设时间短，当前教材市场上缺乏成熟的教材。为此，编者根据数字媒体专业教学的目标要求，以及自身的教学实践编写了本教材。

本书分为教学篇和实践篇两篇。其中，教学篇分为三部分：第一部分介绍了数字媒体技术基础；第二部分介绍了 Adobe Photoshop CC 2020 数字图像处理；第三部分介绍了 Adobe Audition CC 2020 音频编辑。实践篇提供了与理论教学相配套的八个实验，是对教学内容的实践和补充。

本书在编写过程中力求体现以下特点：

（1）在编写理念上体现认知规律性、内容系统性、结构逻辑性和知识新颖性四个原则。内容阐述循序渐进、条理清晰，便于自学。

（2）教学篇每一章都列出了学习目标和学习重点，在详细阐述理论知识后，配备实例来介绍操作技巧，以帮助读者利用这些技巧更好地进行创作。

（3）教学篇中加入了许多实例，介绍了各种平面设计的方法和技巧。

（4）配有素材和源文件等教学资源，以方便读者实际操作使用。

（5）实践篇是对理论教学的拓展，有利于读者掌握并巩固知识点和操作技巧。

本书由王国省、党改红主编，由夏其表、张广群、许凤亚任副主编，易晓梅、陈磊参与编写。各章编写分工如下：第 1 章由王国省、党改红编写；第 2 ～ 4 章、第 10 章由王国省编写；第 5 ～ 7 章由党改红编写；第 8 章由张广群编写；第 9 章由许凤亚编写；第 11、12 章由夏其表、易晓梅编写；第 13、14 章由王国省、夏其表、陈磊编写。实践篇：王国省、党改红、夏其表、张广群和陈磊各自负责和编写各部分实验。全书由王国省制订编写提纲并统稿。

在本书编写过程中得到了浙江农林大学徐爱俊、冯海林、冯金明、张洪涛、黄萍、尹建新的帮助和支持，在此表示衷心的感谢。

为方便读者实际操作使用，本书配有多媒体课件、线上课程“多媒体技术与应用”，以及完成书中设计任务所需的素材及源文件，可到中国铁道出版社有限公司教育资源平台 http://www.tdpress.com/51eds/ 下载。

本书虽经多次讨论并反复修改，但限于编者水平，疏漏与不妥之处仍在所难免，欢迎读者提出宝贵意见和建议。

编　者

2023 年 3 月

目 录

教 学 篇

第一部分　数字媒体技术 2

第 1 章　数字媒体技术基础 3

1.1　数字媒体技术的基本概念 3

1.2　数字媒体系统的组成与分类 5

1.3　数字媒体的关键技术 9

1.4　数字媒体技术的应用 13

第二部分　数字图像处理 16

第 2 章　Photoshop 基本操作 17

2.1　图像处理基础知识 17

2.2　Photoshop 基本操作 20

2.3　应用举例 31

第 3 章　区域选择与填充 34

3.1　基本选区创建工具 34

3.2　编辑选区 42

3.3　填充选区 45

3.4　应用举例 49

第 4 章　图像的绘制与修复 56

4.1　绘制图像工具 56

4.2　修复工具组 64

4.3　图像渲染工具 67

4.4　其他修复工具 69

4.5　应用举例 74

第 5 章　图层的使用 77

5.1　图层的基本操作 77

5.2 设置图层的混合模式 83
5.3 使用图层样式 85
5.4 创建填充图层和调整图层 92
5.5 应用举例 94
第 6 章 蒙版与通道的使用 100
6.1 使用蒙版 100
6.2 通道和“通道”面板 105
6.3 通道操作 107
6.4 应用举例 110
第 7 章 路径的使用 113
7.1 路径和“路径”面板 113
7.2 创建和编辑路径 114
7.3 应用路径 117
7.4 应用举例 121
第 8 章 色彩与色调的调整 126
8.1 图像色调调整 126
8.2 图像色彩调整 131
8.3 特殊效果调整 134
8.4 应用举例 137
第 9 章 滤镜的使用 142
9.1 滤镜概述 142
9.2 滤镜效果 144
9.3 特殊滤镜 153
9.4 应用举例 155
第 10 章 动作与动画 161
10.1 “动作”面板 161
10.2 动作的使用 162
10.3 动画的使用 167
10.4 应用举例 176
第三部分 音频编辑 182
第 11 章 音频编辑基础 183
11.1 音频的基础知识 183
11.2 常用的音频编辑软件 186
11.3 音频编辑的操作流程 189

第 12 章　Audition 基础 190
12.1　Audition 工作界面 190
12.2　Audition 基本操作 197
12.3　Audition 录音 203
12.4　音频的剪辑和修饰 204
12.5　应用举例 206
第 13 章　单轨音频的编辑 208
13.1　创建和管理单轨音频 208
13.2　单轨音频的特效 210
13.3　应用举例 220
第 14 章　多轨音频的编辑 223
14.1　创建和管理多轨音频 223
14.2　多轨音频的特效 228
14.3　应用举例 233

实　践　篇

实验 1　图像的基本绘制 238
实验 2　图层的应用 244
实验 3　蒙版与通道应用 252
实验 4　色彩与色调的调整 256
实验 5　路径与滤镜应用 261
实验 6　图像的修复与合成 266
实验 7　音频的编辑、效果添加、合成操作 273
实验 8　使用音调编辑基本音符 280

教 学 篇

第一部分
数字媒体技术

数字媒体技术促进了计算机科学及其相关学科的发展和融合，开拓了计算机在人们日常生活各个领域的应用，从而对人们的生活方式产生了重大影响。数字媒体技术加速了计算机进入家庭和社会各个方面的进程，给人们的工作和学习带来了一场革命。

本部分讲述了数字媒体技术的基础知识，包括媒体技术的基本概念、数字媒体系统的基本组成与分类、数字媒体系统的关键技术以及数字媒体技术的应用等。

第 1 章

数字媒体技术基础

学习目标

◎了解数字媒体技术的基本概念。
◎掌握数字媒体系统的基本组成与分类。
◎了解数字媒体系统的关键技术。
◎了解数字媒体技术的应用。

学习重点

◎数字媒体技术的基本概念。
◎数字媒体系统的基本组成。

如果一台计算机具备了数字媒体的硬件条件和适当的软件系统，那么，这台计算机就具备了数字媒体功能。此外，一个好的数字媒体节目不仅能有声有色地把作品内容表述出来，而且能达到最佳的效果。本章介绍了数字媒体技术的基本概念、数字媒体系统的基本组成与分类、数字媒体系统的关键技术以及数字媒体技术的应用。

1.1 数字媒体技术的基本概念

数字媒体技术的发展历程是和计算机产业、通信产业和大众传播业的发展密切相关的。自 20 世纪 50 年代始，随着一系列关键技术的攻破，80 年代中期数字媒体计算机和局域网技术的成熟使得数字媒体技术走上历史舞台，20 世纪 90 年代的互联网大潮正式宣告了数字媒体时代的来临。随着通信产业从模拟信号向数字信号转变，数字媒体最终和计算机产业结合形成数字宽带“信息高速公路”网络。报纸、广播、电视为主导的传统大众传播媒体也形成以数字媒体形式（数字广播、数字电影、数字电视、数字出版物等）和内容（在线网络媒体、移动网络媒体）相结合的新一代大众传媒系统。

数字媒体技术迅速兴起，蓬勃发展，其应用已遍及国民经济与社会生活的各个角落，正在对人类的生产方式、工作方式乃至生活方式带来巨大的变革。数字媒体技术为扩展计算机的应用范围、应用深度和表现能力提供了极好的支持。

1.1.1　媒体

媒体（medium）是信息的载体，存储信息的实体。通常所说的“媒体”包括两层含义：一是指信息的物理载体（即存储和传递信息的实体），如书报、挂图、磁盘、光盘、磁带以及相关的播放设备等；另一层含义是指信息的表现形式（或者说传播形式），如文字、图形、图像、动画、音频、视频等。数字媒体计算机中所指的媒体是指后者，即计算机不仅能处理文字、数值之类的信息，而且还能处理声音、图形、视频等各种不同形式的信息。

国际电话电报咨询委员会（Consultative Committee on International Telephone and Telegraph，CCITT）把媒体分成五类：

（1）感觉媒体（perception medium）：指直接作用于人的感觉器官，从而使人产生直接感觉的媒体，如声音、文字、图形、图形、气味等。

（2）表示媒体（representation medium）：为传输感觉媒体的中介媒体，即用于数据交换的编码，如电报码、二维码、图像编码（JPEG、MPEG 等）、文本编码（ASCII 码、GB 2312 等）和声音编码等。

（3）表现媒体（presentation medium）：指数据传输、通信中信息输入和输出的媒体，如键盘、鼠标、扫描仪、话筒、摄像机等为输入媒体；显示器、打印机、投影仪、音箱等为输出媒体。

（4）存储媒体（storage medium）：指用于存储表示媒体的媒体，如磁盘、光盘、硬盘等。

（5）传输媒体（transmission medium）：指传输表示媒体的物理介质，如同轴电缆、双绞线、光纤等。

媒体主要有以下功能：监测社会环境、协调社会关系、传承优秀文化、提供娱乐、教育大众、传递信息、引导价值观。

1.1.2　数字媒体

数字媒体（digital media）是以二进制数的形式获取、记录、处理、传播信息的载体，这些载体包括数字化的文字、图形、图像、声音、视频影像和动画等感觉媒体以及表示这些感觉媒体的编码。需要强调的是，数字媒体并不只是各种媒体元素的叠加，特别是计算机数字媒体，交互性是其显著的特点。

数字媒体是融合两种或者两种以上媒体的一种人 - 机交互式信息交流和传播媒体，使用的媒体包括文字、图形、图像、声音、动画和视频（video）。数字媒体信息的类型及特点如下：

（1）文本是以文字和各种专用符号表达的信息形式，文本是现实生活中使用得最多的一种信息存储和传递方式。用文本表达信息给人充分的想象空间，它主要用于对知识的描述性表示，如阐述概念、定义、原理和问题以及显示标题、菜单等内容。

（2）图形图像是数字媒体软件中最重要的信息表现形式之一，图形图像是决定一个数字媒体软件视觉效果的关键因素。

（3）动画是利用人的视觉暂留特性，快速播放一系列连续运动变化的图形图像，也包括画面的缩放、旋转、变换、淡入淡出等特殊效果。通过动画可以把抽象的内容形象化，使许多难以理解的教学内容变得生动有趣。合理使用动画可以达到事半功倍的效果。

（4）声音是人们用来传递信息、交流感情最方便、最熟悉的方式之一。在数字媒体课件中，按其表达形式，可将声音分为讲解、音乐、效果三类。

（5）视频具有时序性与丰富的信息内涵，常用于交代事物的发展过程。视频非常类似于大家熟知的电影和电视，有声有色，在数字媒体中充当重要的角色。

1.1.3　数字媒体技术

数字媒体技术（digital media technology，DMT）是实现基于计算机技术、通信技术和信息处理技术等各类信息技术的综合应用技术。数字媒体技术是指计算机综合处理多种媒体信息，在文字、图像、图形、动画、音频、视频等多种信息之间建立逻辑关系，并将数字媒体设备集成一个具有人机交互性能的应用系统的技术，现代数字媒体技术涉及的对象主要是计算机技术的产物。

数字媒体技术所涉及的关键技术及内容主要包括数字信息的获取与输出技术、数字信息存储技术、数字信息处理技术、数字传播技术、数字信息管理与安全等；对科技界、产业界、教育界、创作、娱乐界及军事指挥等领域产生了强劲的冲击波，为传统的微型计算机、音频、视频设备带来了革命性的变革，对大众传播媒介产生了巨大影响。

计算机数字媒体系统所具有的特征如下：

（1）集成性。数字媒体技术采用数字信号，综合处理文字、声音、图形、图像、动画、视频等多种信息，并将这些不同类型的信息有机地结合在一起。

（2）交互性。所谓交互性是指人的行为与计算机的行为交流沟通的关系。这也是数字媒体与传统媒体的最大不同。信息以超媒体结构进行组织，可以方便地实现人机交互。换而言之，人可以按照自己的思维习惯，按照自己的意愿主动地选择和接受信息，拟定观看内容的路径。

（3）控制性。数字媒体技术是以计算机为中心，综合处理和控制数字媒体信息，并按人的要求以数字媒体形式表现出来，同时作用于人的多种感官。

（4）易扩展性。可方便地与各种外围设备挂接，实现数据交换、监视控制等多种功能。此外，采用数字化信息有效地解决了数据在处理传输过程中的失真问题。

1.2　数字媒体系统的组成与分类

目前，市场上主流的计算机大多是数字媒体计算机（DMPC），即配备了声卡、显卡的计算机。数字媒体计算机系统是一种将声音、图像、视频、计算机图形学和计算机集成在一起的人机交互系统。现在，数字媒体系统常常指的是数字媒体计算机系统。

一台完整的数字媒体计算机系统包括硬件系统和软件系统。硬件系统是组成计算机的所有物理元件的集合，由电子器件、机械装置等物理部件组成；软件系统指在硬件设备上运行的各种程序和文档。硬件系统是计算机物质基础，是软件系统的载体，又称“硬设备”；软件系统是计算机系统的灵魂，软件系统控制、指挥和协调整个计算机系统的运行，又称“软设备”。

1.2.1　硬件系统

数字媒体系统是复制的软、硬件结合的综合系统。数字媒体系统把音频、视频等媒体与计算机系统集成在一起，组成一个有机的整体，并由计算机对各种媒体进行数字化处理。

从整体上划分，一个完整的数字媒体硬件系统主要由主机、音频部分、视频部分、输入/输出设备、大容量存取设备和高级数字媒体设备六部分组成，如图 1-1-1 所示。

（1）主机：主机是数字媒体硬件系统的核心。主机有一个或多个处理速度较快的中央处理器（CPU）、内存、显示系统和外设接口，如图 1-1-2 所示。

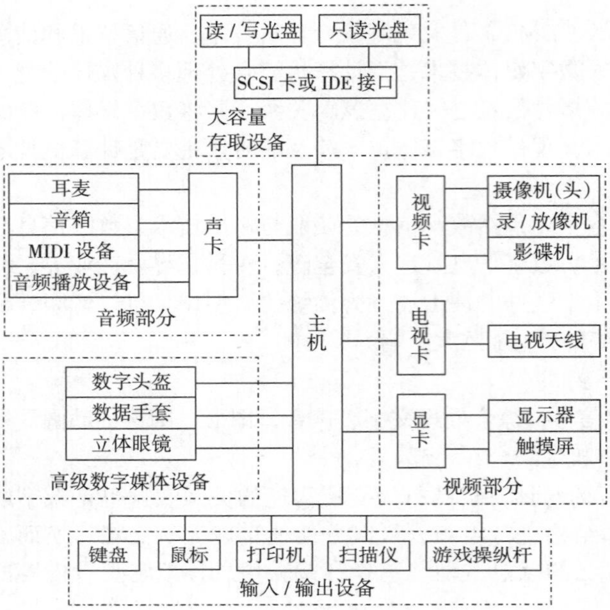

图 1-1-1　数字媒体硬件系统

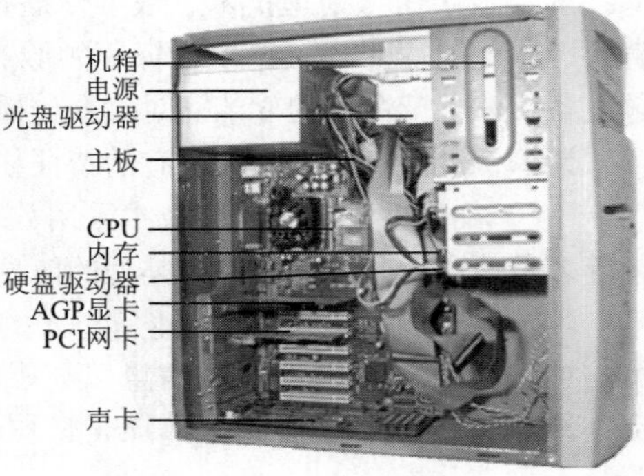

图 1-1-2　主机

（2）视频部分：视频部分负责数字媒体计算机图像和视频信息的数字化获取和回放，主要包括视频卡、电视卡、显卡等，如图 1-1-3（a）所示。视频卡主要完成视频信号的 A/D 和 D/A 转换及数字视频的压缩和解压缩功能，其信号源可以是摄像头、录/放像机、影碟机等。电视卡（盒）主要完成普通电视信号的接收、解调、A/D 转换以及与主机之间的通信。从而可在计算机上播放电视节目，同时还可以以 MPEG 压缩格式录制电视节目。显卡主要完成视频的流畅输出，是 Intel 公司为解决 PCI 总线带宽不足的问题而提出的图形加速端口。

（3）音频部分：音频部分主要完成音频信号的 A/D 和 D/A 转换及数字音频的压缩、解压缩及播放等功能，主要包括音频卡、外接扬声器、传声器、耳麦、MIDI 设备等，音频卡俗称声卡，如图 1-1-3（b）所示。在数字媒体计算机中，音频卡是必需硬件之一。现在几乎所有的计算机都配置有内置的扬声器和专用的声音处理芯片，无需任何外部硬件和软件即可输入音频。

（a）　　　　（b）

图 1-1-3　视频卡和声卡

（4）大容量存取设备：制作数字媒体项目，需要将彩色图像、文本、声音、视频剪辑以及所有元素结合在一起。因此，需要有一定数量的存取空间，如果这些元素大量存在，那么需要大量的存取空间。通常，可以使用刻录机将数字媒体项目刻录在光盘上。随着蓝光技术的逐步普及，蓝光空白刻录盘的价格也会下降，届时大型的数字媒体项目就可以以吉字节为度量来存取。图 1-1-4 所示为部分存储设备。

图 1-1-4　存储设备

（5）高级数字媒体设备：随着科技的进步，近年来出现了一些新的输入 / 输出设备，比如用于传输手势信息的数据手套、数字头盔和立体眼镜等。

（6）基本输入 / 输出部分：在开发和发布数字媒体产品时，要用到各种各样的输入 / 输出设备，其中视频 / 音频输入设备包括摄像机、录像机、影碟机、扫描仪、传声器、录音机、激光唱盘和 MIDI 合成器等；视频 / 音频输出设备包括显示器、电视机、投影电视、扬声器、立体声耳机等；人机交互设备包括键盘、鼠标、触摸屏、光笔等；数据存储设备包括 CD-ROM、磁盘、打印机、可擦写光盘等。图 1-1-5 所示为部分输入 / 输出设备。

图 1-1-5　输入 / 输出设备

1.2.2　软件系统

数字媒体软件可综合利用计算机技术处理各种媒体，如数据压缩、数据采样、二维及三维动画等，能灵活地调度使用数字媒体数据，使各种媒体硬件和谐地工作，使 MPC 形象逼真地传播和处理信息，所以说数字媒体软件是数字媒体技术的灵魂。数字媒体软件的基本特点如下：

（1）运行于一种数字媒体操作系统中。

（2）具有高度集成性，能高度集成多种媒体信息。

（3）具有良好的交互性，使用户能随意控制软件及媒体。

数字媒体软件可以分为四个层次，如图 1-1-6 所示，这种层次划分并没有绝对的标准，它是在发展过程中逐渐形成的。

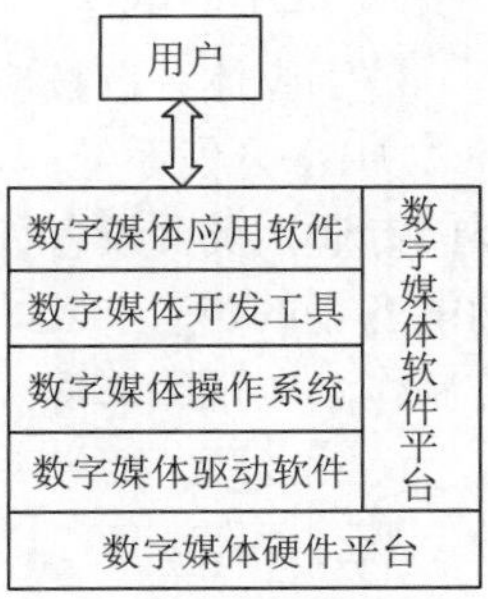

图 1-1-6　数字媒体软件系统的层次结构

数字媒体软件按功能分，可以分为数字媒体系统软件和应用软件。

1.　数字媒体系统软件

数字媒体系统软件除了具有一般系统软件的特点外，还反映了数字媒体技术的特点，如数据压缩、媒体硬件接口的驱动、新型交互方式等。数字媒体系统软件主要包括数字媒体驱动软件、数字媒体操作系统和数字媒体开发工具等三种。

（1）数字媒体驱动软件。数字媒体软件中直接和硬件打交道的软件称为驱动程序。数字媒体驱动软件完成硬件设备的初始化、设备的各种控制与操作等基本硬件功能的调用。这种软件一般随硬件提供，也可以在标准操作系统中预置。

（2）数字媒体操作系统。数字媒体操作系统是数字媒体计算机系统的核心。数字媒体操作系统处于驱动程序之上、应用软件之下，负责数字媒体环境下的多任务调度、媒体间的同步、数字媒体外设的管理等。

（3）数字媒体开发工具。数字媒体开发工具是数字媒体开发人员用于获取、编辑和处理数字媒体信息，编制数字媒体应用程序的一系列工具软件的统称。数字媒体开发工具可以对文本、图形、图像、动画、音频和视频等数字媒体信息进行控制和管理，并把它们按要求连接成完整的数字媒体应用软件。数字媒体开发工具大致可分为数字媒体素材制作工具、数字媒体著作工具和数字媒体编程语言等三类。

① 数字媒体素材制作工具是为数字媒体应用软件进行数据准备的软件，其中包括文字特效制作软件，如 Word（艺术字）、COOL 3D；图形图像编辑与制作软件，如 CorelDRAW、Photoshop；二维和三维动画制作软件，如 Animator Studio、3D Studio MAX；音频编辑与制作软件，如 Wave Studio、Cakewalk；视频编辑软件，如 Adobe Premiere 等。

② 数字媒体著作工具又称数字媒体创作工具，它是利用编程语言调用数字媒体硬件开发工具或函数库来实现的，并能方便用户编制程序，组合各种媒体，最终生成数字媒体应用程序的工具软件。常用的数字媒体创作工具有 PowerPoint、Authorware、ToolBook 等。

③ 数字媒体编程语言可用来直接开发数字媒体应用软件，不过对开发人员的编程能力要求较高。但它有较大的灵活性，适应于开发各种类型的数字媒体应用软件。常用的数字媒体编程语言有 Visual Basic、Visual C++、Delphi 等。

2. 数字媒体应用软件

数字媒体应用软件是在数字媒体创作平台上设计开发的面向应用领域的软件系统，又称数字媒体应用系统或数字媒体产品，是由各种应用领域的专家或开发人员利用数字媒体编程语言或数字媒体创作工具编制的最终数字媒体产品，是直接面向用户的。数字媒体系统通过数字媒体应用软件向用户展现其强大的、丰富多彩的视听功能。例如，各种数字媒体教学软件、培训软件、声像俱全的电子图书等，这些产品都可以光盘形式面世。

1.2.3 数字媒体系统分类

数字媒体系统可以从应用对象和应用角度来进行分类。

1. 应用对象

数字媒体系统按应用对象划分可分为开发系统、演示系统、教育系统和家庭系统等。

（1）开发系统：数字媒体开发系统需要较完善的硬件环境和软件支持，主要目标是为数字媒体专业人员开发各种应用系统提供开发环境。它具有开发能力，系统配备有功能强大的计算机、功能齐全的声音、文本、图像信息的外围设备和数字媒体演示的著作工具。常用于数字媒体系统制作、电视编辑等。

（2）演示系统：数字媒体演示系统是一个功能齐全、完善的桌面系统，是增强型的桌面数字媒体系统，可以完成多种数字媒体的应用，并与网络连接。常用于企业产品展示、科学研究成果发布等。

（3）教育系统：数字媒体教育系统属于单用户数字媒体播放系统。该系统以 PC 为基础，包含光盘驱动器、声音和图像的接口控制卡以及相应的外围设备。常用于家庭教育、小型商业销售点和教育培训等。

（4）家庭系统：数字媒体播放系统，通常配备有光盘驱动器、声卡、音响和话筒，就可以构成一个家用数字媒体系统，用于家庭的学习、娱乐等。

数字媒体是一项综合性技术，其中包括计算机、通信、电视和电子产品等多个领域。数字媒体技术能够迅速发展的关键是实现标准化，使各个厂家的产品之间具有兼容性。目前，已有几个数字媒体平台被用户所接受，如 Windows 平台、Macintosh 平台等。

2. 应用角度

数字媒体系统按应用角度划分可分为出版系统、信息咨询系统、娱乐系统、通信系统和数据库系统等。

（1）出版系统：以 DVD-ROM 光盘形式出版的各类出版物已开始大量出现，并替代传统出版物，特别是对于容量大、要求迅速查找文献资料等情况，使用 DVD-ROM 光盘十分方便。

（2）信息咨询系统：现在是大数据时代，对信息的咨询、检索需要大量的信息系统。

（3）娱乐系统：数字媒体系统提供的交互播放功能、高质量的数字音响、图文并茂的显示特征，受到了广大消费者的欢迎，给文化娱乐带来了新活力。

（4）通信系统：可视电话、视频会议等应用，增强了人们身临其境、如同面对面交流的感觉。

（5）数据库系统：将数字媒体技术和数据库技术相结合，在普通数据库的基础上增加声音、图像和视频数据类型，对各种数字媒体数据进行统一组织和管理，如档案、名片管理系统等。

1.3　数字媒体的关键技术

在开发数字媒体应用系统中，要使数字媒体系统能交互地综合处理和传输数字化的声音、文字、图像信息，实现面向三维图形、立体声音、彩色全屏幕运动画面的技术处理和传播的效果，数字媒体的关键技术是要处理数据压缩、数据存储、网络 / 通信、超文本和超媒体、数据库、输入 / 输出、虚拟现实、数字媒体应用开发等问题。

1.3.1　数据压缩技术

信息时代的重要特征是信息数字化，而数字化的数据量相当庞大，给存储器的存储容量、通信主干信道的数据传输率（带宽）以及计算机的速度带来极大的压力。研制数字媒体计算机需要解决的关键问题之一是要使计算机能适时地综合处理声、文、图信息。由于数字化的图像、声音等媒体数据量非常大，致使在目前流行的计算机产品，特别是微机系列上开展数字媒体应用难以实现。例如，未经压缩的视频图像处理时的数据量每秒约 28 MB，播放一分钟立体声音乐也需要 100 MB 存储空间。视频与音频信号不仅需要较大的存储空间，还要求传输速度快。因此，既要对数据进行压缩和解压缩的实时处理，又要进行快速传输处理。这对目前的微机来说无法胜任。因此，必须对数字媒体信息进行实时压缩和解压缩。如果不经过数据压缩，实时处理数字化的较长的声音和多帧图像信息所需要的存储容量、传输率和计算速度都是目前 PC 难以达到的和不经济实用的。数据压缩技术的发展大大推动了数字媒体技术的发展。

压缩分为无损压缩和有损压缩两种形式。无损压缩是指压缩后的数据经解压后还原得到的数据与原始数据相同，不存在任何误差。文本数据的压缩必须是无损失的，因为一旦有损失，信息就会产生歧义。有损压缩是指压缩后的数据经解压后，还原得到的数据与原数据之间存在一定的差异。由于允许有一定的误差，因而这类技术往往可以获得较大的压缩比。在数字媒体图像信息处理中，一般采用有损压缩。

计算机技术发展离不开标准。数据压缩技术目前已有以下国际标准：

（1）JPEG 标准（Joint Photographic Experts Group，静态图像压缩编码的国际标准）：该标准不仅适用于静态图像的压缩，对于电视图像序列中的帧内图像的压缩编码也常用 JPEG 压缩标准。

（2）MPEG-1 标准（Moving Picture Experts Group，运动图像的数字图像压缩编码标准）：用于传输 1.5 Mbit/s 数据传输率的数字存储媒体运动图像及伴音的编码。

（3）MPEG-2 标准：MPEG-2 是 MPEG-1 的扩充、丰富和完善。主要针对高清电视（HDTV）所需要的视频及伴音信号，数据传输率为 10 Mbit/s，与 MPEG-1 兼容，适用于 1.5 ～ 60 Mbit/s 编码速率。

（4）MPEG-4 标准：MPEG-4 是基于对象（内容）的、可交互、可伸缩质量的编码标准，适用于各种应用（会话的、交互的和广播的），支持新的交互性。

（5）H.261 标准（视听通信编码、解码标准）：主要适用视频电话和视频电视会议。

目前的研究结果表明，选用合适的数据压缩技术，有可能将字符数据量压缩到原来的 1/2 左右，语音数据量压缩到原来的 1/2 ～ 1/10，图像数据量压缩到原来的 1/2 ～ 1/60。数据压缩理论的研究已有数十年的历史，技术日趋成熟。如今已有压缩编码 / 解压缩编码的国际标准 JPEG 和 MPEG，并且已经产生了各种各样针对不同用途的压缩算法、压缩手段和实现这些算法的大规模集成电路和计算机软件。

2. 数据存储技术

随着数字媒体硬件技术的迅速发展，超大容量的数字媒体存储设备随处可见，存储较大容量的音频、视频文件不成问题。一般意义上的大容量信息存储技术已经得到了很好的解决，但海量的视频信息存储仍是值得研究的一个方向，如监控视频等。

数字媒体的音频、视频、图像等信息虽经过压缩处理，但仍然需要相当大的存储空间。而且硬盘存储器的盘片是不可交换的，不能用于数字媒体信息和软件的发行。大容量只读光盘存储器（CD-ROM）、U 盘、云存储的出现，解决了数字媒体信息存储空间及交换问题。

（1）光盘存储器以存储量大、密度高、介质可交换、数据保存寿命长、价格低廉以及应用多样化等特点成为数字媒体计算机中必不可少的设备。利用数据压缩技术，在一张 CD-ROM 光盘上能够存储 74 min 全运动的视频图像或者十几个小时的语音信息或数千幅静止图像。CD-ROM 光盘机技术已比较成熟，但速度慢，其只读特点适合于需长久保存的资料。在 CD-ROM 基础上，还开发了 CD-I 和 CD-V，即具有活动影像的全动作与全屏电视图像的交互式可视光盘。在只读 CD 家族中还有称为“小影碟”的 VCD，可刻录式光盘 CD-R，高画质、高音质的光盘 DVD 以及用数字方式把传统照片转存到光盘，使用户在屏幕上可欣赏高清晰度的照片的 PHOTO CD。DVD（digital video disc）是 1996 年底推出的新一代光盘标准，它使得基于计算机的数字视盘驱动器将能从单个盘片上读取 4.7 ～ 17 GB 的数据量，而盘片的尺寸与 CD 相同。

（2）U 盘即 USB 盘，属于移动存储设备，用于备份数据，方便携带。使用 USB 接口将 U 盘连接到计算机的主机后，其中的资料就可以放到计算机上。U 盘是闪存盘的一种，其特点是小巧便与携带、存储容量大、价格便宜。现在市面常见的 U 盘容量有 32 GB、64 GB、128 GB、256 GB 等。

（3）云存储是通过网络将大量普通存储设备构成的存储资源池中的存储和数据服务以统一

的接口按需提供给授权用户。云存储属于云计算的底层支撑，它通过多种云存储技术的融合，将大量普通 PC 服务器构成的存储集群虚拟化为易扩展、弹性、透明、具有伸缩性的存储资源池，并将存储资源池按需分配给授权用户，授权用户即可通过网络对存储资源池进行任意的访问和管理。云存储将存储资源集中起来，并通过专门的软件进行自动管理，无须人为参与。用户可以动态使用存储资源，无须考虑数据分布、扩展性、自动容错等复杂的大规模存储系统技术细节，从而可以更加专注于自己的业务，有利于提高效率，降低成本和进行技术创新。

3. 网络 / 通信技术

当今，人们工作方式的特点是具有群体性、交互性。传统的电信业务（电话、短信、传真等）通信方式已不能适应社会的需求，迫切需要通信与数字媒体技术相结合，为人们提供更加高效和快捷的沟通途径（E-mail、视频会议、视频电话等）。

现有的通信网络大都不太适应数字化的数字媒体数据的传输。人们期望未来能够将多种网络进行统一，包括用于语音通信的电话网、用于计算机通信的计算机网和用于大众传播的广播电视网。对于实时性要求不高且数据量不很大的应用来说，矛盾尚不突出。但一旦涉及大量的数据，许多网络中的特性就难以满足要求，宽带综合业务数字网（B-ISDN）是解决这一问题的比较完整的方法，其中 ATM（异步传送模式）是近年来在研究和开发上的一个重要成果。

实现数字媒体通信，对不同的应用其技术支持要求有所不同，例如，在信息点播服务中，用户和信息中心为点对点的关系，信息的传输要采用双向通路。电视中心把信息发往各用户则要实现一点对多点的关系，而在协同工作环境 CSCW 应用中，各用户的关系就成为多点对多点的，所以数字媒体通信技术要提供上述连接类型。

4. 超文本和超媒体技术

超文本是一种文本信息管理技术。它提供的方法是建立各种媒体信息之间的网状链接结构。这种结构由节点组成，没有固定的顺序，也不要求必须按某个顺序检索，与传统的线性文本结构有着很大的区别。以节点为基础的信息块容易按照人们的“联想”关系加以组织，符合人们的“联想”逻辑思维习惯。

一般把已组织成的网状的信息称为超文本，而把对其进行管理使用的系统称为超文本系统。典型的超文本系统应具有用于浏览节点、防止迷路的交互式工具，即浏览器，或称为导航图。它是将超文本网络的结构图与数据中的节点和链接形成一一对应的关系。导航图可以帮助用户在网络中定向和观察信息的连接。如果超文本中节点的数据不仅可以是文本，还可以是图像、动画、音频、视频，则称为超媒体。超文本和超媒体已广泛应用于数字媒体信息管理中。

5. 数据库技术

传统的数据库只能解决数值和字符的存储检索，数字媒体数据库除处理结构化的数据外，还可以处理大量非结构化的数据。

由于数字媒体信息是结构型的，致使传统的关系数据库已不适用于数字媒体的信息管理，需要从以下几个方面研究数据库：

（1）数字媒体数据模型。目前主要采用基于关系模型加以扩充，因为传统的关系数据库将所有的对象都看成二维表，难以处理数字媒体数据模型。而面向对象技术的发展推动了数据库技术的发展，面向对象技术与数据库技术的结合导致了基于面向对象模型和超媒体模型的数据库的研究。

（2）数据压缩 / 解压缩的格式。该技术主要解决数字媒体数据过大的空间和时间开销问题。压缩技术要考虑算法复杂度、实现速度以及压缩质量问题。

（3）数字媒体数据管理及存取方法。除了采用目前常用的分页管理、树和 HASH 方法外，数字媒体数据库还要引入矢量空间模型信息索引检索技术、超位检索技术、智能索引技术以及基于内容的检索方法等。尤其是超媒体组织数据机制更为数字媒体数据库操作增加了活力。

（4）用户界面。用户界面除提供数字媒体功能调用外，还应提供对各种媒体的编辑功能和变换功能。

由于数字媒体数据对通信带宽有较高的要求，需要有与之相适应的高速网络，因此还要解决数据集成、查询、调度和共享等问题，即研究分布式数据库技术。而智能数字媒体数据库，将人工智能技术与数字媒体数据库技术相结合，会使数据库产生质的飞跃，是重要的发展方向。

6. 输入 / 输出技术

数字媒体输入 / 输出是处理数字媒体信息传输接口的技术，由于人类的视觉和听觉只能感知模拟信号，而计算机处理的是数字信号，因此数字媒体技术必须解决各种媒体的信号转换问题。

数字媒体输入 / 输出技术包括数字媒体输入 / 输出设备、媒体显示和编码技术、媒体变换技术、媒体识别技术、媒体理解技术和媒体综合技术。

（1）数字媒体输入 / 输出设备：输入设备包括光驱、声卡、视频采集卡、麦克风、电子琴、扫描仪、录音机、VCD/DVD、数字照相机、摄像机等；输出设备包括光盘刻录机、声卡、视频转换卡、音箱、立体声耳机、录音机、录像机、打印机等。

（2）媒体显示和编码技术：当今社会巨大的数字媒体数据量决定了数据压缩成为数字媒体编码技术发展的关键技术，数字媒体压缩技术根据信号质量有无损失分为有损编码和无损编码。有损编码包括模型编码、矢量量化、子带编码、变换编码、小波编码等；无损编码包括霍夫曼编码、费诺 - 香农编码、算法编码、流程编码、Lempel-Zev 编码等。

（3）媒体变换技术：改变媒体的表现形式，如当前广泛使用的视频卡、音频卡（声卡）都属媒体变换设备。

（4）媒体识别技术：对信息进行一对一的映像过程。例如语音识别是将语音映像为一串字、词或句子；触摸屏是根据触摸屏上的位置识别其操作要求。

（5）媒体理解技术：对信息进行更进一步的分析处理和理解信息内容，如自然语言理解、图像语音模式识别这类技术。

（6）媒体综合技术：把低维信息表示映像成高维的模式空间的过程，例如语音合成器就可以把语音的内部表示综合为声音输出。

媒体变换技术和媒体识别技术相对比较成熟，应用较广泛。而媒体理解和综合技术目前还不成熟，只在某些特定场合使用。但这些课题的研究正在受到普遍重视。

7. 虚拟现实技术

虚拟现实技术（virtual reality，VR）是用计算机生成现实世界的技术，是数字媒体技术的最高境界。虚拟现实的本质是人与计算机之间进行交流的方法，它以其更加高级的集成性和交互性，给用户以十分逼真的体验，可以广泛应用于模拟训练、科学可视化等领域，如飞机驾驶训练、分子结构世界、宇宙作战游戏等。

虚拟现实是利用计算机技术生成的一个逼真的视觉、听觉、触觉及嗅觉等的感觉世界，用户可以用人的自然技能对这个生成的虚拟实体进行交互考察。这个定义有三层含义：

（1）虚拟实体是用计算机来生成的一种模拟环境，“逼真”就是要达到三维视觉，甚至包括三维的听觉及触觉、嗅觉等。

（2）用户可以通过人的自然技能与这个环境交互，这里的自然技能可以是人的头部转动、眼睛转动、手势或其他的身体动作。

（3）虚拟现实往往要借助于一些三维传感设备来完成交互动作，常用的如头盔立体显示器、数据手套、数据服装、三维鼠标等。

8. 数字媒体应用开发技术

在数字媒体应用开发方面，目前还缺少一个定义完整的应用开发方法学。采用传统的软件开发方法在数字媒体应用领域中成功的例子很少。数字媒体应用的开发会使一些采用不同问题解决方法的人集中到一起，包括计算机开发人员、音乐创作人员、图像艺术家等，他们的工作方法以及思考问题的方法都将是完全不同的。对于项目管理者来说，研究和推出一个数字媒体应用开发方法学将是极为重要的。

1.4 数字媒体技术的应用

数字媒体技术是一个涉及面极广的综合技术，是开放性的没有最后界限的技术。目前，数字媒体应用系统丰富多彩、层出不穷，已深入到人们的学习、工作和生活的各个方面，数字媒体技术的发展符合信息社会的应用需求。其应用领域从教育培训、医疗卫生、传媒广告、数字媒体通信、数字出版物、办公自动化、军事到文化娱乐，特别是数字媒体技术与网络、通信相结合的远程教育、远程医疗等。这些新的应用领域给人类带来了巨大的变革。

1.4.1 教育培训

在数字媒体的应用中，教育、培训应用大约占 40%。科技发展到今天，在教室见到数字媒体的身影已经不足为奇。教师利用数字媒体进行计算机辅助教学（CAI），为教育提供了一种新的途径，使师生的关系发生了变化，以教师为中心的教学变成了以学生为中心的教学。进入 20 世纪 90 年代，数字媒体、光盘、网络技术的融合，改变了信息的存储、传输和使用方式。数字媒体的教育形式和教学手段给传统教育带来了极大的冲击和影响。

数字媒体教学具有如下明显的优势：

（1）数字媒体教学以图文、声像并茂的形式提供信息，提高获取知识的速度，提高教学质量，激发学生的学习积极性。

（2）实现学习个性化，按照学生的能力、特点进行教学。

（3）把数字媒体技术与计算机通信技术及知识库相结合，能提供多元化的教学，并可使教育走向家庭。

（4）把以教师为中心的教学模式转换为以学生为中心，增加了学生的主观能动性，使学生产生一种学习责任感。

1.4.2 文化娱乐

随着人们生活水平的提高、精神生活质量的上升、文化娱乐需求的进一步推进，家庭个性化娱乐成为目前众多家庭的迫切需求。家庭数码娱乐向广大家庭迅猛普及，数字媒体技术引领的数字家庭也迅速在全国扩展，进一步提高了家庭的生活水平和质量，推动了家庭的数字化、现代化、娱乐化。

影视作品和游戏产品是数字媒体计算机应用的一个重要方面。随着数字媒体技术的不断发展，面向家庭娱乐的数字媒体软件琳琅满目，音乐、影像和游戏光盘给人们以更高的娱乐享受，对启迪儿童的智慧、丰富成年人的娱乐活动大有益处，特别是计算机和网络游戏由于多种媒体感官刺激并使游戏者通过与计算机交互而身临其境，画面形象逼真，声音悦耳动听，受到年轻人的欢迎。一台普通计算机配上 CD-ROM 驱动器、MPEG 影视卡便可播放 VCD。

而近年来，随着数字化电视的普及，电视机逐渐成为家庭娱乐的主角。乐视、华为、小米等厂商生产的电视机和机顶盒使家庭影院的构想不再渺茫。微软的 Xbox360、索尼的 PS4 使电视机集影视娱乐于一体。随着数字媒体技术的发展，家庭的娱乐方向也随之改变。

1.4.3 医疗卫生

现代先进的医疗诊断技术特点是以现代物理技术为基础，借助计算机技术，对医疗影像进行数字化和重建处理。

数字媒体技术以网络技术为依托已经能够实现远程医疗。在远程医疗系统中，利用电视会议双向或双音频及视频，可与病人面对面交谈，进行远程咨询和检查，从而进行远程会诊。除了远程医疗诊断之外，数字媒体技术在医疗信息工作中也有很多方面的应用。

信息数字化是当前中医药信息工作的主要任务。中医文献资源的数字化、数字共享平台的建设、中医数字媒体电子信息资源的开发利用都需要数字媒体技术的支持，如中医古籍数字化工作，就是中医药数字媒体的一大项目。中医古籍数字化是利用数字化技术将中医古籍进行扫描、文字识别与转换或录入，并经专门软件使之结构化，制作出新的电子版中医古籍；数字化的中医古籍可用计算机进行方便的检索与阅读，也可在网络上传输、共享。中医药声像信息是中医药信息资源的重要组成部分。

总之，数字媒体技术在中医药信息工作中的全面应用，将会加快中医药信息的数字化、现代化工作，并将对中医药的发展产生积极的影响。

1.4.4 传媒广告

随着人类社会步入高度信息化时代，信息的传递正逐渐涉及广泛的领域，从而促使商业展示显示出其在传递信息方面的重要价值。

商业展示要有强烈的视觉冲击，在具体设计时必须从整体空间出发进行综合设计，使观众初入会场，便能从众多的展位中注意到自己的展位。

数字媒体技术不同于传统媒体之处，就在于信息的动态更新和即时交互性。在商业展示中，这种智能化的传播方式快速拉近了企业与受众的距离。

数字媒体广告系统与 LED 大屏幕、电视墙等显示设备相结合可完成广告制作、广告宣传、商品展示等多种功能。这种广告具有丰富多彩、形象生动的特点。

在商业展示中，数字媒体技术的互动性应用，充分实现了交互式沟通的优越性，并且对于观众的兴趣以及问题之所在做立即的响应。因此互动性为人们提供了一种表达方式，让人能够得到一种时时期待的“个人优先”的自尊感。

1.4.5 数字媒体通信

数字媒体通信是 20 世纪 90 年代迅速发展起来的一项技术。一方面，数字媒体技术使计算机能同时处理视频、音频和文本等多种信息，提高了信息的多样性；另一方面，网络通信技术摆脱了人们之间的地域限制，提高了信息的瞬时性。二者结合所产生的数字媒体通信技术把计算机交互性、通信的分布性及电视的实效性有效地融合为一体，成为当前信息社会的一个重要标志。

数字媒体通信涉及的技术面极为宽泛，包括人 - 机界面、数字通信处理、大容量存储装置、数据库管理系统、计算机结构、数字媒体操作系统、高速网络、通信协议、网络管理及相关的各种软件工程技术。目前，数字媒体通信主要应用于可视电话、视频会议、远程文件传输、浏览与检索数字媒体信息资源、数字媒体邮件以及远程教学等方面。

1.4.6　电子出版物

数字媒体电子出版物是指以数字方式将数字媒体元素（图、文、声、像等信息）存储在磁盘或光盘等介质上，通过计算机或类似设备进行阅读使用，并可复制发行的大众传播媒体。

数字媒体电子出版物发展非常快，不少大学图书馆中电子图书不断增加，在校园内提供文献检索，未来的图书馆走向数字化、无纸化。

1.4.7　办公自动化

数字媒体办公系统是视听一体化的办公信息处理和通信系统。数字媒体办公系统主要有以下功能：办公信息管理，将各种资料（包括文件、档案、报表、数据、图形、音像资料等）进行加工、整理、存储，形成可共享的信息资源；召开可视的电话会议、电视会议；进行数字媒体邮件的传递。数字媒体办公设备与数字媒体系统的集成，真正实现了办公自动化。

1.4.8　军事

数字媒体技术已经被广泛应用于作战指挥与作战模拟。在情报侦察、网络信息通信、信息处理、电子地图、战场态势显示、作战方案选优、战果评估等方面大量采用了数字媒体技术。数字媒体作战对抗模拟系统、数字媒体作战指挥远程会议系统、虚拟战场环境等也都大量采用了数字媒体技术。

第二部分

数字图像处理

Photoshop是Adobe公司开发的一款功能强大的图像处理软件。自从Photoshop投放市场以来，由于其丰富而强大的图形图像处理功能而深受相关领域用户的欢迎。它的出现，不仅使人们告别了对图片进行修正的传统手工方式，而且还可以通过自己的创意，制作出现实世界里无法拍摄到的图像。

本部分以Adobe Photoshop CC 2020作为主要对象，在讲解的过程中突出实用性，从基础功能讲起，对每个工具的使用都结合具体实例进行讲解。因此，无论是初学者，还是已有一定基础的读者，都可以按照各自的要求进行有规律的学习，从而提高运用Photoshop处理图像的能力。

第2章

Photoshop 基本操作

学习目标

◎了解图像处理基础知识。
◎了解并掌握文件和图像窗口的操作。
◎熟练掌握图像和画布大小的调整及绘图辅助工具。
◎了解图像显示比例的调整。
◎掌握图像变换的操作。

学习重点

◎文件和图像窗口的操作。
◎绘图辅助工具的使用。
◎图像的变换。

Photoshop 为使用者提供了一套方便而奇妙的创作工具。它可使美术工作者完全摒弃传统的笔、橡皮、尺子、调色板、刷子、刀片和画布（画纸），采用高度精密的计算方法，可以得到与用高难度的暗房处理技巧所获得的照片同样的效果。计算机对图像的处理也已经超出了传统图像处理的范畴。本章将介绍 Photoshop 处理图像时的一些基本操作，主要包括图像处理基础知识，图像文件的新建、打开和保存等基本操作，图像窗口的操作，图像大小和画布的调整，标尺、标尺工具、网格和参考线的使用，及调整显示比例的操作等，使读者能快速地了解 Photoshop 中的一些基本功能，为以后的学习奠定牢固的基础。

2.1 图像处理基础知识

图像处理的内容相当丰富，涉及的相关知识和领域也非常宽广。本节从应用角度介绍一些与图像和数字处理密切相关的图像基础知识。

2.1.1 图像的基本概念

1. 图像

图像是客观对象的一种相似性的、生动性的描述或写真，是人类社会活动中最常用的信息载体。或者说图像是客观对象的一种表示，它包含了被描述对象的有关信息。

2. 像素

像素（pixel）又称 picture element，实际上是投影光学上的名词。数字图像是由按一定间隔排列的亮度不同的像点构成的，形成像点的单位称为“像素”，也就是说，是由一组数字序列表示图像的最小单位，也是组成图像的基本单位。

3. 分辨率

单位长度内所包含的像素值称为分辨率，通常以“像素 / 英寸（ppi）”为单位来表示图像分辨率的大小。常用与图像有关的分辨率包括：图像分辨率、显示器分辨率、打印机分辨率等。

（1）图像分辨率。图像中每单位长度上的像素数目称为图像分辨率，其单位为“像素 / 英寸”或“像素 / 厘米”。尺寸相同情况下，分辨率越高，像素数目越多，像素点更小，图像品质更高，但占用的存储空间也越大。

（2）显示器分辨率。在显示器上单位长度显示的像素或点数称为显示器分辨率，通常以“点 / 英寸（dpi）”来表示。显示器分辨率依赖于显示器尺寸和像素设置，一般个人计算机显示器的典型分辨率通常为 96 dpi。

（3）打印机分辨率。打印机分辨率以“点 / 英寸（dpi）”来表示。如果打印机分辨率为 300 ～ 600 dpi，则图像分辨率最好为 72 ～ 150 ppi；如果打印机分辨率为 1 200 dpi 或更高，则图像分辨率最好为 200 ～ 300 ppi。

2.1.2 图像种类

计算机图形图像有位图和矢量图两种格式。

1. 位图

位图又称点阵图，它是由一系列像素点排列组成的可识别的图形。位图图像都含有有限数量的像素，能够表现细微的阴影和颜色变化，因而常用于保存颜色丰富、过渡细腻的图像，相应文件占用空间大。位图的显示或输出效果与分辨率有关，所以放大数倍后的位图会出现马赛克像素色块，质量模糊不清，如图 1-2-1 所示。

使用数码照相机拍摄的照片、使用扫描仪扫描的图像等一般都是位图。

2. 矢量图

矢量图是指使用线条绘制的各种图形，这样的图形线条非常清晰、光滑、流畅。由于图形在存储时保存的是其形状和填充属性，因此，其优点是占用空间小，且放大后图形线条仍然非常光滑，并保持图形不变形，丝毫不影响其质量。但是，图形的缺点就是色彩比较单调，如图 1-2-2 所示。

图 1-2-1 位图图像

图 1-2-2 矢量图形

2.1.3　图像文件格式

在 Photoshop 中制作好一幅作品后就可以进行存储，存储时选择一种恰当的文件格式非常重要。Photoshop 支持 20 多种文件格式，除了 Photoshop 专用文件格式（PSD 和 PDD）外，还包括 TIF、JPG、GIF 和 BMP 等常用文件格式。Photoshop 默认的图像文件为 PSD 格式，此格式支持 Photoshop 的保留图层、通道、矢量元素等特性。

2.1.4　图像颜色模式

颜色模式是指图像在显示或打印时定义颜色的不同方式。计算机中提供了多种颜色模式，主要有位图模式、灰度模式、双色调模式、RGB 模式、CMYK 模式、Lab 模式、索引模式、多通道模式等。

1. 位图模式

位图模式用两种颜色（黑和白）来表示图像中的像素。位图模式的图像又称黑白图像。在宽度、高度和分辨率相同的情况下，位图模式的图像尺寸最小。

2. 灰度模式

灰度模式可以选择从黑、灰到白共 28 种不同的颜色深度，也就是说，灰度图像有 256 种不同的灰度级别。

3. 双色调模式

双色调模式采用 2 ～ 4 种彩色油墨混合其色阶来创建双色调（2 种颜色）、三色调（3 种颜色）和四色调（4 种颜色）的图像。使用双色调模式的重要用途之一就是使用尽量少的颜色表现尽量多的颜色层次。

4. RGB 模式

RGB 颜色模式是 PhotoShop 默认的颜色模式，这种颜色模式由红（R）、绿（G）和蓝（B）3 种颜色不同的颜色值组合而成，按照从 0 到 255 的亮度值在每个色阶中分配，从而指定色彩。在 RGB 颜色模式中，每个通道的颜色为 8 位，即 256 种亮度级别，3 个通道合在一起，就能产生 1 670 多万种颜色。

5. CMYK 模式

CMYK 颜色模式以打印在纸上的油墨的光线吸收特性为基础，它是一种多通道模式，有 4 个颜色通道，分别是青色、洋红、黄色和黑色。

6. Lab 模式

Lab 模式也是多通道模式，共有 3 个通道，分别是明度（即亮度）、a 和 b。其中明度通道的明度范围是 0 ～ 100，a 和 b 通道是两个专色通道，其颜色范围都是 -120 ～ +120，颜色范围分别是从绿到红（a 通道）和从蓝到黄（b 通道）。

7. 索引模式

索引模式的图像共有 256 种颜色，但与灰度图像不同，该模式的图像是彩色的。

8. 多通道模式

多通道模式没有固定的通道数，通常可以由其他模式转换而来，不同的模式将产生不同的颜色通道。

为了能够在不同场合正确输出图像，有时需要把图像从一种模式转换为另一种模式。在 Photoshop 中可以通过执行“图像”→“模式”子菜单中的命令，转换所需要的颜色模式。

由于有些颜色模式在转换后会损失部分颜色信息，因此在转换前最好为其保存一个备份文件，以便在必要时恢复图像。

2.2 Photoshop 基本操作

2.2.1 Photoshop 操作界面

启动 Photoshop CC 2020 后，最先接触的是其工作界面。选择“文件”→“打开”命令，或按【Ctrl+O】组合键，打开一幅图像，便可以看到 Photoshop CC 2020 的工作界面。Photoshop CC 2020 的工作界面主要由菜单栏、工具箱、工具属性栏、图像窗口、控制面板以及状态栏等部分组成，如图 1-2-3 所示。

1. 菜单栏

Photoshop CC 2020 的菜单栏中包含“文件”“编辑”“图像”“图层”“文字”“选择”“滤镜”“3D”“视图”“窗口”和“帮助”11 个主菜单，如图 1-2-4 所示。每个主菜单内包含相同类型或相近用途的菜单命令。

2. 工具箱

在 Photoshop 中，工具箱中提供了各种图像绘制和处理的工具，相关工具都被编成一组。工具属性栏显示当前所选择工具的属性，在工具箱中选择不同工具，工具属性栏中属性内容也会随之改变。

图 1-2-3 Photoshop 工作界面

图 1-2-4 Photoshop 的菜单栏

Photoshop CC 2020 的工具箱位于程序窗口的左侧，它包含了用于创建和编辑图像、图稿和页面元素的工具。选择“窗口”→“工具”命令可以显示或隐藏工具箱。Photoshop CC 2020 具有自动提示功能，将光标移到工具图标上停留片刻后，就会显示该工具的名称和切换至该工具的快捷键。有些工具右下角有一个黑色的三角，表示该工具下有隐藏工具，按住鼠标左键停留片刻，就会弹出隐藏工具。工具箱中的全部工具如图 1-2-5 所示。各种工具的使用方法将在后续章节中详细讲解。

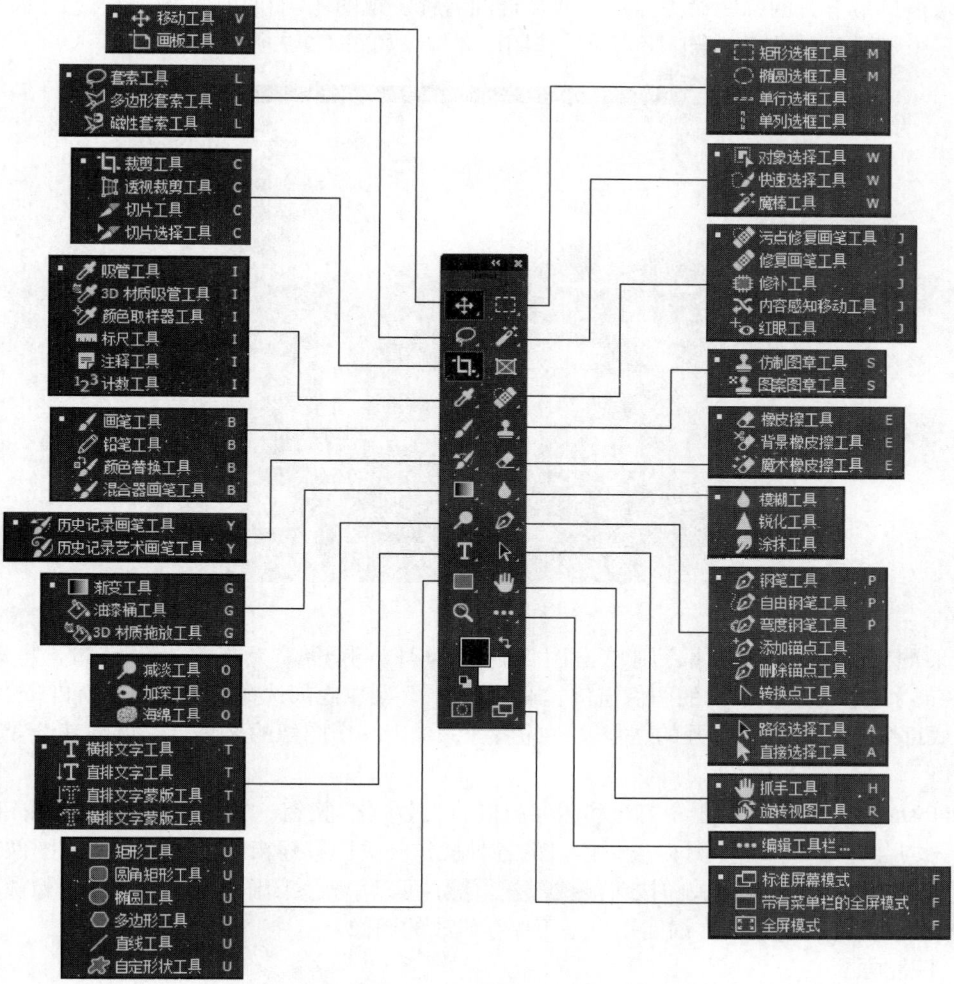

图 1-2-5　工具箱

3. 工具属性栏

当用户在工具箱中选择了某个工具后，菜单栏下方的工具属性栏就显示出当前工具的相应属性和参数，以方便用户对这些参数进行设置。在工具箱中选择不同工具，工具属性栏中属性内容也会随之改变。图 1-2-6 所示为矩形选框工具的工具属性栏。

图 1-2-6　矩形选框工具的工具属性栏

单击工具属性栏最左侧工具图标右侧的按钮，在弹出的列表框中取消选中“仅限当前工具”复选框，其中显示了一些预设的工具选项，选择相应的选项便可切换到相应的工具和已设置好的参数状态下。读者以后也可将一些常用的工具预设进行保存，以方便使用。

4. 图像窗口

程序窗口是 Photoshop 的整个操作界面，在程序窗口中包含图像窗口。图像窗口用来显示和编辑图像。在 Photoshop 中可以打开多个图像，每打开一个图像，便会出现一个图像窗口。

图像窗口最上方的标题栏中显示当前文档的名称、视图比例和颜色模式等信息，如果图像中包含多个图层，则标题栏会显示当前工作图层名称，如图 1-2-7 所示。

图 1-2-7　图像窗口

如果同时打开多个图像，则单击图像窗口即可将其设置为当前操作窗口。也可以按【Ctrl+Tab】组合键切换不同的图像窗口，或在“窗口”菜单底部选择需要的图像窗口。“窗口”菜单的底部列出了所有已打开的图像文件的名称，单击一个图像的名称，即可将其设置为当前操作窗口。

Photoshop CC 2020 中，程序窗口和图像窗口的“最小化”按钮、“最大化”/“还原”按钮和“关闭”按钮均合二为一，用户可以进行窗口的各种操作。关闭程序窗口的同时会关闭图像窗口，但是图像窗口有一个独立的关闭按钮 风景.jpg @ 100%(RGB/8) × ，可以单独关闭图像窗口；如果图像被修改，则 Photoshop 会弹出对话框，询问用户是否保存修改的图像。

5. 控制面板

控制面板用于配合编辑图像、设置工具参数和属性内容的操作。如果将工具箱和工具属性栏算在内，Photoshop CC 2020 中共有 32 个面板。在默认情况下，程序窗口中的面板分为两组：一组为展开的面板；另一组为折叠的面板。用户可以选择“窗口”菜单中的各命令来显示或隐藏面板，如图 1-2-8 所示。经常使用的控制面板可以通过拖动组合，以节省屏幕空间。单击各控制面板右上角的面板菜单按钮，可以打开“控制面板”菜单，如图 1-2-9 所示。按【Tab】键可以显示或隐藏工具箱、工具属性栏和所有的面板；按【Shift+Tab】组合键，则可在保留显示工具箱的情况下显示或隐藏所有控制面板。

6. 状态栏

状态栏位于图像窗口的底部，默认状态下，状态栏将显示当前图像的显示比例 100% 、图像文件的大小 文档:2.25M/2.25M 以及当前工具使用提示或工作状态等提示信息。

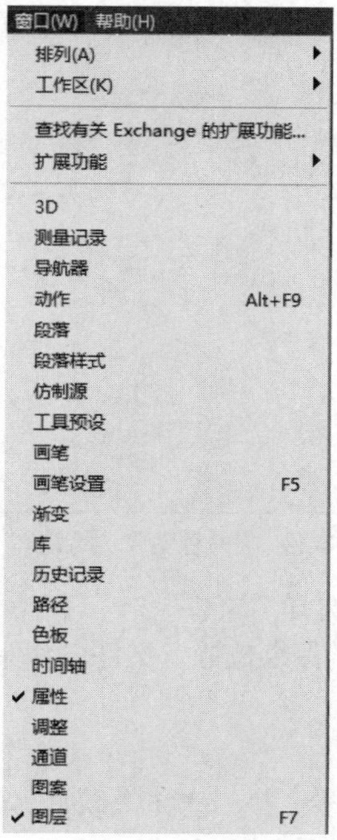

图 1-2-8　“窗口”菜单

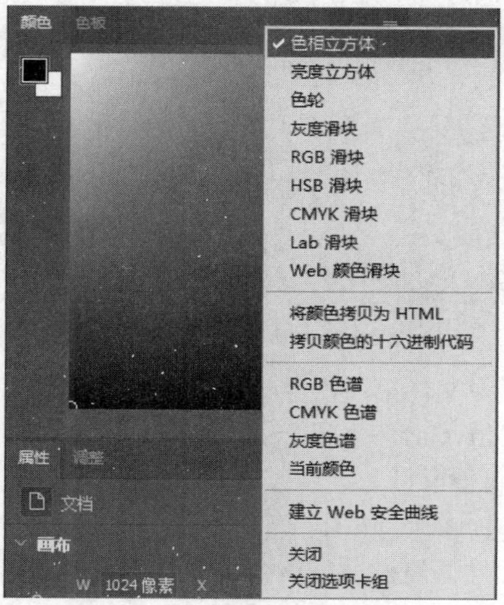

图 1-2-9　“控制面板”菜单

2.2.2　文件操作

对于 Photoshop 初学者来说，熟悉和掌握 Photoshop 中的基本操作是非常必要的。掌握图像文件的新建、打开、存储、恢复和关闭等基本操作是处理图像的基础。

1. 新建文件

当要设计制作一幅作品时，应先创建一个新的空白图像文件。可以通过“文件”→“新建”命令或按【Ctrl+N】组合键，打开图 1-2-10 所示的“新建”对话框。在对话框中可以输入文件名，设置尺寸大小、分辨率、颜色模式和背景颜色等内容。默认情况下，系统会创建一个分辨率为 300 ppi、背景色为白色的图像文件。

2. 打开文件

在 Photoshop 中，可以打开一个或多个已有文件。选择“文件”→“打开”命令或按【Ctrl+O】组合键，也可以单击欢迎界面上的“打开”按钮。

3. 存储文件

在 Photoshop 中，PSD 格式文件是 Adobe Photoshop 新建图像的默认文件格式，也是唯一支持所有可用图像模式（位图、灰度、双色调、索引颜色、RGB、Lab 和多通道）、参考线、Alpha 通道、专色通道和图层的格式。新建或打开图像文件后，对图像编辑完毕或在其编辑过程中应随时对编辑的图像文件进行存储，以避免意外情况造成不必要的损失。

对图像文件第一次存储（以“未标题 -*”为名称的文件）时可选择“文件”→“存储”命令或按【Ctrl+S】组合键，在打开的“另存为”对话框中指定保存位置、文件名和保存类型，如图 1-2-11 所示。

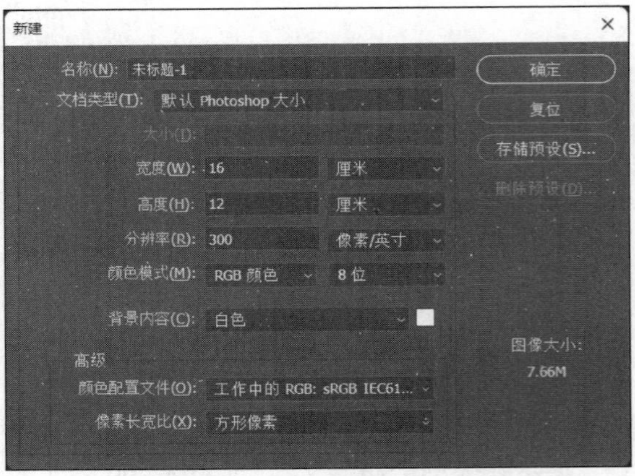

图 1-2-10　“新建”对话框

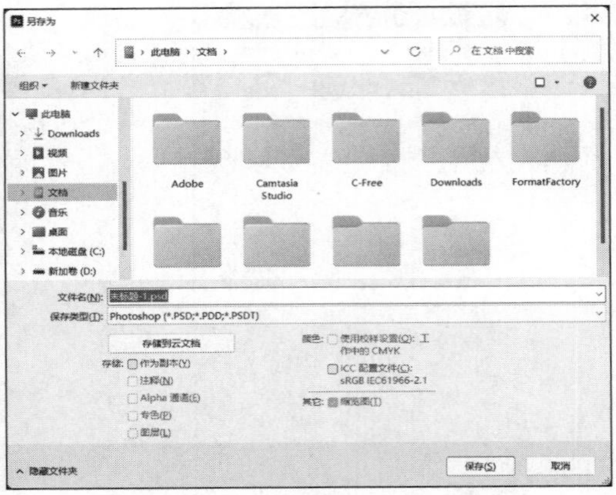

图 1-2-11　“另存为”对话框

对图像文件第一次存储（已经有名称的文件）或另存时可选择“文件”→“存储为”命令或按【Shift+Ctrl+S】组合键，在打开的“另存为”对话框中指定保存位置、文件名和保存类型。

4. 恢复文件

在处理图像过程中，如果出现了误操作，可以选择“文件”→“恢复”命令或按【F12】键来恢复文件，但是执行该命令只能恢复到最后一次保存时的状态，并不能完全恢复。因此，在实际操作中常通过“历史记录”面板来恢复操作，将在后续章节中讲解。

5. 关闭文件

如果需要关闭正在编辑的图像文件，单击当前图像文件窗口右上方的“关闭”按钮，或者选择“文件”→“关闭”命令，或按【Ctrl+W】组合键即可。

如果需要关闭Photoshop所有的图像文件，选择“文件”→“关闭全部”命令，或按【Alt+Ctrl+W】组合键即可。

2.2.3　图像窗口的基本操作

在进行图像处理时，往往会打开多幅图像素材同时使用，有时会对Photoshop的界面中出现的多个图像窗口进行操作，以方便对图像的操作。管理这些图像窗口及窗口中图像的显示大小等是进行图像处理的第一步。

1. 新建图像窗口

新建图像窗口是指对当前处理的图像再新建一个图像窗口。这样在任意窗口中对图像任何部分所做的编辑修改（除放大和缩小图像外）都将在另一窗口中的相同部分反映出来，以方便修改图像时，可以在新建的图像窗口中放大图像显示，而在原来未放大的窗口中观察修改效果。

具体操作方法是选择“窗口”→“排列”→“为（文件名）新建窗口”命令，新建一个图像窗口，效果如图 1-2-12 所示。

2. 切换图像窗口

在Photoshop中只能对当前图像窗口进行操作，如果需要将当前窗口切换到另外的图像窗口中，当图像窗口处于非最大化状态时，单击需切换至窗口的可见部分即可。如果最前的图像窗口遮住了后面的图像窗口，可以将光标置于图像窗口的标题栏上，按住鼠标左键并拖动窗口，将图像窗口移到其他位置后再切换。

3. 排列图像窗口

在编辑两个以上的图像时，为了操作方便，可以根据需要采用不同的方式来排列窗口。排列窗口的方法有层叠、平铺、在窗口中浮动和使所有内容在窗口中浮动等。

4. 切换图像屏幕的显示模式

Photoshop 提供了三种屏幕显示模式：标准屏幕模式、带有菜单栏的全屏模式及全屏模式，如图 1-2-13 所示。Photoshop 默认的屏幕显示模式为标准屏幕模式，即显示图像窗口边框大小，而在实际使用过程中可以进入全屏显示模式，以方便观察整幅图像的效果或进行细节的处理。

单击工具箱下方的"屏幕模式"按钮 或按【F】键便可在三种模式间切换。

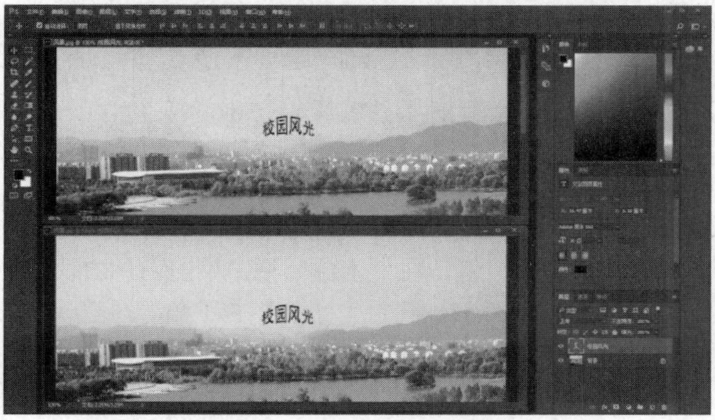

图 1-2-12　新建图像窗口

图 1-2-13　"屏幕模式"按钮

2.2.4　设置图像和画布

图像的大小是指图像文件的数字大小，也就是容量的大小。以千字节（KB）、兆字节（MB）或吉字节（GB）为度量单位，与图像的像素大小成正比，而画布大小是指图像周围的工作区大小，下面将分别讲解如何根据需要调整图像和画布的大小、绘图辅助工具的使用及变换图像。

1. 设置图像大小

扫描或导入图像后，用户可能需要调整其大小。在 Photoshop 中，可以使用"图像大小"对话框来调整图像的像素大小、打印尺寸和分辨率。

打开需要调整图像大小的图像文件，选择"图像"→"图像大小"命令，或按【Alt+Ctrl+I】组合键，打开图 1-2-14 所示的"图像大小"对话框。设置"宽度""高度"和"分辨率"值，通过改变这三者的值，便可以改变图像的实际尺寸。

> **注意：** 图像中包括的像素越多，图像的细节也就越丰富，打印的效果越好，但需要的磁盘存储空间也会越大，而且编辑和打印的速度可能会越慢。

在图像品质（保留所需要的所有数据）和文件大小难以两全的情况下，图像分辨率成为它们之间的折中办法。可以降低分辨率而不改变像素大小，即图像品质不变；降低分辨率而保持相同的文档大小将降低像素大小，即降低了图像品质和文件大小。

2. 设置画布大小

画布大小是指图像四周的工作区的尺寸大小。"画布大小"命令可用于添加或移去现有图像周围的工作区。该命令还可用于通过缩小画布区域来裁剪图像。

打开需要调整的图像，选择“图像”→“画布大小”命令，或按【Alt+Ctrl+C】组合键，打开图 1-2-15 所示的“画布大小”对话框。各选项的含义如下：

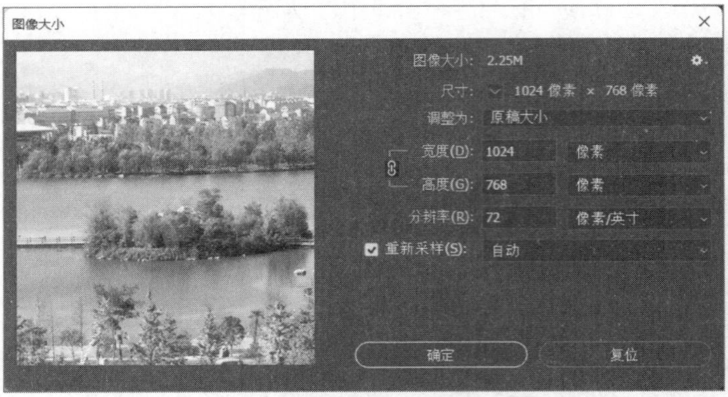

图 1-2-14　“图像大小”对话框

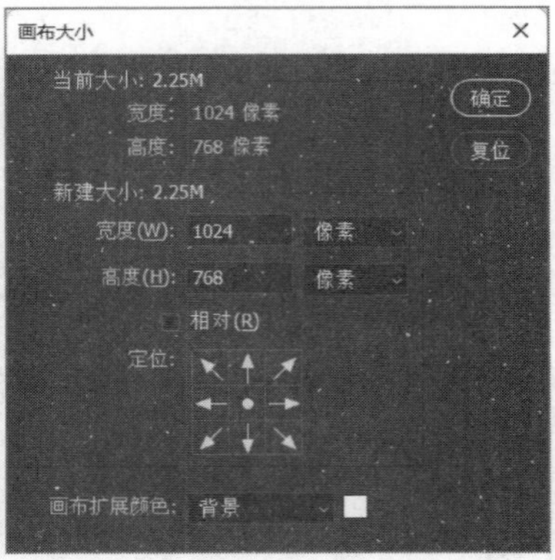

图 1-2-15　“画布大小”对话框

（1）当前大小：显示当前图像的画布的大小，默认与图像的“宽度”和“高度”相同。

（2）新建大小：设置新画布的“宽度”和“高度”值，在“定位”栏中单击白色方块的位置，以确定图像在新画布中的位置，可以居中、偏左、偏右、在左上角、在右下角等。选择“相对”并输入希望画布大小扩大或缩小的数量（输入负数将缩小画布大小）。

（3）画布扩展颜色：选择新增画布的颜色，可选择“前景”（用当前的前景颜色填充新画布）、“背景”（用当前的背景颜色填充新画布）、“白色”、“黑色”或“灰色”（用这种颜色填充新画布），也可以选择“其他”或按□按钮（使用拾色器选择新画布颜色）。如果图像不包含背景图层，则“画布扩展颜色”菜单不可用。

如果缩小画布，会打开“Adobe Photoshop”对话框，如图 1-2-16 所示，提示用户要缩小画布必须将原图像裁切一部分，单击“继续”按钮，在改变画布大小的同时裁切掉部分图像。

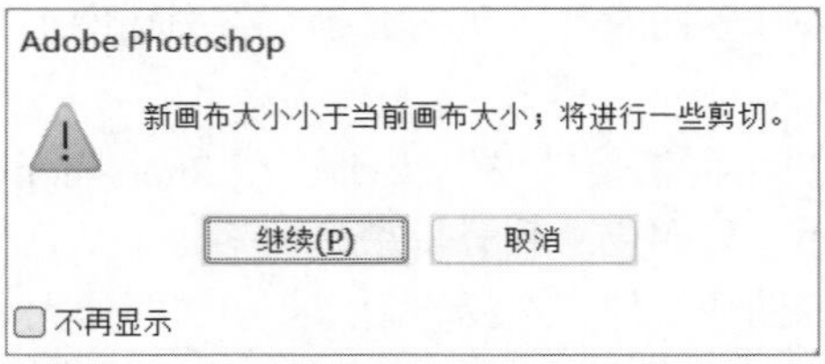

图 1-2-16　“Adobe Photoshop”对话框

3. 使用绘图辅助工具

在编辑图像时还经常会使用标尺、标尺工具、计数工具、网格和参考线等辅助工具，这些绘图辅助工具能够帮助用户在长和宽方向精确地放置图像或图像元素。

1）使用标尺

在 Photoshop 中，标尺是图像处理最常用的一种绘图辅助工具。标尺可帮助用户精确地确定图像或元素的位置。如果显示标尺，标尺会出现在现用窗口的顶部和左侧。 当移动指针时，标尺内的标记显示指针的位置。

选择“视图”→“标尺”命令，或按【Ctrl+R】组合键，在图像窗口中显示出标尺，如图 1-2-17 所示。

默认情况下，标尺的原点在窗口左上角，其坐标值为（0,0）。标尺原点也确定了网格的原点。

如果需要更改图像窗口内的标尺单位，可选择“编辑”→“首选项”→“单位与标尺”命令，打开“首选项”对话框，在“单位”选项组的“标尺”下拉列表中更改其度量单位；或在图像标尺处右击，在打开的快捷菜单中可以设置标尺的单位。

如果要关闭标尺，再执行一下“视图”→“标尺”命令，或按【Ctrl+R】组合键即可。

2）使用标尺工具

在 Photoshop 中，标尺工具可以测量计算工作区域中任意两点之间的距离。标尺工具与吸管工具、2D 材质吸管工具、颜色取样器工具、注释工具和计数工具组合在一起，在默认的情况下，工具箱上显示的是吸管工具。在吸管工具上按下鼠标左键停留一会儿，即会显示一个工具提示菜单，如图 1-2-18 所示，在其中选择“标尺工具”命令，即可选中标尺工具。

使用标尺工具在文件图像内从起点拖动到终点，“信息”面板和“工具属性栏”会自动打开并显示度量结果。

图 1-2-17　显示标尺

图 1-2-18　选择标尺工具

3）使用计数工具

用户可以使用计数工具 $^{1}2^{3}$ 对图像中的对象计数。要对对象手动计数，则选择工具箱中的计数工具并单击图像，Photoshop 将跟踪单击次数。计数数目将显示在项目上和计数工具“属性”面板中。

注意：Photoshop 也可以自动对图像中的多个选定区域计数，并将结果记录在“测量记录”调板中。

4）使用网格

在 Photoshop 中，网格可帮助用户精确地确定图像或元素的位置。网格对于对称地布置图像或元素很有用。默认情况下网格显示为非打印直线，但也可以显示为点，网格对排列图像元素很有用。

（1）如果要显示网格，选择“视图”→“显示”→“网格”命令，或按【Ctrl+’】组合键，图像窗口中就会显示出网格，如图 1-2-19 所示。

（2）如果要隐藏网格，同样再执行一次“视图”→“显示”→“网格”命令，或按【Ctrl+’】组合键。

5）创建参考线

在 Photoshop 中，参考线也可帮助用户精确地确定图像或元素的位置。参考线是浮动在整个图像上的直线，不会被打印。用户可以移动、删除参考线；也可以锁定参考线，以防无意中移动它们。

将鼠标指针置于窗口顶部或左侧标尺处，按住鼠标左键，当鼠标指针处于或状态时，拖动鼠标指针到要放置参考线的位置释放鼠标，即可在该位置处创建一条参考线，如图 1-2-20 所示。

选择“视图”→“新建参考线”命令，打开图 1-2-21 所示的“新建参考线”对话框，在“取向”栏和“位置”中进行设置，即可精确地添加一条新参考线。

图 1-2-19　显示网格

图 1-2-20　创建参考线

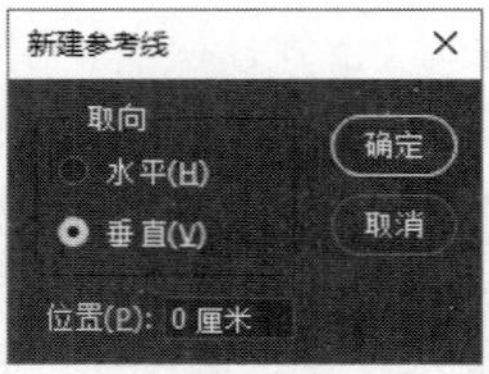

图 1-2-21　“新建参考线”对话框

（1）如果要移动已创建的参考线，选择移动工具，将指针放置在参考线上（指针会变为双箭头），拖移参考线以移动它。拖移参考线时按住【Shift】键，可使参考线与标尺上的刻度对齐。

（2）如果要删除一条参考线，利用移动工具可将该参考线拖移到图像窗口之外；要删除所有参考线，选择“视图”→“清除参考线”命令即可。

（3）如果要锁定参考线，以便不会无意中移动它们，选择“视图”→“锁定参考线”命令或按【Alt+Ctrl+;】组合键即可。

4. 调整图像的显示比例

缩放工具、快捷键、抓手工具以及“导航器”面板可以使用户以不同的缩放倍数查看图像的不同区域。

1）使用缩放工具

选择工具箱中的缩放工具，然后单击工具属性栏中的“放大”或“缩小”按钮，单击图像中想要放大或缩小的区域。每单击一次，图像就会放大或缩小到下一个预定的百分比，并以单击点为中心显示。如果达到最大或最小的放大或缩小倍数，缩放工具的中心就会变为空白。当图像到达最大放大级别 3 200% 或最小尺寸 1 像素时，放大镜看起来是空的。

如果要缩小图像，也可以先选择工具箱中的放大镜工具，然后按住【Alt】键单击要缩小的图像区域。

2）使用快捷键

使用快捷键也可放大或缩小图像显示。要放大图像显示，可按【Ctrl++】组合键；要缩小显示，可按【Ctrl+−】组合键；要激活放大镜工具，可按【Ctrl+ 空格】组合键；要激活缩小工具，可按【Alt+ 空格】组合键。如需要放大或缩小图像到指定的百分比，可在状态栏中显示图像比例大小的位置上输入百分比数值。然后按【Enter】键，使图像以指定的比例显示。

3）使用抓手工具

当需要查看图像的不同部分时，可使用图像窗口滚动栏滚动图像；也可选择工具箱中的抓手工具在图像窗口中拖动图像。在工具箱中单击“抓手工具”按钮，启动抓手工具，鼠标指针会变成一个小手状，将指针放在图像适当的位置拖动，即可移动图像位置。

4）使用“导航器”面板

利用缩览图显示，可以使用“导航器”面板来快速更改图片的视图。“导航器”中的彩色框（称为代理视图区域）对应于窗口中的当前可查看区域。

“导航器”面板中的缩览图可以使用户快速地将要显示的图像部分在图像窗口中显示出来。

为显示该面板，选择“窗口”→“导航器”命令。“导航器”面板如图 1-2-22 所示。

当把鼠标指针放在“导航器”面板中的图像上时，指针形状呈小手状，在视图框中拖动，即可改变图像窗口中显示的图像范围。

如果要使用“导航器”面板来放大或缩小图像，可以单击面板底部的放大或缩小按钮，或拖动滑块，也可以直接在文本框中输入所需的百分比，并按【Enter】键确定。

图 1-2-22　“导航器”面板

2.2.5　变换图像

1. 旋转图像

旋转图像可以采取旋转画布的方法来实现。通过旋转画布可以旋转或翻转整幅图像，但不能用于单个或部分图层、路径或选区。要旋转画布，选择“图像”→“旋转画布”下的子命令即可。

【例 2.1】将画布逆时针旋转 45°，如图 1-2-23 所示。

图 1-2-23　旋转图像

视频

例2.1 图像旋转

具体操作步骤如下：

（1）打开素材文件中的“小狗 .jpg”图片；设置背景色为黑色。

（2）选择“图像”→“旋转画布”→“任意角度”命令，打开“旋转画布”对话框。

（3）在“角度”文本框中输入 45，并选中“度顺时针”单选按钮，如图 1-2-24 所示。

（4）单击“确定”按钮即可。

图 1-2-24　“旋转画布”对话框

2. 裁切图像

对图像进行裁切主要通过两种方法来实现。

（1）用选框工具在图像中进行选取，然后选择“图像”→“裁切”命令，可以裁切图像中的任意部分。

（2）使用工具箱中的裁切工具在图像工作区中拖动选择需要裁切的区域，然后双击选中区域即可裁切图像。

用“裁切”命令或裁切工具裁切后的图像可以保持原来图像的分辨率，并且包括图像中所有的层。

3. 斜切或扭曲图像

选择“编辑”→“变换”→“斜切”或“扭曲”命令，可以扭曲选定的对象。当选择了这两项命令其中之一时，所选区域的周围会出现一个选择框，将指针放在控制柄上拖动即可使图像产生斜切或扭曲效果。如果在进行斜切操作的同时按下【Alt】键，可以对图像内的选定区域以中心点进行斜切或扭曲。

4. 透视图像

对于同一张图片，改变其透视效果能够创造出图像好像从另一个角度观察的视觉效果。选择“编辑”→“变换”→“透视”命令，然后拖动变换框上的控制柄即可使选定图像呈透视效果，这样，此方向上的另一角度会同时反方向移动，得到对称梯形，如图 1-2-25 所示。

图 1-2-25　改变透视效果

视频

例2.2 宇宙飞碟

【例 2.2】宇宙飞碟效果。

具体操作步骤如下：

（1）打开素材中的“宇宙飞碟 .psd”文件，如图 1-2-26（a）所示。

（2）在图层面板选择“网格”图层，选择“编辑”→“变换”→“透视”命令，拖动变换框上左上角控制柄到右上角，如图 1-2-26（b）所示。单击工具属性栏中的✓按钮。

（3）选择“图层”→“新建”→“通过拷贝的图层”命令，或按【Ctrl+J】组合键，复制网格图层，形成“网格 拷贝”图层。

（4）在图层面板选择“网格 拷贝”图层，如图 1-2-26（c）所示。选择“编辑”→“变换”→“顺时针旋转 90 度”命令，旋转图像，如图 1-2-26（d）所示。

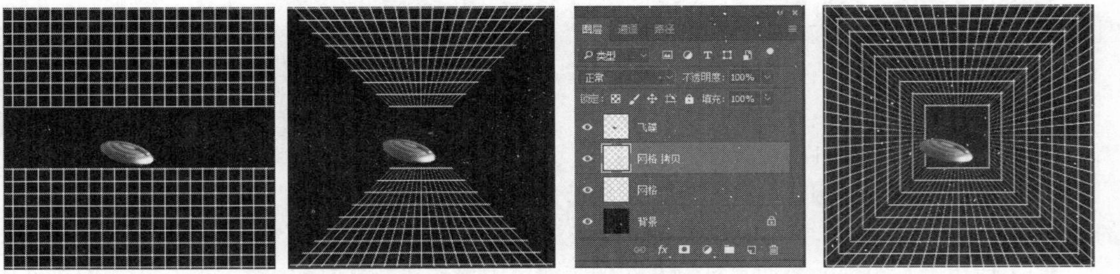

（a）　（b）　（c）　（d）

图 1-2-26　宇宙飞碟效果

5. 变形图像

选择“编辑”→“变换”→“变形”命令，可以对选定区域实施各种变形效果。变形工具“属性”栏如图 1-2-27 所示。

图 1-2-27　变形工具“属性”栏

【例 2.3】利用变形命令对图像进行变形，如图 1-2-28 所示。

具体操作步骤如下：

（1）打开素材文件中的“热带雨林 .jpg”图片。

（2）双击图层面板中背景图层缩略图，单击“确定”按钮，使背景图层转换成普通图层。

（3）选择“编辑”→“变换”→“变形”命令，利用鼠标拖动网格中的线条。

（4）单击变形工具“属性”栏中的✓按钮，应用变形效果。

视　频

例2.3 图像变形

图 1-2-28　对图像实施变形效果

6. 自由变换

“自由变换”命令灵活多变，用户可以完全地自行控制，做出任何变形，一般包括缩放、旋转等。

辅助功能键包括【Ctrl】、【Shift】和【Alt】键。其中【Ctrl】键控制自由变换；【Shift】键控制方向、角度和等比缩放；【Alt】键控制中心对称。可单键使用，也可多键组合使用。

2.3　应 用 举 例

【案例】为香皂添加标志（如图 1-2-29、图 1-2-30 所示），具体效果如图 1-2-31 所示。

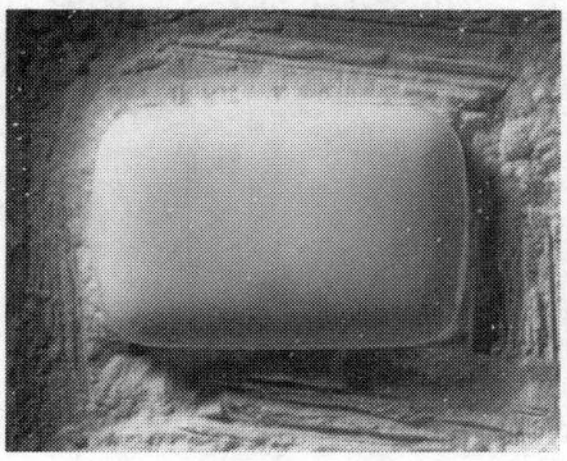

图 1-2-29　香皂

图 1-2-30　标志

图 1-2-31　香皂效果

视　频

2.3 应用举例——香皂logo

【设计思路】利用图层样式设计出凹凸的效果。

【设计目标】通过本案例，掌握打开图像文件、保存图像文件等基本操作和初步了解图层的转换、图层样式等的相关知识。

【操作步骤】

（1）打开“香皂.jpg”图像文件，如图 1-2-29 所示。选择“文件”→“打开为智能对象”命令，打开“Lego.eps”文件。

（2）在工具箱中选择移动工具，拖动“Lego.eps”图像到打开的“香皂.jpg”窗口中。按【Ctrl+T】组合键，打开自由变换命令，设置工具属性栏，“W”为 15%，“H”为 10%，按【Enter】键确认变换，如图 1-2-32 所示。效果如图 1-2-33 所示。

图 1-2-32　工具属性栏

（3）在图层面板中选中“Lego 图层”，选择“图层”→“栅格化”→“智能对象”命令，栅格化智能对象图层，把智能对象图层转换成普通图层，如图 1-2-34 所示。

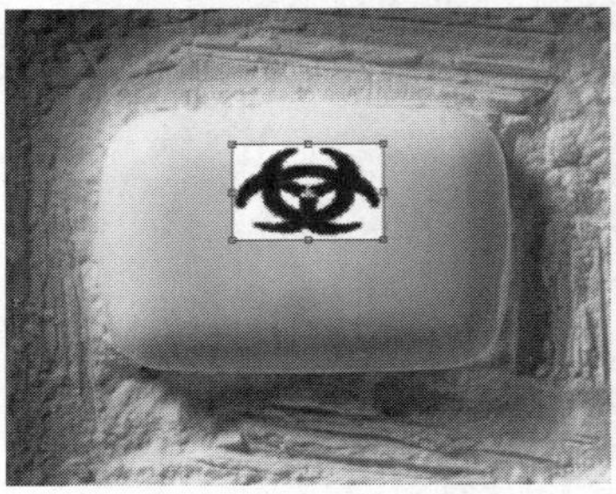

图 1-2-33　自由变换效果

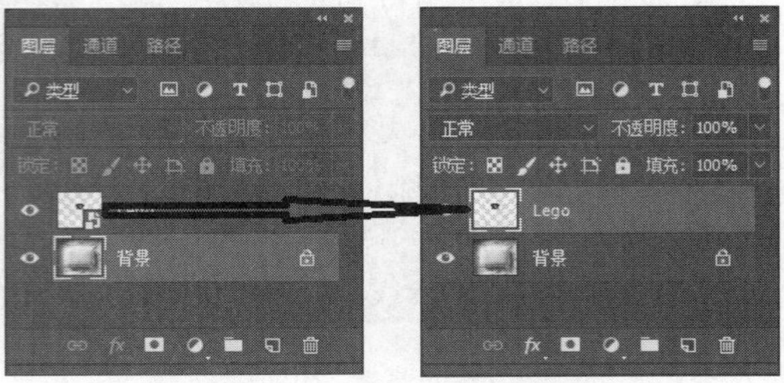

图 1-2-34　栅格化智能对象图层

（4）选择“魔棒工具”，在工具属性栏中设置“添加到选区”，选择“Lego 图层”中的白色区域（包括中间的白色部分），如图 1-2-35 所示；按【Delete】键，删除选区中的图像；按【Ctrl+D】组合键取消选择。

（5）选择“横排文字工具”，在工具箱中设置“前景色”为“黑色”，“背景色”为“白色”，在文件窗口中单击插入光标，输入文字“Soap”，每两个英文字符之间空一个；选取文字，选择“窗口”→“字符”命令，打开“字符”面板，设置“字体”为“Adobe 黑体 Std”，“字体大小”为“45”，设置如图 1-2-36 所示，效果如图 1-2-37 所示。

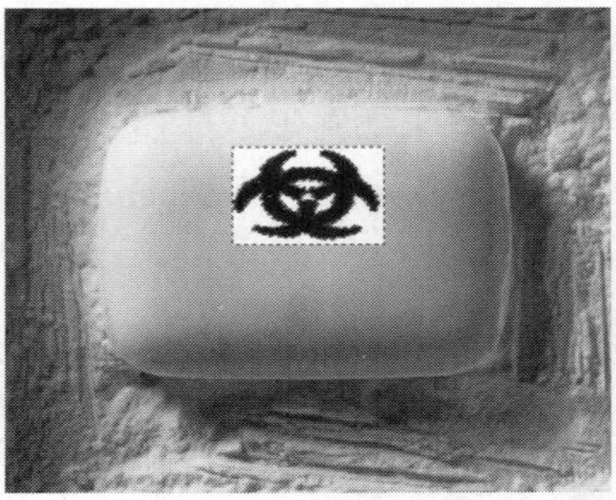

图 1-2-35　建立选区

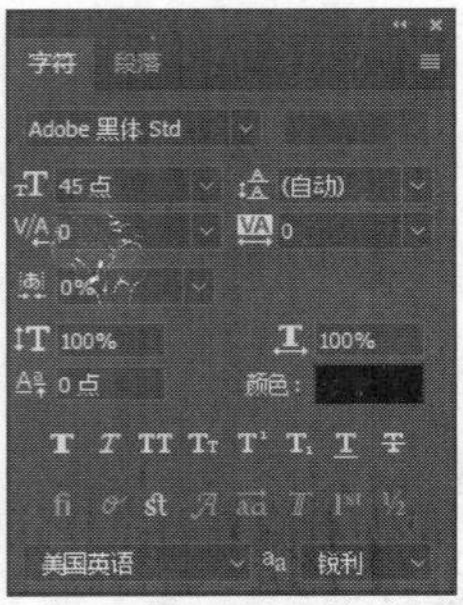

图 1-2-36　“字符”面板

图 1-2-37　输入字符

（6）在图层面板中，选择 Soap 图层，选择“图层”→“栅格化”→“文字”命令，栅格化文字图层，把文字图层转换成普通图层，此原理基本与第（3）步相同，如图 1-2-38 所示。

（7）按【Shift】键，在图层面板中选择 Soap 图层和 Lego 图层，选择“图层”→“合并图层”命令，合并图层，使 Soap 图层和 Lego 图层合并成为一个 Soap 图层，如图 1-2-39 所示。

（8）选择“图层”→“图层样式”→“混合选项”命令，打开“图层样式”对话框；选择“混合选项”样式，设置“高级混合”栏中的“填充不透明度”为 0%，如图 1-2-40 所示；选择“斜面和浮雕”样式，设置“结构”栏中的“样式”为“浮雕效果”、“深度”为 81%、“方向”为“下”、“大小”为“4 像素”、“软化”为“1 像素”，如图 1-2-41 所示；选择“内发光”样式，设置“图素”栏中的“大小”为“8 像素”，如图 1-2-42 所示；单击“确定”按钮。

图 1-2-38　Soap 图层

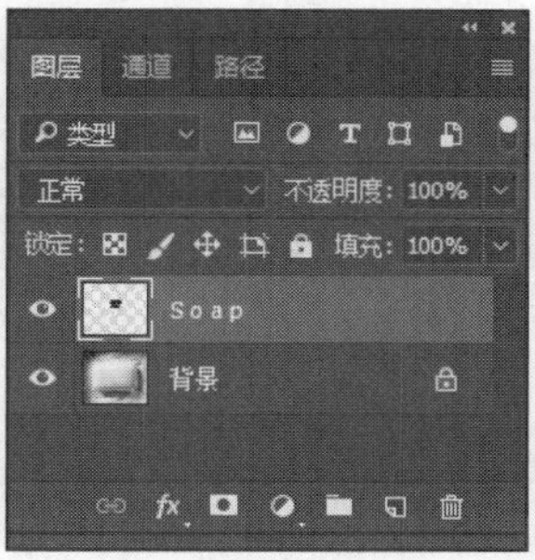

图 1-2-39　合并图层

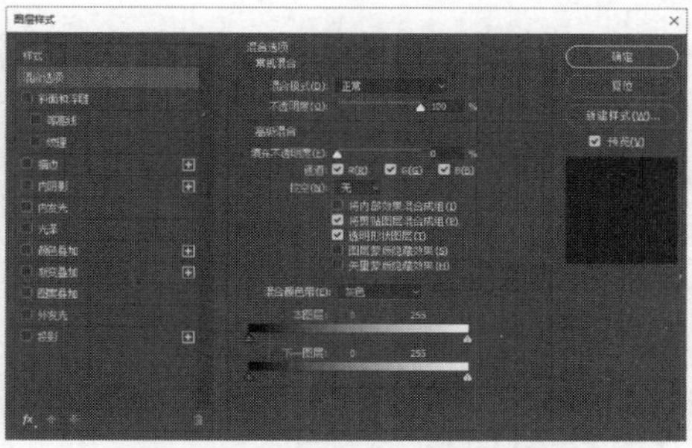

图 1-2-40　设置“混合选项”样式

（9）最终效果如图 1-2-31 所示，选择“文件”→“存储”命令，打开“另存为”对话框，选择实际要保存的路径，将文件命名为“香皂 .PSD”，单击“保存”按钮。

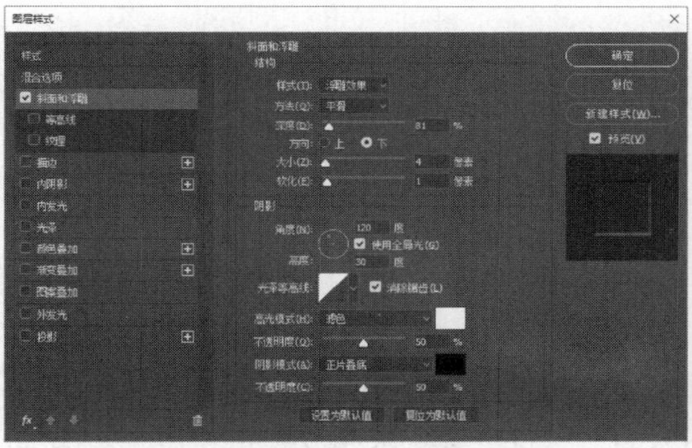

图 1-2-41　设置“斜面和浮雕”样式

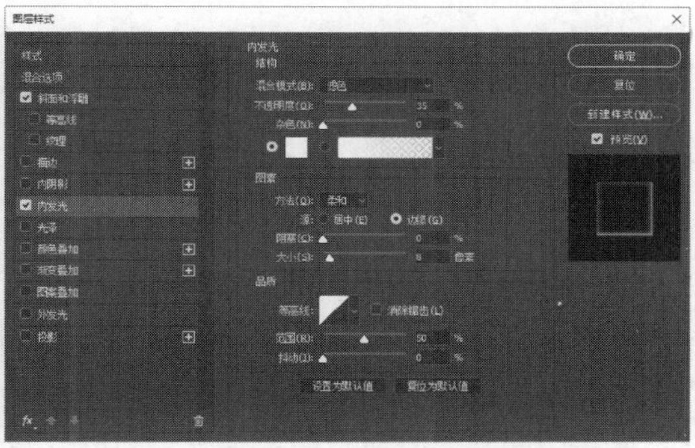

图 1-2-42　设置“内发光”样式

第3章 区域选择与填充

学习目标

◎了解并掌握利用选区工具创建选区的操作。
◎了解编辑图像选区的形状。
◎熟练掌握图像选区的填充。

学习重点

◎基本选区工具的使用。
◎图像选区的填充。

Photoshop 中关于处理图像的操作几乎都与当前的选取范围有关，因为操作只对选区内的图像部分有效，对未选区域无效，所以快捷准确的区域选取是提高图像处理质量的关键。在 Photoshop 中选区的作用有两个方面：一是创建选区后通过填充等操作，便形成了相应的形状图形；二是用于选取所需的图像轮廓，以便对选取的图像进行移动、复制等编辑操作。创建选区的方法有很多，如使用工具箱中的选框工具、套索工具、魔棒工具、菜单中的“色彩范围”命令等。本章将介绍选区的概念及应用、选区的编辑和填充等操作。帮助读者通过本章的学习掌握选取图像的方法。

3.1 基本选区创建工具

选区用沿顺时针转动的黑白线表示，就是用来编辑的范围，一切命令只对选区内有效，对选区外无效。

3.1.1 选框工具

使用选框工具选取图像区域是最常用且最基本的方法。选框工具组包括矩形选框工具、椭圆选框工具、单行选框工具和单列选框工具，如图 1-3-1 所示，分别用于创建矩形选区、圆形选区、单行和单列等选区，快捷键为【M】键。

1. 矩形选框工具

图 1-3-1　选框工具

Photoshop 工具箱中各个工具的属性面板统一归于菜单栏下的工具属性栏，所以选中矩形选框工具后，工具属性栏也相应变为矩形选框工具的属性栏。矩形选框工具的属性栏分为四部分：修改选择方式、羽化、消除锯齿、样式，如图 1-3-2 所示。

图 1-3-2　矩形选框工具的属性栏

1）修改选择方式

修改选择方式有四种：新选区、添加到选区、从选区减去和与选区交叉，用于控制选区的增减。

（1）新选区：表示创建新选区，原选区将被覆盖，如图 1-3-3（a）所示。

（2）添加到选区：表示创建的选区将与已有的选区进行合并，成为新的选区，如图 1-3-3（b）所示。

（3）从选区减去：表示将从原选区中减去重叠部分成为新的选区，如图 1-3-3（c）所示。

（4）与选区交叉：表示将创建选区与原选区的重叠部分作为新的选区，如图 1-3-3（d）所示。

（a）　（b）　（c）　（d）

图 1-3-3　修改选择方式的效果

2）羽化

羽化是指通过创建选区边框内外像素的过渡来使选区边缘柔化，羽化值越大，则选区的边缘越柔和。羽化的取值范围为 0 ～ 250 像素。

3）消除锯齿

消除锯齿用于消除选区锯齿边缘，只能在选择了椭圆选框工具后才可用。

4）样式

“样式”用于设置选区的形状，有正常、固定比例和固定大小三种模式。

- 正常：选择此项后，用户可以不受任何约束，自由创建选区。
- 固定比例：选择此项后，将激活此后的“宽度”和“高度”文本框，在其中输入宽度和高度后，创建选区时将按指定比例建立新选区。系统默认值为 1∶1，如图 1-3-4 所示。
- 固定大小：选择此项后，将激活此后的“宽度”和“高度”文本框，在其中输入宽度和高度后，创建选区时将按指定大小建立新选区。系统默认值为 64 像素 ×64 像素，如图 1-3-5 所示。

图 1-3-4　创建固定长宽比的选区

图 1-3-5　创建固定大小的选区

在矩形选框工具属性栏中设置好参数后将鼠标指针移到图像窗口中，单击并按住鼠标左键不放，拖动至适当大小后释放鼠标，即可创建出一个矩形选区。

注意：按住【Shift】键不放，拖动鼠标可以创建正方形选区。

2. 椭圆选框工具

使用椭圆选框工具可以在图层上创建椭圆选区，椭圆选框工具属性栏的参数设置及使用方法与矩形选框工具完全相同，这里不再赘述。如图 1-3-6 所示为绘制的一个椭圆选区，在绘制时若按住【Shift】键不放再按鼠标左键并拖动鼠标，则可以绘制一个正圆选区，如图 1-3-7 所示。

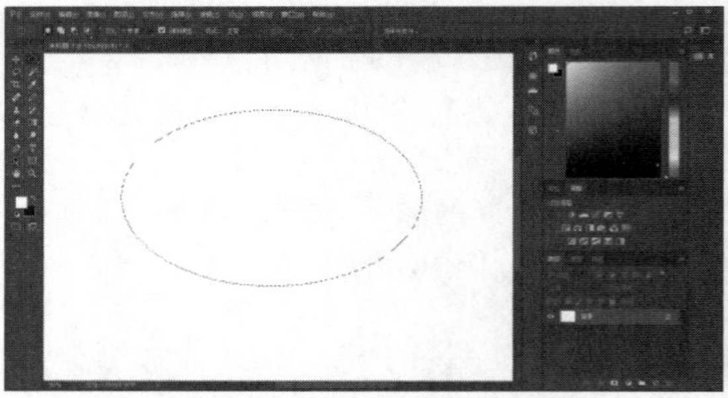

图 1-3-6　绘制椭圆选区

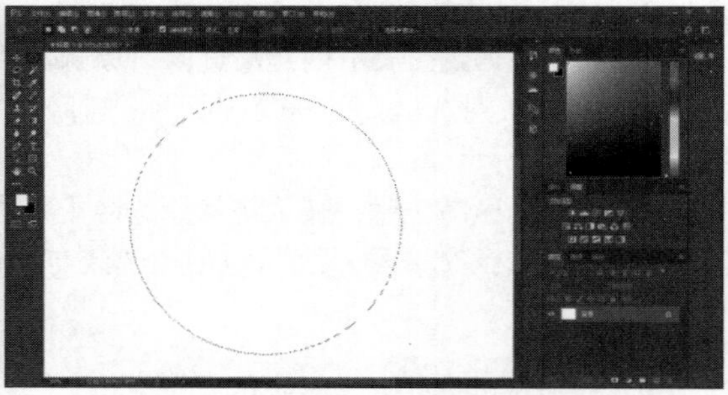

图 1-3-7　绘制正圆选区

3. 单行选框工具

单行选框工具可以创建高度为 1 像素的选区，在使用时可以将图像放大后再进行选取。其参数设置与矩形选框工具相同，不同的是选择工具后只需在图像窗口中单击便可创建选区，羽化值只能为 0 像素，样式不可选，如图 1-3-8 所示。

4. 单列选框工具

单列选框工具可以创建宽度为 1 像素的选区，在使用时也可以将图像放大后再进行选取。其参数设置也与矩形选框工具相同，不同的是选择工具后只需在图像窗口中单击便可创建选区，羽化值只能为 0 像素，样式不可选，如图 1-3-9 所示。

图 1-3-8　绘制一个像素高的选区

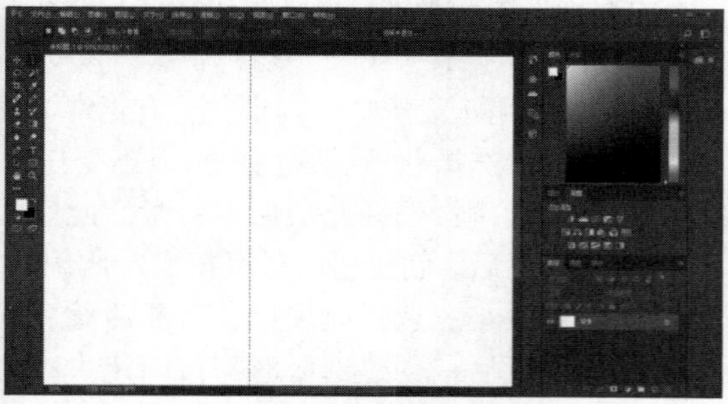

图 1-3-9　绘制一个像素宽的选区

【例 3.1】利用选框工具绘制一个圆柱体。

具体操作步骤如下：

（1）新建图像文件，选择渐变工具，将背景图层填充白色到浅蓝色渐变效果。

（2）新建“图层 1”，选择矩形选框工具，创建如图 1-3-10 所示的矩形选区。

（3）选择椭圆选框工具，修改选择方式为“添加到选区”，在矩形的上方和下方各绘制一个椭圆选区，如图 1-3-11 所示。

视频

例3.1 圆柱体

图 1-3-10　绘制矩形选区

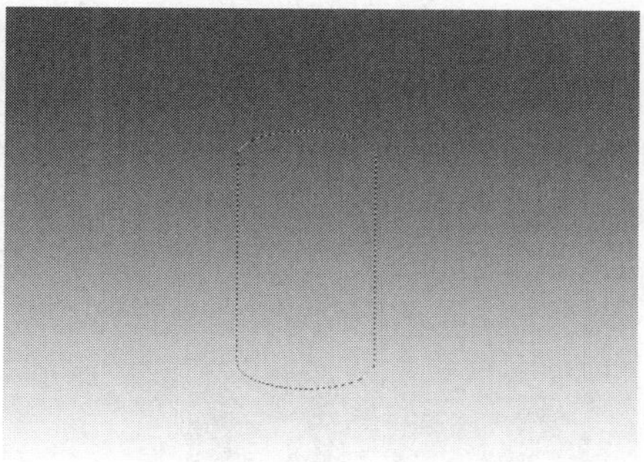

图 1-3-11　添加椭圆选区

（4）选择渐变工具，设置渐变色为“灰色（R：177，G：177，B：177）”到“白色”到“灰色”，对选区进行线性渐变填充，如图 1-3-12 所示。

（5）新建“图层 2”；利用椭圆选框工具的“新选区”模式在原先选区上部建立一个新的椭圆选区，并用灰色（R：152，G：152，B：152）填充，如图 1-3-13 所示。

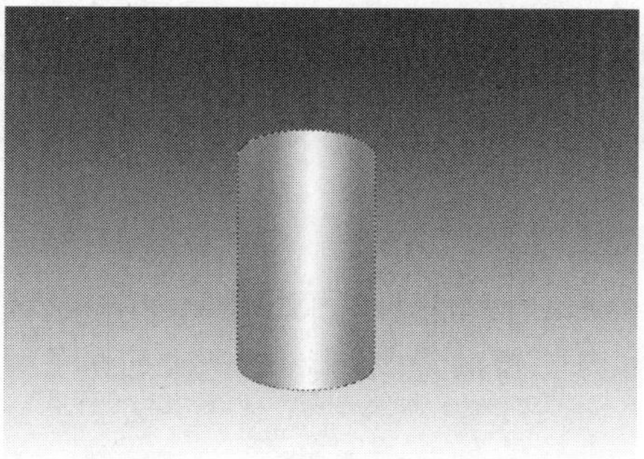

图 1-3-12　渐变填充选区

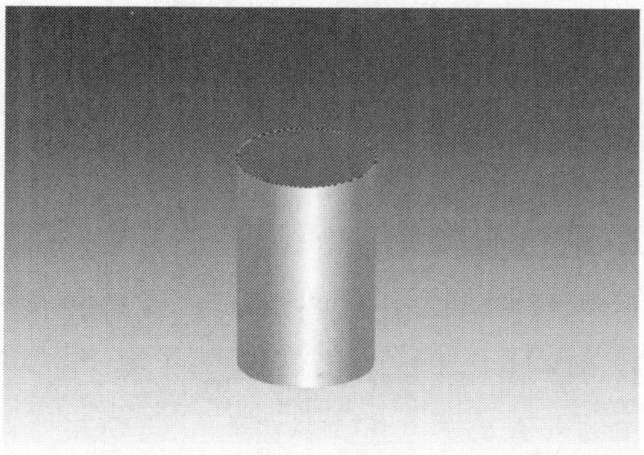

图 1-3-13　圆柱体上部椭圆效果

（6）再利用椭圆选框工具的“新选区”模式在原先选区中央建立一个新的较小的椭圆选区，按【Delete】键，将其中的填充色删除，如图 1-3-14 所示。

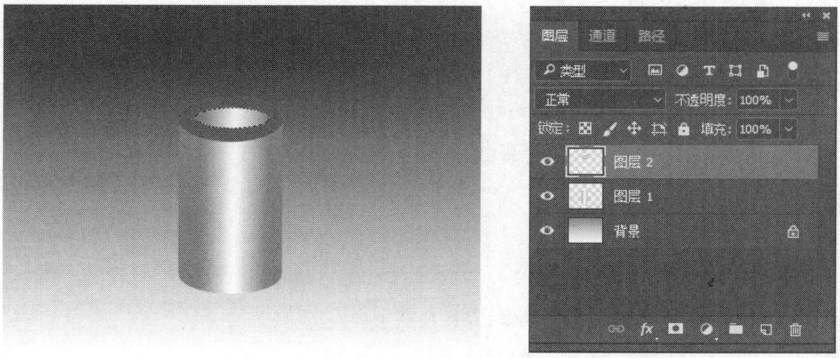

图 1-3-14　圆柱体最终效果

3.1.2 套索工具

套索工具也是一种常用的范围选取工具，可用来创建直线线段或徒手描绘外框的选区，也可用于选取不规则图像区域，如花朵和动物等不规则图像的选取，如图 1-3-15 所示。

1. 套索工具

使用套索工具可以绘制出图像边框的直边和不规则的线段，它以自由手控的方式进行区域选择。使用套索工具选取时，一定要注意选取速度，要一气呵成。使用索套工具选取图像的方法是：将鼠标指针移到要选取图像的起始点，单击并按住鼠标左键不放，沿图像的轮廓移动鼠标，当回到图像的起始点时释放鼠标，即可选取图像，如图 1-3-16 所示。

图 1-3-15 套索工具

图 1-3-16 使用套索工具建立选区

套索工具的工具属性栏中各选项含义请参见选框工具中的相关部分。

使用套索工具选取时，有以下几种操作技巧：

（1）如果选取的曲线终点与起点未重合，则 Photoshop 会自行封闭成完整的曲线。

（2）按住【Alt】键在起点与终点处单击，可绘制出直线外框。

（3）按住【Delete】键，可删除最近所画的线段，直到剩下想要留下的部分，松开【Delete】键即可。

2. 多边形套索工具

使用套索工具选取图像时不易控制选取的精确度，而使用多边形套索工具可以选取比较精确的图形，尤其适用于边界多为直线或边界曲折的复杂图形的选取，如图 1-3-17 所示。

当使用多边形套索工具创建选区且鼠标指针回到起点时，指针右下角会出现一个小圆圈，如图 1-3-18 所示，表示选区已封闭，此时再单击即完成操作。如果终点和起点不重合，在终点双击，则终点和起点将自动连接一条直线，使选区封闭。

图 1-3-17 使用多边形套索工具建立选区

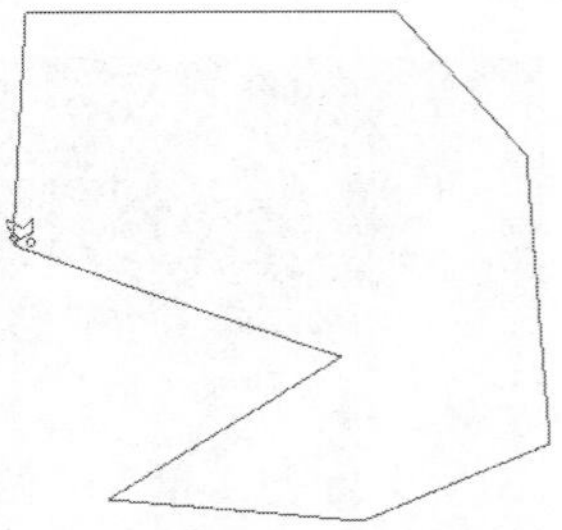

图 1-3-18 封闭选区

使用多边形套索工具创建选区时，有以下几种操作技巧：

（1）按住【Alt】键可徒手描绘选区。

（2）按住【Delete】键可删除最近所画的线段，直到剩下想要留下的部分，松开【Delete】键即可。

3. 磁性套索工具

使用磁性套索工具可以自动捕捉图像中对比度较大的图像边界，从而快速、准确地选取图像的轮廓区域。顾名思义，仿佛是有磁性一样，它可以沿物体的边缘来创建选区。图 1-3-19 所示是利用磁性套索工具选取鸟的嘴部图像。

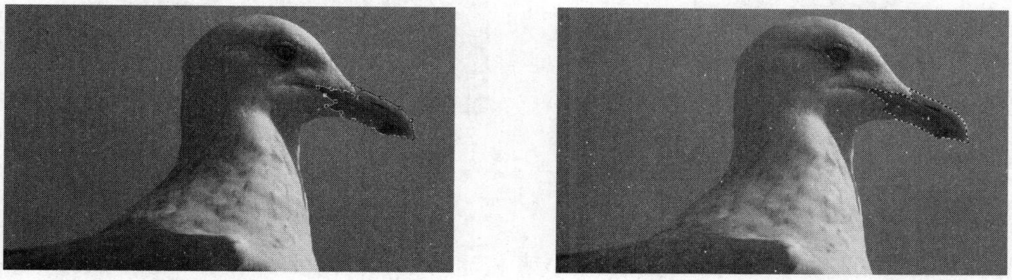

（a）产生的定位点　　（b）选取鸟的嘴部

图 1-3-19　磁性套索

3.1.3　快速选择工具

利用快速选择工具可以调整圆形画笔笔尖，快速“绘制”选区。拖动时，选区会向外扩展并自动查找和跟随图像中定义的边缘。

选择工具箱中的快速选择工具，打开快速选择工具属性栏，如图 1-3-20 所示。各选项含义如下：

图 1-3-20　快速选择工具属性栏

（1）修改选择方式。修改选择方式有三种：新选区、添加到选区和从选区减去，用于控制选区的增减。

（2）画笔笔尖大小。要更改快速选择工具的画笔笔尖大小，则单击属性栏中的“画笔”菜单并输入像素大小或移动“直径”滑块，如图 1-3-21 所示。使用“大小”弹出菜单选项，使画笔笔尖大小随钢笔压力或光笔轮而变化。

注意： 在建立选区时，按右方括号键（]）可增大快速选择工具画笔笔尖的大小；按左方括号键（[）可减小快速选择工具画笔笔尖的大小。

（3）对所有图层取样。“对所有图层取样”是基于所有图层（而不是仅基于当前选定图层）创建一个选区。

（4）自动增强。减少选区边界的粗糙度和块效应。“自动增强”自动将选区向图像边缘进一步流动并应用一些边缘调整，也可以通过在“调整边缘”对话框中使用“平滑”“对比度”和“半径”选项手动应用这些边缘调整。

利用快速选择工具在要选择的图像中绘画，选区将随着用户绘画而增大，如图 1-3-22 所示。如果更新速度较慢，应继续拖动以留出时间来完成选区上的工作。在形状边缘的附近绘画时，选区会扩展以跟随形状边缘的等高线。

注意： 如果停止拖动，然后在附近区域内单击或拖动，选区将增大以包含新区域。要临时在添加模式和相减模式之间进行切换，则按住【Alt】键。

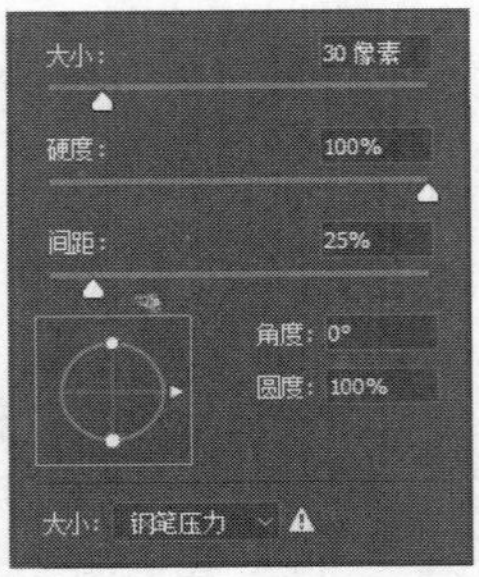

图 1-3-21 “画笔”菜单

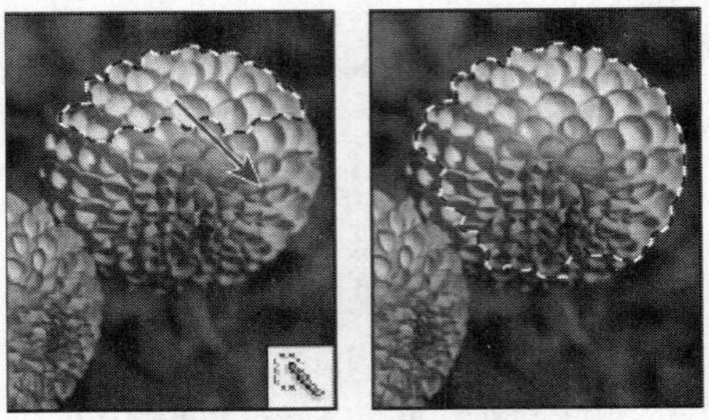

图 1-3-22 扩展选区

3.1.4 魔棒工具

魔棒工具可以选择图像内色彩相同或者相近的区域，而无须跟踪其轮廓。还可以指定该工具的色彩范围或容差，以获得所需的选区。在一些具体的情况下既可以节省大量的精力，又能达到意想不到的效果。

选择工具箱中的魔棒工具，打开魔棒工具属性栏，其中除了修改方式选项部分和调整边缘按钮外，还包括容差、消除锯齿、连续和对所有图层取样选项，如图 1-3-23 所示。各选项含义如下：

图 1-3-23 魔棒工具属性栏

（1）容差：用于设置颜色取样时的范围。输入的数值越大，选取的颜色范围也越大；数值越小，选取的颜色就越接近，选取的范围就越小。其有效值为 0 ～ 255，系统默认为 32。

（2）连续：选中时表示只选取相邻的颜色区域；未选中时表示可将不相邻的区域也加入选区。

（3）对所有图层取样：当图像含有多个图层时，选中该复选框表示对图像中所有的图层起作用。

使用魔棒工具选取图像时，只需单击需要选取图像区域中的任意一点，附近与它颜色相同或相似的区域便会自动被选取。图 1-3-24 所示为“容差”为“10”时用魔棒工具单击图像右上角蓝天部分选取的结果；图 1-3-25 所示为“容差”为“32”时用魔棒工具单击图像右上角蓝天部分选取的结果。

图 1-3-24 “容差”为“10”时选取结果

图 1-3-25 “容差”为“32”时选取结果

3.1.5 “色彩范围”命令

“色彩范围”命令与魔棒工具的作用类似，但其功能更为强大，它可以从现有的选区或整个图像内选择所指定的颜色或颜色子集，使用取样的颜色来选择一个色彩范围，然后建立选区，即它可以选取图像中某一颜色区域内的图像或整个图像内指定的颜色区域。

选择“选择”→“色彩范围”命令，将打开图 1-3-26 所示的“色彩范围”对话框，各选项含义如下：

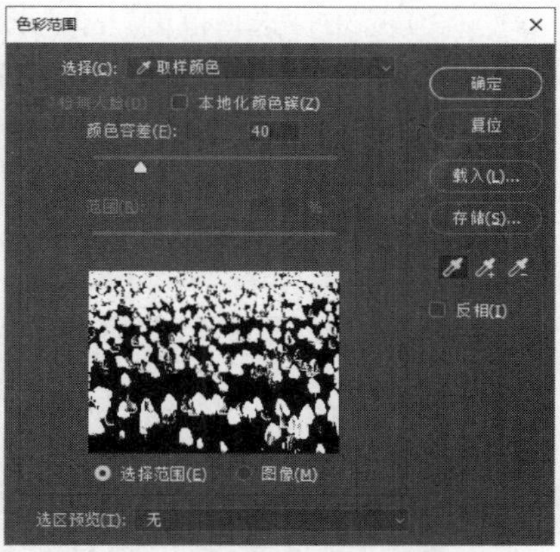

图 1-3-26　“色彩范围”对话框

（1）选择：在其下拉列表中，可选择所需的颜色范围，其中“取样颜色”表示可用吸管工具在图像中吸取颜色，取样颜色后可通过设置“颜色容差”选项来控制选取范围，数值越大，选取的颜色范围则越大；其余选项分别表示将选取图像中红色、黄色、绿色、青色、蓝色、洋红、高光、中间色调和暗调等颜色范围。

（2）选择范围：选中该选项按钮后，在预览窗口内将以灰度显示选取范围的预览图像，白色区域表示被选取的图像，黑色区域表示未被选取的图像，灰色区域表示选取的图像区域为半透明。

（3）图像：选中该选项后，在预览窗口将以原图像的方式显示图像的状态。

（4）选区预览：在其下拉列表中可选择图像窗口中选区的预览方式，其中“无”表示不在图像窗口中显示选取范围的预览图像；“灰度”表示在图像窗口中以灰色调显示未被选择的区域（与“选择范围”预览框中显示的效果相同）；“黑色杂边”表示在图像窗口中以褐色显示未被选择的区域；“白色杂边”表示在图像窗口中以白色显示未被选择的区域；“快速蒙版”表示在图像窗口中以蒙版颜色显示未被选择的区域。

（5）反相：用于实现选择区域与未被选择区域之间的相互切换。

（6）吸管工具：工具用于在预览图像窗口中单击取样颜色，和工具分别用于增加和减少选择的颜色范围。

【例 3.2】用“色彩范围”命令选取图 1-3-27 所示中的红色花朵图像，从图中可以看出如果用本章前面所讲的区域选择工具都不容易选取。

视频

例3.2 色彩范围创建选区

具体操作步骤如下：

（1）选择“文件”→“打开”命令，打开“打开”对话框，选择实际要打开的路径，打开“花 1.jpg” 图像文件，如图 1-3-27 所示。

（2）选择“选择”→“色彩范围”命令，打开“色彩范围”对话框，在“选择”下拉列表中选择“取样颜色”选项，选中“图像”单选按钮，再将鼠标指针移到图像预览框中红色的花朵上单击取样，如图 1-3-28 所示。

图 1-3-27　“花 1”图片

图 1-3-28　取样颜色

（3）选中“选择范围”单选按钮，在预览框中查看选择范围，此时有大部分的红色花朵仍呈灰色显示，因此将“颜色容差”滑块向右滑动，直到需选取的花朵图像呈白色显示，注意不要把不需要的图像选取进来，如图 1-3-29 所示。

（4）单击工具，在呈灰色显示的花朵上再次单击取样，可扩大选取。

（5）单击“确定”按钮，其选取结果如图 1-3-30 所示。

图 1-3-29　调整颜色容差

图 1-3-30　选取结果

3.2　编辑选区

在编辑和改变图像的过程中，都会遇到一些调整和修正选区的操作，以真正得到所需的选区。创建选区后还可根据需要对选区的位置、大小和形状等进行修改和编辑。本节介绍如何调整选区，使读者更好地了解调整选区的操作。

3.2.1　移动和复制选区

选区建立以后，用户可以自由地移动图像内的选区，以便于图像内元素与元素之间距离、位置的调整，操作起来也非常便捷。

在任一选框工具状态下，将鼠标指针移至选区区域内，待鼠标指针变成剪刀形状后按住鼠标不放，拖动至目标位置即可移动选区，如图 1-3-31 所示。

图 1-3-31　移动选区

移动选区还有以下几种常用的方法：

（1）按键盘的方向键可以每次以 1 像素为单位移动选择区域；按住【Shift】键不放再使用光标键，则每次以 10 像素为单位移动选择区域。

（2）在用鼠标拖动选区的过程中，按住【Shift】键不放可使选区在水平、垂直或 45° 斜线方向上移动。

（3）待鼠标指针变成形状后，按住鼠标左键拖动选区，可将选择区域复制后拖动至另一个图像的窗口中。

3.2.2　修改选区

1. 增减选区

通过增减选区可以更为准确地控制选区的范围及形状。增减选区有以下两种方法。

（1）利用快捷键来增减选区范围；在图像中创建一个选区后，按住【Shift】键不放，此时即可使用选择工具增加其他图像区域，同时在选择工具右下角会出现“+”号，完成后释放鼠标即可。如要增加多个选区，可按住【Shift】键不放，同时如果新添加的选区与原选区有重叠部分，将得到选区相加后的形状的选区。若选取了不需要的图像范围，则要去掉这些多余的被选中区域，可以按住【Alt】键不放，当选择工具右下角出现“—”号时，使用选择工具选中或单击要去掉的区域即可。

（2）利用修改选择方式的四个按钮来增减选区范围；创建选区后根据选择工具的属性栏中的按钮也可实现选区的增减修改，各按钮的作用请参见选框工具中的相关部分。

2. 扩大选区

扩大选区是指在原选区的基础上向外扩张，选区的形状实际上并没有改变，可以使选区内容得以增加，以进行编辑和修正。方法是选择“选择”→“修改”→“扩展”命令，打开 “扩展选区”对话框，在“宽度”文本框中输入 1 ～ 16 之间的整数，即可扩大现有选区。

除了扩大图像内现有的选区之外，还可以根据颜色来扩大选区。有以下两种操作方法：

（1）选取相邻的像素。要通过选取相邻的像素来扩大选区，应选择工具箱中的套索工具，并在图像中选取一种相邻的像素，然后选择“选择”→“扩大选取”命令，这时图像内的相邻像素将被选取，扩大了选取范围。

（2）选取相似的像素。用选取相似的像素来扩大选区的方法是建立选区后选择“选择”→“选取相似”命令，图像内的相似像素将被选取，而不是相邻像素被选取。

注意：在位图模式下，“扩大选取”和“选取相似”命令不起作用。

3. 收缩选区

收缩选区与扩大选区的效果刚好相反，它通过“收缩”命令在原选区的基础上向内收缩，选区的形状也没有改变。其方法是选择“选择”→“修改”→“收缩”命令，打开“收缩选区”对话框，在“收缩量”文本框中输入 1 ～ 16 之间的整数，然后单击“确定” 按钮即可。

4. 平滑选区

“平滑”命令可以将选区变得连续且平滑，一般用于修整使用套索工具建立的选区，因为用套索选择时，选区很不连续。选择“选择”→“修改”→“平滑”命令，打开“平滑选区”对话框，在“取样半径”文本框输入 1 ～ 100 之间的整数，然后单击“确定”按钮即可。

5. 羽化选区

通过羽化操作，可以使选区边缘变得柔和及平滑，使图像边缘柔和地过渡到图像背景颜色中，常用于图像合成实例中。

羽化选区的方法是创建选区后选择“选择”→“修改”→“羽化”命令或按【Alt+Ctrl+D】组合键，将打开图 1-3-32（a）所示的“羽化选区”对话框，在“羽化半径”文本框中输入 0.2 ～ 250 之间的羽化值，然后单击“确定”按钮即可。如图 1-3-32（b）所示为羽化值为 5 时对图像选区的影响效果；如图 1-3-32（c）所示为羽化值为 20 时对图像选区的影响效果。

（a）　　（b）　　（c）

图 1-3-32　羽化选区

注意：羽化选区后并不能立即通过选区查看到图像效果，需要对选区内的图像进行移动、填充等编辑后才可看到图像边缘的柔和效果。

3.2.3　变换选区

Photoshop 能够对选区进行变换。它应用几何变换来更改选区范围边框的形状，能够对整个图层、路径和选区边框进行缩放、旋转、斜切、扭曲，也可以旋转和翻转图层的部分或全部、整个图像或选区边框。

对图像内的选区进行变换时，选择“选择”→“变换选区”命令。对选区进行变换时可以使用缩放、旋转、斜切和扭曲操作，而无须从菜单中选择相应的命令。

3.2.4　反选选区

反选是指重新选取除现有选区之外的图像的其他部分，相当于选择从图像中减去已选择的部分。在选取图像中的一部分时，有时要选取的部分无论是形状、色彩都不便于使用其他选取工具进行选取，但图像中的其余部分却色彩单调，这时，反选就十分有用了。用户可以选取图像中易选取的部分，然后利用反选功能选取所需的图像部分。

选择“选择”→“反向”命令，或按【Shift+Ctrl+I】组合键，则选取原选区相反的区域，形成新的选区。

3.2.5　取消、重新选择和全选

创建选区后选择“选择”→“取消选择”命令或按【Ctrl+D】组合键可取消选区。取消选区后选择“选择”→“重新选择”命令或按【Ctrl+Alt+D】组合键，即可重新选取前面的图像。选择“选择”→“全部”命令或按【Ctrl+A】组合键，即可全选选区。

3.2.6　存储和载入选区

Photoshop 提供了存储选区的功能。存储后的选区将成为一个蒙版保存在通道中，需用时再从通道中载入。

存储选区的方法是选择“选择”→“存储选区”命令，打开图 1-3-33 所示的“存储选区”对话框。

载入选区时，选择“选择”→“载入选区”命令，打开图 1-3-34 所示的“载入选区”对话框。

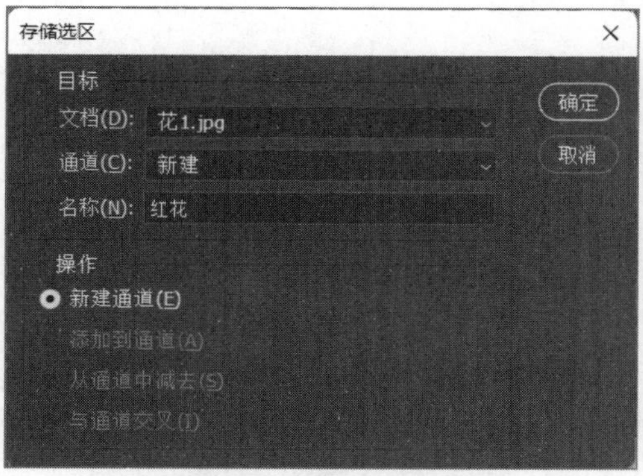

图 1-3-33　“存储选区”对话框

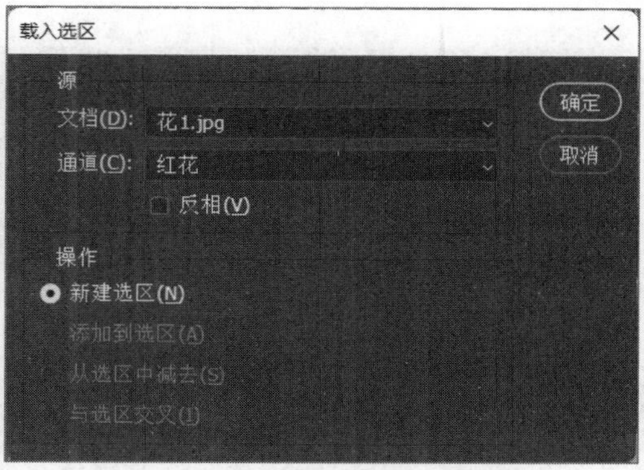

图 1-3-34　“载入选区”对话框

3.3　填 充 选 区

创建选区后可以对其进行颜色填充，是表现选区的一种方式，这样才能更好地表现出图像效果。

3.3.1　设置前景色和背景色

在 Photoshop 中设置颜色是一项最基本的操作，它是填充图像颜色和绘图前需要设置的。在 Photoshop 中可以使用“拾色器”、“颜色”面板、“色板”面板、吸管工具以及颜色取样器工具等设置颜色。

1. 使用拾色器设置

单击工具箱下方的前景色工具或背景色工具都可以打开图 1-3-35 所示的“拾色器”对话框。在“拾色器”对话框中左侧的主颜色框中单击可选取颜色，该颜色会显示在右侧上方颜色方框内，同时右侧文本框内的数值会随之改变。

用户可以在右侧的颜色文本框中输入数值来确定颜色，也可以拖动主颜色框右侧颜色滑块来改变主颜色框中的主色调。

在英文输入状态下，按【D】键也可以将前景色和背景色恢复成默认颜色（图层的前景色为黑色，背景色为白色）。单击颜色调整工具右上角的图标，可以在前景色和背景色之间进行互换；单击左下角的图标，可以恢复到默认的前景色和背景色。

2. 使用“颜色”面板设置

选择“窗口”→“颜色”命令，或按【F6】键则打开图 1-3-36 所示的“颜色”面板。在“颜色”面板中，单击前景色或背景色的图标，拖动 R、G、B 的滑块或直接在 R、G、B 的文本框中输入颜色值，即可改变前景色或背景色的颜色。颜色变化的同时会在工具箱中的前景色或背景色工具中显示出来，直接双击也可以打开“拾色器”对话框进行设置。

注意：在设置颜色时，用户到底是设置前景色还是背景色。

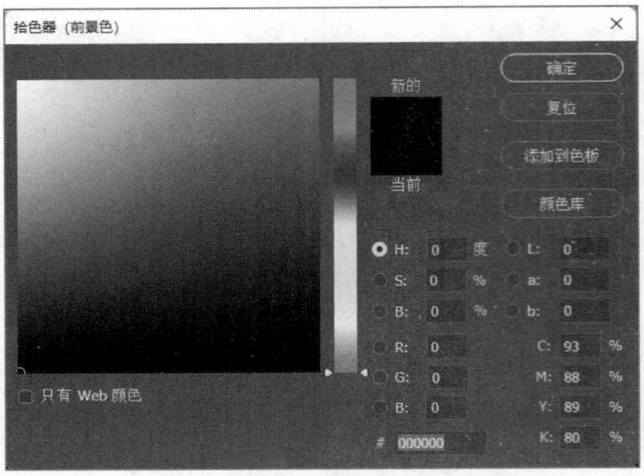

图 1-3-35 “拾色器”对话框

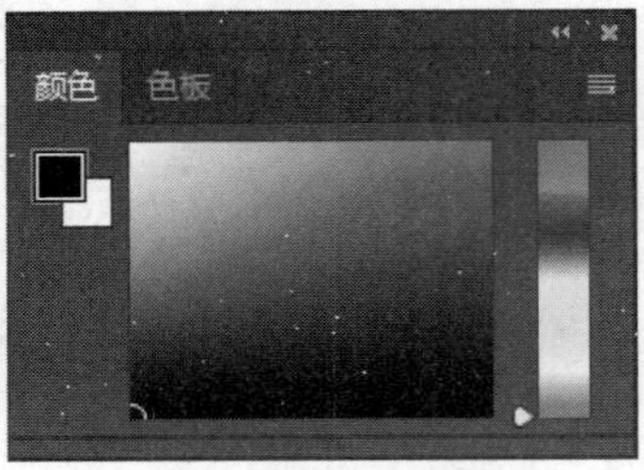

图 1-3-36 “颜色”面板

3. 使用“色板”面板设置

在“颜色”面板组中单击“色板”标签，或选择“窗口”→“色板”命令，打开图 1-3-37 所示的“色板”面板。“色板”面板中包含了许多个颜色块，将鼠标指针置于要选择的颜色块中，当鼠标指针的形状变为吸管状时单击该色块，则被选取的颜色为当前前景色，同时该颜色体现在工具箱的前景色中。按住【Ctrl】键不放并单击，则可以设置为当前背景色。

“色板”面板中的颜色并不是固定不变的，可以在其中添加一个新的颜色块，也可以将其中原有的颜色删除。添加一个新的颜色块的方法是使要添加的颜色成为前景色，再切换到“色板”面板中右击，在弹出的快捷菜单中选择“新色板”命令即可；要删除色块，用鼠标左键拖动需要被删除的色块到面板底部的“删除色板”按钮上释放鼠标即可。

4. 使用吸管工具设置

吸管工具主要用于在一幅图片中吸取需要的颜色，也可以在“色板”面板中吸取，吸取的颜色会表现在前景色或背景色中。图 1-3-38 所示为当前的前景色在用吸管工具吸取颜色后的转变。按住【Alt】键不放并单击，则可以吸取背景色。

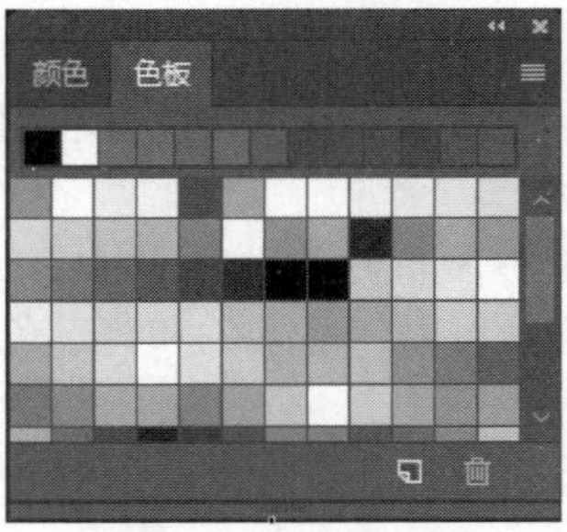

图 1-3-37 “色板”面板

图 1-3-38 使用“吸管工具”前后前景色的变化

3.3.2 使用“油漆桶工具”

使用油漆桶工具可以在选区或图层中的图像中填充指定的颜色或图案。选择工具箱中的油漆桶工具（油漆桶工具隐含在渐变工具下），打开图 1-3-39 所示的油漆桶工具属性栏。

图 1-3-39 油漆桶工具属性栏

使用油漆桶工具填充时，默认是以前景色填充，选择“图案”选项后，后面的图案列表才被激活，可选择不同的图案。模式下拉列表中可以选择填充的着色模式，其作用与画笔等描绘工具中着色模式相同。不透明度用于设置填充内容的不透明度。容差用于设置颜色取样时的范围。输入的数值越大，选取的颜色范围也越大；数值越小，选取的颜色就越接近，选取的范围就越小。

3.3.3　使用“渐变工具”

使用渐变工具可以对图像选区或图层进行各种渐变填充。选择工具箱中的渐变工具，打开图 1-3-40 所示的渐变工具属性栏。各选项的含义如下：

图 1-3-40　渐变工具属性栏

（1）：单击右侧的，在弹出的下拉列表中默认提供了 16 种颜色渐变模式供用户选择。单击颜色编辑部分将打开图 1-3-41 所示的“渐变编辑器”对话框，用于对需使用的渐变颜色进行编辑。在对话框中的“渐变”列表框中可选择预设的几种渐变颜色，颜色条上方，色标代表“透明度”，可创建透明度；在颜色条的下方单击可添加一个色标，并通过下方的“颜色”等选项设置该色标的颜色和位置等；在颜色条上拖动各色标可改变各渐变的多少，如图 1-3-42 所示。

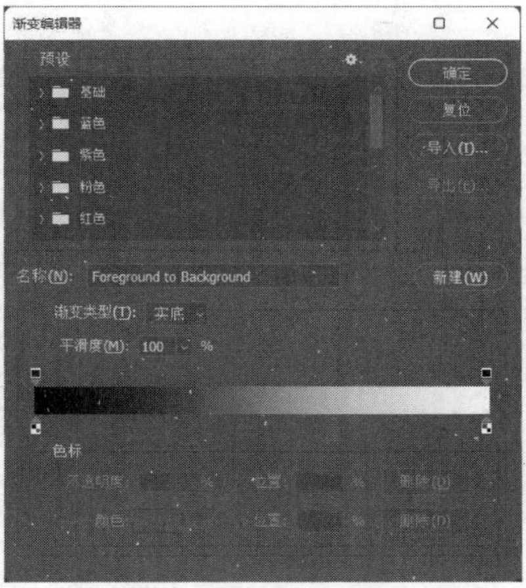

图 1-3-41　“渐变编辑器”对话框

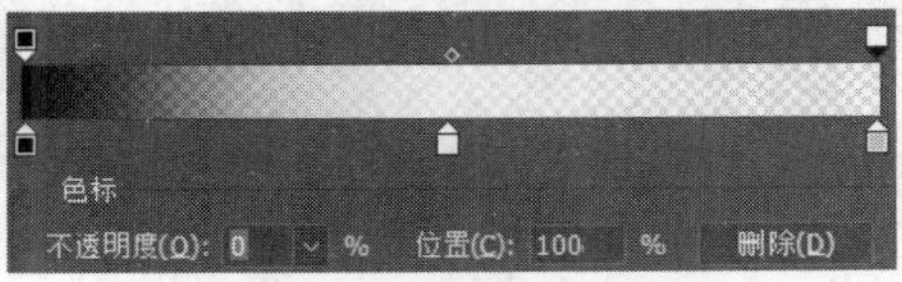

图 1-3-42　设置色标

（2）：分别代表五种渐变模式：线性渐变、径向渐变、角度渐变、对称渐变和菱形渐变。

设置好渐变颜色和渐变模式等参数后，将鼠标指针移到图像窗口中适当的位置单击并拖动到另一位置后释放鼠标即可。但要注意在进行渐变填充时拖动直线的出发点和拖动直线的方向及长短不同，其渐变效果将各有所不同。

【例 3.3】用渐变工具为图 1-3-43 所示的人物添加渐变效果，如图 1-3-44 所示。本范例将使用建立选区和渐变填充插图的背景。

视　频

例3.3 渐变工具

具体操作步骤如下：

（1）选择“文件”→“打开”命令，打开“打开”对话框，选择实际要打开的路径，打开“人物 .jpg”图像文件。

（2）在工具箱中选择“魔棒工具”，在工具属性栏中单击“添加到选区”选项，然后单击背景的不同部分，将其设置为选区，如图 1-3-45 所示。

图 1-3-43　“人物”原图

图 1-3-44　本例的效果图

（3）在工具箱中选择“渐变工具”，在工具属性栏中设置为“径向渐变”选项。

（4）单击颜色编辑部分，打开“渐变编辑器”对话框，需要改变渐变的颜色。

（5）双击渐变条下方右侧的“色标”滑块，打开“拾色器（色标颜色）”对话框，将颜色设置为“蓝色”，本实例中设置颜色为 R：0、G：186、B：255，如图 1-3-46 所示，单击“确定”按钮。

图 1-3-45　建立选区

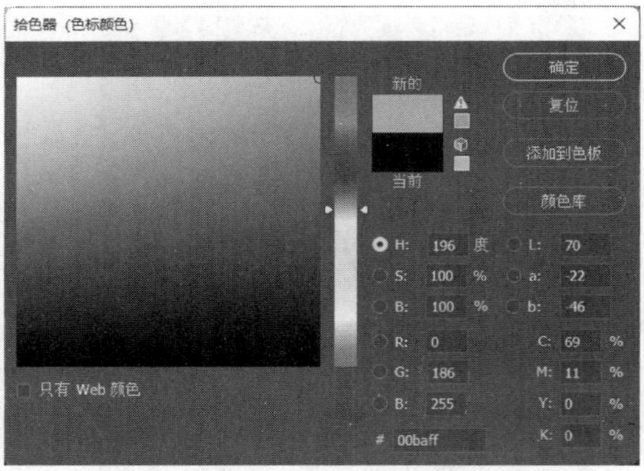

图 1-3-46　设置“蓝色”

（6）双击渐变条下方的中间“色标”滑块，打开“拾色器（色标颜色）”对话框，将颜色设置为“黄色”，本实例中设置颜色为 R：255、G：255、B：0，单击“确定”按钮。

（7）双击渐变条下方左侧的“色标”滑块，打开“拾色器（色标颜色）”对话框，将颜色设置为“棕色”，本范例中设置颜色为 R：133、G：40、B：9，单击“确定”按钮。

（8）在“渐变编辑器”中将显示从“棕色”到“黄色”到“蓝色”的渐变，如图 1-3-47 所示，单击“确定”按钮。

（9）保持选区，选择“图层”→“新建”→“图层”命令，或按【Shift+Ctrl+N】组合键，打开“新建图层”对话框，单击“确定”按钮。

（10）查看工具属性栏中是否设置为“径向渐变”选项，然后从左上角向右下角拖动鼠标，利用新设置的渐变填充方式填充背景，如图 1-3-48 所示。

（11）选择“选择”→“取消选择”命令，或按【Ctrl+D】组合键，取消选区，完成图像的渐变填充。保存文件。

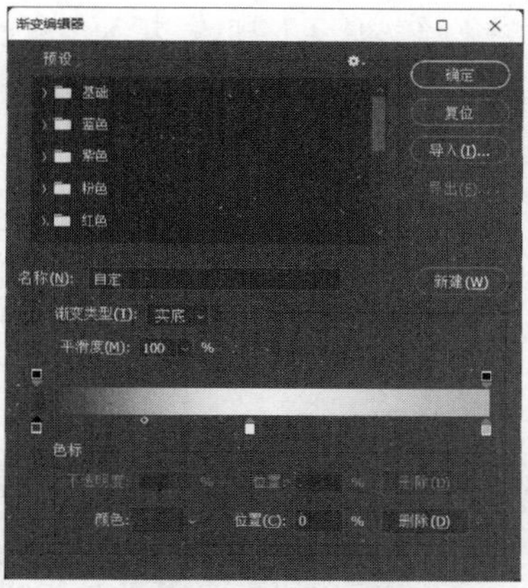

图 1-3-47　设置完成的“渐变编辑器”

图 1-3-48　径向渐变

3.3.4　使用“填充”命令

“填充”命令是 Photoshop 常用的一种填充方法，使用“填充”命令可以对选区或图层进行前景色、背景色和图案等填充。选择“编辑”→“填充”命令，或按【Shift+F5】组合键，将打开图 1-3-49 所示的“填充”对话框，其中大部分选项的作用与“油漆桶工具”属性栏相同。

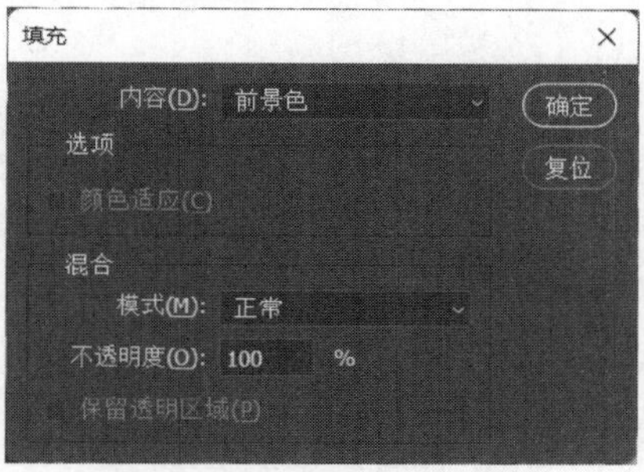

图 1-3-49　“填充”对话框

3.3.5　使用“描边”命令描边选区

使用“描边”命令可以使用当前前景色描绘选区的边缘。选择“编辑”→“描边”命令，打开图 1-3-50 所示的“描边”对话框。可以设置描边的宽度、颜色、位置、混合等。

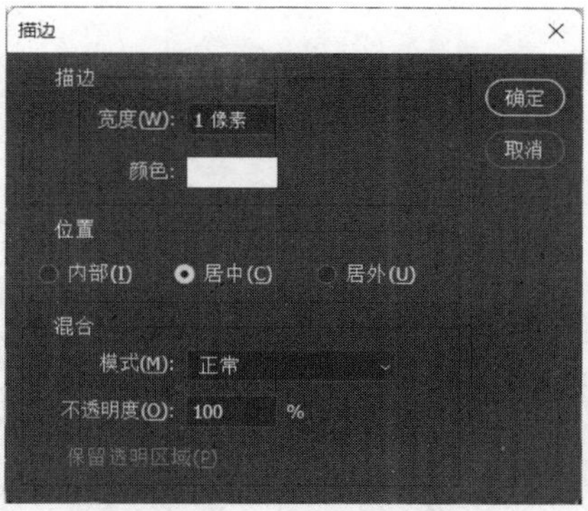

图 1-3-50　“描边”对话框

3.4　应 用 举 例

视 频

3.4 应用举例——争奇斗艳1

【案例】利用 Photoshop 进行图像区域选择和填充的最基本的操作；绘制图 1-3-51 所示的“争奇斗艳”图画。本实例中还涉及新的知识，将在后续章节中学习。

【设计思路】绘制蓝天、白云以及草地、草丛效果。

视频

3.4 应用举例——争奇斗艳2

【设计目标】通过本案例，掌握选框工具、套索工具、填充工具、“填充”命令、“描边”命令等的使用，以及如何设置前背景颜色等操作。

【操作步骤】

1. 新建文件

选择“文件”→“新建”命令，打开“新建”对话框，设置“名称”为“争奇斗艳”，宽度 16 cm，高度 12 cm，分辨率 72 像素 / 英寸，RGB 颜色模式，如图 1-3-52 所示，单击“确定”按钮。

图 1-3-51 “争奇斗艳”效果

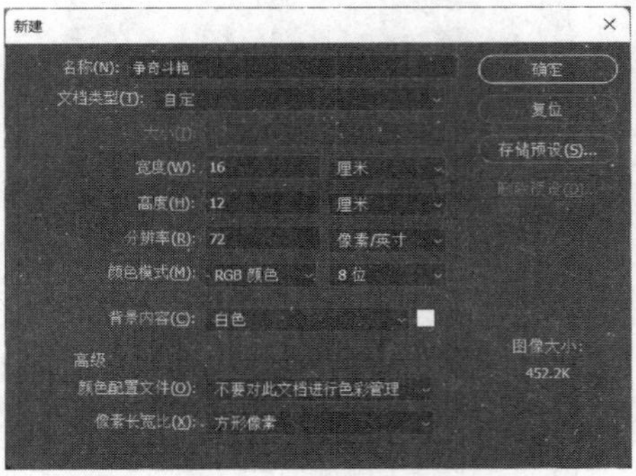

图 1-3-52 “新建”对话框

2. 绘制蓝天

（1）在工具箱中选择“渐变工具”，在工具属性栏中设置为“线性渐变”选项。

（2）单击颜色编辑部分，打开“渐变编辑器”对话框，需要改变渐变的颜色。

（3）双击渐变条下方左侧的“色标”滑块，打开“拾色器（色标颜色）”对话框，将颜色设置为“浅蓝色”，本步骤中设置颜色为 R：94、G：184、B：251，如图 1-3-53 所示，单击“确定”按钮。

（4）双击渐变条下方右侧的“色标”滑块，打开“拾色器（色标颜色）”对话框，将颜色设置为“白色”，本步骤中设置颜色为 R：255、G：255、B：255，如图 1-3-54 所示，单击“确定”按钮。

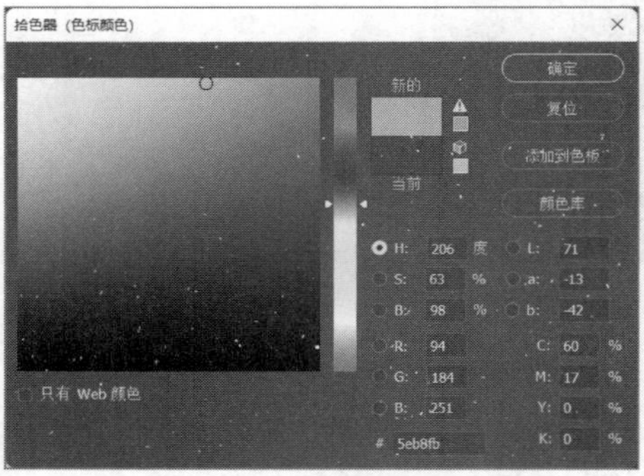

图 1-3-53 设置“浅蓝色”

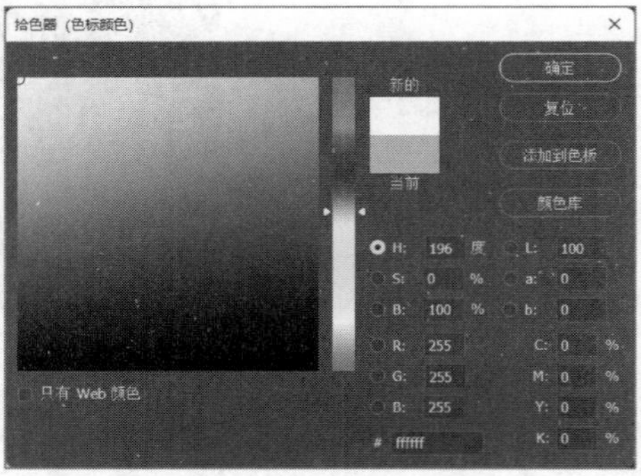

图 1-3-54 设置“白色”

（5）在“渐变编辑器”中将显示从“浅蓝色”到“白色”的渐变，如图 1-3-55 所示，单击“确定”按钮。

（6）选择“图层”→“新建”→“图层”命令，或按【Shift+Ctrl+N】组合键，打开“新建图层”对话框，设置“名称”为“蓝天”，如图 1-3-56 所示，单击“确定”按钮，新建一个名为“蓝天”

的普通图层。

（7）查看工具属性栏中是否设置为“线性渐变”选项，然后从上向下拖动鼠标，利用新设置的渐变填充方式填充“蓝天”图层，如图 1-3-57 所示。

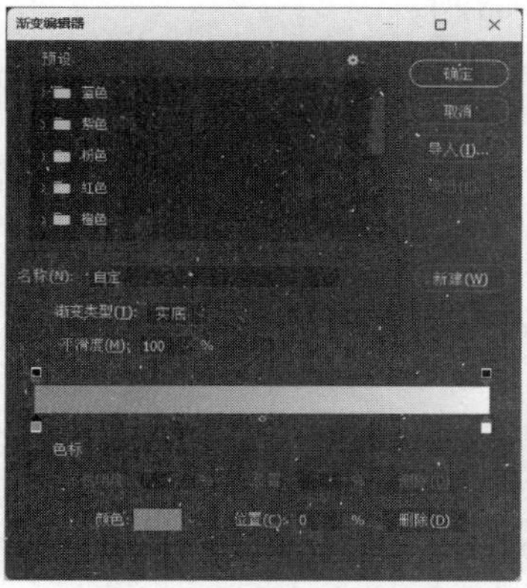

图 1-3-55　浅蓝到白色渐变

图 1-3-56　新建“蓝天”图层

图 1-3-57　线性渐变“蓝天”图层

3．绘制绿草地

（1）按【Shift+Ctrl+N】组合键，打开“新建图层”对话框，设置“名称”为“绿草地”，单击“确定”按钮，新建一个名为“绿草地”的普通图层。

（2）选择工具箱中“矩形选框工具” ，选取图像窗口中的下半部分，如图 1-3-58 所示。

（3）单击工具箱中“设置前景色”按钮，打开“拾色器”对话框，将颜色设置为“绿色”，本步骤中设置颜色为 R：90、G：182、B：0，单击“确定”按钮。

（4）选择工具箱中“油漆桶工具”，点选“选区”部分，填充选区，按【Ctrl+D】组合键，取消选区，如图 1-3-59 所示。

图 1-3-58　选取图像下半部分

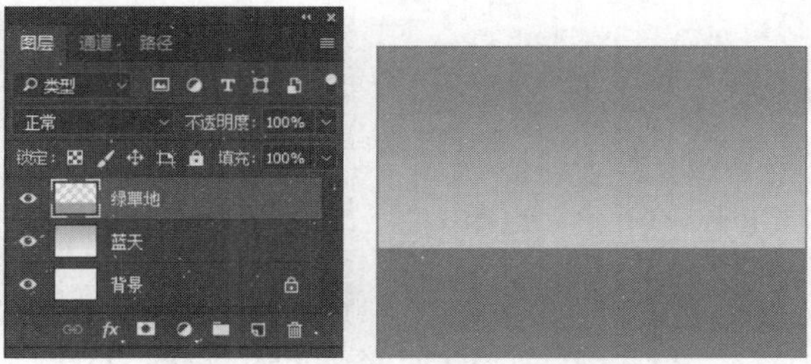

图 1-3-59　“绿草地”效果

4．绘制小草

（1）选择“图层”→“新建”→“组”命令，打开“新建组”对话框，设置“名称”为“小草”，如图 1-3-60 所示，单击“确定”按钮，新建一个名为“小草”的图层组。

（2）按【Shift+Ctrl+N】组合键，打开“新建图层”对话框，设置“名称”为“小草 1”，如图 1-3-61 所示，单击“确定”按钮，新建一个名为“小草 1”的普通图层。

图 1-3-60　新建“小草”图层组

图 1-3-61　新建“小草 1”图层

（3）选择工具箱中的“钢笔工具”（“钢笔工具”的使用将在后续的章节里介绍），绘制“小草 1”路径，如图 1-3-62 所示，如果对绘制的路径不满意，可以用“直接选择工具”来修改路径。

（4）按【Ctrl+Enter】组合键，将路径转换成选区，如图 1-3-63 所示。

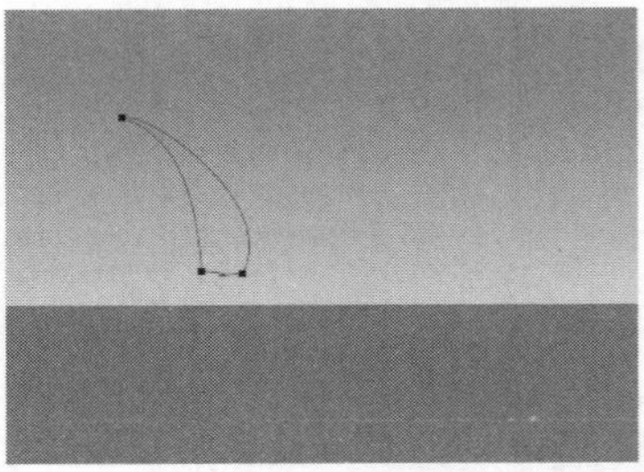
图 1-3-62　绘制“小草 1”路径

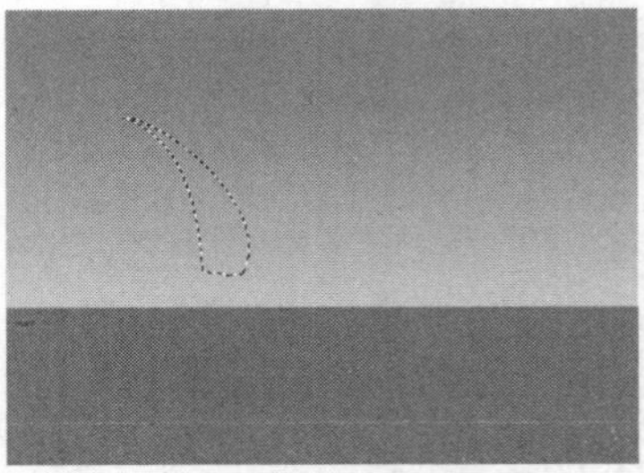
图 1-3-63　路径转换成选区

（5）在工具箱中选择“渐变工具”，在工具属性栏中设置为“线性渐变”选项；在“渐变编辑器”中设置从“浅绿色”到“深绿色”的渐变（具体设置方法与“绘制蓝天”相同），本步骤中设置“浅绿色”为 R：41、G：220、B：19，“深绿色”为 R：22、G：98、B：0。

（6）查看工具属性栏中是否设置为“线性渐变”选项，然后在选区中从左向右拖动鼠标，利用新设置的渐变填充方式填充“小草 1”选区，如图 1-3-64 所示。

（7）为了在“小草 1”选区上绘制小草边线，选择“编辑”→“描边”命令，打开“描边”对话框，设置“宽度”为“2 像素”，将其边线绘制为粗线；设置“颜色”为“绿色”，本步骤中设置“绿色”为 R：80、G：210、B：50，如图 1-3-65 所示，单击“确定”按钮。按【Ctrl+D】组合键，取消选区，描边后效果如图 1-3-66 所示。

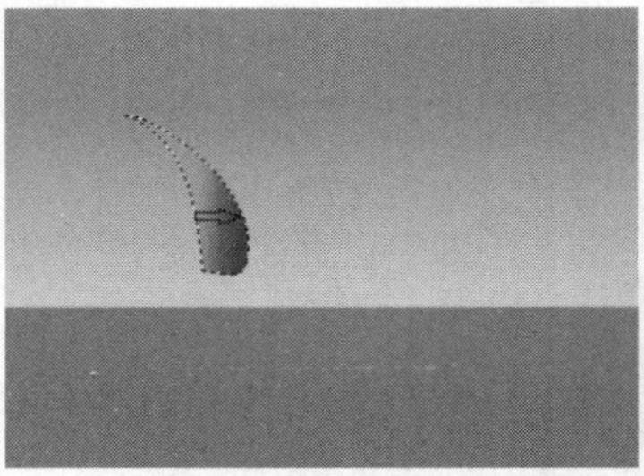
图 1-3-64　线性渐变“小草 1”

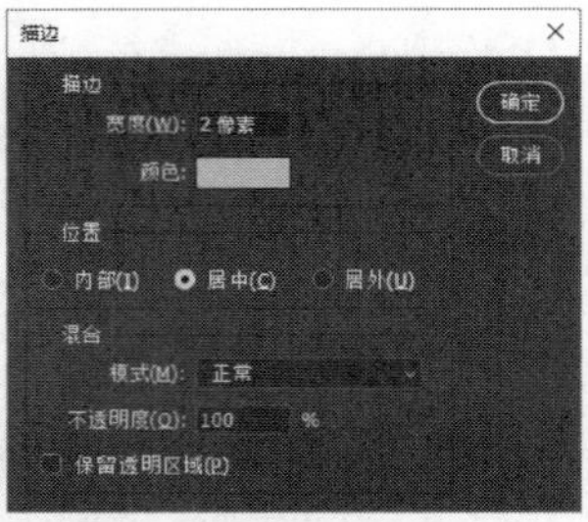

图 1-3-65　设置“小草 1”描边

图 1-3-66　“描边”后的“小草 1”

（8）选择“编辑”→“自由变换”命令，或按【Ctrl+T】组合键，根据自己绘制的小草形状自行设置，按【Enter】键确认变换，如图 1-3-67 所示。

（9）选择“图层”→“复制图层”命令，打开“复制图层”对话框，设置“为(A)：小草2”的文本框内容为“小草 2”，单击“确定”按钮。

（10）在工具箱中选择“移动工具”，移动“小草 2”图层中小草；选择“编辑”→“变换”→“水平翻转”命令，水平翻转“小草 2”，利用键盘中的方向键轻移调整“小草 2”的位置，如图 1-3-68 所示。

（11）利用步骤（9）和（10）同样的方法，以及“自由变换”命令，建立“小草 3”“小草 4”“小草 5”“小草 6”“小草 7”和“小草 8”图层，链接小草组中所有的小草图层，如图 1-3-69 所示。

（12）在“图层面板”中选择“小草”图层组，选择“图层”→“复制组”命令，打开“复制组”对话框，其设置为默认值，单击“确定”按钮，复制“小草 拷贝”图层组。

图 1-3-67　“自由变换”小草 1

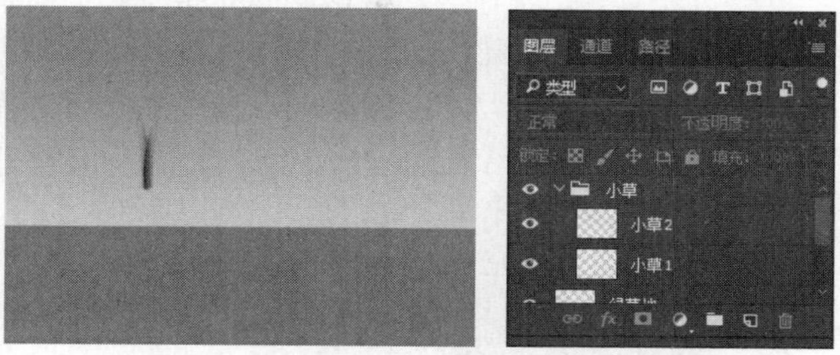

图 1-3-68　小草 1 与小草 2 及图层面板

（13）在工具箱中选择“移动工具”，移动并调整“小草”和“小草 拷贝”图层组中的小草位置（可以结合键盘中的方向键盘），如图 1-3-70 所示。

图 1-3-69　图层面板和小草效果

图 1-3-70　两簇小草

（14）利用步骤（12）和（13）同样的方法，建立“小草 拷贝 2”到“小草 拷贝 9”的图层组，如图 1-3-71 所示。

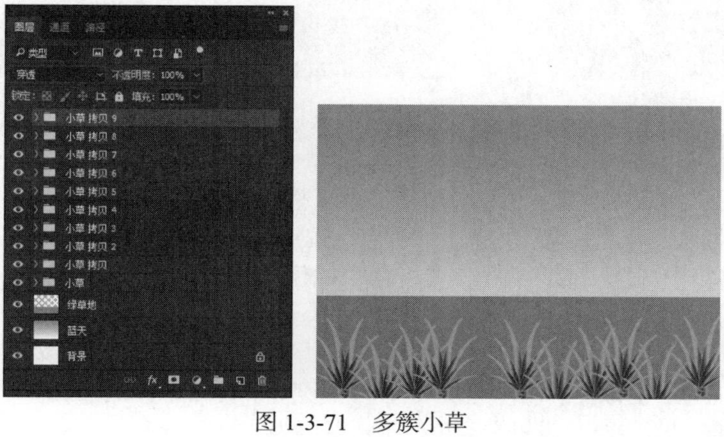

图 1-3-71　多簇小草

5. 白云的绘制

（1）选择“图层”→“新建”→“组”命令，打开“新建组”对话框，设置“名称”为“白云”，单击“确定”按钮，新建一个名为“白云”的图层组。

（2）按【Shift+Ctrl+N】组合键，打开“新建图层”对话框，设置“名称”为“白云 1”，单击“确定”按钮，新建一个名为“白云 1”的普通图层。

（3）在工具箱中选择“套索工具”，设置“套索工具”属性栏中的“羽化”为“5 像素”，在“白云 1”图层上建立图 1-3-72 所示的选区。

（4）单击工具箱中“设置前景色”按钮，打开“选择色标颜色”对话框，将颜色设置为“白色”，本步骤中设置颜色为 R：255、G：255、B：255，单击“确定”按钮。

（5）按【Shift+F5】组合键，打开图 1-3-73 所示的“填充”对话框，设置内容：前景色，单击“确定”按钮，填充选区。

图 1-3-72　建立“白云”选区

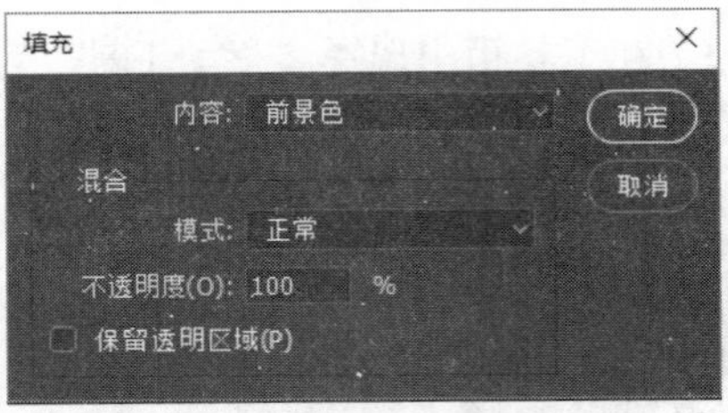

图 1-3-73　设置“填充”对话框

（6）按【Ctrl+D】组合键，取消选区，填充后效果如图 1-3-74 所示。

（7）利用“自由变换”命令和“移动工具”调整“白云”的大小和位置。利用上述步骤再绘制一朵“白云 2”，如图 1-3-75 所示。

图 1-3-74　填充白云

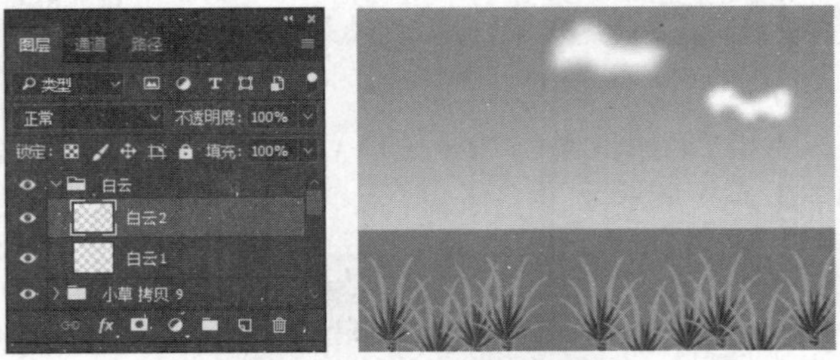

图 1-3-75　两朵白云

6. 太阳的绘制

（1）在“图层”面板中，选中“白云”的图层组，按【Shift+Ctrl+N】组合键，打开“新建图层”对话框，设置“名称”为“太阳”，单击“确定”按钮，新建一个名为“太阳”的普通图层。

（2）在工具箱中选择“椭圆选框工具”，按住【Shift】键，拖动鼠标，建立如图 1-3-76 所示的圆形选区。

（3）在工具箱中选择“渐变工具”，在工具属性栏中设置为“径向渐变”选项；设置从“红色”到“浅蓝色”的渐变，本步骤中设置“红色”为 R：243、G：24、B：50，“浅蓝色”为 R：94、G：184、B：251；设置右侧色标不透明度为 80%。

（4）查看工具属性栏中是否设置为“径向渐变”选项，然后在选区中从中心向外拖动鼠标，利用新设置的渐变填充方式填充“太阳”选区。按【Ctrl+D】组合键，取消选区。

（5）可以利用“自由变换”命令和“移动工具”调整“太阳”的大小和位置，效果如

图 1-3-51 所示。最终图层面板如图 1-3-77 所示。

图 1-3-76　建立圆形选区

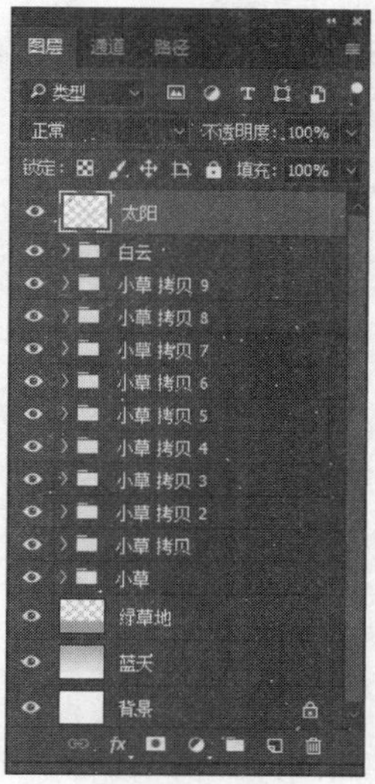

图 1-3-77　最终图层面板效果

7. 保存文件

选择“文件”→“存储”命令，打开“另存为”对话框，选择实际要保存的路径，文件名为“争奇斗艳 .PSD”，单击“保存”按钮。

第 4 章

图像的绘制与修复

学习目标

◎掌握使用画笔、铅笔、形状工具绘制图形的方法。

◎掌握使用修复工具组修复图像的方法。

◎掌握图像渲染工具、图章工具、橡皮擦工具组、颜色替换工具、历史记录画笔工具组的用法。

学习重点

◎使用画笔、铅笔、形状工具绘制图形的方法。

◎掌握修饰图像的方法。

在设计作品时，一般都要对图像进行一些描绘和修饰来得到所需要的效果，本章主要介绍图像的绘制、图像的编辑，包括画笔、铅笔、形状、修复、图章、渲染等工具的设置与应用，以及相应的“属性”面板等，为以后深入学习 Photoshop 奠定基础。通过本章的基础知识和实例的学习，希望读者能够熟练掌握绘制基本图像，处理基本图像。

4.1 绘制图像工具

绘图是制作图像的基础。绘图的基本工具是画笔工具和铅笔工具，此外还可以使用形状绘制工具来绘制各种形状。

4.1.1 使用画笔工具

画笔工具可通过鼠标拖动或单击实现边缘柔软的绘图效果，画笔绘图的颜色为工具箱中设置的前景色。画笔可产生笔触感柔和的线条。

选择工具箱中的画笔工具，其工具属性栏如图 1-4-1 所示。

图 1-4-1 画笔工具属性栏

画笔工具属性栏中各选项参数含义如下：

（1）画笔：单击画笔选项右侧的下拉按钮可预设笔尖样式，相当于画笔面板的“画笔预设”选项，如图 1-4-2 所示。单击其右上角的按钮，可弹出画笔选项菜单，如图 1-4-3 所示，利用其最下方的一组命令可选择画笔笔尖的形态类别。

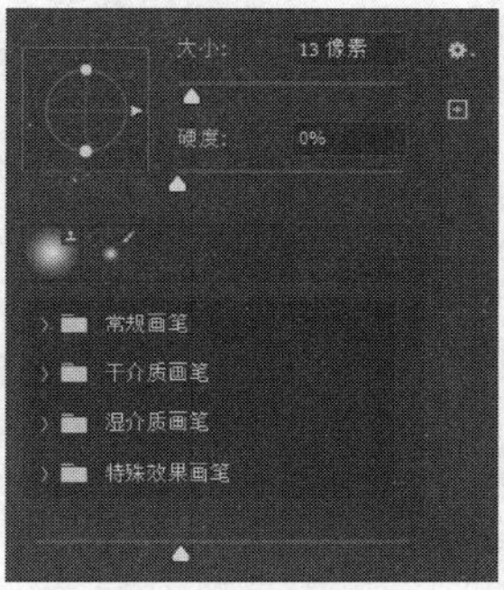

图 1-4-2　画笔预设

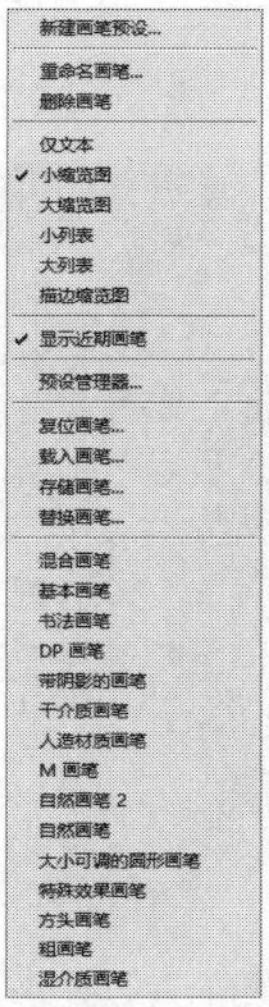

图 1-4-3　画笔选项菜单

（2）按钮：单击该按钮，可弹出画笔面板，如图 1-4-4 所示，画笔面板用于设定各种绘图工具的画笔大小和形状及相关动态参数。整个画笔面板分为选择区、预览区、设置区几大块。单击左边设置选项，右边将出现相应的参数对话框，设定好的画笔可以在最下方显示预览效果。

① 画笔预设：可在右边的画笔形状列表中选择不同的画笔形态。

② 画笔笔尖形状：对选定的画笔样式进行选择和设置，这里可以修改参数，设置相关选项，创建画笔样式，以期得到理想的绘图效果，如图 1-4-5 所示。

③ 形状动态：决定绘制的线条中画笔标记点的变化，即画笔一笔一画的形状，进一步设置画笔的外形，包括“大小抖动”（动态元素的自由随机度）、“角度波动”、“圆度抖动”、“最小直径”等。“控制”项用于定义如何控制动态元素的变化，如图 1-4-6 所示。

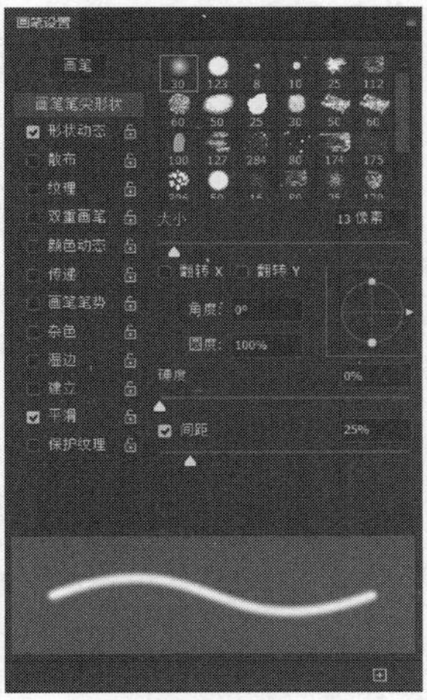

图 1-4-4　画笔面板

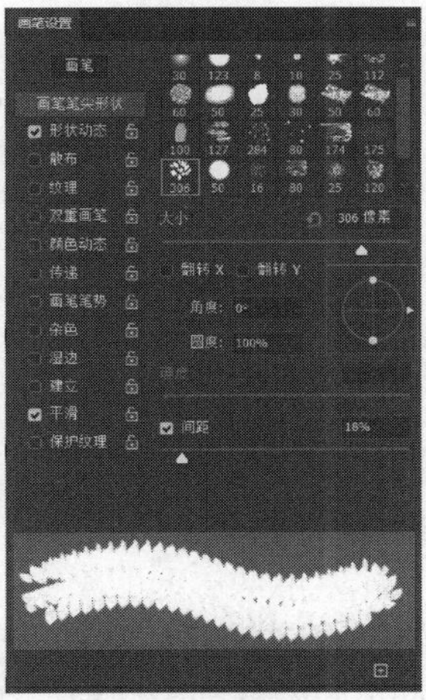

图 1-4-5　“画笔笔尖形状”面板

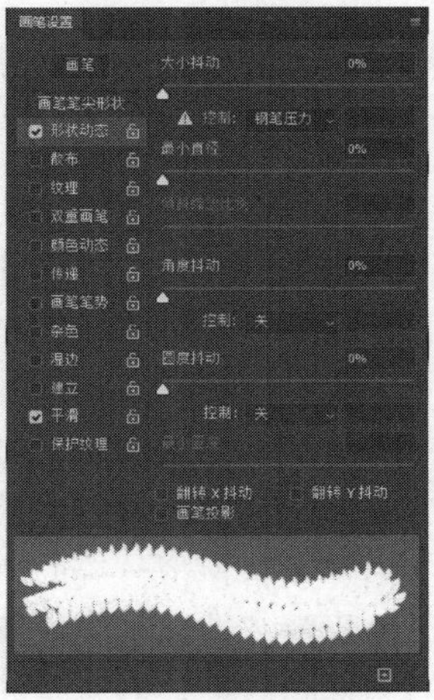

图 1-4-6　“形状动态”面板

④ 散布：控制画笔的散开程度，通过调节相应参数值的大小也可以得到不同的散落结果。这个选项可用于一些特殊的图形，如星星、树叶之类的效果，如图 1-4-7 所示。

⑤ 纹理：可直接在样式中选择，单击纹理预览窗口右上角的按钮，在弹出的菜单中定义预览窗口的显示样式，选择纹理图案，如图 1-4-8 所示。

⑥ 双重画笔：在已经选择好的画笔上再增加一个不同样式的画笔，即以两种画笔样式合成一种画笔效果，如图 1-4-9 所示。

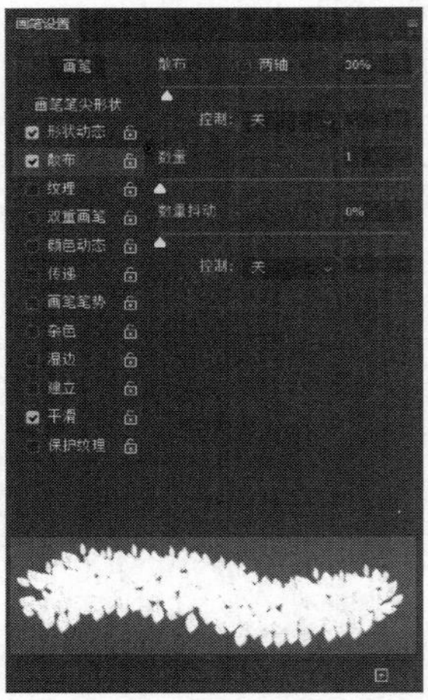

图 1-4-7 “散布”面板

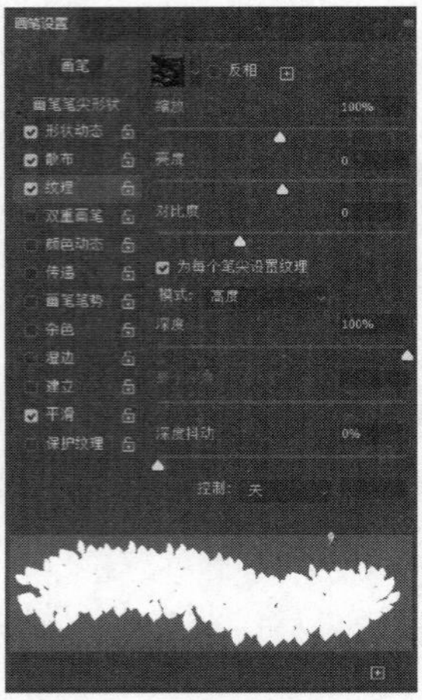

图 1-4-8 “纹理”面板

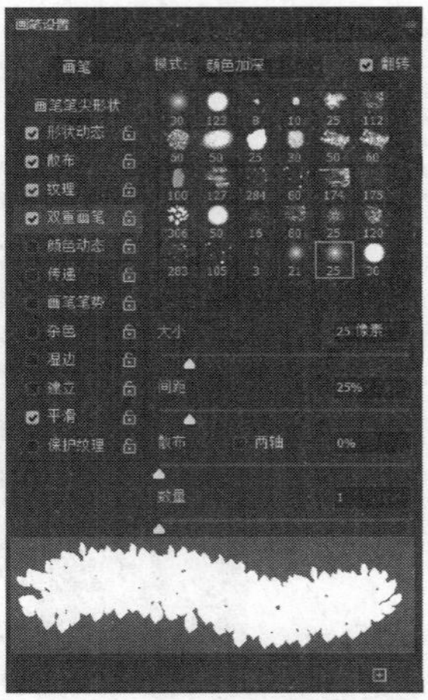

图 1-4-9 “双重画笔”面板

⑦ 颜色动态：让画笔的线条以某种规律产生不同的颜色，随着线条的增加颜色逐渐变化，如图 1-4-10（a）所示。

⑧ 其他动态：主要设置控制线条过程中的不透明度抖动和流量抖动的动态变化，可以设置画笔绘制效果跟随不同波动参数变化。效果如图 1-4-10（b）所示。

（a）　　（b）

图 1-4-10 “颜色动态”“其他动态”效果

⑨ 其他选项

在画笔面板设置区的最后，还有几个选择控制选项，可以根据需要进行选择。

- 传递：改变笔刷的可见度（流量和不透明度）。可以改变流量和不透明度的抖动数值。
- 画笔笔势：改变笔刷的倾斜、旋转、压力值。
- 杂色：将笔刷的边缘添加杂变，产生毛刺效果。
- 湿边：为画笔增加水笔效果；将笔刷的边缘颜色加深，看起来像水墨效果。
- 建立：模拟传统的喷枪技术，按照鼠标按键的单击程度确定画笔线条的填充数量。
- 平滑：使绘制的线条曲线更加流畅。
- 保护纹理：对所有的画笔执行相同的纹理图和缩放比例。

在使用画笔时，除了可以使用软件中自带的画笔笔触之外，还可以通过自定义得到专用的个性画笔。

（3）模式：用于选择色彩混合模式，色彩混合模式是通过不同的算法对色彩进行混合而获得最终的色彩效果。

（4）不透明度：表示绘画颜色的不透明度，可以输入 1 ～ 100 的整数来决定不透明度的深浅，也可以单击文本框中的下拉按钮打开滑杆，用鼠标拖动滑块进行调整。值越小，其透明程度越大。使用按钮，始终对不透明度使用“压力”。

（5）流量：用于设置图像颜色的压力程度，该值越大，绘制效果越浓。

（6）按钮：单击该按钮，将启动喷枪效果，这时如果绘线条的过程中有所停顿，则画笔的图样颜色仍会不断“喷出”，在停顿处形成一个颜色堆积点。停顿的时间越长，色点的颜色越深，面积越大。

（7）平滑，设置笔尖的平滑度。使用按钮可设置平滑选项。

（8）0° 可设置画笔角度。

（9）按钮，选中开启后，会对画笔“大小”使用“压力”；关闭后，“画笔预设”控制“压力”，该选项需运用到外接压感笔设备。

（10）按钮，设置画笔的对称选项。

视 频

例4.1 绘制气泡

【例 4.1】自定义画笔笔尖，绘制气泡。

具体操作步骤如下：

（1）新建一个默认 Photoshop 大小（16 cm × 12 cm@300 ppi）的文档；选择“画笔工具”，单击画笔选项右侧的下拉按钮，在弹出的画笔预设中单击按钮，在弹出的快捷菜单中选择“旧版画笔”→“默认画笔”→“柔边圆”笔尖，设置大小为 100 像素，硬度 100%，如图 1-4-11 所示。

（2）新建图层 1，将前景色设为梅红色（#ff00ff），用画笔在画面中单击，如图 1-4-12 所示。

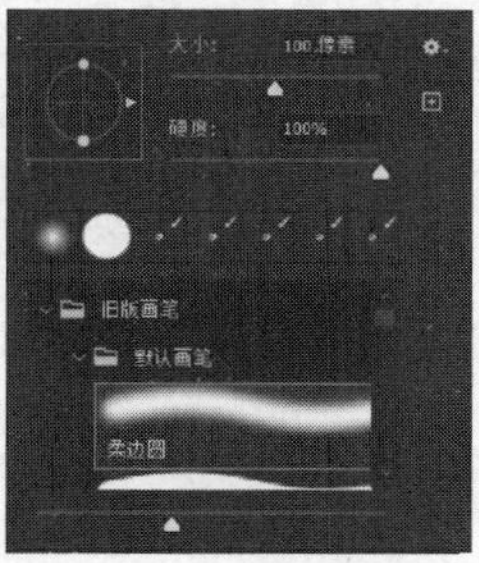

图 1-4-11　选择画笔

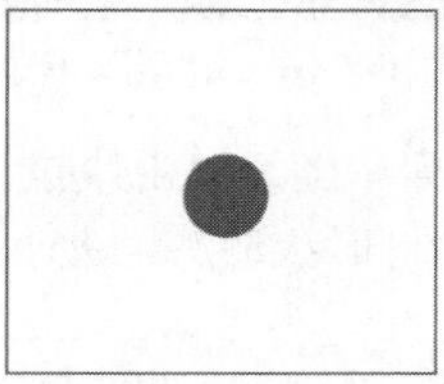
图 1-4-12　绘制

（3）选择橡皮擦工具，单击画笔选项右侧的下拉按钮，在弹出的画笔预设中选择“旧版画笔”→“默认画笔”→“柔边圆”笔尖，设置大小 100 像素，硬度 0%，如图 1-4-13 所示。

（4）用橡皮擦在画面中的原点上单击，使原点成为空心气泡状。效果如图 1-4-14 所示。

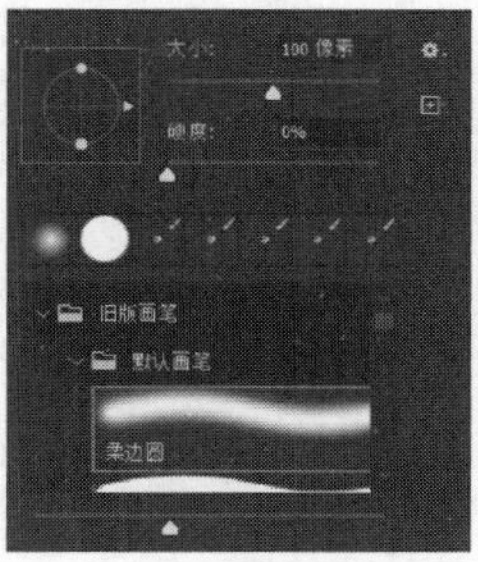

图 1-4-13　再次选择画笔

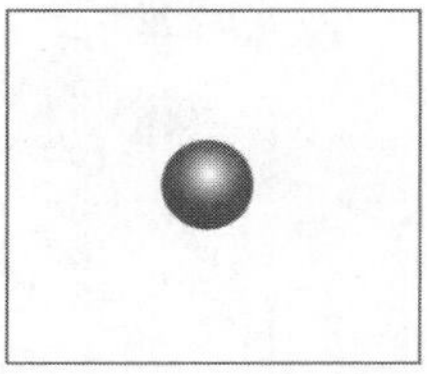
图 1-4-14　再次绘制

（5）单击背景图层前面的眼睛，隐藏白色背景层，效果如图 1-4-15 所示。

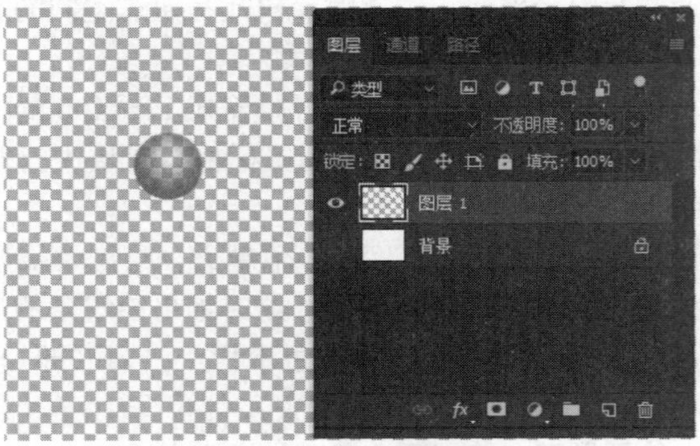

图 1-4-15　隐藏背景层

（6）选择“编辑”→“定义画笔预设”命令，弹出“画笔名称”对话框，如图 1-4-16 所示，在“名称”文本框中输入画笔名称“气泡”，单击“确定”按钮即可将气泡保存在画笔预设中。

（7）打开画笔预设列表，查看到的最后一个画笔就是刚定义的气泡了，如图 1-4-17 所示。

图 1-4-16　定义画笔预设

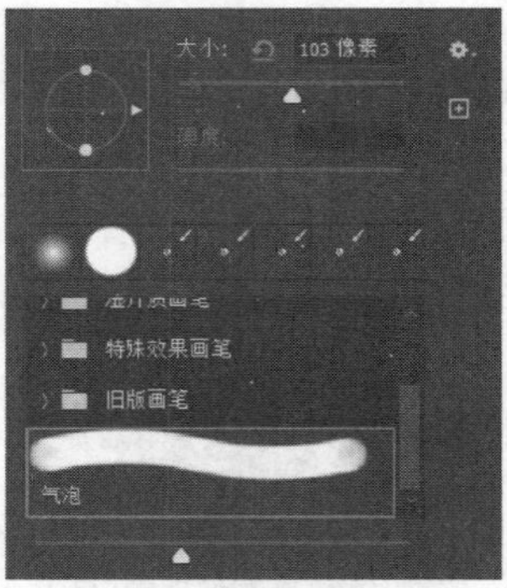

图 1-4-17　选择气泡画笔

（8）在画面中随意单击或拉动画笔，不断变化笔触大小或参照上述画笔参数设置，将散布（数量设为 1）与形状动态（大小抖动设为 100%）选项进行修改，都可以得到有趣的画面。如图 1-4-18 所示。

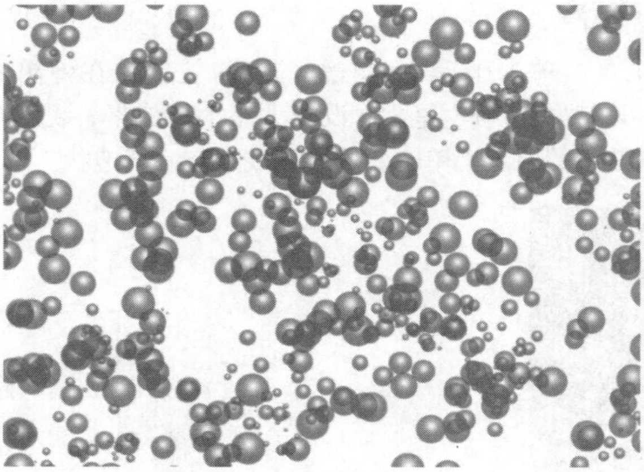

图 1-4-18　绘制效果

4.1.2　使用铅笔工具

使用铅笔工具与平常使用铅笔绘制的图形一样，棱角分明，它的使用方法与画笔工具类似。

选择工具箱中的铅笔工具，其工具属性栏如图 1-4-19 所示，其中大部分参数与画笔工具相同。“自动抹除”复选框用于实现擦除功能，选中该复选框后，当用户在与前景色颜色相同的图像区域内描绘时，会自动擦除前景色颜色而填入背景颜色。

图 1-4-19　铅笔工具属性栏

4.1.3　使用形状工具

使用形状工具可以绘制多种形状、路径或填充区域。

1. 直线工具

选择工具箱中的直线工具，其工具属性栏如图 1-4-20 所示。

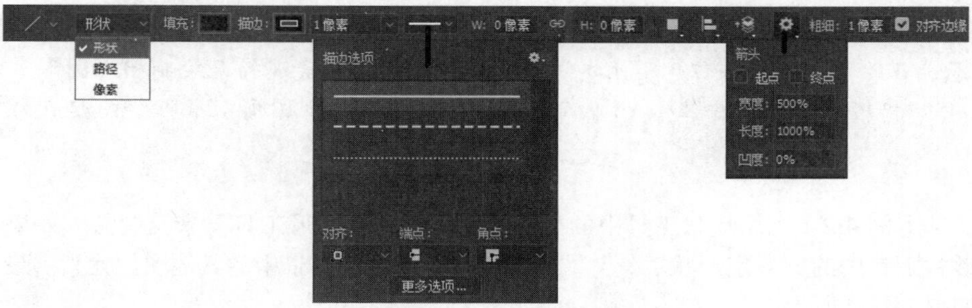

图 1-4-20　直线工具属性栏

在工具属性栏中各选项参数含义如下：

（1）形状：带图层矢量蒙版的填充图层，填充图层定义图形的颜色或填充样式，而图层矢量蒙版定义图形的几何轮廓。普通绘图并要求填充时应选择此项。

（2）路径：新建工作路径，是一个临时路径，用于定义图形轮廓。

（3）像素：创建像素图形，所创建的图形自动由当前的前景色填充。但创建了像素图形后，将不能作为矢量对象进行编辑。

（4）粗细：用于设置直线的粗细值。

（5）填充：用于设置填充颜色。

（6）描边：用于设置描边颜色和粗细等。

（7）W、H：用于设置形状的宽度和高度。

- 起点：绘制的直线的起始点有箭头。
- 终点：绘制的直线的终点有箭头。

当起点和终点都选中时，则绘制的直线两端都有箭头。

- 宽度：用于设置箭头宽度与直线宽度的比例。
- 长度：用于设置箭头长度与直线宽度的比例。
- 凹度：用于设置箭头最宽处的弯曲程度，取值范围 -50% ～ 50%，正值为凹，负值为凸。

2. 椭圆和矩形工具

椭圆和矩形工具的基本使用方法及工具属性栏与直线工具基本相同，这里不再赘述。

3. 圆角矩形和多边形工具

选择工具箱中的圆角矩形工具，该工具栏属性栏与矩形工具属性栏基本相同，只多了“半径”，设置绘制的矩形四角的圆弧半径，值越小，四个角越尖锐，值越大，四个角越圆滑。

选择工具箱中的多边形工具，与矩形工具属性栏基本相同，其中的“边”可设置多边形的边数。

4. 自定形状图形

选择工具箱中的自定形状工具，其工具属性栏如图 1-4-21 所示。单击“形状”右侧下拉按钮，弹出下拉列表，该列表用于选择常用图形。

图 1-4-21　自定义形状工具属性栏

注意：在绘制过程中按住【Shift】键同时拖动鼠标，可实现约束绘制相应图形、垂直、水平或 45° 倍增量倾角；按住【Alt】键并拖动鼠标绘制，则图形以鼠标绘图起点为中心，向四周扩充。

视频

例4.2 绘制雪景

【例 4.2】利用形状工具中的“椭圆工具”“多边形工具”来绘制雪人效果，利用形状工具中的“自定形状工具”“椭圆工具”来绘制雪景中的其他图像元素。最终效果如图 1-4-22 所示。

具体操作步骤如下：

（1）选择“文件”→“新建”命令，如图 1-4-23 所示，在弹出的对话框中设置相关参数，新建一个文件。

（2）在工具箱中选择“渐变工具”，在打开的“渐变编辑器”对话框中设置浅蓝色（R：94、G：184、B：251）到白色（R：255、G：255、B：255）的渐变，选择工具属性栏中的“线性渐变”，然后从上向下拖动鼠标，如图 1-4-24 所示。

图 1-4-22　雪景效果图

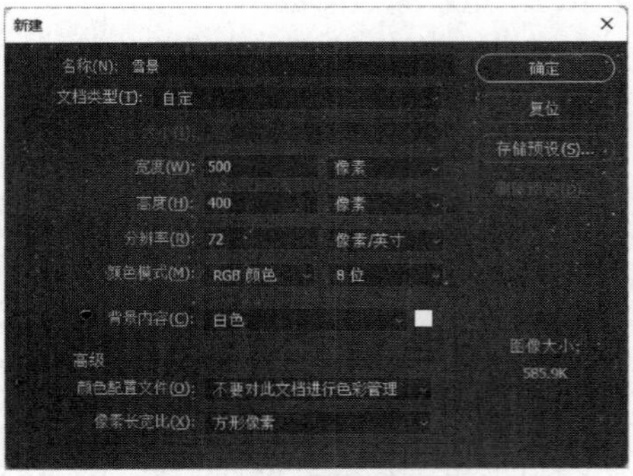

图 1-4-23　“新建”对话框

（3）单击“椭圆工具”，在其工具属性栏中选择“像素”，将前景色设置为白色，在图像上绘制多个不规则的椭圆，组合成雪地效果；再利用椭圆工具，在图像上绘制两个椭圆，组成如图 1-4-25 所示的雪人身体部分效果。

图 1-4-24　渐变效果

图 1-4-25　雪地和人身体效果

（4）选择工具箱中的多边形工具，将工具属性栏设置为如图 1-4-26 所示，将前景色设置为红色，为雪人绘制红色的帽子，选择工具箱中的椭圆工具，分别将前景色设置为黑色、白色绘制雪人的眼睛，再选择工具箱中的画笔工具，设置画笔的粗细为 3，前景色黑色，绘制雪人的鼻子与嘴巴，如图 1-4-27 所示。

图 1-4-26　设置工具属性栏

（5）选择“窗口”→“形状”命令，打开“形状”面板，单击形状面板右上角的按钮，在打开的调板菜单选择“旧版形状及其他”命令，如图 1-4-28 所示。

图 1-4-27　雪人的绘制效果

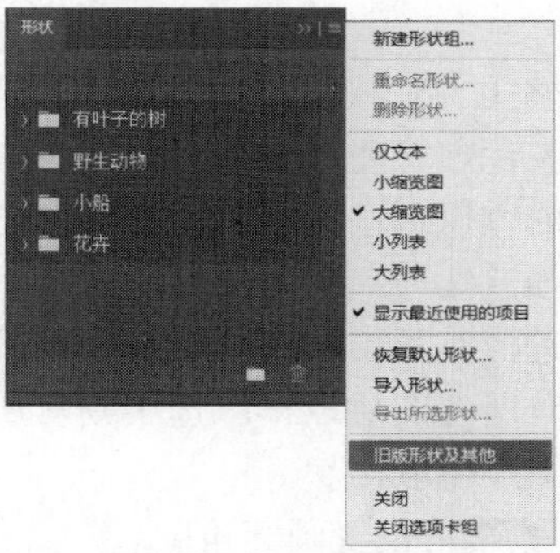

图 1-4-28　“形状”面板

（6）选择工具箱中的自定形状工具，在工具属性栏中单击“形状”右侧的下拉按钮，在弹出的下拉列表框中选择“旧版形状及其他”→“所有旧版默认形状 .csh”→“自然”和“动物”类中的雪花图形、树图形和动物的脚印，如图 1-4-29 所示，将前景色设置为白色，然后在图像窗口中绘制一组雪花和一组树，如图 1-4-30 所示。

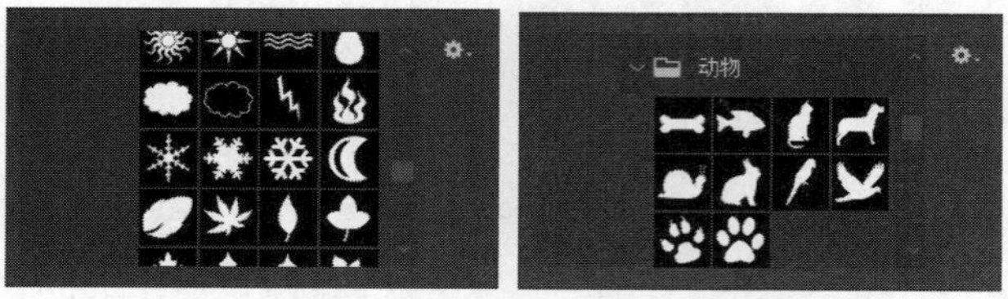

图 1-4-29 选择雪花图形、树图形和动物的脚印

图 1-4-30 雪花与树的绘制效果

（7）将前景色设置为黑色，在图像上绘制动物的脚印，最终完成如图 1-4-22 所示的雪景效果。

4.2 修复工具组

修复工具组常用于修复图像中的杂点、划痕和红眼等瑕疵，在婚纱照片处理方面应用最广泛。该工具组由污点修复画笔工具、修复画笔工具、修补工具、内容感知移动工具和红眼工具组成，在工具箱中按下不放，即会弹出修复工具组，如图 1-4-31 所示。

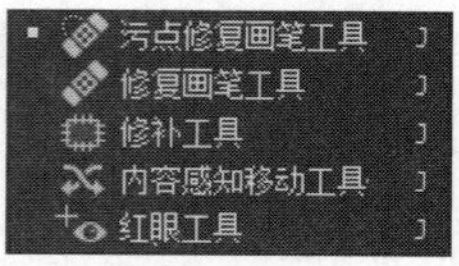

图 1-4-31 修复工具组

4.2.1 污点修复画笔工具

污点修复画笔工具可以快速移去照片中的污点和其他不理想部分。它自动从所修饰区域的周围取样，以此样本像素进行绘画，并将样本像素的纹理、光照、透明度和阴影与所修复的像素相匹配。选择工具箱中的污点修复画笔工具，其工具属性栏如图 1-4-32 所示。

图 1-4-32 污点修复画笔工具属性栏

- 模式：指定混合模式。选择“替换”可以在使用柔边画笔时，保留画笔描边的边缘处杂色、胶片颗粒和纹理。
- 内容识别：自动识别选择区域内的像素内容，可以自动修复图像或去除杂物。
- 创建纹理：利用选区内的像素创建一个用于修复该区域的纹理。
- 近似匹配：利用选区边缘周围的像素来取样，对选区内的图像进行修复。
- 对所有图层取样：选中则从所有可见图层中对数据进行取样；取消选择，则只从现用图层中取样。
- 0° 可设置画笔角度。
- 按钮，始终对画笔大小使用“压力”。

注意：该工具主要用来修复图像中小面积的污点，若要修复面积较大的区域则最好使用修复画笔工具。

如图 1-4-33 所示，老照片修复前后效果。

图 1-4-33　老照片修复前后效果

4.2.2　修复画笔工具

修复画笔工具可用于校正瑕疵，使其避免出现在周围的图像中。与仿制工具一样，使用修复画笔工具可以利用图像或图案中的样本像素来绘画。修复画笔工具可以消除图像中的人工痕迹，包括划痕、蒙尘及褶皱等，并同时保留阴影、光照和纹理等效果，从而使修复后的像素不留痕迹地融入图像的其余部分。它的工作方式与污点修复画笔工具类似，但不同的是，它要求指定样本点。选择工具箱中的修复画笔工具，其工具属性栏如图 1-4-34 所示。

图 1-4-34　修复画笔工具属性栏

- 对齐：连续对像素进行取样，即使松开鼠标按钮，也不会丢失当前取样点。
- 样本：从指定的图层中进行数据取样。
- 取样：需要先取样，再进行复制，复制的是取样的图像。
- 图案：不需要取样，复制的是所选择的图案。
- 扩散：控制粘贴的区域以怎样的速度适应周围的图像。图像中如果有颗粒或精细的细节则选择较低的值，图像如果比较平滑则选择较高的值。

注意：修复画笔工具可以按住【Alt】键在图像中取样后，在图像窗口中拖动鼠标可复制一个对象或多个，效果如图 1-4-35 所示。

图 1-4-35　取样花中心和复制后图像

4.2.3　修补工具

修补工具和修复工具的效果基本相同，都可用于修复图像，但两者的使用方法却大不相同，使用修补工具能自由选取需要修复的图像范围。选择工具箱的修补工具，其工具属性栏如图 1-4-36 所示。

图 1-4-36　修补工具属性栏

- 源：将选区定义为需要修复的区域。
- 目标：将选区定义为用来修复源的样本区域。
- 透明：要从取样区域中抽出具有透明背景的纹理。

修补工具的操作方法：在需要修补的地方选中一块区域，工具属性栏中选中“源”，并将此区域拖动到附近完好的区域实现修补，如 1-4-37 所示。

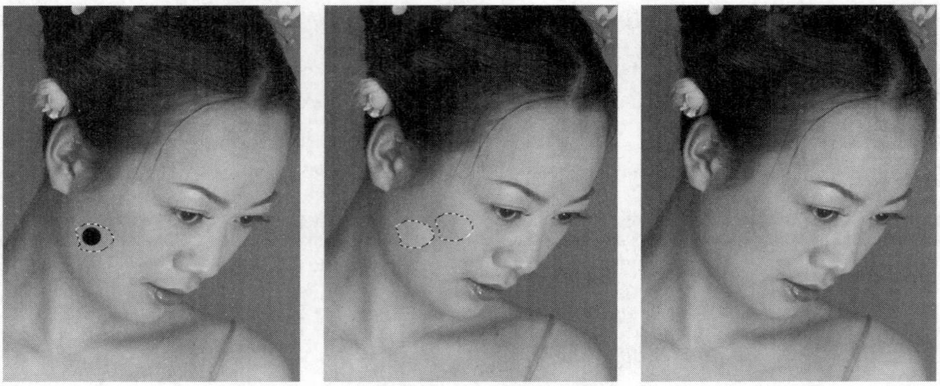

图 1-4-37　修补过程

4.2.4　内容感知移动工具

内容感知移动工具可以实现将图片中多余部分物体去除，同时会自动计算和修复移除部分，从而实现更加完美的图片合成效果。它可以将物体移动至图像其他区域，并且重新混合组色，以便产生新的位置视觉效果。

4.2.5　红眼工具

红眼工具可以去除照片中人物的红眼，选择工具箱的红眼工具，其工具属性栏如图 1-4-38 所示。

图 1-4-38　红眼工具属性栏

- 瞳孔大小：增大或减小受红眼工具影响的区域。
- 变暗量：设置校正暗度。

使用红眼工具，只需在设置参数后，在图像中红眼位置单击一下即可，如图 1-4-39 所示为使用红眼工具应用示例。

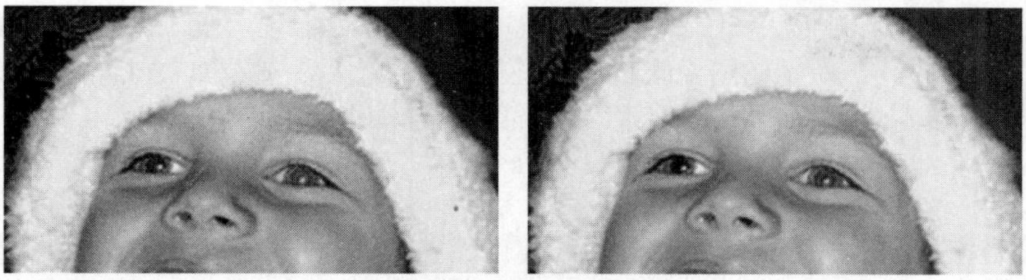

图 1-4-39　红眼工具的使用

图1-4-39
彩图

4.3　图像渲染工具

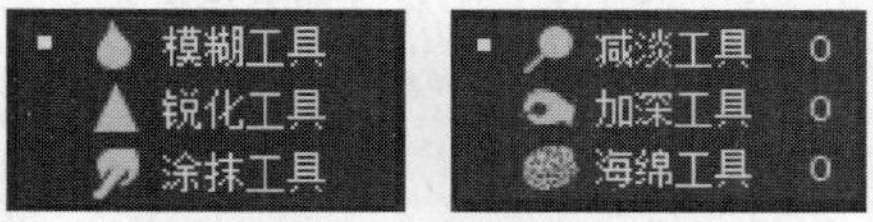

图 1-4-40　图像渲染工具

用于图像渲染的工具有模糊工具、锐化工具、涂抹工具、减淡工具、加深工具和海绵工具。按下“模糊工具”按钮不放，按下“减淡工具”按钮不放，将显示出图 1-4-40 所示的图像渲染工具组。

4.3.1　模糊工具

使用模糊工具可以产生模糊的图像效果。模糊工具的原理是降低图像相邻像素之间的反差，使图像的边界或区域变得柔和，产生一种模糊的效果，使用模糊工具的方法很简单，用户只需在选中模糊工具后，移动鼠标指针在图像中来回拖动即可。对图 1-4-41（a）所示的图像眼睛部位进行模糊操作后，效果如图 1-4-41（b）所示。

模糊工具属性栏如图 1-4-42 所示，具体功能如下：

- 强度：用来设置画笔的力度。所选择的压力越大，其效果也越明显。

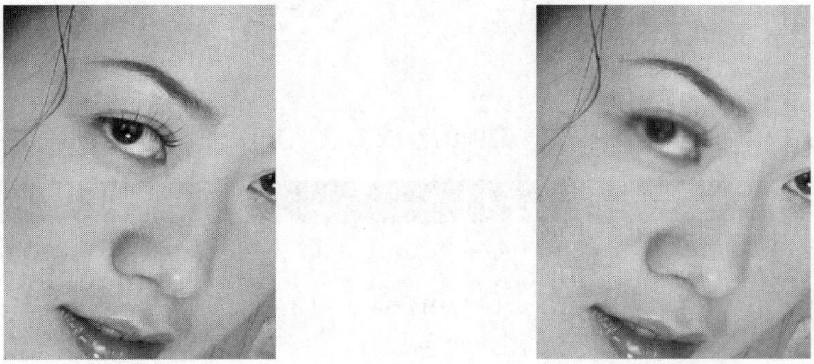

（a）原图　（b）模糊后

图 1-4-41　模糊效果

图 1-4-42　模糊工具属性栏

4.3.2　锐化工具

锐化工具与模糊工具刚好相反，它是增大图像相邻像素间的反差，从而使图像看起来清晰、明了，使用锐化工具的方法很简单，用户只需在选中锐化工具后，移动鼠标指针在图像中来回拖动即可。对图 1-4-41（b）所示的图像眼睛部位进行锐化操作后，效果如图 1-4-43 所示。“锐化工具”和“模糊工具”的属性栏基本相同，请参阅模糊工具相关内容。

4.3.3 涂抹工具

涂抹工具是模拟用手指涂抹绘制的效果。使用涂抹工具能把最开始单击处的颜色提取出来，并与鼠标拖动之处的颜色相融合。使用时只需在图像中单击并拖动鼠标即可，对图 1-4-41（a）所示的图像的眉毛部位进行涂抹操作后，效果如图 1-4-44 所示。

图 1-4-43　使用锐化工具后得到的效果图

图 1-4-44　使用涂抹工具后得到的效果图

涂抹工具和模糊工具的属性栏基本相同，只是涂抹工具多一个手指绘画选项，如图 1-4-45 所示。手指绘画：选中此复选框后，拖动鼠标时，涂抹工具使用的前景色与图像中的颜色相融合；不选中此复选框，涂抹工具使用的颜色来自每次单击开始之处。

图 1-4-45　涂抹工具属性栏

4.3.4 减淡工具

减淡工具使图像变亮。选择工具箱中的减淡工具，其工具属性栏如图 1-4-46 所示。

图 1-4-46　减淡工具属性栏

（1）在“范围”下拉列表中选择一种使用减淡工具的工作方式：

- 暗调：选中此选项后，只更改图像暗色部分。
- 中间调：选中此选项后，只更改中间色调区域的像素。
- 高光：选中此选项后，只更改图像亮部区域的像素。

（2）曝光度：曝光度越大，减淡的效果越明显。

对图 1-4-47 所示的图像的下半部分进行减淡操作后，效果如图 1-4-48 所示。

4.3.5 加深工具

加深工具使图像变暗。加深工具和减淡工具的工具栏设置是一样的。

对图 1-4-47 所示的图像的下半部分进行加深操作后，效果如图 1-4-49 所示。

图 1-4-47　原图

图 1-4-48　图像下半部分减淡

图 1-4-49　图像下半部分加深

4.3.6　海绵工具

使用海绵工具能够非常精确地提高或降低图像区域的饱和度。在灰度模式图像中，海绵工具通过将灰阶远离或靠近中间灰色来增加或降低对比度。选择工具箱中的海绵工具，其工具属性栏如图 1-4-50 所示。

图 1-4-50　海绵工具属性栏

使用海绵工具，可以设置画笔和流量，海绵工具有两种工作方式：

（1）去色：以此方式处理图像时，能降低图像颜色的饱和度，使图像中的灰度色调增加。当对灰度图像作用时，则会增加中间灰度色调颜色。

（2）加色：以此方式处理图像时，可提高图像颜色的饱和度，使图像中的灰度色调减少。当对灰度图像作用时，则会减少中间灰度色调颜色，使图像更鲜明。

对图 1-4-47 所示的图像的下半部分分别进行去色和加色操作后，效果如图 1-4-51 所示。

（a）图像下半部分去色　　（b）图像下半部分加色

图 1-4-51　使用海绵工具后得到的效果图

4.4　其他修复工具

其他修复工具是对图像进行基本修复的工具，包括图章工具、橡皮擦工具组、颜色替换工具、历史记录画笔工具组等。

4.4.1 图章工具

图章工具分为仿制图章工具与图案图章工具。使用仿制图章工具能够将一幅图像的全部或部分复制到同一幅图或其他图像中；使用图案图章工具可以将用户定义的图案内容复制到同一幅图或其他图像中。

1. 仿制图章工具

选择仿制图章工具，将图像的一部分绘制到同一图像的另一部分或绘制到具有相同颜色模式的任何打开文档的另一部分。也可以将一个图层的一部分绘制到另一个图层。仿制图章工具对于复制对象或移去图像中的缺陷很有用。

使用仿制图章工具时，要从其中复制（仿制）像素的区域上设置一个取样点，如图 1-4-52（a）所示，并在另一个区域上绘制，如图 1-4-52（b）。要在每次停止并重新开始绘画时使用最新的取样点进行绘制，工具属性栏中选择“对齐”选项；取消“对齐”选项，从初始取样点开始绘制，这与停止并重新开始绘制的次数无关。

可以对仿制图章工具使用任意画笔笔尖，以便准确地控制仿制区域的大小。也可以使用不透明度和流量设置来控制仿制区域的绘制应用程序。

注意：使用仿制图章工具后效果与使用修复画笔工具相似，但有差别，仿制图章工具只是将取样点附近的像素直接复制到需要的区域，而修复画笔工具可以将样本像素的纹理、光照和阴影与源像素进行匹配，从而使修复后的像素不留痕迹地融入图像的其他部分。如图 1-4-35 所示是用修复画笔工具被复制出来的花朵，如图 1-4-52（b）所示是用仿制图章工具被复制出来的花朵读者可以进行对比，观察它们的区别。

（a）原图　　（b）复制后

图 1-4-52　仿制图章复制图像

2. 图案图章工具

选择图案图章工具，其工具属性栏如图 1-4-53 所示。

图 1-4-53　图案图章工具属性栏

该工具的功能和使用方法类似于仿制图章工具，但它的取样方式不同。在使用此工具之前，用户必须先定义一个图案，既可选择预设的图案，也可使用自定义的图案，然后才能使用图案图章工具在图像窗口中拖动复制图案。

视 频

例4.3 图案图章工具

【例 4.3】使用图案图章工具制作一幅多个蝴蝶连在一起的图像。

具体操作步骤如下：

（1）打开图像素材“蝴蝶 .psd”，并用矩形选框工具选择区域，如图 1-4-54 所示。

（2）选择“编辑”→“定义图案”命令，在打开的“图案名称”对话框中输入图案的名称，如图 1-4-55 所示，然后单击“确定”按钮。

图 1-4-54　选择区域

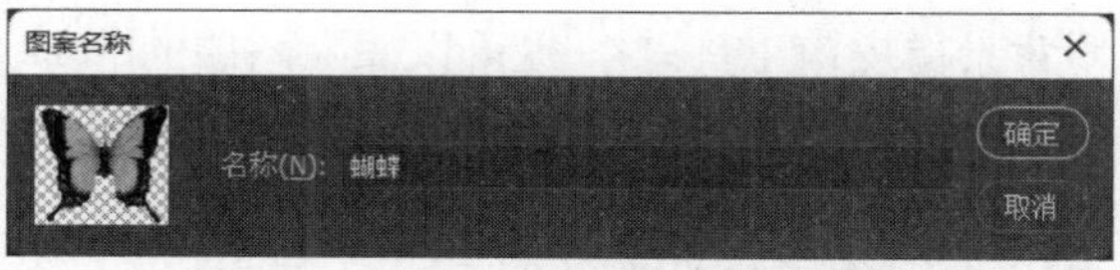

图 1-4-55　“图案名称”对话框

（3）选择图案图章工具，然后在其工具属性栏中的“图案”下拉列表中可以看到定义为图案的“蝴蝶”图形，如图 1-4-56 所示。

（4）单击该图形，然后新建一个 16 cm × 12 cm、72 ppi 的图像窗口，在其中按住鼠标左键来回拖动，即可得到图 1-4-57 所示的效果。

图 1-4-56　图案下拉列表

图 1-4-57　图案图章工具绘制的图像

4.4.2　橡皮擦工具组

按住工具箱中的橡皮擦工具不放，显示出橡皮擦工具组，如图 1-4-58 所示。下面分别介绍橡皮擦工具、背景橡皮擦工具和魔术橡皮擦工具的使用方法。

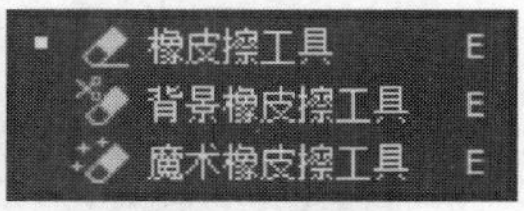

图 1-4-58　橡皮擦工具组

1. 橡皮擦工具

橡皮擦工具是用来擦除图像颜色的工具，对于背景层来说，它在擦除的位置填入背景色颜色。若擦除的是普通图层中的颜色，那么擦除后会变成透明。使用橡皮擦工具只需按住鼠标拖动即可。选择工具箱中的橡皮擦工具，其工具属性栏如图 1-4-59 所示。

图 1-4-59　橡皮擦工具属性栏

在工具属性栏中各选项参数含义如下：

- 画笔：同其他绘制工具一样，可单击并由弹出菜单设置擦除痕迹的线形。
- 模式：可以从中选择橡皮擦的擦除方式，包括画笔、铅笔和块，选择画笔和铅笔时工具属性栏将出现相关绘图工具的工具属性栏属性（不透明度、流量、喷枪功能、打开画笔面板等），选择“块”时，禁用这些绘图工具的相关属性，仅作为一个方形橡皮擦。

- 抹到历史记录：能够通过历史面板设置后有选择性地恢复图像至快照或某一操作步骤的画面。

使用橡皮擦工具擦除图像时，先设置好背景色和擦除模式，再将鼠标指针移到图像窗口需擦除的区域中按下鼠标左键不放并拖动，即可将图像颜色擦除掉并以背景色填充。图 1-4-60 所示为背景色为白色时，橡皮擦工具擦除图像后的效果。

2. 背景橡皮擦工具

使用背景橡皮擦工具，也可以擦除图层的一部分区域使之透明，它主要用于擦除背景而突出某一个图像元素。同时，背景图层转换成普通图层，如图 1-4-61 所示。

（1）取样：选择擦除取样方式。

- ：在图像窗口中拖动鼠标时，会选取连续的多个样本颜色，若使用这一选项，则与任何一种样本颜色相似的像素都被擦除。
- ：仅将首次单击处的颜色作为样本色，并擦除与该样本颜色相似的区域。
- ：仅擦除颜色与当前背景色相似的区域。

（2）限制：选择擦除方式。

- 不连续：擦除该层中任何地方出现的，与样本颜色类似的像素。
- 连续：只擦除那些和选定的像素相连接的相似像素。
- 查找边缘：也只擦除那些和选定的像素相连接的像素，但同时保护图像的边缘不被擦除。

（3）保护前景色：与前景色颜色相同的区域不会被擦除。

3. 魔术橡皮擦工具

魔术橡皮擦工具与橡皮擦工具的功能一样，可以用来擦除图像中的颜色，但该工具有其独特之处，即使用它可以擦除一定容差度内的相邻颜色，擦除颜色后不会以背景色来取代擦除颜色，最后也会变成一个透明图层。同时，背景图层转换成普通图层。所以说，魔术橡皮擦工具的作用就相当于魔棒工具再加上背景橡皮擦工具的功能。

使用魔术橡皮擦工具时，先设置工具属性栏，然后在图像中单击需要擦除的颜色，即可将图像中与鼠标单击处颜色相近的颜色擦除掉，如图 1-4-62 所示。

图 1-4-60　橡皮擦效果

图 1-4-61　背景橡皮擦效果

图 1-4-62　魔术橡皮擦效果

4.4.3　颜色替换工具

颜色替换工具主要针对图片中出现的色彩不满意等现象。颜色替换工具能在保留照片原有材质感觉与明暗关系的同时，轻而易举地更换任一部位的色彩。

按住工具箱中的画笔工具不放，如图 1-4-63 所示，选择颜色替换工具，其工具属性栏如图 1-4-64 所示。

图 1-4-63　画笔工具组

图 1-4-64　颜色替换工具属性栏

颜色替换工具属性栏同前面讲的背景橡皮擦工具栏类似，所不同的是颜色替换工具指的是替换的颜色区域，而背景橡皮擦工具指的是擦除的颜色区域，如图 1-4-65 所示。

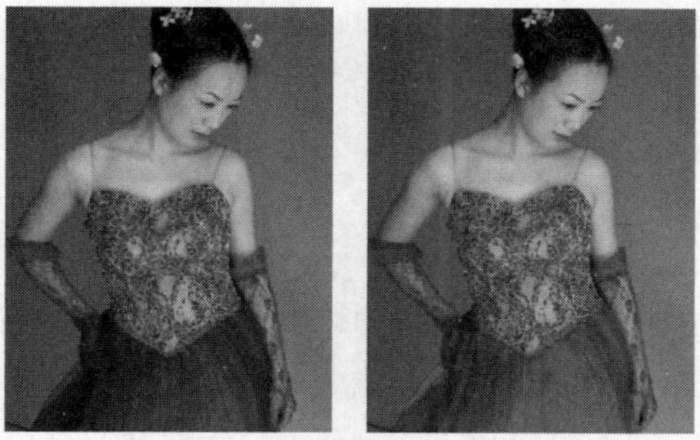

图 1-4-65　用颜色替换工具更换裙子的颜色

图1-4-65
彩图

4.4.4　历史记录画笔工具组

按住工具箱中的历史记录画笔工具不放，显示出历史记录画笔工具组，如图 1-4-66 所示。下面分别介绍历史记录画笔工具、历史记录艺术画笔的使用方法。

图 1-4-66　历史记录画笔工具组

1. 历史记录画笔工具

使用历史记录画笔工具可以在图像的某个历史状态上恢复图像，在图像的某个历史状态上着色，以取代当前图像的颜色。选择工具箱中的历史记录画笔工具，其工具属性栏如图 1-4-67 所示。其工具属性栏的含义和画笔工具的基本相同。

图 1-4-67　历史记录画笔工具属性栏

在其工具属性栏中设置好画笔大小、模式等参数后，在图像中需要恢复的图像处拖动鼠标即可恢复图像，图像中未被修改过的区域将保持不变。例如，将工具属性栏设置为如图 1-4-67 所示，使用历史记录画笔工具在被颜色替换工具替换的裙子下半区域拖动鼠标，可以恢复到被替换前的效果，如图 1-4-68 所示。

图 1-4-68　恢复裙子的部分颜色

图1-4-68
彩图

2. 历史记录艺术画笔

历史记录艺术画笔与历史记录画笔工具的使用方法类似，但效果有一定区别，使用历史记录艺术画笔恢复图像时可以产生一定的艺术效果。选择工具箱中的历史记录艺术画笔工具，其工具属性栏如图 1-4-69 所示。

图 1-4-69　历史记录艺术画笔工具属性栏

在工具属性栏中各选项参数含义如下：

（1）样式：选择不同的样式，在恢复“历史记录画笔的源”的状态时可得到不同的艺术处理效果。

（2）区域：设置操作时鼠标指针作用的区域。

（3）容差：该数值用以限定可应用特殊艺术效果的区域。低容差可允许在图像中的任何地方应用特殊艺术效果；高容差将应用特殊艺术效果的区域限定在与源状态中的颜色明显不同的区域。

4.5 应用举例

视频

4.5 应用举例–设计海报

【案例】设计海报。上述各节中介绍了 Photoshop 进行图像绘制与编辑的最基本的操作知识，本节将通过一个实例“海报”来巩固所学的基础知识，效果如图 1-4-70 所示。

【设计思路】利用素材“小花”定义画笔，并设置画笔预设；利用加深工具、减淡工具对图像进行修饰的背景设计；用素材“小男孩”设计出人形图案的创意设计，得到海报效果。

【设计目标】通过本案例，掌握“加深工具”“减淡工具”“画笔工具”“自定义画笔”等的使用。

【操作步骤】

1. 自定义画笔

（1）打开文件“小花 .jpg”图片；选择魔棒工具，将花朵外围白色区域选中，再反选，将选中花朵，如图 1-4-71 所示。

（2）选择“编辑”→“定义画笔预设”命令，弹出“画笔名称”对话框，如图 1-4-72 所示，在“名称”文本框中输入画笔名称“花朵”，单击“确定”按钮。此时在“画笔”面板中就会显示新的画笔，如图 1-4-73 所示。

图 1-4-70 绘制图画效果

图 1-4-71 选中花朵

图 1-4-72 “画笔名称”对称框

2. 背景制作

（1）选择“文件”→“新建”命令，新建一个“名称”为“海报”，600 像素 ×900 像素，72 ppi，RGB 颜色模式的图像文件。

（2）设置前景色为浅蓝色（#4ad0fc），按【Alt+Delete】组合键填充前景色。

（3）使用减淡工具在图像窗口中间处随意涂抹；选择椭圆选框工具，在画面上绘制一个椭圆，按住【Shift】键，鼠标指针显示为“+”状，表示选区的相加，再画一个选区，与刚才的选区相加，执行两次“反选”命令，如图 1-4-74（a）所示。

（4）设置前景色为浅绿色（#20a120），按【Alt+Delete】组合键在选区内填充前景色，如图 1-4-74（b）所示；选择加深工具，在图形的边缘处，来回使用鼠标涂抹数次，完成效果如图 1-4-74（c）所示，按【Ctrl+D】组合键取消选区。

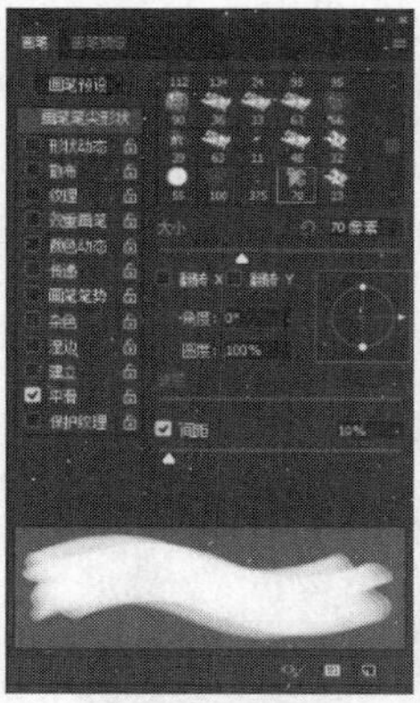

图 1-4-73　新画笔

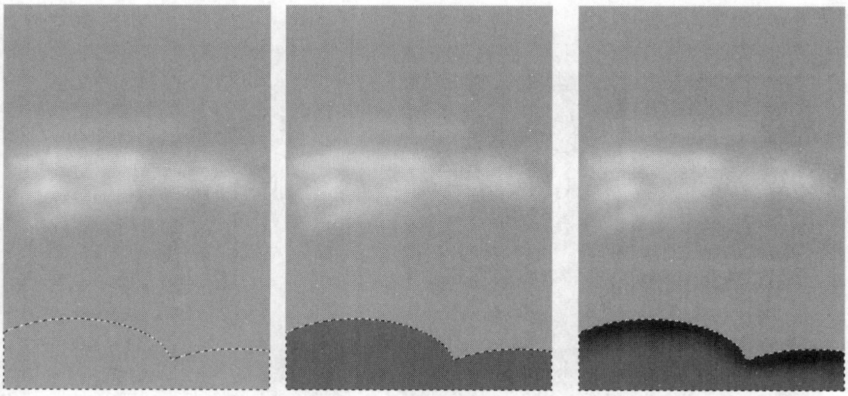

（a）　（b）　（c）

图 1-4-74　背景制作

提示：画选区时，不放开鼠标左键，同时按住空格键，拖动鼠标就可移动正在绘制的选区了，放开空格键又可接着拖动鼠标改变选区的大小了。

3. 创意设计

（1）打开“小男孩”图片，选择“图像”→“图像旋转”→“顺时针 90 度”命令，并选择“图像”→“图像大小”，设置图像大小为 600 像素 ×900 像素。

（2）用快速选择工具，抠取小孩，如图 1-4-75 所示。利用移动工具，将其移动到海报窗口中，如图 1-4-76 所示。

图 1-4-75　旋转并调整大小

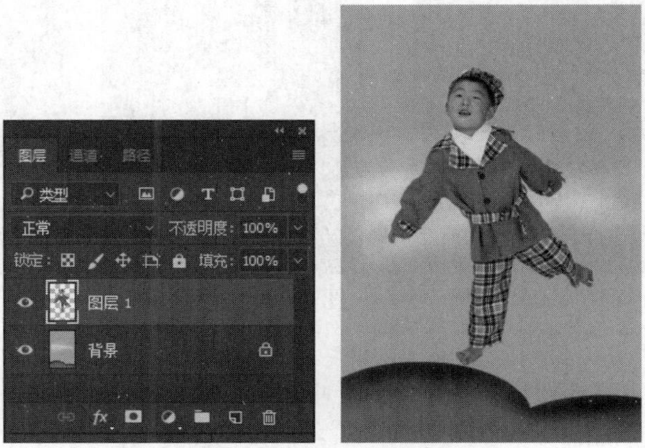

图 1-4-76　移动图像

（3）选中图层 1，选择“图像”→“调整”→“色阶”命令，弹出“色阶”对话框，设置如图 1-4-77 所示的参数。效果如图 1-4-78 所示。

（4）在工具箱中选择渐变工具，在工具属性栏中设置为“线性渐变”选项；单击颜色编辑部分，打开“渐变编辑器”对话框，设置从“浅黄色”（#f8f975）到“无色”的渐变。

（5）新建“图层 2”，在人物头部附近画一个椭圆选框，然后在选区中从斜上角向右下角拖动鼠标，利用新设置的渐变填充方式填充“椭圆”选区，按【Ctrl+D】组合键取消选区，如图 1-4-79 所示。

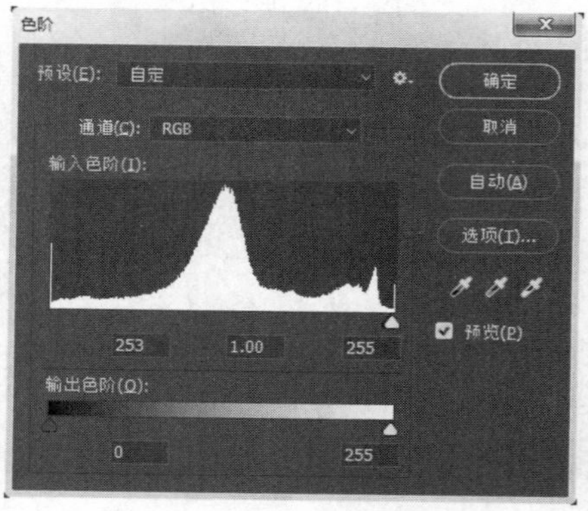

图 1-4-77 “色阶”对话框

图 1-4-78 调整后的效果

图 1-4-79 线性渐变的效果

（6）在工具箱中选择画笔工具，打开“画笔”面板，在画笔笔尖形状列表中选择刚才定义的“花朵”画笔样式，拖动“间距”滑块，调整画笔间距，如图 1-4-80 所示。

（7）单击“形状动态”选项，拖动“大小抖动”滑块，如图 1-4-81 所示。单击“散布”选项，拖动“散布”滑块，并选中“两轴”复选框，如图 1-4-82 所示。单击“颜色动态”选项，拖动“前景”→“背景抖动”滑块滑动到最右边，如图 1-4-83 所示。

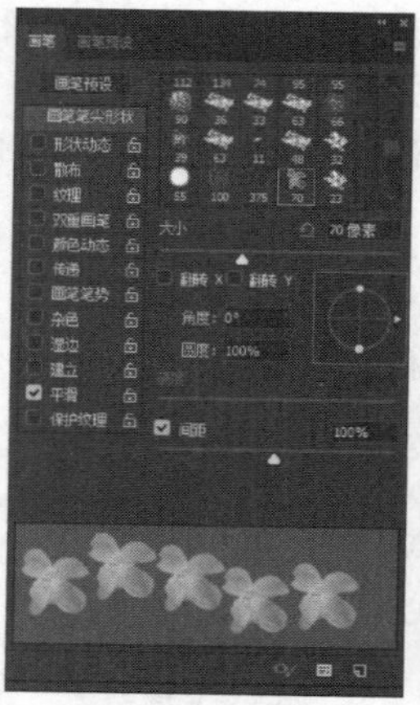

图 1-4-80 画笔笔尖形状

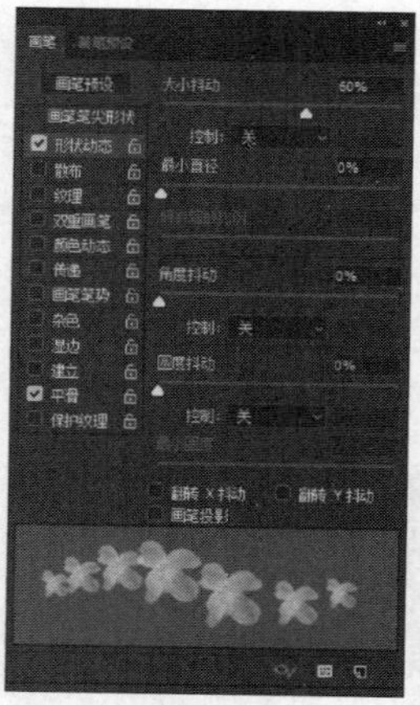

图 1-4-81 形状动态

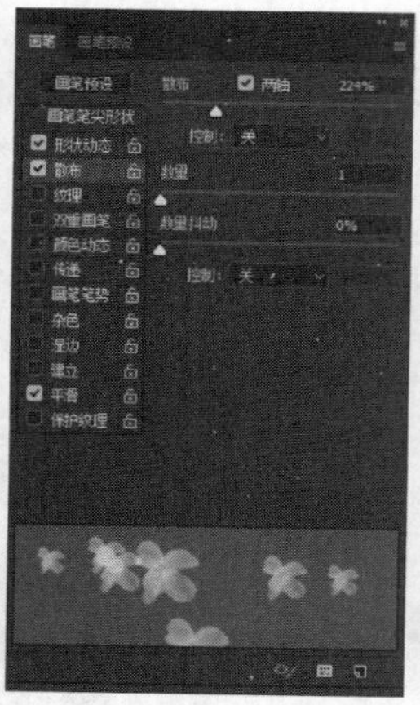

图 1-4-82 散布

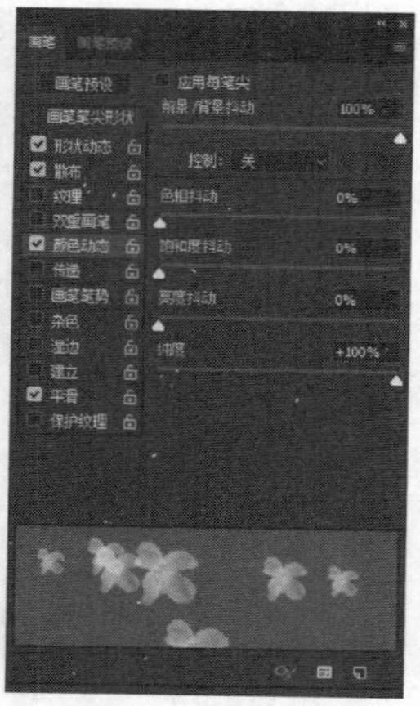

图 1-4-83 颜色动态

（8）将前景色设置为紫色（#ff00f6），背景色设置为红色（#ff0000），新建图层 3，在图像下方拖动鼠标，即可得到大小不等且颜色不同的小花图案，如图 1-4-70 所示。

（9）打开“旧版画笔”，将前景色设置为白色，在“混合画笔”类中，使用大小不等的“虚线圆 2”画笔在图像中绘制虚线圆，最终效果如图 1-4-70 所示。

第 5 章

图层的使用

学习目标

◎了解图层的含义与图层面板的作用。
◎掌握图层的基本操作。
◎掌握图层混合模式等图层调整与设置方法。
◎掌握各种图层样式的设置方法，并熟悉各种样式的效果。

学习重点

◎图层的操作。
◎设置图层混合模式。
◎设置图层样式。

Photoshop 中的图像都是建立在图层基础上的，任何图像的合成效果都离不开对图层的操作，对于同一个图像文件，通过改变图层的顺序、不透明度以及混合模式等，都能产生不同的、意想不到的效果。本章将介绍图层面板、图层的基本操作、设置图层的混合模式、使用图层样式、图层样式的查看与编辑等。

5.1 图层的基本操作

“层”的概念在 Photoshop 中非常重要，它是构成图像的重要组成单位，图像通常由多个图层组成。我们可以处理某一图层的内容而不影响图像中其他图层的内容。 每一个图层都是由许多像素组成的，而图层又通过上下叠加的方式来组成整个图像。每一个图层就好像一块透明的“玻璃”，而图层内容就画在这些“玻璃”上，如果“玻璃”上什么都没有，这就是个完全透明的空图层，当各“玻璃”上都有图像时，自上而下俯视所有图层，从而形成图像显示效果。

5.1.1 图层面板

Photoshop 的图层操作主要是通过图层面板来完成的，下面我们来认识一下图层面板的组成，以及它的使用方法。

选择“窗口”→“图层”命令或按【F7】键可以显示图层面板，如图 1-5-1 所示，其中将显示当前图像的所有图层信息。

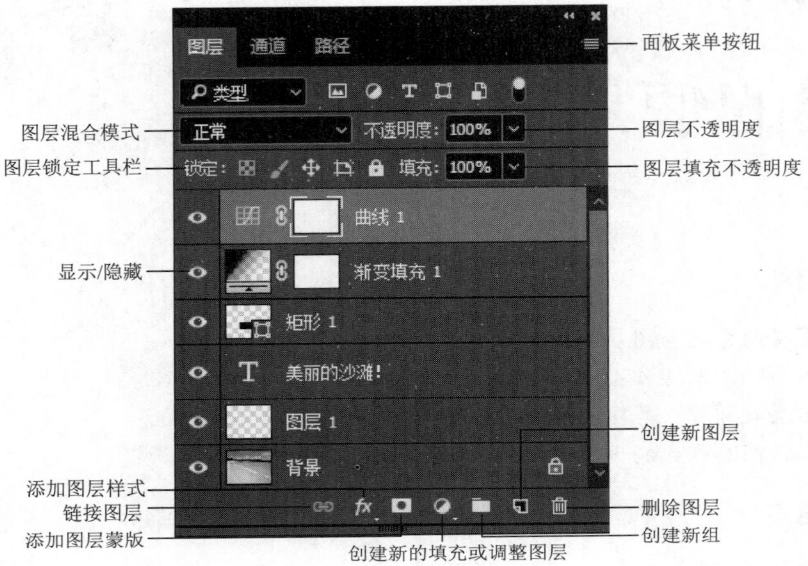

图 1-5-1　图层面板

“图层”面板中各个选项的功能如下：

（1）设置图层的混合模式 正常：单击可以打开一个下拉列表，从中选择不同色彩混合模式，来制作这一层图像与其他图层叠合在一起的效果。

（2）图层名称：每个图层都可以设置自己的名称，以便区分和管理图层，如果在建立新图层的时候没有给它命名，Photoshop 会自动命名为：图层 1、图层 2 等。

（3）不透明度：用于设置图层的不透明度，经常用于多图层混合效果的制作。

（4）显示 / 隐藏：用于显示或隐藏图层，不显示眼睛图标时表示这一层中图像是被隐藏的，反之表示这一层图像是显示的。单击眼睛图标就可以切换显示或隐藏状态，注意当某个图层隐藏时，将不能对它进行任何编辑。

（5）图层缩略图：在图层名称的左侧有一个小方框形的预览图，显示该层图像内容，它的作用也是为了便于辨识图层，预览图的内容随着对图像的改变而改变。

（6）链接图层：表示该图层与另一图层有链接关系。对有链接关系的图层操作时，所加的影响会同时作用于链接的两个图层。

（7）使用图层样式 fx：单击此图标就会弹出图层样式的对话框，在这个对话框中可以为当前作用图层的图像制作各种样式效果。

（8）图层蒙版：单击此图标可以建立一个图层蒙版。

（9）创建新组：利用图层组工作时，便于对繁杂众多的图层进行有序的管理。

（10）创建新的填充或调整图层：使用调整图层可以通过蒙版对图像进行颜色校正和色调调整，而不会破坏原图像。

（11）建立新图层：单击此图标就可以创建一个新图层，如果用鼠标把某个图层拖动到这个图标上就可以复制该图层。

（12）删除图层：单击该图标可将当前选中的图层删除，用鼠标拖动图层到该按钮图标上也可以删除图层。

5.1.2　图层的分类

Photoshop 有以下六类图层：

（1）背景图层：背景图层位于图像的最底层，可以存放和绘制图像。

（2）普通图层：普通图层的主要功能是存放和绘制图像，普通图层可以有不同的透明度。

（3）文字图层：文字图层只能输入与编辑文字内容。

用户可以在背景图层与普通图层之间互换，方法是双击背景图层，此时出现图 1-5-2 所示的对话框，在名称框中输入图层名称，然后单击“确定”按钮就可以将背景图层转换为普通图层；或单击指示图层部分锁定按钮，背景图层可快速地转换成图层，默认为“图层 0”。

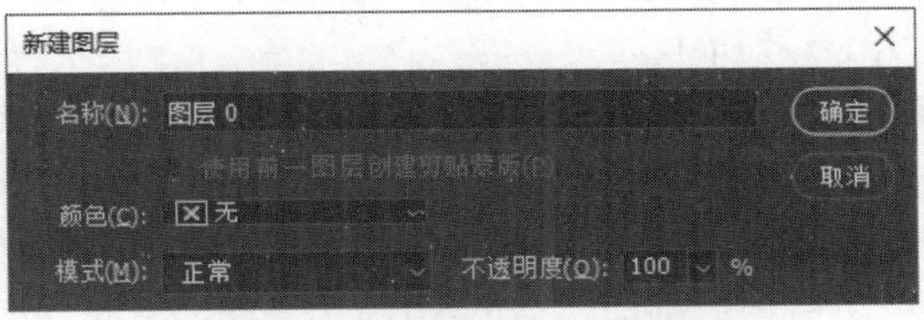

图 1-5-2　背景图层转换成普通图层

（4）形状图层：形状图层主要存放矢量形状信息。

（5）调整图层：调整图层主要用于存放图像的色彩调整信息。

（6）填充图层：填充图层可以指定图层所包含的内容形式。

5.1.3　图层的基本操作

1. 创建图层

方法一：在“图层”面板上单击“创建新的图层”按钮，就可以新建一个空白图层，如图 1-5-3 所示。

方法二：选择“图层”→“新建”→“图层”命令或者按【Shift+Ctrl+N】组合键，建立新图层，此时会弹出“新建图层”对话框，如图 1-5-4 所示，在对话框中设置图层的名称、不透明度和颜色等参数，单击“确定”按钮即可。

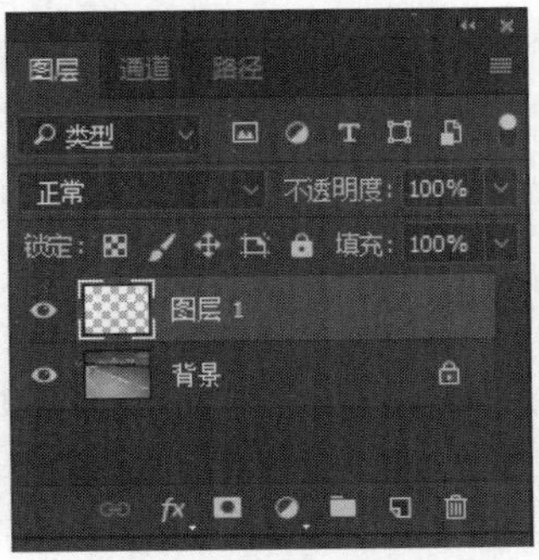

图 1-5-3　建立新图层

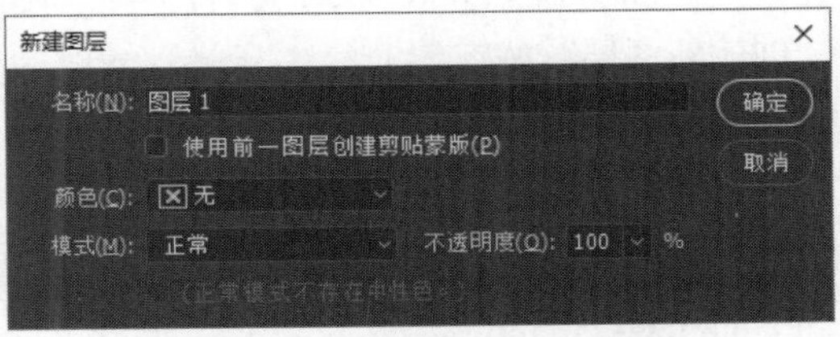

图 1-5-4　“新建图层”对话框

注意： 用户可以更改图层名称，方法是在“图层”面板上双击要重新命名的图层，然后直接输入新名称即可，如图 1-5-5 所示。

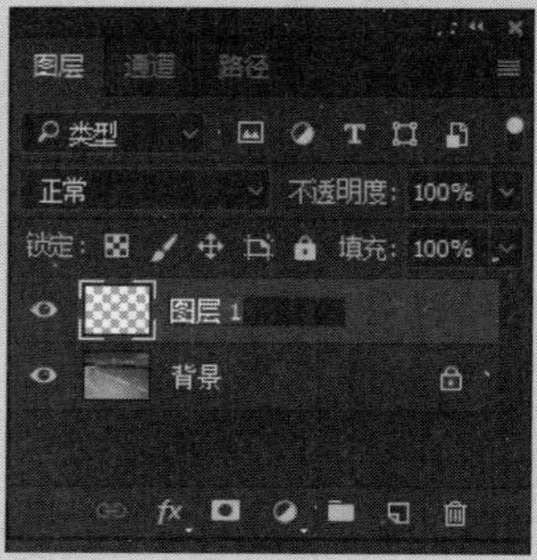

图 1-5-5　重命名图层

方法三：单击“图层”面板右上角的按钮，在弹出的菜单中选择“新建图层”命令，打开“新建图层”对话框，如图 1-5-4 所示。

方法四：通过剪切和复制建立图层。Photoshop 在“图层”→“新建”子菜单中提供了“通过拷贝的图层”和“通过剪切的图层”命令，如图 1-5-6 所示。使用“通过拷贝的图层”命令，可以将选取范围中的图像复制后，粘贴到新建立的图层中；而使用“通过剪切的图层”命令，则可将选取范围中的图像剪切后粘贴到新建立的图层中。

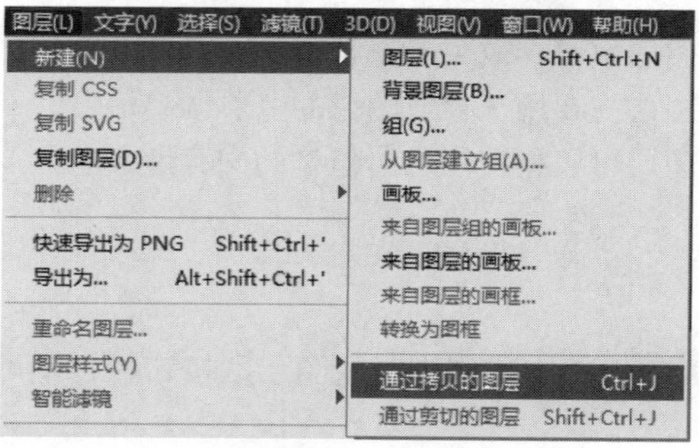

图 1-5-6　“图层”→“新建”子菜单

注意： 使用“通过拷贝的图层”和“通过剪切的图层”命令之前要选取一个选区。

2. 复制、移动和删除图层

1）复制图层

方法一：同一图像中复制图层，直接在“图层”面板中选中要复制的图层，然后将图层拖动至“创建新图层”按钮上。

方法二：按【Ctrl+J】组合键，可以快速复制当前图层。

方法三：在不同的图像之间复制图层，首先选择这些图层，然后使用移动工具在图像窗口之间拖动复制。

方法四：先选中要复制的图层，然后选择“图层”→“复制图层”命令，打开“复制图层”对话框，如图 1-5-7 所示。在“为”文本框中可以输入复制后的图层名称，在“目标”选项组中可以为复制后的图层指定一个目标文件，在“文档”下拉列表中列出当前已经打开的所有图像文件，从中可以选择一个文件以便在复制后的图层上存放；如果选择“新建”选项，则表示复制图层到一个新建的图像文件中，此时“名称”文本框将被激活，用户可在其中为新文件指定一个文件名，单击“确定”按钮即可将图层复制到指定的新建图像中。

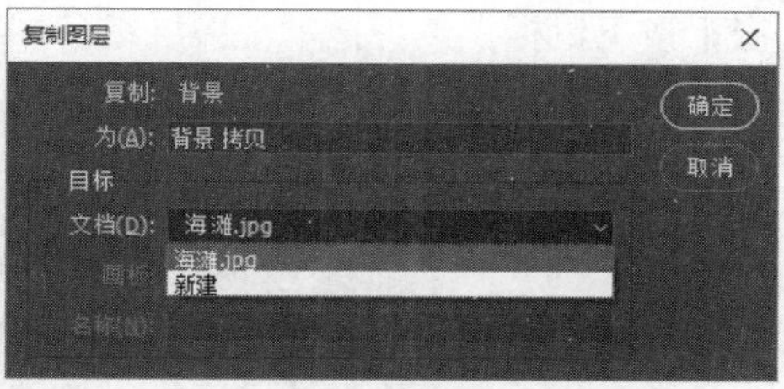

图 1-5-7　“复制图层”对话框

方法五：单击“图层”面板右上角的☰按钮，在弹出的菜单中选择“复制图层”命令，打开“复制图层”对话框，如图 1-5-7 所示。

注意：复制图层后，新复制的图层出现在原图层的上方，并且其文件名以原图层名为基底并加上“拷贝”两字，如图 1-5-8 所示。

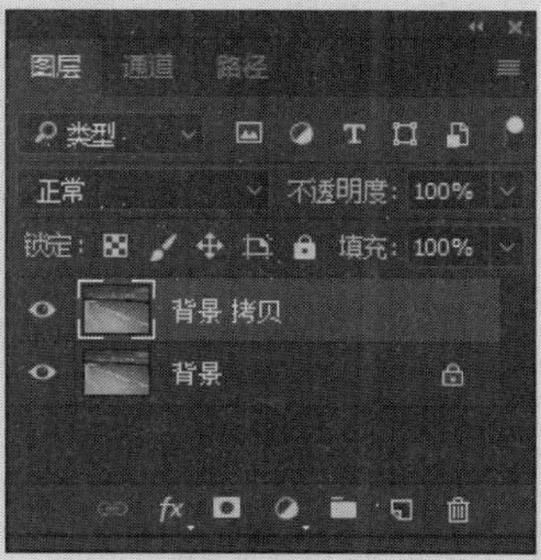

图 1-5-8　复制后的图层

2）移动图层

移动图层实际上就是改变图层的叠放顺序。图层的叠放顺序直接影响着一幅图像的最终效果，调整图层顺序会导致整幅图像的效果发生改变。

方法一：在“图层”面板中选择要改变顺序的图层，使其成为当前层，然后选择“图层”→“排列”命令，在弹出的子菜单中选择所需的命令。

方法二：在“图层”面板中将鼠标指针移到要移动的图层上，然后按住鼠标左键不放向上或向下拖动到所需的位置处释放即可。

3）删除图层

对于不需要的图层，可以将其删除。删除图层后，该图层中的图像也将被删除。

方法一：在“图层”面板中选中需要删除的图层，单击面板底部的“删除图层”按钮。

方法二：在“图层”面板中将需要删除的图层拖放到“删除图层”按钮上。

方法三：在“图层”面板中选中要删除的图层后，选择“图层”→“删除”命令。

方法四：在“图层”面板中要删除的图层上右击，在弹出的快捷菜单中选择“删除图层”命令。

3. 创建图层组

Photoshop 允许将多个图层编成组，这样在对许多图层进行同一操作时（比如，改变图层的混合模式）只需要对组进行操作，从而大大提高了图层较多的图像的编辑工作效率。

1）创建空图层组

单击“图层”面板中的“创建新组”按钮▭或选择“图层”→“新建”→“组”命令，即可在当前图层上方创建图层组。然后通过拖动的方法将图层移动至图层组中，在需要移动的图层上按下鼠标，然后拖动至图层组名称或图标上释放即可，如图 1-5-9 所示。

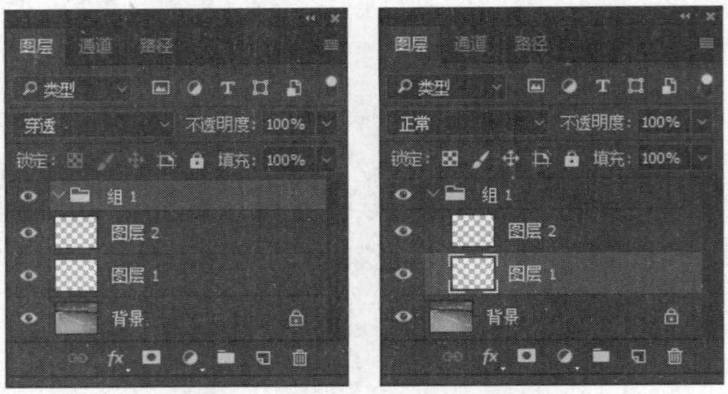

图 1-5-9　创建空图层组

2）从图层创建组

组也可以直接从当前选择图层得到。按住【Shift】键或【Ctrl】键，选择需要添加到同一图层组中的所有图层，然后选择“图层”→“新建”→“从图层建立组”命令或按【Ctrl+G】组合键，这样新建的图层组将包括所有当前选择的图层，如图 1-5-10 所示。

3）使用图层组

完成图层组的创建后，可以将图层分门别类地置于不同的图层组中。当图层组中的图层比较多时，单击图层组三角形图标，可以折叠图层组以节省“图层”面板空间，如图 1-5-11 所示。再次单击图层组三角形图标又可展开图层组各图层。

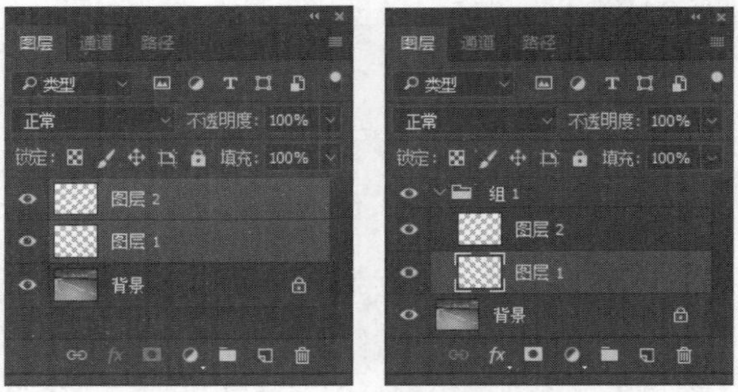

图 1-5-10　从图层创建组

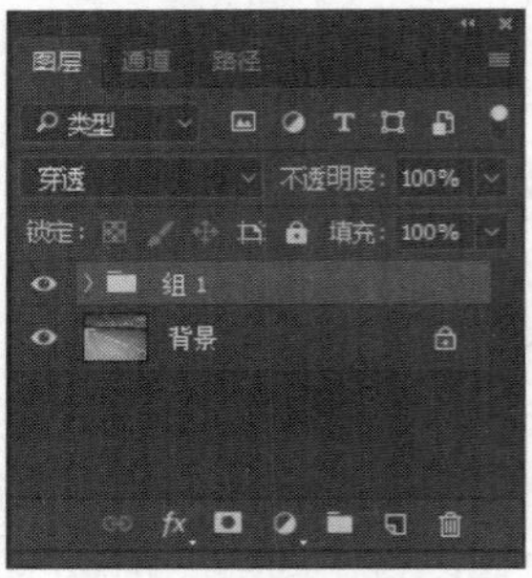

图 1-5-11　折叠图层组

4. 图层的链接与合并

图层的链接是指将多个图层链接成一组，可以同时对链接的多个图层进行移动或变换等编辑操作。

（1）选中所需链接图层，再单击“链接图层”按钮。

（2）选中所需链接图层，再选择“图层”→“链接图层”命令。

注意： 链接图层后选择“图层”→“对齐”子菜单中的命令可以对所有链接图层中的图像进行左对齐、顶对齐等操作。

通过合并图层可以将几个图层合并成一个图层，这样可以减少文件大小或方便对合并后的图层进行编辑。Photoshop 的图层合并方式共有三种：

（1）向下合并：可以将当前图层与它下面的一个图层进行合并。

（2）合并可见图层：可以将“图层”面板中所有显示的图层进行合并，而被隐藏的图层不会合并。

（3）拼合图层：用于将图像窗口中所有的图层进行合并，并放弃图像中隐藏的图层。

5. 锁定图层

Photoshop 提供了锁定图层的功能，可以锁定某一个图层和图层组，使它在编辑图像时不受影响，从而可以给编辑图像带来方便。锁定功能主要通过图层面板中锁定选项组中的四个选项来控制，它们的功能如下：

（1）锁定透明像素：会将透明区域保护起来。因此在使用绘图工具绘图（以及填充和描边）时，只对不透明的部分（即有颜色的像素）起作用。

（2）锁定图像像素：可以将当前图层保护起来，不受任何填充、描边及其他绘图操作的影响。因此，此时在这一图层上无法使用绘图工具，绘图工具在图像窗口中将显示为⊘图标。

（3）锁定位置：单击此图标，不能对锁定的图层进行移动、旋转、翻转和自由变换等编辑操作。但可以对当前图层进行填充、描边和其他绘图的操作。

（4）锁定全部：将完全锁定这一图层，此时任何绘图操作、编辑操作（包括删除图像、图层混合模式、不透明度、滤镜功能、色彩和色调调整等功能）都不能在这一图层上使用，而只能够在图层面板中调整这一层的叠放次序。

5.2　设置图层的混合模式

图层的混合模式决定了当前图层中的图像如何与下层图像的颜色进行色彩混合，可用于合成图像、制作选区和特殊效果。除“背景”图层外，其他图层都支持混合模式。在“图层”面板中左上方的“图层混合模式”下拉列表中选择所需的混合模式即可，如图 1-5-12 所示。

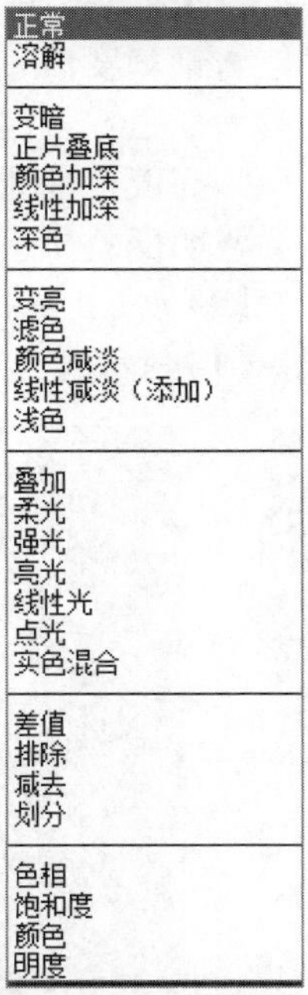

图 1-5-12　图层混合模式

各种模式的作用如下：

- 正常：使用正常的方式和下面一层混合，效果受不透明度影响。
- 溶解：当前层的颜色随机地被下一层的颜色替换，被替换的强度和程度取决于不透明度的设置。
- 变暗：下面图层比当前图层颜色浅的像素会因当前层的替换而加深，而比当前层颜色深的像素保持不变。
- 正片叠底：利用减色原理，把当前层的颜色和下一层的颜色相乘，产生比这两种颜色都深的第三种颜色。
- 颜色加深：根据当前层颜色的深浅来使下一层像素的颜色变暗。
- 线性加深：将图像中的颜色按线性加深。
- 深色：比较混合色和基色的所有通道值的总和并显示值较小的颜色。“深色”不会生成第三种颜色（可以通过“变暗”混合获得），因为它将从基色和混合色中选择最小的通道值来创建结果颜色。
- 变亮：与变暗相反，比当前层颜色深的像素被替换，浅的像素不变而使图像变亮。

- 滤色：和正片叠底相反，利用加色原理使下一层的颜色变浅。
- 颜色减淡：与颜色加深相反，使图像变亮。
- 线性减淡（添加）：按图像中的颜色按线性减淡。
- 浅色：比较混合色和基色的所有通道值的总和并显示值较大的颜色。“深色”不会生成第三种颜色（可以通过“变亮”混合获得），因为它将从基色和混合色中选择最大的通道值来创建结果颜色。
- 叠加：综合正片叠底和屏幕两种模式效果，这种模式对图像中中间色调影响大，而对高亮和阴影部分作用不大。
- 柔光：图像产生柔和的光照效果，使当前图层比下面图层亮的区域更亮，暗的区域更暗。
- 强光：图像产生强烈的光照效果。
- 亮光：使图像的色彩变得鲜明。
- 线性光：线性的光照效果。
- 点光：限制减弱光照效果。
- 实色混合：将底色和选择的颜色进行混合，使其达成统一的效果。
- 差值：用当前层的颜色值减去下面层的颜色值，比较绘制的颜色值，从而产生反相效果。
- 排除：与差值类似，但颜色要柔和一些。
- 减去：用基色的颜色值减去混合色图像的颜色值，与差值类似，如果合色与基色相同，则结果为黑色。
- 划分：基色分割混合色，颜色对比度较强，在划分模式下若混合色与基色相同则结果色为白色，若混合色为白色，则结果色为基色不变，如果混合色为黑色，则结果色为白色。
- 色相：只用当前层的色度值去影响下一层，而饱和度和亮度不会影响下一层。反过来说就是当前层的色相属性保留，合成时饱和度与亮度都受下一层影响。
- 饱和度：与色相模式相似，它只用饱和度影响下一层，而色度和亮度不会影响。
- 颜色：是饱和度与色相模式的综合效果，即用当前层的饱和度和色相影响下一层，而亮度不影响。
- 明度：和颜色模式相反，只用当前层的亮度影响下一层。

【例 5.1】换衣效果。应用图层混合模式将图 1-5-13 所示的图像中人物的服装更换成图 1-5-14 所示的图案，并调整混合模式，使其融合在一起，效果如图 1-5-15 所示。

视频

例5.1 换衣效果

图 1-5-13　人物图像

图 1-5-14　图案

图 1-5-15　换衣后的效果

具体操作步骤如下：

（1）分别打开图 1-5-13 所示的“小男孩 .jpg”和图 1-5-14 所示的“卡通图 .jpg”图像。

（2）切换到“小男孩 .jpg”图像窗口中，用多边形套索工具选取小男孩的服装，如图 1-5-16 所示。

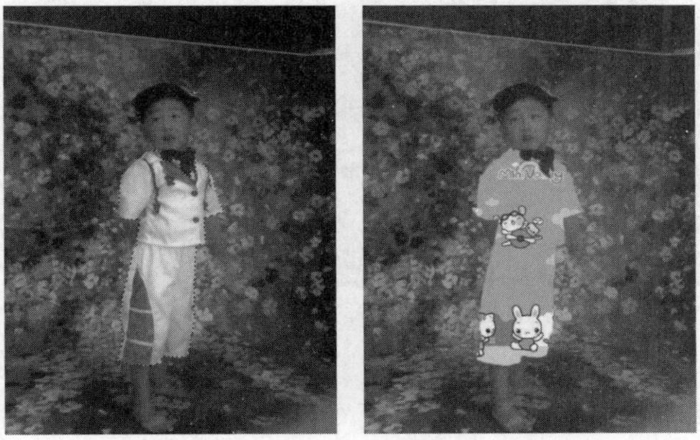

图 1-5-16　选取图像

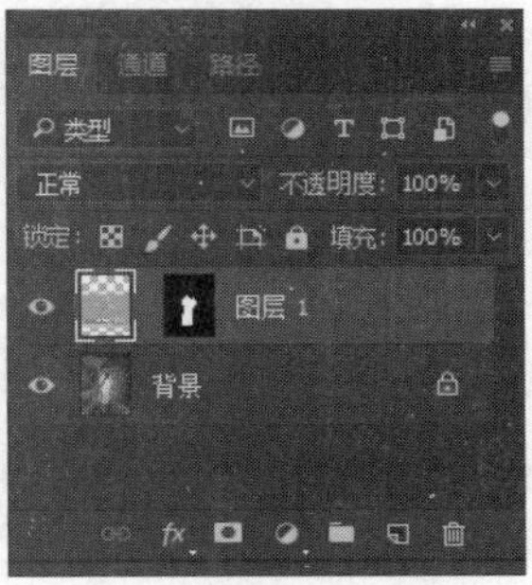

图 1-5-17　换衣

（3）切换到“卡通图 .jpg”图像窗口中，按【Ctrl+A】组合键选取图像，按【Ctrl+C】组合键复制图像。

（4）切换到“小男孩 .jpg”图像窗口中，选择“编辑”→“选择性粘贴”→“贴入”命令或按【Alt+Shift+Ctrl+V】组合键粘贴到服装选区内，如图 1-5-17 所示。

（5）在图层面板中设置图层的混合模式为“正片叠底”或“线性加深”，不透明度设置为 70% 左右。如图 1-5-18 所示，最终效果如图 1-5-15 所示。

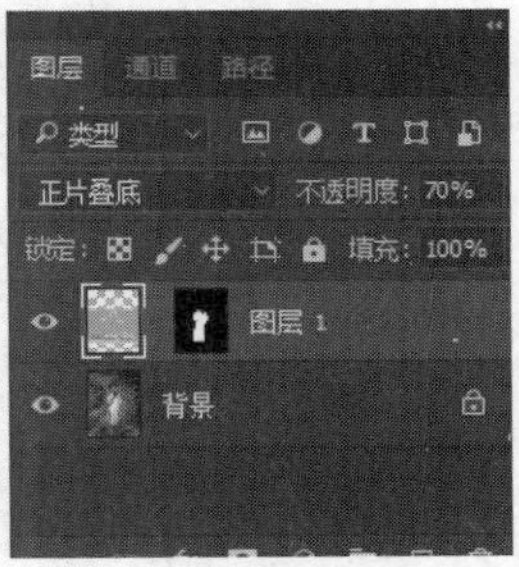

图 1-5-18　选取混合模式

5.3　使用图层样式

在 Photoshop 中还可以对图层添加各种样式效果，包括阴影、发光、斜面和浮雕等，利用这些样式为图像制作一些常见的特效。

图层样式可以应用于普通图层、文字图层、形状图层等，但不能用于背景图层。应用图层样式后，用户可以将获得的样式效果复制并粘贴到其他图层。

添加图层样式的方法如下：

（1）选中需要添加图层样式的图层。

（2）单击“图层”面板下方的“添加图层样式”按钮 fx，弹出“图层样式”菜单，如图 1-5-19 所示。

（3）此时可以选取一种图层样式进行设置，如果单击“混合选项”菜单，将打开图 1-5-20 所示的对话框。

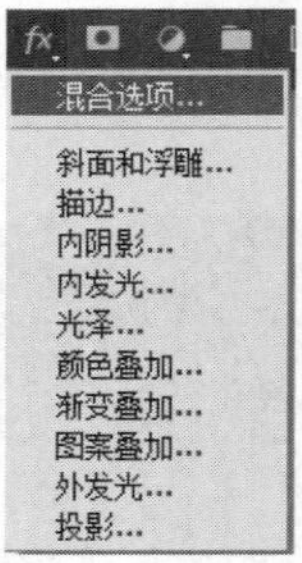

图 1-5-19 “图层样式”菜单

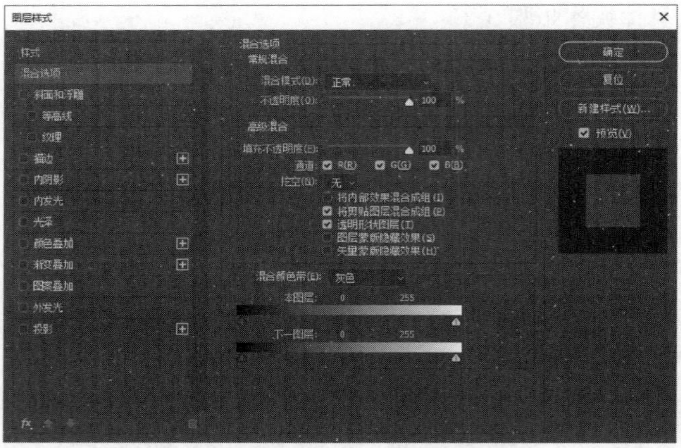

图 1-5-20 “图层样式”对话框

各图层样式的主要功能如下：

（1）斜面和浮雕效果。斜面和浮雕效果可以给图层加上斜面及浮雕的效果。打开“图层样式”对话框，选中“斜面和浮雕”复选框可以打开“斜面和浮雕”面板，如图 1-5-21 所示。

- 样式：指定斜面样式。“内斜面”在图层内容的内边缘上创建斜面；“外斜面”在图层内容的外边缘上创建斜面；“浮雕效果”模拟使图层内容相对于下层图层呈浮雕状的效果；“枕状浮雕”模拟将图层内容的边缘压入下层图层中的效果；“描边浮雕”将浮雕限于应用于图层的描边效果的边界。（如果未将任何描边应用于图层，则“描边浮雕”效果不可见。）
- 方法：用来设置斜面和浮雕的雕刻精度。有三个选项：“平滑”“雕刻清晰”和“雕刻柔和”。
- 深度：指定斜面深度。
- 大小：指定阴影大小。
- 软化：模糊阴影效果可减少多余的人工痕迹。
- 角度：所采用的光照角度。
- 高度：设置光源的高度。值为 0 表示底边；值为 90 表示图层的正上方。
- 光泽等高线：创建有光泽的金属外观。“光泽等高线”是在为斜面或浮雕加上阴影效果后应用的。
- 高光或阴影模式：指定斜面或浮雕高光或阴影的混合模式。
- 等高线：在斜面和浮雕中，可以使用“等高线”勾画在浮雕处理中被遮住的起伏、凹陷和凸起。
- 纹理：应用一种纹理。使用“缩放”来缩放纹理的大小；如果要使纹理在图层移动时随图层一起移动，则选择“与图层链接”；“反相”使纹理反相；“深度”改变纹理应用的程度和方向（上 / 下）；“贴紧原点”使图案的原点与文档的原点相同（如果取消选择了“与图层链接”），或将原点放在图层的左上角（如果“与图层链接”处于选定状态）；拖动纹理可在图层中定位纹理。

（2）描边效果。使用描边效果能给图层加上一个边框的效果。在“图层样式”对话框中选中“描边”复选框，将显示“描边”面板，如图 1-5-22 所示。

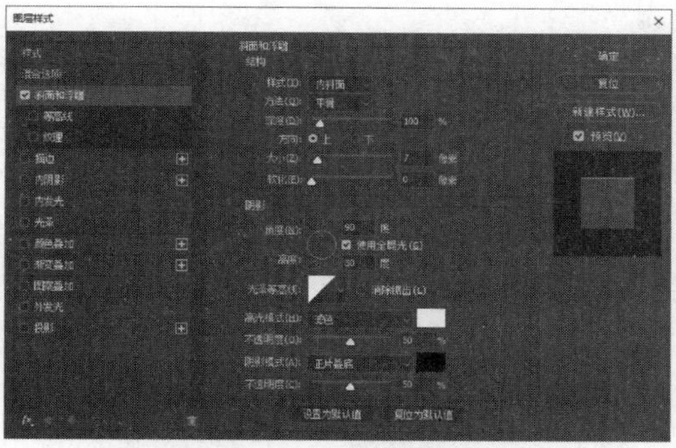

图 1-5-21　“斜面和浮雕”面板

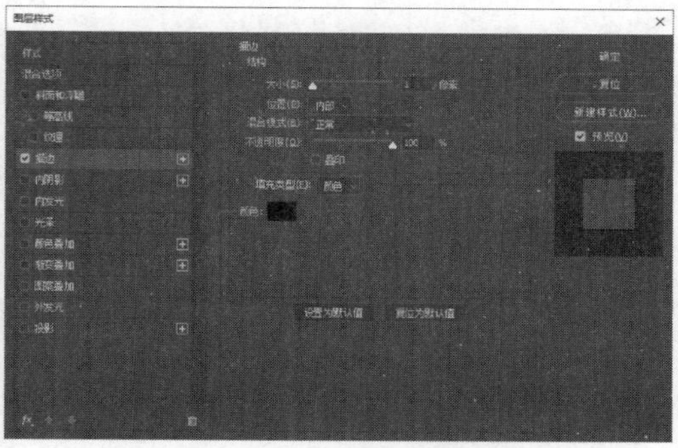

图 1-5-22　“描边”面板

（3）内阴影效果。内阴影可使图层产生内陷的阴影效果。打开“图层样式”对话框，选中“内阴影”复选框可以打开“内阴影”面板，如图 1-5-23 所示。内阴影的设置项和投影的设置基本相同，只是两者产生的效果有所差异。

“阻塞”：与“投影”选项中的“扩展”选项相似，用于设置“内阴影”的强度。

（4）内发光效果。打开“图层样式”对话框，选中“内发光”复选框可以打开“内发光”面板，如图 1-5-24 所示。与“外发光”效果的对话框类似，只是产生的辉光效果方向不同。其中 源：○ 居中(E) 单选按钮表示光线将从图像中心向外扩展，◉ 边缘(G) 单选按钮表示将从边缘内侧向中心扩展。

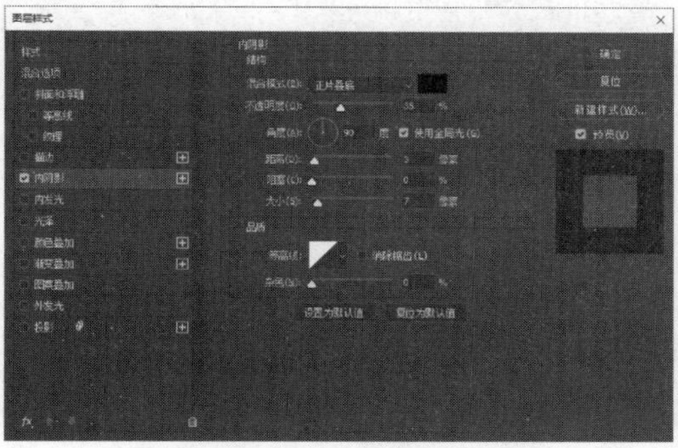

图 1-5-23　“内阴影”面板

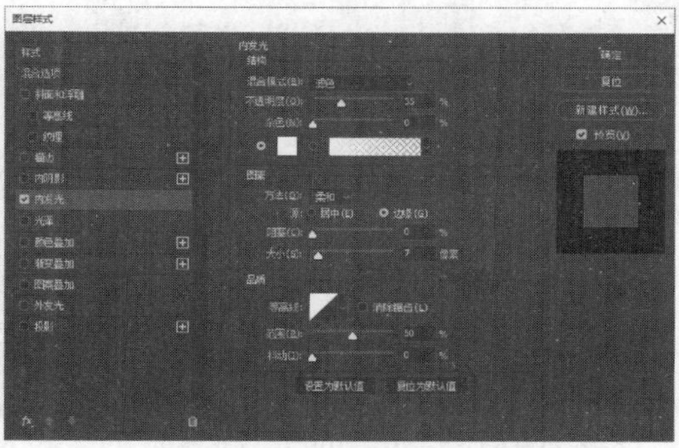

图 1-5-24　“内发光”面板

（5）光泽效果。用光泽效果能给图层加上类似绸缎的光泽。打开“图层样式”对话框，选中“光泽”复选框，将显示“光泽”面板，如图 1-5-25 所示。其中的各项参数与其他样式中同名的参数含义相同，这里不再赘述。

（6）颜色叠加效果。颜色叠加效果能给图层加上一个带有混合模式的单色图层。在“图层样式”对话框中选中“颜色叠加”复选框，将显示“颜色叠加”面板，如图 1-5-26 所示。

（7）渐变叠加效果。使用渐变叠加效果能给图层加上一个层次渐变的效果。在“图层样式”对话框选中“渐变叠加”复选框，将显示“渐变叠加”面板，如图 1-5-27 所示。

（8）图案叠加效果。使用“图案叠加”面板能给图层加上一个图案化的图层叠加效果。在“图层样式”对话框中选中“图案叠加”复选框，将显示“图案叠加”面板，如图 1-5-28 所示。其中的设置与“斜面与浮雕”面板中的图案选项相似。

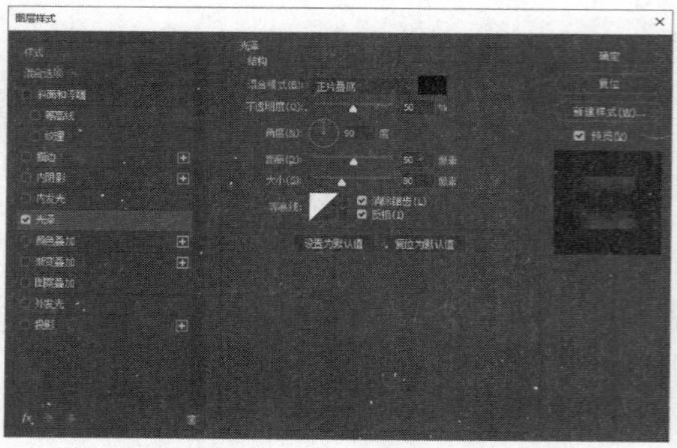

图 1-5-25 “光泽”面板

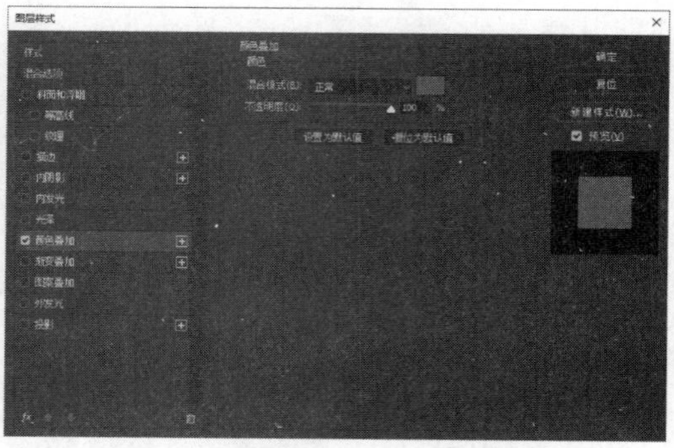

图 1-5-26 “颜色叠加”面板

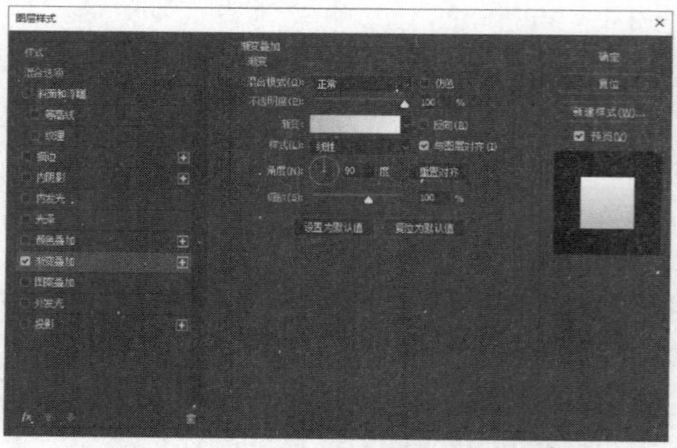

图 1-5-27 “渐变叠加”面板

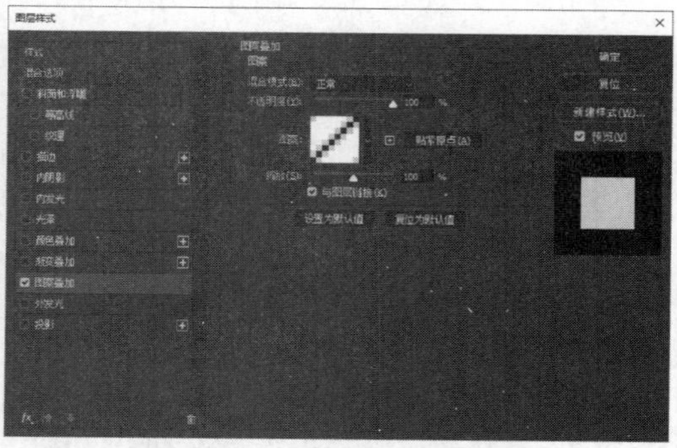

图 1-5-28 “图案叠加”面板

（9）外发光效果。外发光效果可以给图层边缘加上一个光芒环绕的效果。打开“图层样式”对话框，选中“外发光”复选框可以打开“外发光”面板，如图 1-5-29 所示。

- 单击色块可以设置光晕颜色。
- 单击色块可以打开“渐变编辑器”编辑设置光晕的渐变色。
- 方法：用于选择处理蒙版边缘的方法，可以选择“柔和”和“精确”两种设置。
- 扩展：设置光晕向外扩展的范围。
- 大小：控制光晕的柔化效果。
- 等高线：控制外发光的轮廓样式。
- 范围：控制等高线的应用范围。
- 抖动：控制随机化发光光晕的渐变。

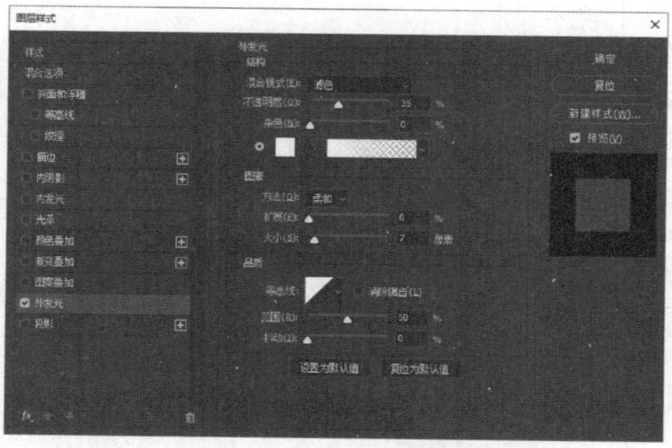

图 1-5-29 “外发光”面板

（10）投影效果。“投影”能给图层加上一个阴影。打开“图层样式”对话框，选中“投影”复选框可以打开“投影”面板，如图 1-5-30 所示。

- 混合模式：设置阴影与下方图层的混合模式。
- 不透明度：设置阴影效果的不透明程度。
- 角度：设置阴影的光照角度。
- 距离：设置阴影效果与原图层内容偏移的距离。
- 扩展：用于扩大阴影的边界。
- 大小：用于设置阴影边缘模糊的程度。
- 等高线：用于设置阴影的轮廓形状，可以在其下拉列表中进行选择。
- 消除锯齿：使投影边缘更加平滑。
- 杂色：用于设置是否使用噪声点来对阴影进行填充。
- 图层挖空投影：用于控制半透明图层中投影的可视性。

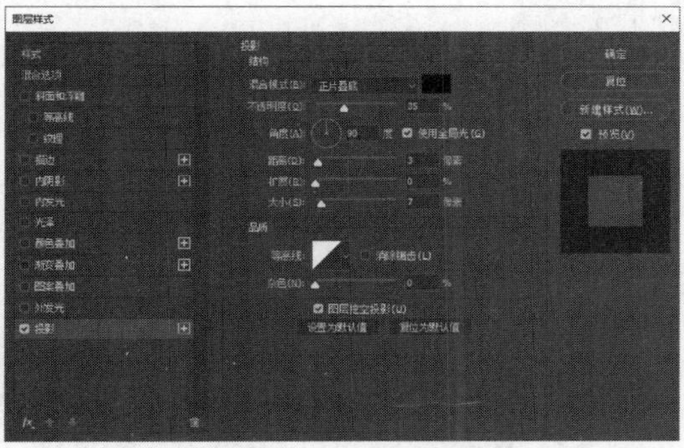

图 1-5-30　“投影”面板

【例 5.2】制作卷角效果照片，效果如图 1-5-31 所示。

视频

例5.2 卷角照片

图 1-5-31　卷角照片效果

具体操作步骤如下：

（1）新建一个默认 Photoshop 大小（16 cm × 12 cm，300 ppi）的文档，新建“图层 1”，设置前景色为金色“#cd7f32”，按【Alt+Delete】组合键为“图层 1”填充前景色。

（2）选择“图层 1”，选择“滤镜”→“杂色”→“添加杂色”命令，打开“添加杂色”对话框，设置数量为 30%，如图 1-5-32 所示。

（3）选择“滤镜”→“模糊”→“动感模糊”命令，打开“动感模糊”对话框，设置距离为 1 999，如图 1-5-33 所示。

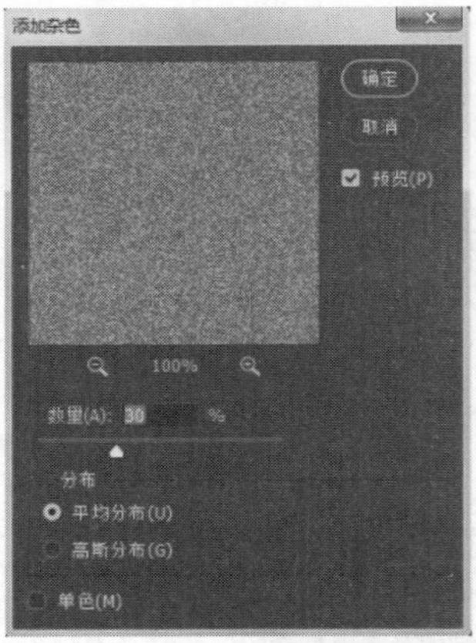

图 1-5-32　添加杂色

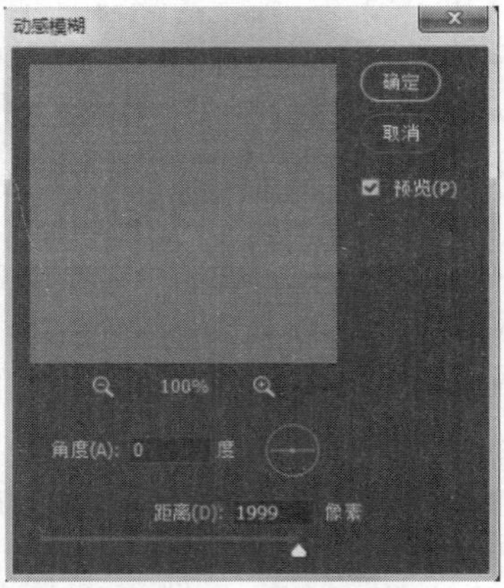

图 1-5-33　动感模糊

（4）给“图层 1”添加“斜面和浮雕”效果的图层样式，默认参数，如图 1-5-34 所示。再选择“滤镜”→“液化”命令，打开“液化”对话框，设置笔尖大小 250，按住鼠标左键不放在图像上涂抹（根据个人喜好），制作出弯曲纹理效果，如图 1-5-35 所示。

图 1-5-34　斜面和浮雕效果

图 1-5-35　液化效果

（5）打开“小女孩 .jpg”文件，按【Ctrl+A】组合键，全选照片，按【Ctrl+C】组合键，复制照片；切换到新建文件上，按【Ctrl+V】组合键，粘贴照片内容到新建文件中，此时会新建“图层 2”。按【Ctrl+T】组合键，打开“自由变换”命令，适当调整图片的大小和位置，按【Enter】键确认变换，如图 1-5-36 所示。

（6）给“图层 2”添加“投影”和“描边”效果的图层样式，设置描边大小“5 像素”，位置“内部”，颜色“白色”；设置投影的角度 125°，距离 30 像素；其他参数默认，如图 1-5-37 所示。

（7）选择“滤镜”→“扭曲”→“切变”命令，打开“切变”对话框，设置图像扭曲程度，如图 1-5-38 所示。

（8）在“图层 2”缩略图右边的 fx 图标上右击，在弹出的快捷菜单中选择“创建图层”命令，将图层样式效果从图层中分离出来，如图 1-5-39 所示。

图 1-5-36　添加素材

图 1-5-37　设置投影和描边

图 1-5-38　切变效果

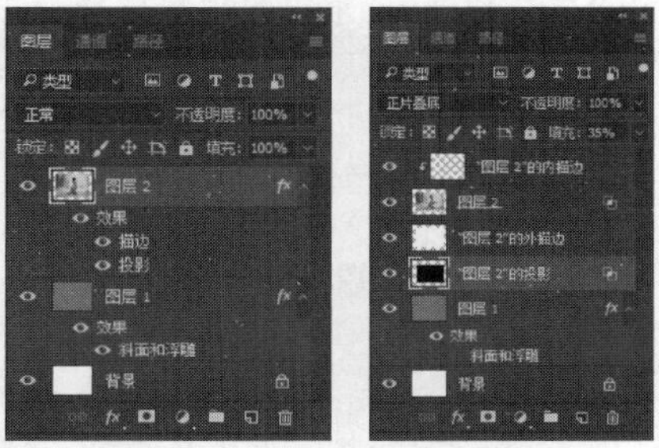

图 1-5-39　分离图层样式

（9）选择“图层 2”的投影图层。选择“编辑”→“变换”→“水平翻转”命令，再将投影图像移动到合适的位置，如图 1-5-40 所示。

（10）选择“图层 2”，使用“直排文字蒙版工具”，设置字体“华文行楷”，大小为 40 点，输入“三周岁纪念”五个字，确认输入后创建了文字选择范围，可以利用选框工具恰当地调整选区位置，如图 1-5-41 所示；按【Ctrl+J】组合键，将选择选区内的图像复制到新建的“图层 3”中。

图 1-5-40　调整投影效果

图 1-5-41　创建文字选区

（11）给“图层 3”添加“投影”和“斜面和浮雕”效果的图层样式，所有参数默认，最终效果如图 1-5-31 所示。

5.4　创建填充图层和调整图层

调整图层用于对图像进行色彩与色调调节，其优点是改变图像显示效果，而不改变图像像素本身。不需要时，可删除调节图层，原图像不受影响。调整图层能影响在它之下的所有图层，这就意味着用户能通过制作一个简单的调整图层来纠正多个图层，胜于对每个图层进行单独的调整。填充图层能让用户通过纯色、渐变色或图案填充图层。与调整图层不同的是，填充图层不会影响在它下面的图层。

单击“图层”面板下方的按钮，从弹出的菜单中可以看到图层调整和图层填充的所有选项，如图 1-5-42 所示。图中的前三项（纯色、渐变色、图案）是图层填充项，后几项都是图层调整项。如图 1-5-43 所示为添加“渐变填充”图层后的效果。如图 1-5-44 所示为添加“色彩平衡”调整图层后的效果。

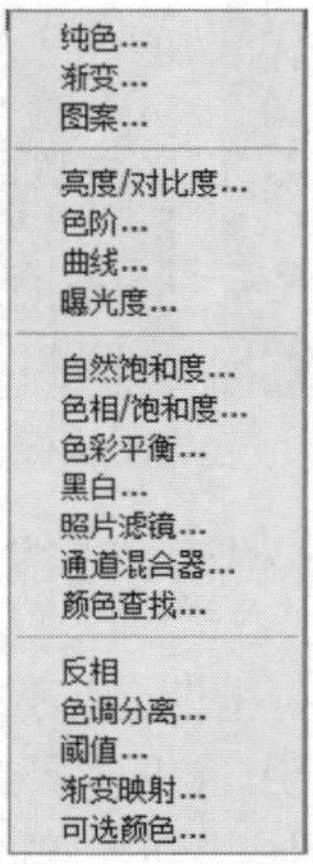

图 1-5-42　填充和调整图层菜单

图 1-5-43　添加“渐变填充”图层

图 1-5-44　添加“色彩平衡”调整图层

使用调整图层和使用“图像”→“调整”下的命令功能非常相似，但是使用调整图层还具有以下特点：

（1）使用调整图层可以调整其下面所有图层的内容，而使用调整命令只能调整一个图层的内容。

（2）使用调整图层并没有改变其下面图层的实际内容，当不需要调整时，只需删除该调整图层即可；而使用调整命令将改变被调整图层的实际内容，当不需要调整时，只能通过

“历史记录”还原，而且调整之后的所有操作将一起被撤销，如果调整之后的步骤过多将无法还原。

【例 5.3】 利用调整图层调整图像的色彩，效果如图 1-5-45 所示。

图 1-5-45　调整图层调整色彩效果

视 频

例5.3 调整图层调整图像色彩

具体操作步骤如下：

（1）打开“房子 .jpg”文件，单击图层面板按钮，创建一个色阶调整图层，调整高光输入色阶，调亮图像，如图 1-5-46 所示。

图 1-5-46　色阶调整图层

（2）单击图层面板按钮，创建一个曲线调整图层，在属性面板中选择“绿”通道，调节曲线的形状，提高图像中的绿色色调；选中蒙版，使用画笔涂抹需要遮盖的区域，如图 1-5-47 所示。

图 1-5-47　提高绿色色调

（3）同样方法，再创建一个调整“红”通道的曲线调整图层，提高图像中的红色色调。

（4）打开“天空 .jpg”，利用移动工具把它拖动到“房子 .jpg”文件窗口中，单击图层面板上“添加矢量蒙版”按钮，为“图层 1”添加一个图层蒙版；选择图层蒙版，应用渐变工具，使用白到黑的线性渐变，从上到中间拉一根直线填充的渐变色。再使用画笔工具调整合适的不透明度，修饰需要遮盖的区域，效果如图 1-5-45 所示。

5.5　应用举例

视频 5.5 应用举例–火焰字1

视频 5.5 应用举例–火焰字2

视频 5.5 应用举例–火焰字3

【案例】火焰字，制作金属燃烧的火焰字效果。

【设计思路】这个火焰字可分两个部分制作出来，然后做出底部的火焰烟雾纹理，设计红色和叠加纹理填充图案做出火焰效果，再用金属填充图案把顶部的金属字做出来即可。最终效果如图 1-5-48 所示。

【设计目标】通过本案例，掌握文本图层及图层样式的使用。

【操作步骤】

（1）打开“金属纹理 1.jpg”和“金属纹理 2.jpg”，选择“编辑”→“定义图案”命令，分别定义命名为“金属纹理 1”和“金属纹理 2”。

（2）新建一个“名称”为“火焰字”，1 000 像素 ×454 像素，72 ppi，RGB 颜色模式，黑色背景的图像文件。

（3）选择横排文字工具，输入想要的文字，字体“Adobe 黑体 Std”，字号 320 点，颜色为黄褐色“#9B7B0C”；利用移动工具调整好文字的位置。效果如图 1-5-49 所示。

图 1-5-48　火焰字效果

图 1-5-49　输入文字

（4）双击图层面板中“火焰字”图层右侧灰色部分打开图层样式 1，然后设置参数“斜面和浮雕”和“纹理”，如图 1-5-50 所示。确定后在图层面板把填充改为 0%，效果如图 1-5-51 所示。

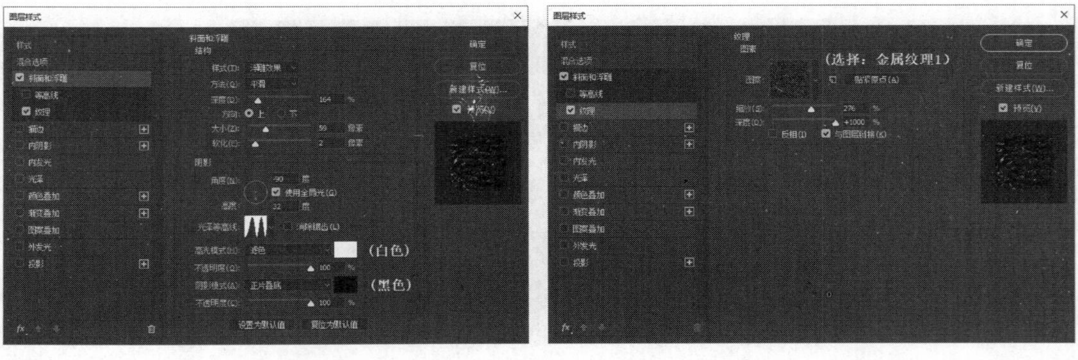

（a）斜面和浮雕　　（b）纹理

图 1-5-50　图层样式 1

（5）按两次【Ctrl + J】组合键，把“火焰字”图层复制两层，选择“火焰字 拷贝 2”图层，右击图层缩略图后面的灰色区域，在弹出的快捷菜单中，选择“清除图层样式”命令，效果如图 1-5-52 所示。

图 1-5-51　图层样式 1 效果

图 1-5-52　清除图层样式 1

（6）设置“火焰字 拷贝 2”图层的图层样式 2，设置“投影”和“外发光”参数，如图 1-5-53 所示。确定后在图层面板把填充改为 0%，效果如图 1-5-54 所示。

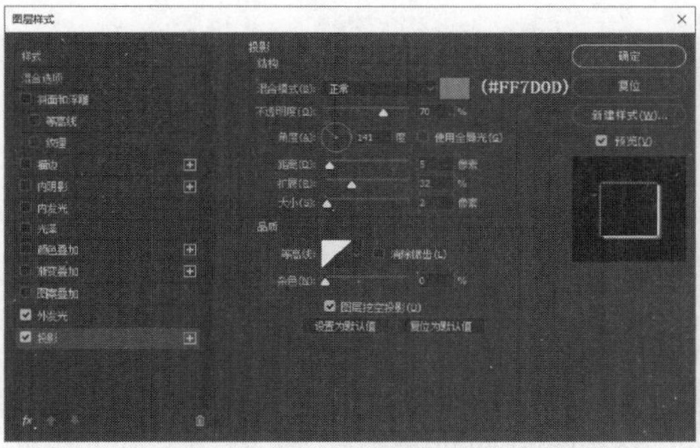

（a）投影

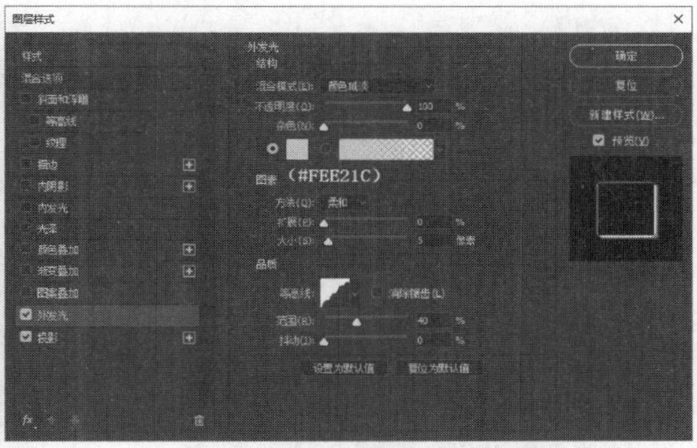

（b）外发光

图 1-5-53　图层样式 2

（7）按【Ctrl + J】组合键，把“火焰字 拷贝 2”图层复制一层“火焰字 拷贝 3”图层，同上述的方法清除图层样式，效果如图 1-5-55 所示。

图 1-5-54　图层样式 2 效果

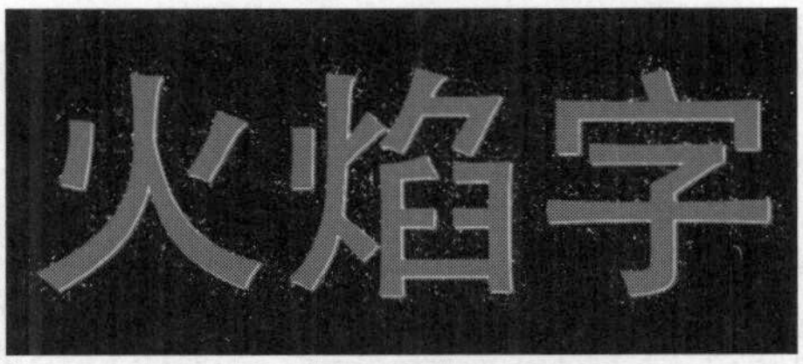

图 1-5-55　清除图层样式 2

（8）设置“火焰字 拷贝 3”图层的图层样式 3，设置“内阴影”“光泽”“颜色叠加”“渐变叠加”“图案叠加”和“描边”参数。确定后在图层面板把填充改为 0%。

① 设置“内阴影”：混合模式“亮光”，颜色为“白色”。设置“光泽”：混合模式“颜色减淡”，颜色为橙红色“#FF6407”。然后设置等高线；其他参数如图 1-5-56 所示。

② 自定义“光泽”中“等高线”。设置“颜色叠加”：混合模式“柔光”，颜色“#0B0B0B”。其他参数如图 1-5-57 所示。

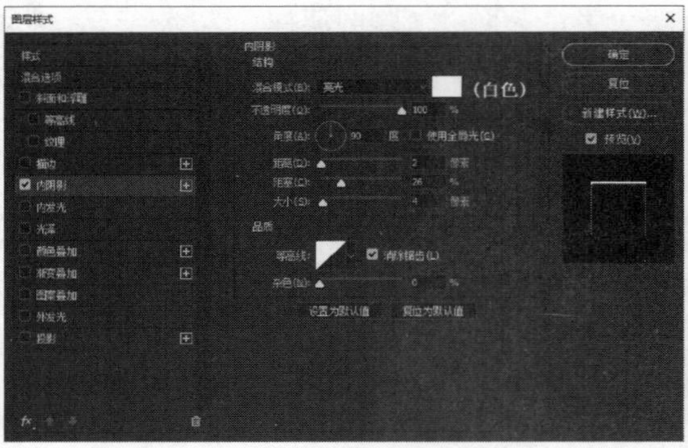

（a）内阴影

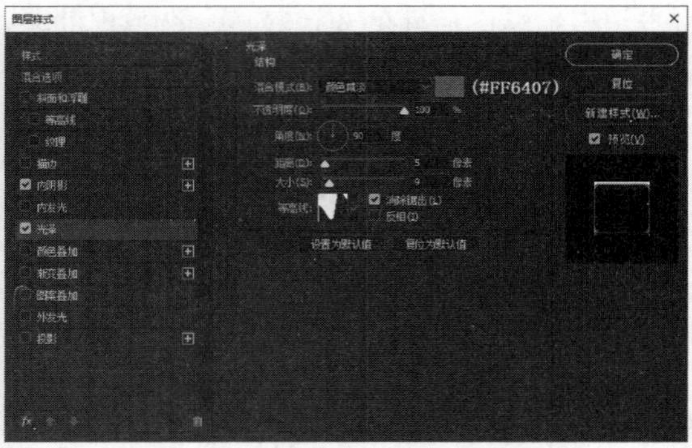

（b）光泽

图 1-5-56　图层样式 3-1

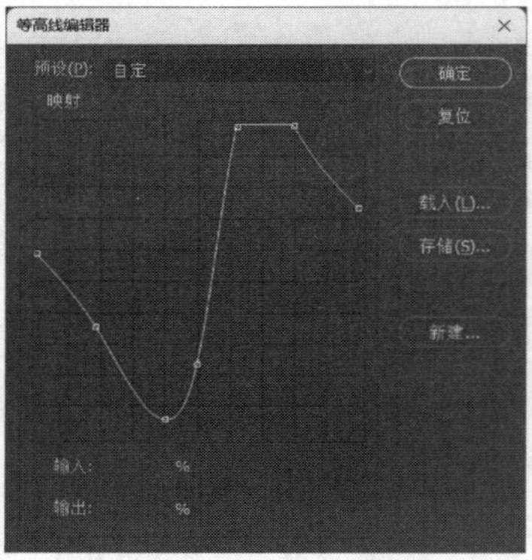

（a）等高线

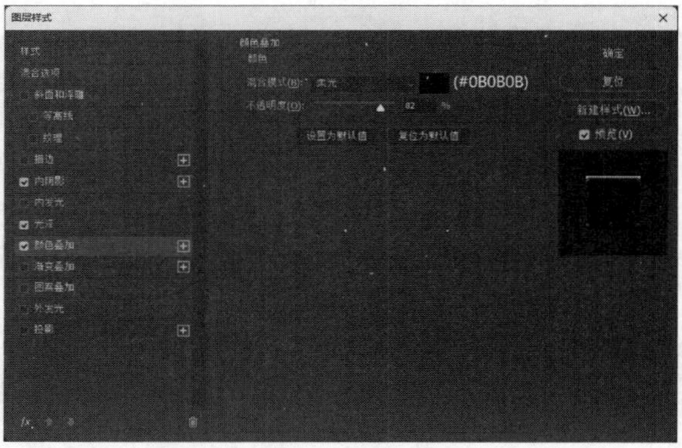

（b）颜色叠加

图 1-5-57　图层样式 3-2

③ 设置“渐变叠加”：混合模式“强光”，渐变设置等如图 1-5-58 所示。

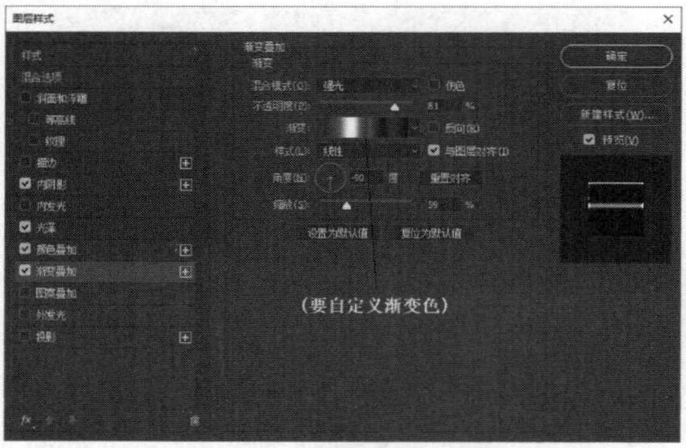

（a）渐变叠加

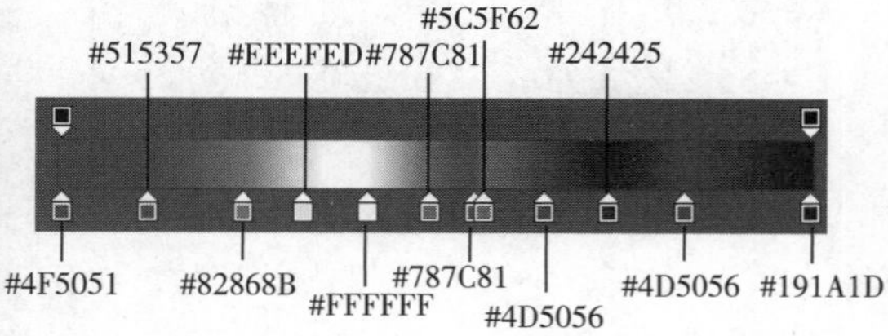

（b）设置渐变色

图 1-5-58　图层样式 3-3

④ 设置“图案叠加”：图案选择自定义的“金属纹理 2”图案。设置“描边”：填充类型选择“渐变”，渐变选择自带的“Transparent Stripes”。其他参数如图 1-5-59 所示。效果如图 1-5-60 所示。

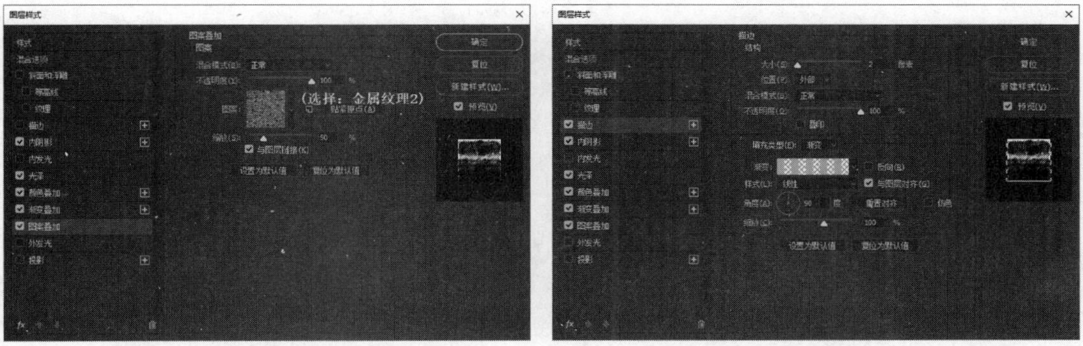

（a）图案叠加　　（b）描边

图 1-5-59　图层样式 3-4

（9）按【Ctrl + J】组合键，把“火焰字 拷贝 3”图层复制一层“火焰字 拷贝 4”图层，同上述的方法清除图层样式，效果如图 1-5-61 所示。

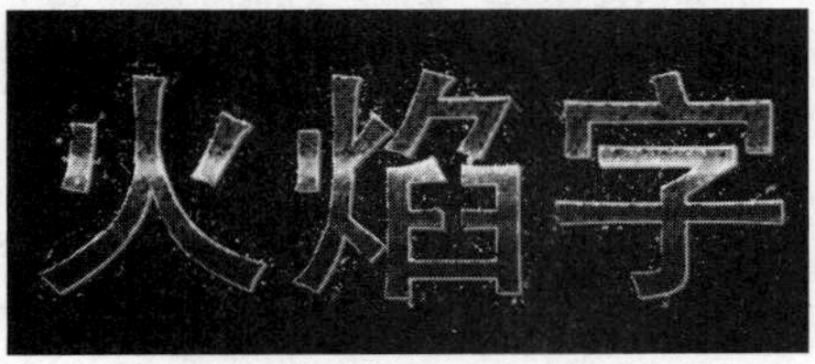

图 1-5-60　图层样式 3 效果

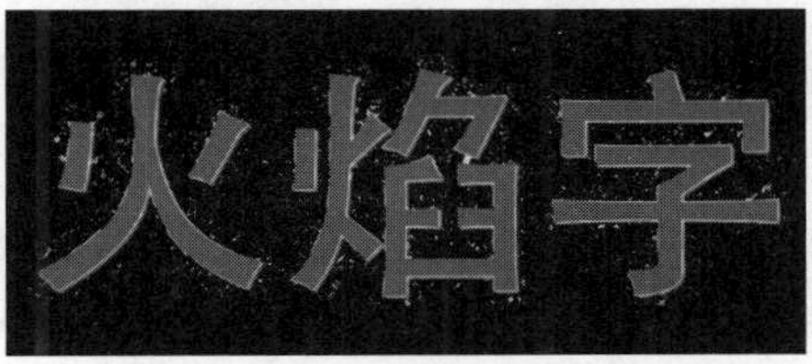

图 1-5-61　清除图层样式 3

（10）设置“火焰字 拷贝 4”图层的图层样式 4，设置“投影”“外发光”“斜面和浮雕”“纹理”参数。确定后在图层面板把填充改为 0%。

① 设置“投影”：混合模式“强光”颜色为“白色”。设置“外发光”：混合模式“线性光”，颜色为橙红色“#FD7E0D”。其他参数如图 1-5-62 所示。

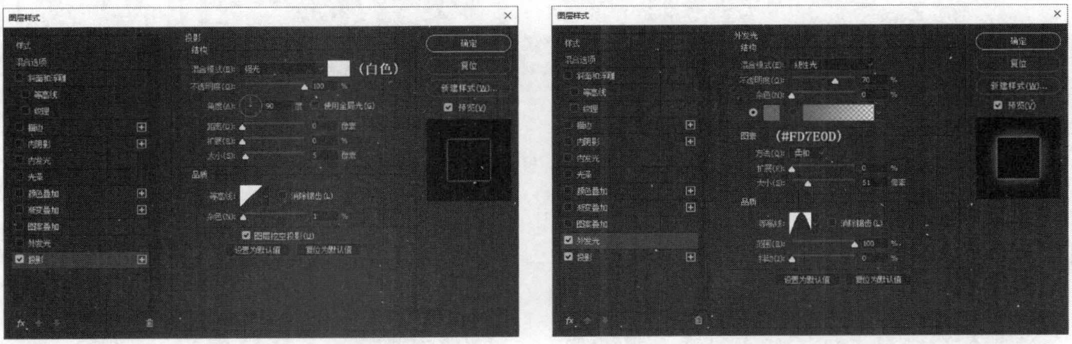

（a）投影　　（b）外发光

图 1-5-62　图层样式 4-1

② 设置“斜面和浮雕”：样式“外斜面”。设置“纹理”：图案选择自定义的“金属纹理 1”图案。其他参数如图 1-5-63 所示。效果如图 1-5-64 所示。

（11）按【Ctrl + J】组合键，把“火焰字 拷贝 4”图层复制一层“火焰字 拷贝 5”图层，同上述的方法清除图层样式。效果如图 1-5-65 所示。

（12）设置“火焰字 拷贝 5”图层的图层样式 5，设置“内阴影”“内发光”“斜面和浮雕”“等高线”和“图案叠加”参数。确定后在图层面板把填充改为 0%。

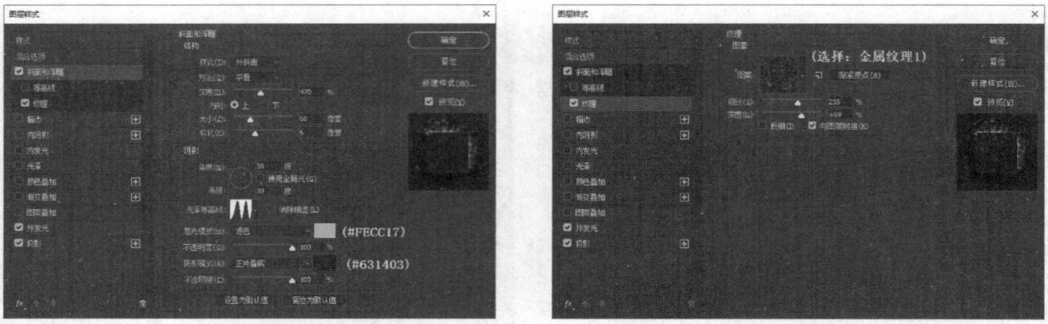

（a）斜面和浮雕　　　　（b）纹理

图 1-5-63　图层样式 4-2

图 1-5-64　图层样式 4 效果

图 1-5-65　清除图层样式 4

① 设置“内阴影”：混合模式“颜色减淡”，颜色“#F28729”。设置“内发光”：混合模式“叠加”，颜色“#FBFBFB”；其他参数如图 1-5-66 所示。

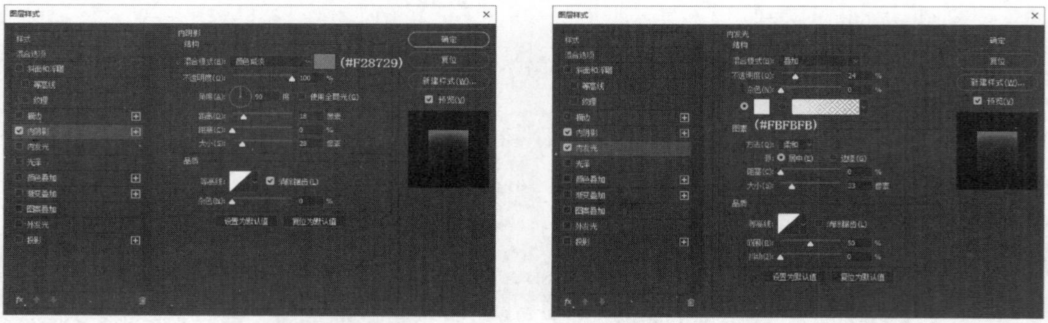

（a）内阴影　　　　（b）内发光

图 1-5-66　图层样式 5-1

② 设置“斜面和浮雕”：样式“内斜面”，颜色“#010101”。设置“等高线”：范围 61%。其他参数如图 1-5-67 所示。

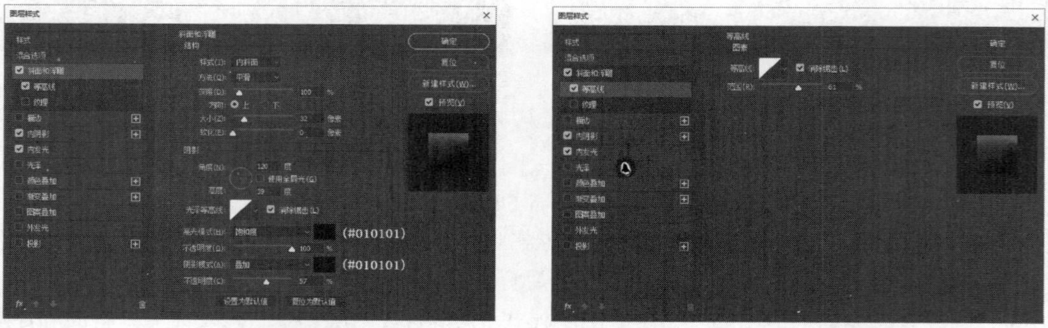

（a）斜面和浮雕　　　　（b）等高线

图 1-5-67　图层样式 5-2

③ 设置“图案叠加”：图案选择自定义的“金属纹理 2”图案。其他参数如图 1-5-68 所示。最终图层面板如图 1-5-69 所示。最终效果如图 1-5-48 所示。

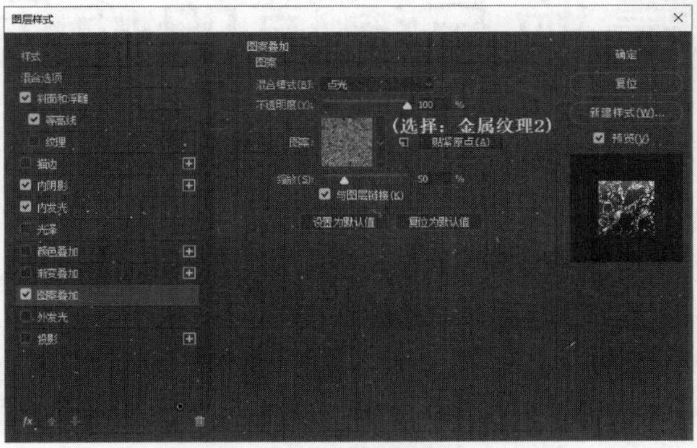

图 1-5-68　图层样式 5-3

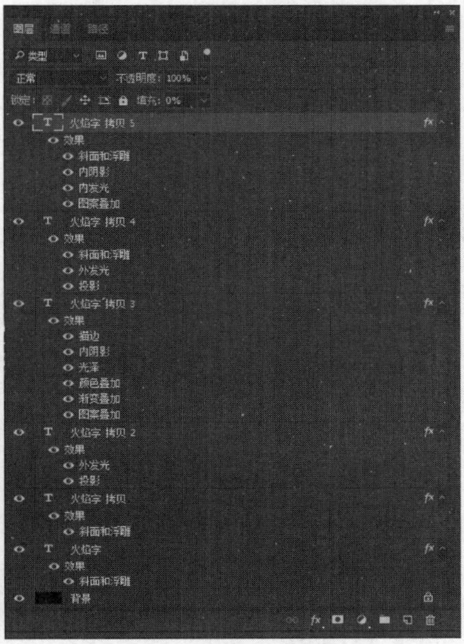

图 1-5-69　最终图层面板

第 6 章 蒙版与通道的使用

学习目标

◎掌握蒙板和通道的概念。
◎掌握蒙版的作用以及使用方法。
◎掌握应用通道处理图片。

学习重点

◎使用蒙版。
◎通道操作。

本章主要讲解 Photoshop 的蒙版和通道的基本操作和使用技巧，如各种蒙版的建立和使用。通过本章的学习，读者将了解 Photoshop 中文版在蒙版和通道使用方面的强大功能，并能通过蒙版和通道做出精美的图像效果。

6.1 使用蒙版

Photoshop 强大的功能很大一部分体现在蒙版技术的成熟与专业化上，而且 Photoshop 中几乎所有的高级应用都体现了蒙版技术的精髓。

Photoshop 中的蒙版主要分为两大类：一类的作用类似于选择工具，用于创建复杂的选区，主要包括快速蒙版、横排文字蒙版和直排文字蒙版；另一类的作用主要是为图层创建透明区域，而又不改变图层本身的图像内容，主要包括图层蒙版、矢量蒙版和剪贴蒙版。

6.1.1 快速蒙板的使用

快速蒙版、横排文字蒙版工具和直排文字蒙版工具都是用来创建选区的，快速蒙版可以快速地将一个选区变成一个蒙版。然后对这个快速蒙版进行编辑，以完成一些精确的选取。

在工具箱中有如图 1-6-1 所示的“以快速蒙版模式编辑”按钮，此按钮用来进入和退出快速蒙版编辑状态。双击这个按钮，可以打开图 1-6-2 所示的“快速蒙版选项”对话框，其中各项含义如下：

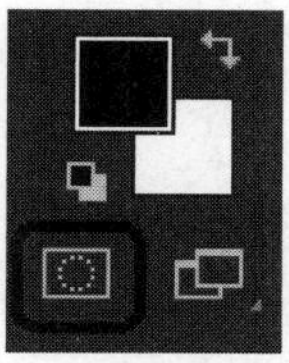

图 1-6-1　“快速蒙版”按钮

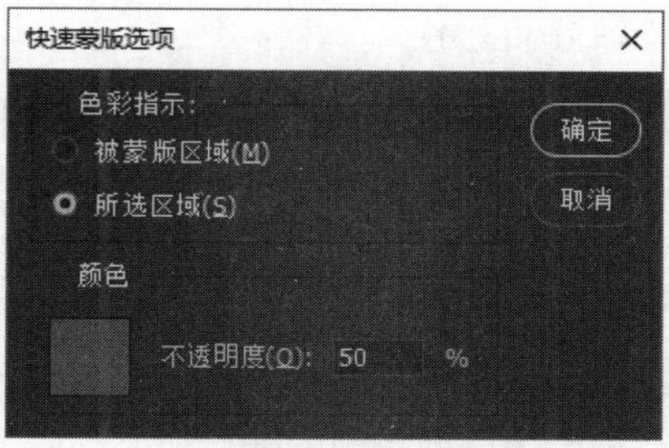

图 1-6-2　“快速蒙版选项”对话框

- 被蒙版区域：选择该单选按钮，则在编辑时被蒙版颜色覆盖的区域为非选择区域。
- 所选区域：选择该单选按钮，则在编辑时被蒙版颜色覆盖的区域为选择区域。
- 颜色：用于设置蒙版颜色。
- 不透明度：用于设置蒙版颜色的不透明度。

【例 6.1】利用快速蒙版处理皮肤。最终效果如图 1-6-3 所示。

视频

例6.1 快速蒙版创建选区

具体操作步骤如下：

（1）按【Ctrl+O】组合键打开“人物 1.jpg”图像，如图 1-6-4 所示。

（2）双击“以快速蒙版模式编辑”按钮，打开“快速蒙版选项”对话框，设置成如图 1-6-2 所示，单击“确定”按钮。

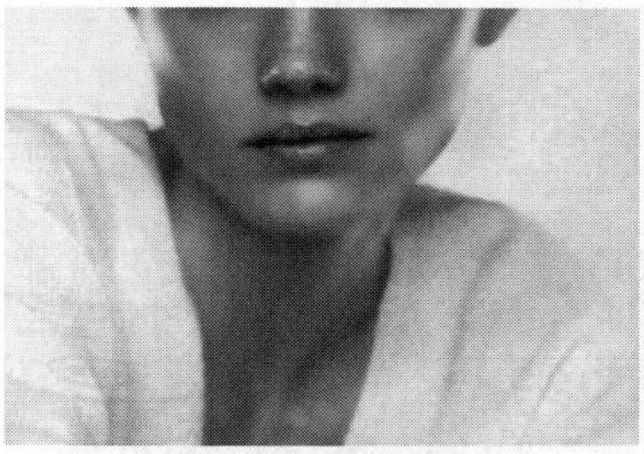

图 1-6-3　磨皮效果

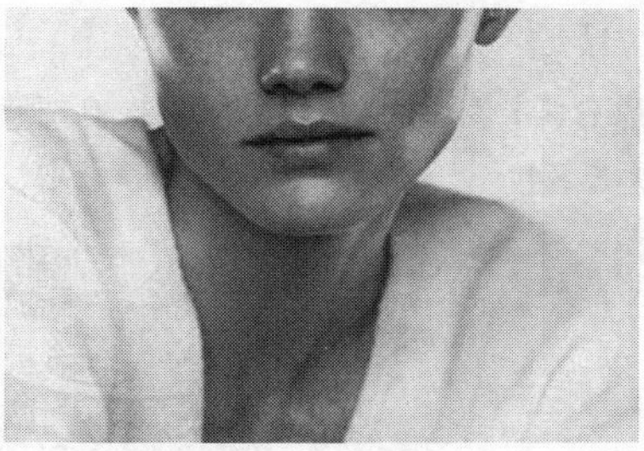

图 1-6-4　打开“人物 1.jpg”图像

（3）在图层面板中复制一层，选中复制的图层，按【Q】键进入快速蒙板，如图 1-6-5 所示。

（4）打开画笔，调整画笔的大小为 17，鼻子和嘴别画进去，画好之后如图 1-6-6 所示。

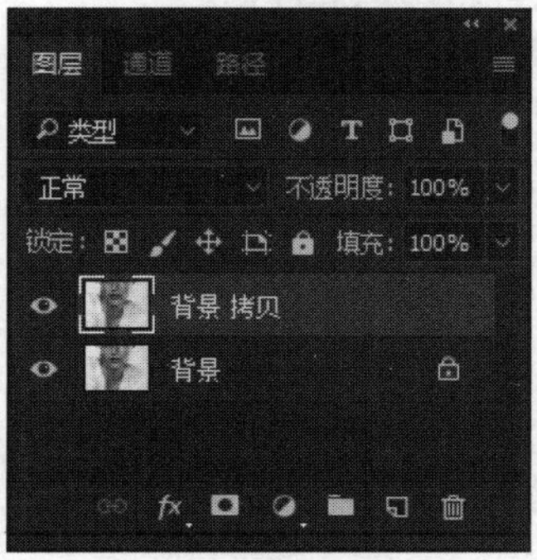

图 1-6-5　复制好的图层

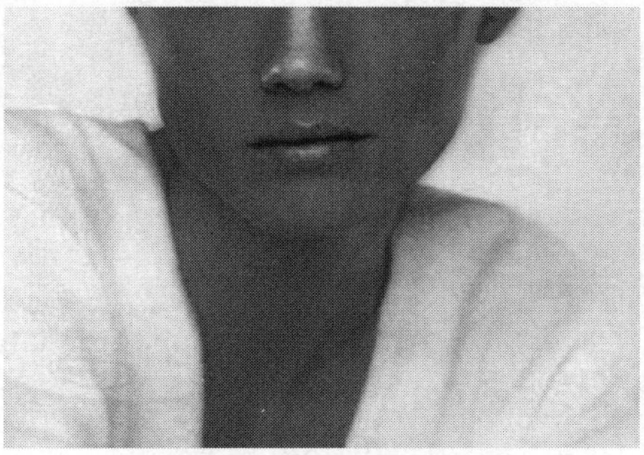

图 1-6-6　画好的效果

（5）按【Q】键退出快速蒙板，这个时候有一个选区出现，选择“滤镜”→“模糊”→“高斯模糊”命令，打开对话框，设置半径为 2，单击“确定”按钮，最终效果如图 1-6-3 所示。

6.1.2 图层蒙版的使用

创建图层蒙版以控制图层中的不同区域被隐藏或显示，也可以通过对蒙板上颜色的改变来达到对原图层透明效果的设置，白色表示不透明，黑色表示全透明，灰色表示半透明。通过更改图层蒙版，可以将大量特殊效果应用到图层，而实际上不会影响该图层上的像素。

1. 创建图层蒙版

除“背景”外，其他所有图层都可以添加图层蒙版。创建图层蒙版的方法包括：

方法一：单击图层面板中的◘按钮，即可为图层添加一个图层蒙版。

方法二：选择“图层”→“图层蒙版”→“显示全部”命令，也可为图层添加一个图层蒙版。

> **注意：** 在对图层进行操作时，要注意区分一下，所操作的是图层还是图层的蒙版，图层上有一个黑色的框表示当前所选中的是当前层的图层还是图层蒙版。

2. 删除图层蒙版

使用鼠标按住要删除的图层蒙版的缩略图，并将其拖到“图层”面板的“删除”按钮上，将打开如图 1-6-7 所示对话框，单击“应用”按钮将删除图层蒙版，并保留添加图层蒙版后的效果；单击“删除”按钮将删除图层蒙版并恢复图层原先的状态，单击“取消”按钮，将取消删除蒙版操作。

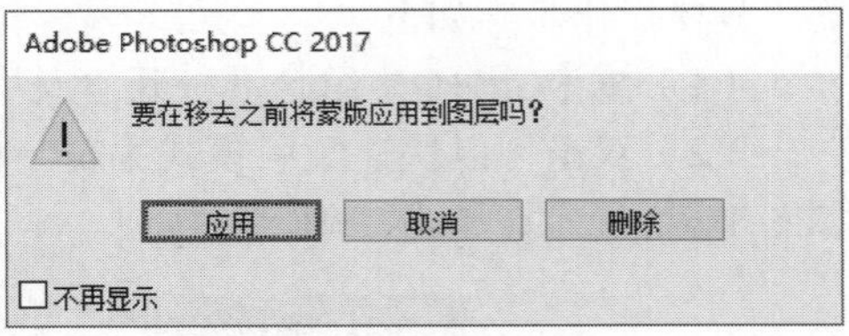

图 1-6-7 删除图层蒙版

【例 6.2】利用图层蒙版制作校园宣传海报，效果如图 1-6-8 所示。

视频
例6.2 校园宣传海报1

视频
例6.2 校园宣传海报2

图 1-6-8 校园宣传海报

具体操作步骤如下：

（1）新建一个默认 Photoshop 大小（16 cm × 12 cm@300 ppi）的文档，打开“校园风光 1.jpg”“校园风光 2.jpg”和“校园风光 3.jpg”，利用移动工具✥分别拖动校园风光 1 ～ 3 到新建的文件窗口中，如图 1-6-9 所示。

（2）单击图层面板中的◘按钮，分别为“图层 1”“图层 2”和“图层 3”添加图层蒙版，利用画笔工具✎设置前景色为黑色，分别在“图层 1”“图层 2”和“图层 3”的图层蒙版上绘制，使每张图片边缘处于半透明状态，绘制时要配置不同不透明度，如图 1-6-10 所示。

图 1-6-9　拖动素材

图 1-6-10　添加图层蒙版

（3）在“图层 3”上方新建“图层 4”，设置前景色为金色“#004a00”，按【Alt+Delete】组合键为“图层 4”填充前景色。

（4）选择“图层 4”，选择“滤镜”→“杂色”→“添加杂色”命令，打开“添加杂色”对话框，设置数量为 30%；选择“滤镜”→“模糊”→“动感模糊”命令，打开“动感模糊”对话框，设置距离为 600。

（5）单击图层面板中的按钮为“图层 4”添加图层蒙版，利用画笔工具设置前景色为黑色，设置画笔笔尖大小 1 000，在“图层 4”的图层蒙版左下角绘制，绘制时要配置不同不透明度，如图 1-6-11 所示。

图 1-6-11　添加背景

（6）打开“校园风光 4.jpg”，利用移动工具拖动校园风光 4 到新建的文件窗口中，为“图层 5”添加图层蒙版；选择渐变工具，设置前景色为黑色，背景色为白色，从图层 4 的中下部向下拉一个线性渐变，如图 1-6-12 所示。

图 1-6-12 添加校名

（7）打开“校标 .psd”，利用移动工具拖动校标到新建的文件窗口中，按【Ctrl+T】组合键打开自由变换命令，等比缩放校标。

（8）选择横排文本工具，设置字体“华文行楷”，大小“36 点”，颜色“#013901”，输入“励志梦想”；单击工具属性栏中按钮，打开“变形文字”对话框，设置样式“波浪”，垂直扭曲“+66”如，如图 1-6-13 所示。

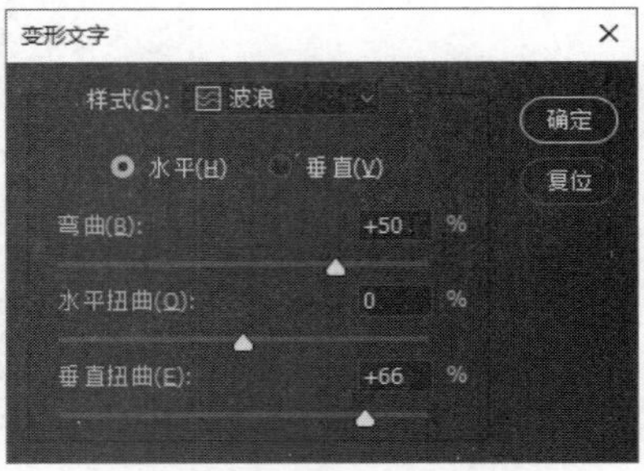

图 1-6-13 “变形文字”对话框

（9）再次利用横排文本工具，输入“从浙农林大起飞！”，效果如图 1-6-8 所示。

6.1.3 矢量蒙版的使用

矢量蒙版与图层蒙版类似，它可以控制图层中不同区域的透明度，不同的是图层蒙版是使用一个灰度图像作为蒙版，而矢量蒙版是利用一个路径作为蒙版，路径内部的图像将被保留，而路径外部的图像将被隐藏。

打开一个图片文件，选择工具箱中的钢笔工具，在图像中绘制一条路径，如图 1-6-14（a）所示。在“图层”面板中选中要创建矢量蒙版的图层，选择“图层”→“矢量蒙版”→“当前路径”命令，或按住【Ctrl】键不放，单击“图层”面板的按钮，即可为该图层创建一个矢量蒙版，如图 1-6-14（b）所示。

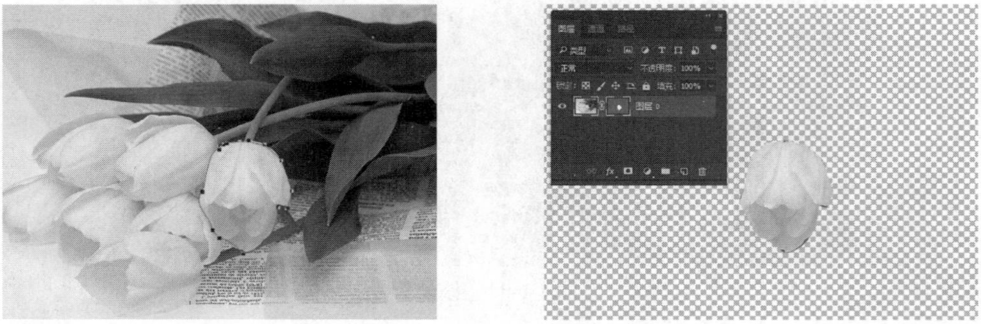

（a）　　（b）

图 1-6-14 添加矢量蒙版

单击“图层”蒙版中矢量蒙版的缩略图，可以在图像窗口中显示或隐藏该矢量蒙版的路径，然后使用钢笔工具修改该路径。

6.1.4　剪贴蒙版的使用

如果要为多个图层使用相同的透明效果，为每一个图层都创建一个图层蒙版，就会非常麻烦，而且也容易出现不一致的情况，这时就可以使用剪贴蒙版来解决这个问题。剪贴蒙版是利用一个图层作为一个蒙版，在该图层上的所有被设置了剪贴蒙版的图层都将以该图层的透明度为标准。

创建剪贴蒙版的方法：选择“图层”→“创建剪贴蒙版”命令即可为所有的链接图层创建剪贴蒙版，如图 1-6-15 所示。

图 1-6-15　创建剪贴蒙版

在“图层”面板中选择一个添加有剪贴蒙版的图层，再选择“图层”→“释放剪贴蒙版”命令，即可将该图层以及其上面的所有添加蒙版效果的图层从剪贴蒙版中释放出来。

6.2　通道和“通道”面板

在 Photoshop 中，每一幅图像由多个颜色通道（如红、绿、蓝通道或青、品、黄、黑通道）构成，每一个颜色通道分别保存相应颜色的颜色信息。

通道用来存放图像的颜色信息，当打开一个新的图像时，就会自动创建颜色信息通道。图像的颜色模式决定了所创建的颜色通道的数目。例如，RGB 图像就有 4 个默认的通道（分别为红色通道、绿色通道、蓝色通道以及复合通道）。

通道的可编辑性很强，如色彩选择、套索选择、笔刷等都可以改变通道，几乎可以把通道作为一个位图来处理，而且还可以实现不同通道相交集、叠加、相减的动作来实现对所需选区的精确控制。

简单地说，通道就是选区。通道既是选区又保存着图像的颜色信息，而图像又是一个一个有着色彩信息的像素构成，于是我们可以这样理解通道的本质：通道是一个保存着不同种颜色的选区。

6.2.1　通道面板

当我们打开一个新图像时，就自动创建了颜色信息通道。单击工作界面右侧的“通道”标签或选择“窗口”→“通道”命令，打开“通道”面板，如图 1-6-16 所示。

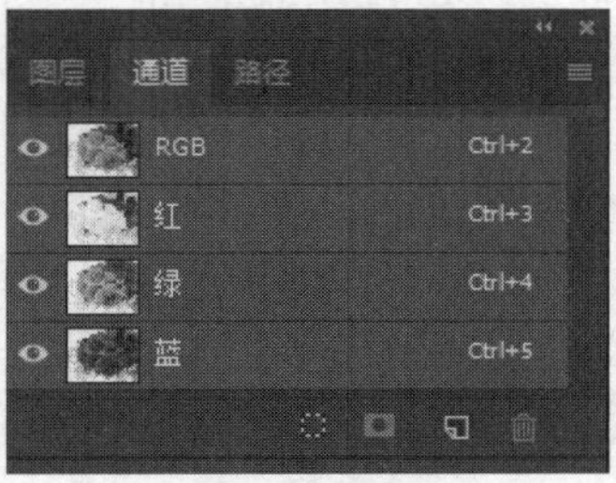

图 1-6-16　通道面板

“通道”面板具体功能如下：

（1）通道预览缩略图：用于显示该通道的预览缩略图。单击右上角的通道快捷菜单按钮，在弹出的快捷菜单中选择“面板选项”命令来调整预览缩略图的大小。

（2）通道显示控制框：用来控制该通道是否在图像窗口中显示出来。要隐藏某个通道，只需单击该通道对应的眼睛图标，让眼睛图标消失即可。

（3）通道名称：显示对应通道的名称，通过按名称后面的快捷键，可以快速切换到相应的通道。

（4）通道快捷菜单：右上角的通道快捷菜单按钮，将弹出一个快捷菜单，用来执行与通道有关的各种操作。

（5）“载入选区”按钮：单击该按钮可以将根据当前通道中颜色的深浅转化为选区。该按钮与选择“选择”→“载入选区”命令作用相同。

（6）“选区存储为通道”按钮：单击该按钮可以将当前选区转化为一个 Alpha 通道，该按钮与选择“选择 / 保存选区”命令作用相同。

（7）“新建通道”按钮：单击该按钮可以新建一个 Alpha 通道。

（8）“删除通道”按钮：单击该按钮可以删除当前选择的通道。

6.2.2 通道的类型

通道作为图像的组成部分，是与图像的格式密不可分的，图像颜色、格式的不同决定了通道的数量和模式，在通道面板中可以直观地看到。

在 Photoshop 中涉及的通道主要有：

1. 复合通道（Compound Channel）

复合通道不包含任何信息，实际上它只是同时预览并编辑所有颜色通道的一个快捷方式。它通常被用来在单独编辑完一个或多个颜色通道后使通道面板返回到它的默认状态。对于不同模式的图像，其通道的数量是不一样的。在 Photoshop 中，对于一个 RGB 图像，有 RGB、R、G、B 四个通道；对于一个 CMYK 图像，有 CMYK、C、M、Y、K 五个通道；对于一个 Lab 模式的图像，有 Lab、L、a、b 四个通道。

2. 颜色通道（Color Channel）

当用户在 Photoshop 中编辑图像时，实际上就是在编辑颜色通道。这些通道把图像分解成一个或多个色彩成分，图像的模式决定了颜色通道的数量，RGB 模式有三个颜色通道，CMYK 图像有四个颜色通道，灰度图只有一个颜色通道，它们包含了所有将被打印或显示的颜色。

查看一个 RGB 通道时，其中暗色调表示没有这种颜色，而亮色调表示具有该颜色。也就是说，当一个红色通道非常浅时表明图像中有大量的红色，反之一个非常深的红色通道表明图像中的红色较少，整个图像的颜色将会呈现红色的反向颜色——青色。

CMYK 模式的图像文件主要用于印刷，而印刷是通过油墨对光线的反射来显示颜色的，而不像 RGB 模式是通过发光来显示颜色的，所以 CMYK 是用减色法来记录颜色数据的。在一个 CMYK 通道中，暗色调表示有这种颜色，而亮色调表示没有该颜色，这正好与 RGB 通道相反。

Lab 模式的颜色空间与前面两种完全不同。Lab 不是采用为每个单独的颜色建立一个通道，而是采用两个颜色极性通道和一个明度通道。其中“a”通道为绿色到红色之间的颜色；“b”通道为蓝色到黄色之间的颜色；“明度”通道为整个画面的明暗强度。

3. **专色通道**（Spot Channel）

专色通道是一种特殊的颜色通道，它可以使用除了青色、洋红、黄色、黑色以外的颜色来绘制图像，专色通道一般用得较少且多与打印相关。

4. **Alpha 通道**（Alpha Channel）

Alpha 通道是计算机图形学中的术语，指的是特别的通道。有时，它特指透明信息，但通常的意思是“非彩色”通道。这是我们真正需要了解的通道，可以说我们在 Photoshop 中制作出的各种特殊效果都离不开 Alpha 通道，它最基本的用处在于保存选取范围，并不会影响图像的显示和印刷效果。

5. **单色通道**

这种通道的产生比较特别，也可以说是非正常的。如果在通道面板中随便删除其中一个通道，就会发现所有的通道都变成“黑白”的，原有的彩色通道即使不删除也变成灰度的了。

6.3 通 道 操 作

对图像的编辑实质上是对通道的编辑，因为通道才是真正记录图像信息的地方，无论色彩的改变、选区的增减、渐变的产生，都可以追溯到通道中去。

6.3.1 创建通道

单击“通道”面板底部的“新建通道”按钮，可以快速新建一个 Alpha 通道。另外，也可以单击面板右上角的按钮，在弹出的快捷菜单中选择“新建通道”命令，将打开“新建通道”对话框，如图 1-6-17 所示。在“名称”文本框中输入新通道的名称，在“色彩指示”栏中设置色彩的显示方式，其中“被蒙版区域”单选按钮表示将设定蒙版区为淡色，“所选区域”单选按钮表示将设定选定区为深色。单击“颜色”栏下的颜色方框可以设定填充的颜色，在“不透明度”文本框中可以设定不透明度的百分比。设置完成后单击“确定”按钮，即可新建一个 Alpha 通道，如图 1-6-18 所示。

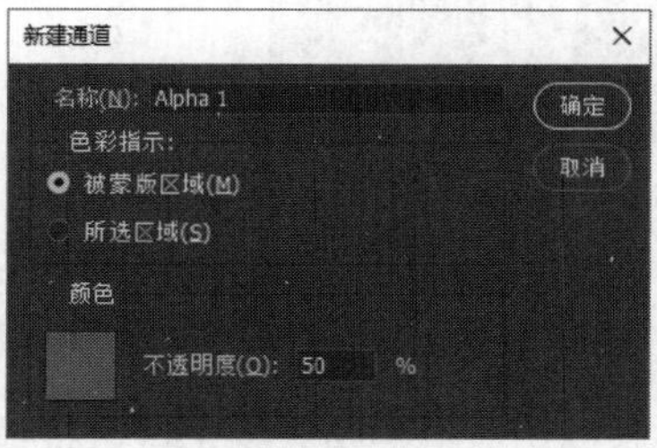

图 1-6-17　“新建通道”对话框

图 1-6-18　新建通道

6.3.2 复制通道

如果需要直接对通道进行编辑，最好是先将该通道复制一个后再进行编辑，以免编辑后不能还原。在需要复制的通道上右击，在弹出的快捷菜单中选择“复制通道”命令即可打开图 1-6-19 所示“复制通道”对话框，在“为”文本框中输入复制后通道的名称，单击“确定”按钮，即复制出一个新的通道，如图 1-6-20 所示。

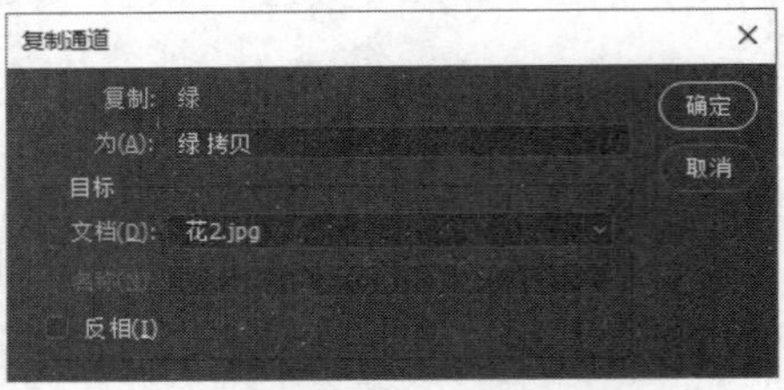

图 1-6-19 “复制通道”对话框

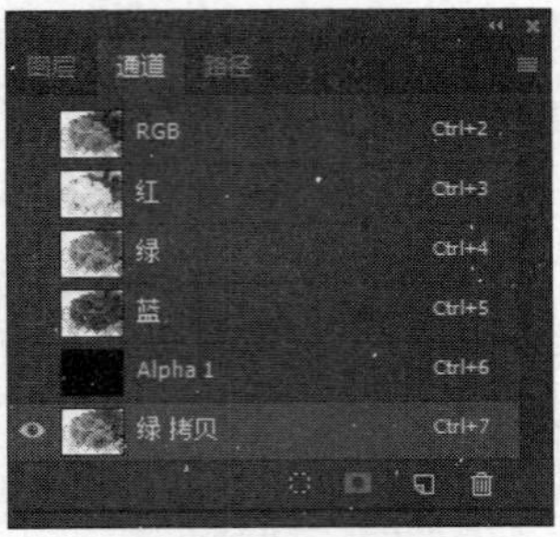

图 1-6-20 复制通道

6.3.3 删除通道

由于包含 Alpha 通道的图像会占用更多的磁盘空间，所以存储图像前，应删除不需要的 Alpha 通道。在要删除的通道上右击，在弹出的快捷菜单中选择“删除通道”命令即可。也可以用鼠标将要删除的通道拖动到“通道”面板下方的按钮上。

6.3.4 存储和载入选区

可以选择一个区域存储到一个 Alpha 通道中，在以后需要使用该选区时，再从这个 Alpha 通道中载入这个选区即可。

1. 存储选区

先绘制一个选区，如图 1-6-21 所示，然后单击通道面板下的“将选区存储为通道”按钮，此时，选区已作为通道被保存了，通道中白色区域是选区。

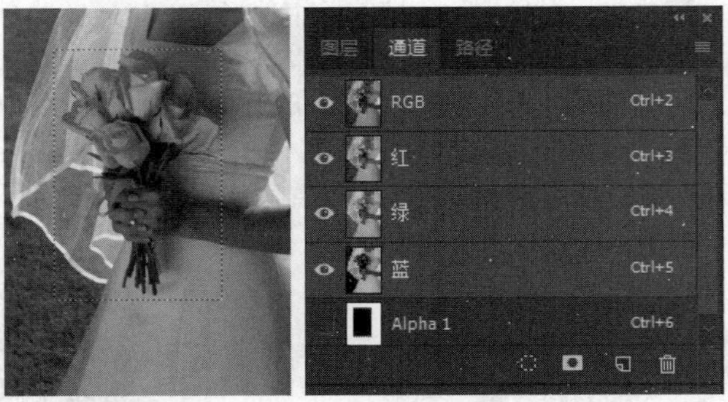

图 1-6-21 选区载入通道

2. 载入选区

存储选区后，使用时即可将其调出。

当要载入选区时，先按住【Ctrl】键，同时单击要载入的选区的通道，则选区直接被载入了。

6.3.5 通道的分离和合并

“通道”面板提供了一种强大的工具，可以将彩色图像中的通道分离为独立的文件。通道分离后可以对图像进行单独编辑，然后将它们合并起来。

1. 分离通道

单击“通道”面板右上角的按钮，在弹出的快捷菜单中选择“分离通道”命令即可分离通道。分离后生成的文件数与图像的通道数有关，如将这幅 RGB 图像分离通道后将生成三个独立的文件。

2. 合并通道

使用合并通道可以将多个灰度图像合并成一幅多通道彩色图像。

6.3.6　专色通道的使用

专色通道是特殊的预混油墨，用来替代或补充印刷（CMYK）油墨，每增加一个专色通道都将会增加一个印版，在对一个含有专色通道的图像进行分色打印时，专色通道都将被单独打印输出。

图 1-6-22　透明的阴影

【例 6.3】移动图像的透明阴影。

利用通道合成一张具有透明阴影的图像，在这个例子中，我们不仅要抠出主体以及其中的阴影，还要使抠出的阴影保持图像中原始的透明状态，最后将其合成到其他背景图像上时，我们能看到一种很好的效果。最终效果如图 1-6-22 所示。

具体操作步骤如下：

（1）按【Ctrl+O】组合键打开“哑铃 .jpg”图像，如图 1-6-23 所示。

（2）利用选择工具选中哑铃部分，如图 1-6-24 所示。

图 1-6-23　打开“哑铃 .jpg”图像

图 1-6-24　选中哑铃

视频

例6.3 移动图像的透明阴影

（3）按【Ctrl+J】组合键将选区内的哑铃复制到它自己独立的图层上，如图 1-6-25 所示。

（4）选中背景层，切换到通道面板，按住【Ctrl】键的同时单击 RGB 通道，选中背景层的高光区域，如图 1-6-26 所示，然后按再按【Ctrl+Shift+I】组合键来反相选取，从而选中图像内的阴影区域，如图 1-6-27 所示。

图 1-6-25　复制哑铃图层

图 1-6-26　选中图像的高光区

（5）切换到图层面板，在图层面板内新建一个空白图层。接着，将前景色设置为黑色，然后选中新建的图层，按【Alt+Delete】组合键来用相应的黑色填充与背景层内对应的浅红色阴影，得到的效果如图 1-6-28 所示。

图 1-6-27　反选后效果

图 1-6-28　填充黑色

（6）在图层面板中删除背景层，将图层 1 向下和图层 2 合并，图像内的图层中只有哑铃和所需要的浅灰色阴影了，效果如图 1-6-29 所示。

（7）按【Ctrl+O】组合键打开“背景 1.jpg”图像，然后把刚才处理好的图层 2 拖动到背景 1.jpg 中后调整大小即可，此时，拖动哑铃时，它的透明阴影随之移动，最终效果如图 1-6-30 所示。

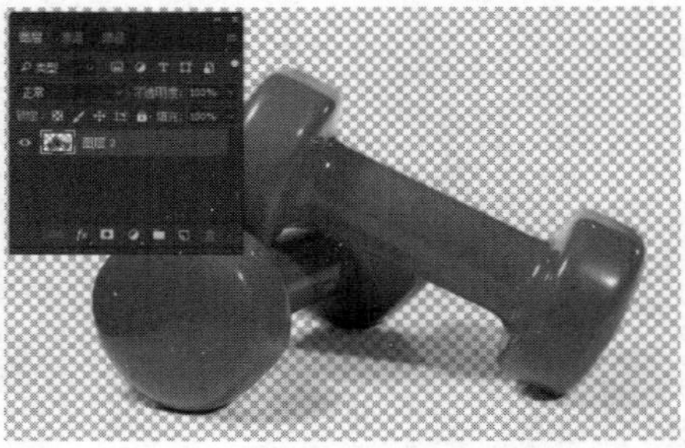

图 1-6-29　合并图层

图 1-6-30　透明的阴影

6.4 应 用 举 例

视 频

6.4 应用举例——透明玻璃杯

【案例】抠玻璃杯，本案例讲的是如何快速利用通道抠出黑色背景的玻璃杯，抠这类黑色背景的方法很多，本篇教程用的是通道，可以通过教程了解一下通道抠图的方法。效果如图 1-6-31 所示。

【设计思路】首先找出黑白对比最强烈的通道，利用色阶调整对比度，抠出杯子高光部分，填充颜色；再利用图层蒙版组合到桌子等素材上。

【设计目标】通过本案例，掌握通道、图层蒙版的使用。

【操作步骤】

（1）打开“透明玻璃杯 .jpg”图像文件，如图 1-6-32 所示；切换到通道面板，单击观察红、绿、蓝三个通道，选择黑白对比最强烈的通道，此素材图黑白对比最强烈的为“蓝”通道并复制一份，如图 1-6-33 所示。

（2）选择“蓝 拷贝”通道，执行“图像”→“调整”→“色阶”命令，或按【Ctrl+L】组合键，打开“色阶”对话框，如图 1-6-34 所示，调整蓝色通道的色阶。

图 1-6-31　抠图效果

图 1-6-32　透明玻璃杯

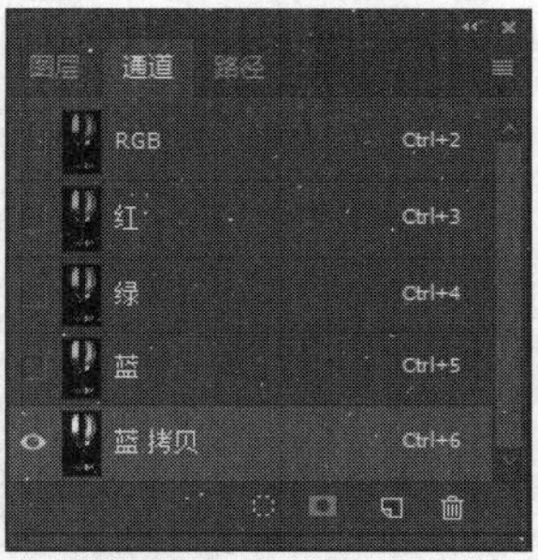

图 1-6-33　通道面板

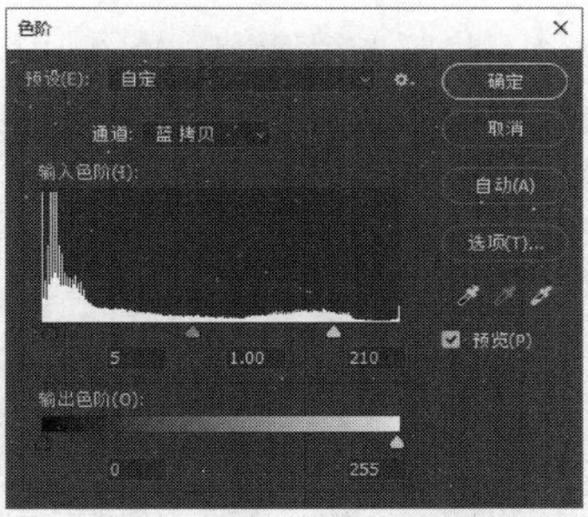

图 1-6-34　“色阶”对话框

（3）按住【Ctrl】键，单击复制的“蓝　拷贝”通道的缩略图，载入透明的玻璃部分选区，如图 1-6-35 所示。

（4）切换回图层面板，新建一图层并命名为“透明玻璃杯”，设置前景色为白色，按【Alt+Delete】组合键，为选区填充白色，取消选区，如图 1-6-36 所示。

图 1-6-35　载入选区

图 1-6-36　填充选区

（5）打开“桌子 .jpg”场景素材图片，选择移动工具，将“透明玻璃杯”图层拖移到刚打开的图片上，如图 1-6-37 所示。

（6）选择“透明玻璃杯”图层，按【Ctrl+T】组合键，打开“自由变换”命令，可以按住工具属性栏的链接等比按钮，缩小玻璃杯，并移动到合适的位置。按【Enter】键确认变换，如图 1-6-38 所示。

图 1-6-37　移动玻璃杯

图 1-6-38　缩小玻璃杯

（7）连续按两次【Ctrl+J】组合键，复制两次“透明玻璃杯”图层（目的在于强化玻璃杯），如图 1-6-39 所示；连续按两次【Ctrl+E】组合键，合并图层。

（8）最后，做杯子的倒影。按【Ctrl+J】组合键，复制“透明玻璃杯”图层，重命名为“倒影”；并按【Ctrl+{】组合键，下移一层，如图 1-6-40 所示。

图 1-6-39　复制“透明玻璃杯”

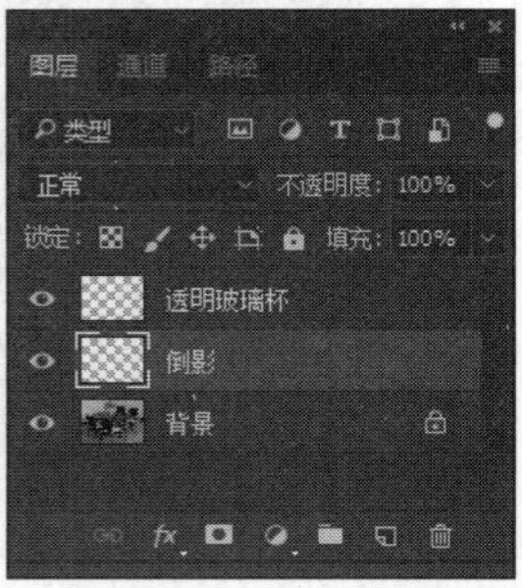

图 1-6-40　倒影图层

（9）选择“倒影”图层，选择“编辑”→“变换”→“垂直翻转”命令，翻转玻璃杯；利用移动工具，移动图像到恰当位置，如图 1-6-41 所示。

（10）将“倒影”图层透明度设为 40%；对“倒影”图层新建图层蒙版，利用渐变工具，设置前景色和背景色为默认颜色（黑白色），线性渐变，前景色到背景色渐变，从中上向中下拉，倒影即成，如图 1-6-31 所示。图层面板如图 1-6-42 所示。

图 1-6-41　倒杯子

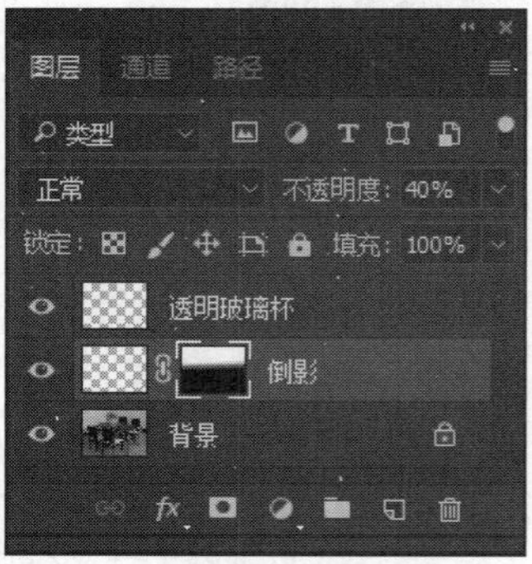

图 1-6-42　最终图层面板

第7章

路径的使用

学习目标

◎掌握使用钢笔工具绘制直线或曲线路径的方法。
◎掌握路径编辑的方法。
◎掌握路径应用的方法。

学习重点

◎路径编辑。
◎路径应用。

路径工具是编辑矢量图形的工具，对矢量图形进行放大和缩小，不会产生失真现象，本章主要介绍路径的基本元素和路径面板、创建和编辑路径以及对路径进行填充或描边等方面的知识。

7.1 路径和“路径”面板

在 Photoshop 中路径工具是绘图的一个得力助手。使用路径工具绘制出的路径是由一系列点和其所连接起来的线段或曲线构成，路径可闭合也可不闭合。利用路径工具可以绘制各种复杂的图形，并能够生成各种复杂的选区。

7.1.1 路径的基本元素

路径是一种用于进一步产生别的类型线条的工具线条，它由一段或者多段直线或曲线构成，如图 1-7-1 所示。在路径上存在着锚点、方向线和方向点等辅助绘图的工具。

（1）锚点：一些标记路径线段端点的小方框，如图 1-7-1 所示，它又根据当前的状态显示为填充与不填充两种形式。若锚点被当前操作所选择，该锚点将被填充一种特殊的颜色，成为填充形式。若锚点未被当前操作所选择，该锚点将成为不填充形式。

（2）方向线：对应于一段路径线可以产生一条曲线，该曲线的曲率与凹凸方向将由方向线来确定，点中锚点将出现方向线，移动方向线可改变曲线的曲率与凹凸方向，如图 1-7-1 所示。

（3）方向点：方向线的端点称为方向点，移动方向点可以改变方向线的长度和方向，从而改变曲线的曲率，如图 1-7-1 所示。

7.1.2 “路径”面板

路径与形状统称向量对象，管理向量对象是由路径面板进行的。选择“窗口”→“路径”命令，可以打开“路径”面板，其中各种按钮的名称以及弹出式菜单命令如图 1-7-2 所示。

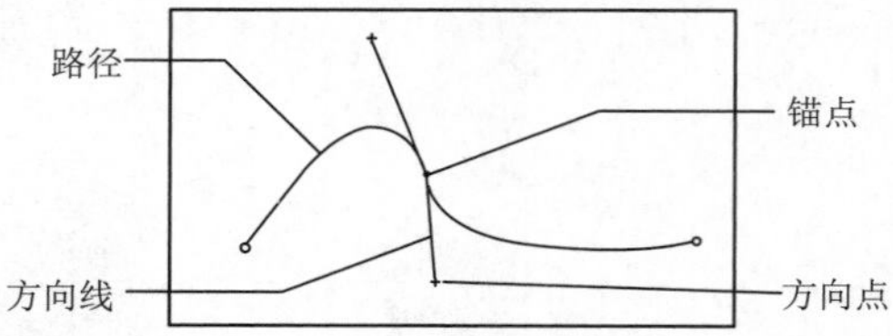

图 1-7-1　路径的基本元素

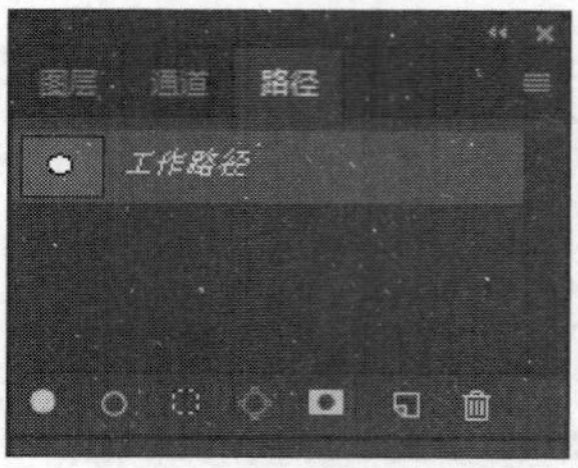

图 1-7-2　“路径”面板

“路径”面板中各选项含义如下：

- 当前路径：面板中以深色条显示的路径为当前活动路径，用户所做的操作都是针对当前路径的。
- 路径缩略图：用于显示该路径的缩略图，可以在这里查看路径的大致样式。
- “填充路径”按钮：单击该按钮，用前景色在选择的图层上填充该路径。
- “描边路径”按钮：单击该按钮，用前景色在选择的图层上为该路径描边。
- “将路径转为选区”按钮：单击该按钮，可以将当前路径转换为选区。
- “将选区转为路径”按钮：单击该按钮，可以将当前选区转换为路径。
- “新建路径”按钮：单击该按钮，将建立一个新路径。
- “删除路径”按钮：单击该按钮，将删除当前路径。

7.2　创建和编辑路径

在图像处理与图形处理过程中，路径应用非常广泛，能精确创建矢量图形，在一定程度上弥补了位图的不足。本节主要讲述了路径的创建和编辑方法。

7.2.1　路径工具

1. 创建路径工具

在 Photoshop 中进行路径的创建主要用到钢笔工具组的“钢笔工具”“自由钢笔工具”及形状工具组中的“矩形工具”“圆角矩形工具”“椭圆工具”“多边形工具”“直线工具”和“自定形状工具”，如图 1-7-3 所示。

2. 编辑路径工具

任何工作都不可能一劳永逸，创建路径之后对其进行编辑修改，使其更加符合用户的需求是十分必要的工作。在 Photoshop 中进行路径的编辑主要用到钢笔工具组中的“添加锚点工具”“删除锚点工具”和“转换锚点工具”及路径选择工具组的“路径选择工具”“直接选择工具”两种，如图 1-7-4 所示。

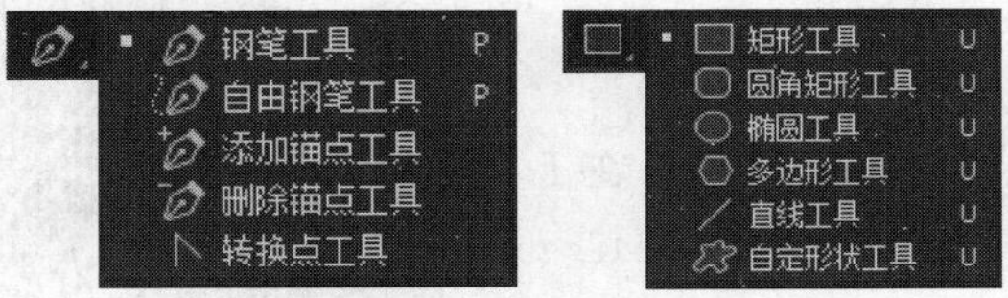

图 1-7-3　创建路径工具

图 1-7-4　编辑创建路径工具

7.2.2　创建路径

1. 使用钢笔工具绘制路径

钢笔工具属于矢量绘图工具，其优点是可以勾画平滑的曲线，在缩放或者变形之后仍能保持平滑效果。钢笔工具画出来的矢量图形称为路径，路径是矢量的路径，可为不封闭的开放状，如果把起点与终点重合绘制就可以得到封闭的路径。钢笔工具可以创建直线和平滑流畅的曲线。“钢笔工具”的属性栏如图 1-7-5 所示。

图 1-7-5　创建“路径”时“钢笔工具”的属性栏

1）绘制直线路径

将钢笔指针定位在直线段的起点并点按，以定义第一个锚点。在直线第一段的终点再次点按，或按住【Shift】键点按将该段的角度限制为 45° 角的倍数。继续点按，为其他直线段设置锚点，如图 1-7-6 所示。

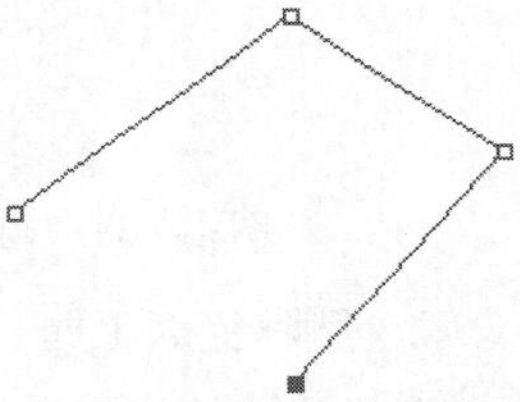

图 1-7-6　绘制直线路径

2）绘制曲线路径

在单击绘制锚点时按住左键不放，此时将出现方向点和方向线。继续按住左键不放，拖动调整方向点和方向线的位置直到得到用户满意的曲线形状松开左键，得到带有两个锚点的曲线路径，如图 1-7-7 所示。

绘制不同类型的曲线路径，需要合理控制方向点和方向线。下面简单介绍两种绘制曲线的常用技巧。

（1）要急剧改变曲线的方向，在第 2 锚点处按住【Alt】键调整方向线。然后绘制第 3 锚点，如图 1-7-8 所示。

（2）要取消锚点一侧的方向线，按住【Alt】键的同时在锚点上单击，如图 1-7-9 所示。

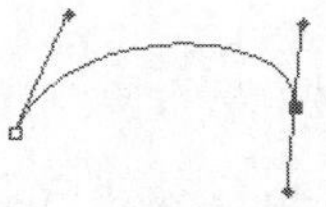

图 1-7-7　绘制曲线路径 1

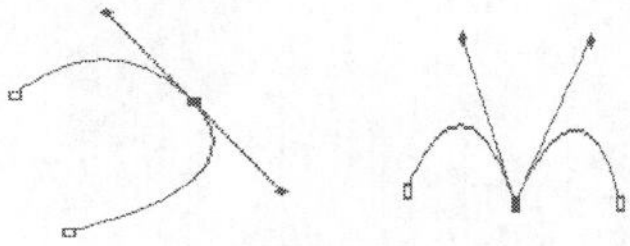

图 1-7-8　绘制曲线路径 2

图 1-7-9　绘制曲线路径 3

2. 使用自由钢笔工具绘制路径

自由钢笔工具使用时只需按住左键拖动，Photoshop 会自动沿鼠标指针经过的路线穿过路径和锚点。自由钢笔工具的属性栏与钢笔工具大同小异。

选中工具属性栏中的“磁性的”复选框，自由钢笔工具与磁性套索工具的应用方法相似，它可以沿着图像的边缘绘制工作路径，并且自动产生锚点，如图 1-7-10 所示。

图 1-7-10 沿图像的边缘自动产生路径

3. 使用形状工具绘制路径

使用形状工具也可以创建路径，选择一个形状工具后，在工具属性栏中选择“路径”，然后在图像窗口中拖动鼠标即可创建一条封闭的路径。

7.2.3 编辑路径

下面通过制作一颗心形图来掌握编辑工具的使用。

在工作区用钢笔工具画三个点，如图 1-7-11 所示。

1. 添加锚点工具

选择添加锚点工具，把指针移动放置到路径上想要添加的位置，这时指针右下方会出现一个 + 号，单击即可，如图 1-7-12 所示。

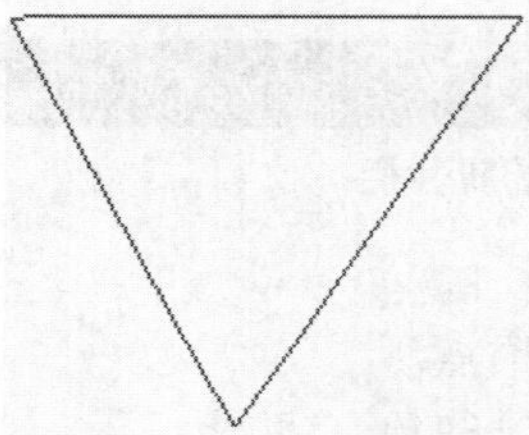

图 1-7-11 绘制三个点

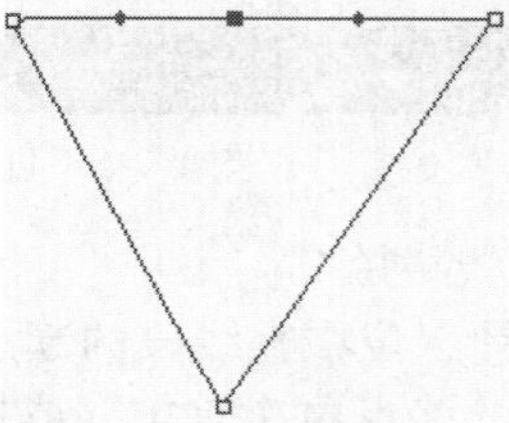

图 1-7-12 添加锚点

2. 删除锚点工具

选择删除锚点工具，把指针移动放置到路径上想要删除锚点的位置，这时指针右下方会出现一个 - 号，单击即可，如图 1-7-13 所示。

3. 直接选择工具

直接选择工具有两种功能：第一是移动锚点，第二是改变方向线的方向与长度。这个锚点仍然保持为曲线锚点。即两个方向线保持呈直线状态。把图 1-7-12 中新加上的锚点向下移动，再点住左边的方向线向上拉，如图 1-7-14 所示。

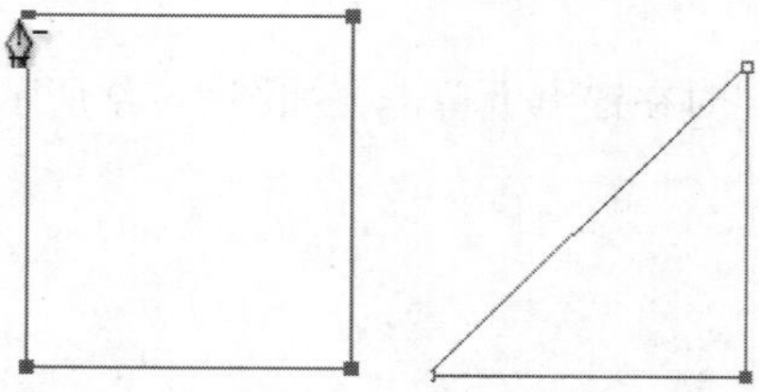

图 1-7-13 删除锚点

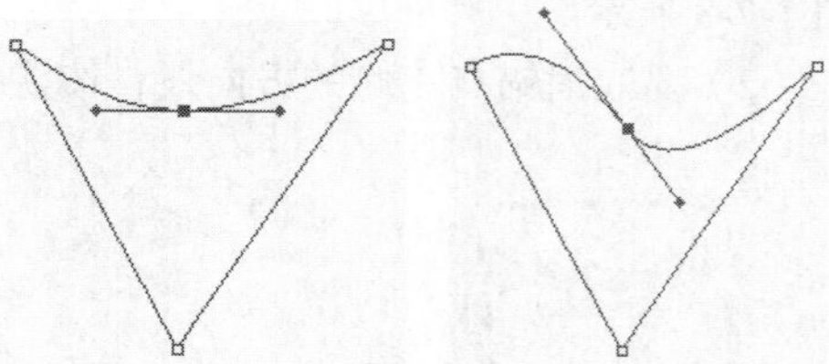

图 1-7-14 直接选择工具的应用

注意：按住【Ctrl】键将暂时切换到直接选择工具。

4. 转换锚点工具

转换锚点的作用是把平滑锚点转换成转折锚点或把转折锚点转换成平滑锚点。

要把图 1-7-14 的中间锚点转换成转折锚点，用转换锚点去拉其右边的方向线。结果如图 1-7-15 所示。

转折锚点的特点是两个曲线以很不自然的方式结合在一起，各有各的弯曲度，各有各的弯曲方向。如果你想把它再变回去，变成曲线锚点，那么可以用转换锚点工具去点中间这个锚点，然后不松手，向一边拖动，就会拖出 180° 的两个方向线。

左上角这个锚点是一条直线与一条曲线相结合，称为“半曲线锚点”，要把它转换成曲线锚点，用转换锚点工具去点中这个锚点不松手，向一边拖动，就拖出两个 180° 的方向线。右上角的处理也是一样的方法，如图 1-7-16 所示。

再用直接选择工具调整好锚点的位置，如图 1-7-17 所示。

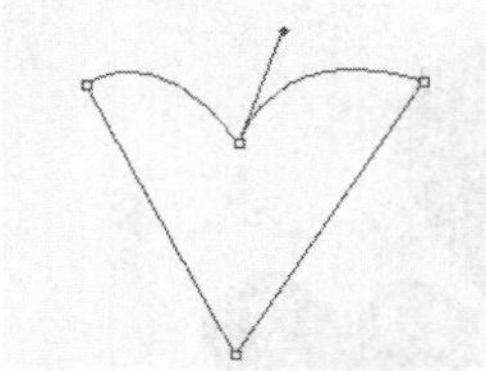
图 1-7-15　转换锚点 1

图 1-7-16　转换锚点 2

图 1-7-17　直接选择工具的应用

> **注意：** 按住【Alt】键即可暂时切换到转换点工具进行调整。

5. 路径选择工具

选择路径选择工具后，可以选中整条路径，按住左键拖动就可以移动路径。如果在拖动的同时按住【Alt】键可以复制整条路径。选择整条路径后，用户还可以通过“编辑”→“自由变换路径”命令或“变换路径”子菜单中的命令对路径进行变形操作，其方法与对图像的变形操作一致，如图 1-7-18 所示

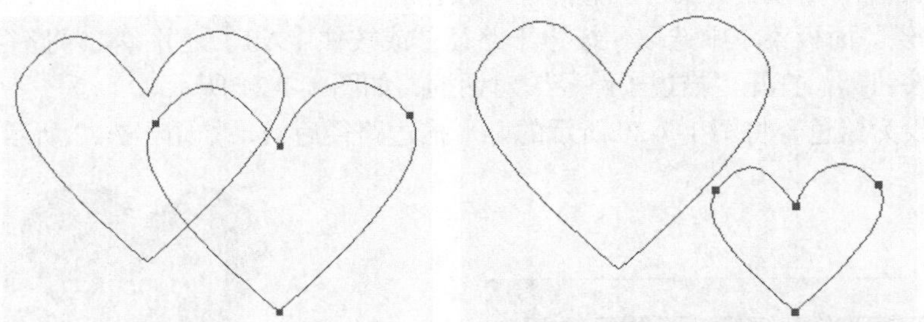
图 1-7-18　路径选择工具的应用

7.3　应用路径

本节从路径的填充、描边和选区的转换、管理等来讲述路径的应用。

7.3.1 填充路径

使用钢笔工具创建的路径只有在经过描边或填充处理后，才会成为图像。“填充路径”命令可用于使用指定的颜色、图像状态、图案或填充图层来填充包含像素的路径。

（1）在“路径”面板中选择路径。

（2）要填充路径，执行下列任一操作：

① 单击“路径”面板底部的“填充路径”按钮。

② 如要设置填充路径的各项参数，从“路径”面板菜单中选取“填充路径”或按住【Alt】键并单击“路径”面板底部的“填充路径”按钮，打开“填充子路径”对话框，如图 1-7-19 所示。

将前景色设为红色，将图 1-7-18 所示的心形填充路径后，效果如图 1-7-20 所示。

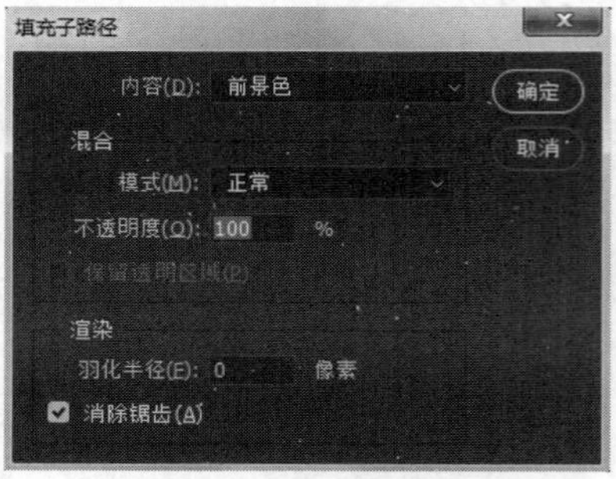

图 1-7-19 “填充子路径”对话框

图 1-7-20 填充后的效果

7.3.2 描边路径

“描边路径”命令可用于绘制路径的边框。“描边路径”命令可以沿任何路径创建绘画描边（使用绘画工具的当前设置）。这和“描边”图层的效果完全不同，它并不模仿任何绘画工具的效果。

（1）在“路径”面板中选择路径。

（2）执行下列任一操作：

① 单击“路径”面板底部的“描边路径”按钮。

② 从“路径”面板菜单中选取“描边于路径”或按住【Alt】键并单击“路径”面板底部的“描边路径”按钮，打开“描边子路径”对话框，如图 1-7-21 所示。

将前景色设为紫色，将图 1-7-20 所示的心形描边路径后效果如图 1-7-22 所示。

图 1-7-21 “描边子路径”对话框

图 1-7-22 描边后的效果

7.3.3 路径和选区的转换

1. 将路径转换为选区

在“路径”面板中选择路径。要转换路径，执行下列任一操作：

（1）单击“路径”面板底部的“将路径作为选区载入”按钮。

（2）按住【Ctrl】键，并单击“路径”面板中的路径缩览图。

（3）如要设置建立选区的各项参数，从“路径”面板菜单中选择“建立选区”命令或按住【Alt】键并单击“路径”面板底部的“将路径作为选区载入”按钮，打开“建立选区”对话框，如图 1-7-23 所示。

2. 将选区转换为路径

建立选区，然后执行下列操作之一：

（1）单击“路径”面板底部的“从选区创建工作路径”按钮以使用当前的容差设置，而不打开“建立工作路径”对话框。

（2）从“路径”面板菜单中选择“建立工作路径”命令或按住【Alt】键，并单击“路径”面板底部的“从选区创建工作路径”按钮，打开“建立工作路径”对话框，如图 1-7-24 所示。

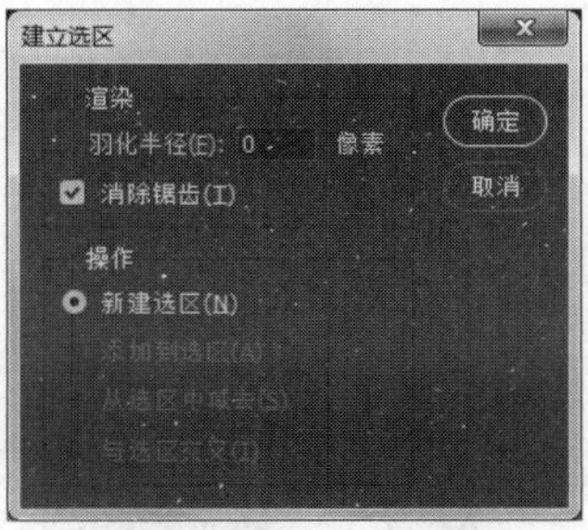

图 1-7-23　“建立选区”对话框

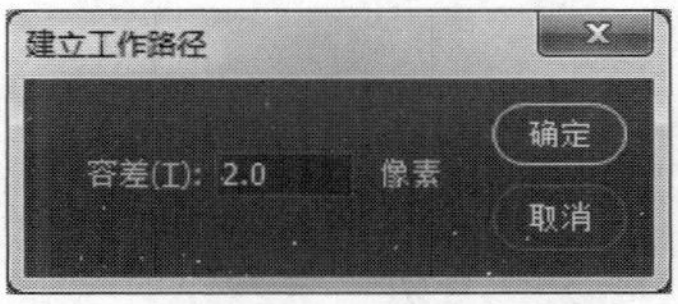

图 1-7-24　“建立工作路径”对话框

7.3.4　管理路径

1. 存储工作路径

当使用钢笔工具或形状工具创建工作路径时，新的路径以工作路径的形式出现在“路径”面板中。工作路径是临时的；必须存储它以免丢失其内容。如果没有存储便取消选择了工作路径，当再次开始绘图时，新的路径将取代现有路径。

（1）要存储路径但不重命名它，将工作路径名称拖动到“路径面板”底部的“创建新路径”按钮。

（2）要存储并重命名路径，从“路径”面板菜单中选取“存储路径”，然后在“存储路径”对话框中输入新的路径名，并单击“确定”按钮。

2. 重命名存储的路径

双击“路径”面板中的路径名，输入新的名称，然后按【Enter】键即可。

3. 删除路径

在“路径”面板中单击路径名，执行下列操作之一：

（1）将路径拖动到“路径”面板底部的“删除”按钮。

（2）从“路径”面板菜单中选择“删除路径”命令。

（3）单击“路径”面板底部的“删除”图标，然后单击“确定”按钮。

视频

例7.1 绘制轻纱

【例 7.1】使用路径的创建及路径与画笔工具配合使用的方法制作“轻纱”效果图，如图 1-7-25 所示。

具体操作步骤如下：

（1）选择“文件”→“新建”命令，打开“新建”对话框，设置“名称”为“绘制轻纱”，如图 1-7-26 所示，单击“确定”按钮。

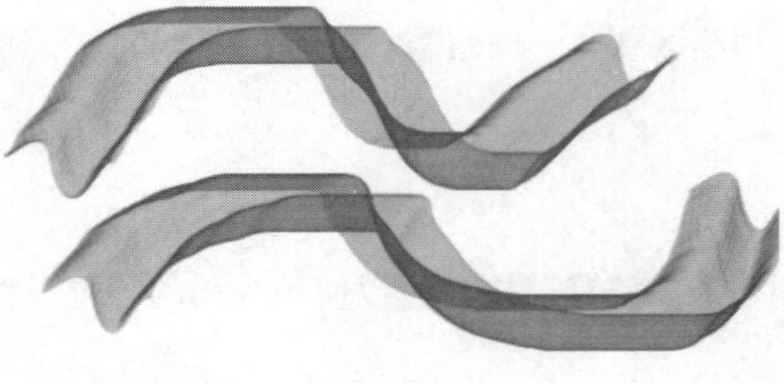

图 1-7-25　最终效果

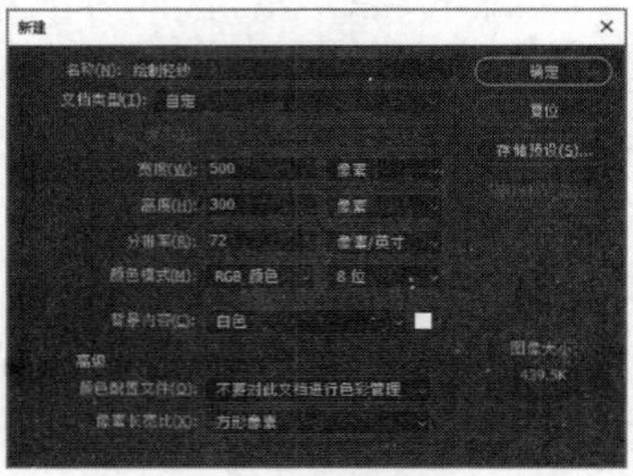

图 1-7-26　“新建”对话框

（2）单击“钢笔工具”，在其工具属性栏中选择“路径”，用钢笔工具画一个路径，如图 1-7-27 所示。

（3）选择画笔工具，选择“旧版画笔”中的“柔边圆”，选中图 1-7-28 所示的画笔。描边路径，用画笔描边。

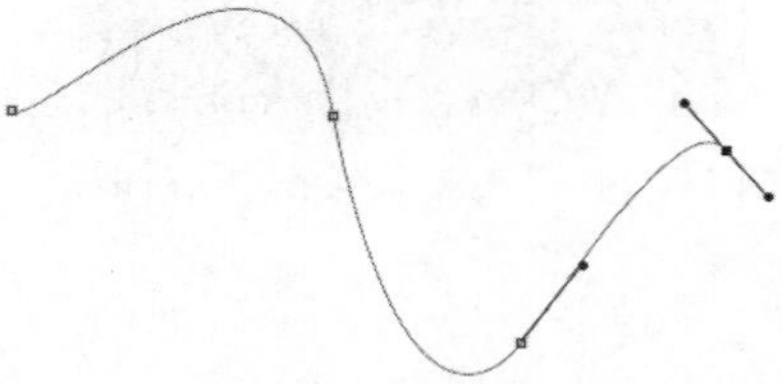

图 1-7-27　绘制路径

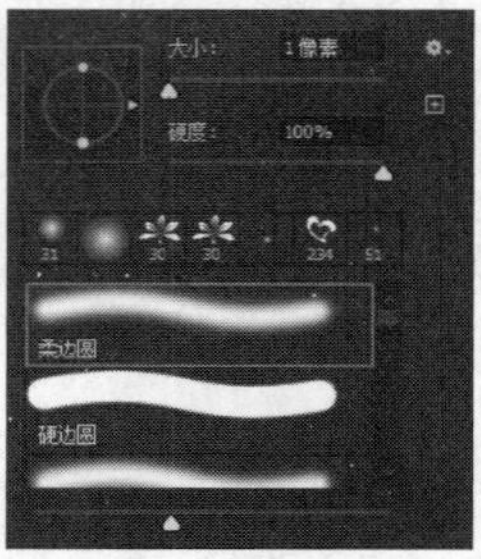

图 1-7-28　选择画笔

（4）选中路径，选择“编辑”→“定义画笔预设”命令，弹出图 1-7-29 所示的对话框。

（5）新建“图层 1”，选择刚才定义的画笔，打开“画笔设置”，选择画笔笔尖形状，调整笔尖大小为 70 像素，间距为 1%，如图 1-7-30 所示。

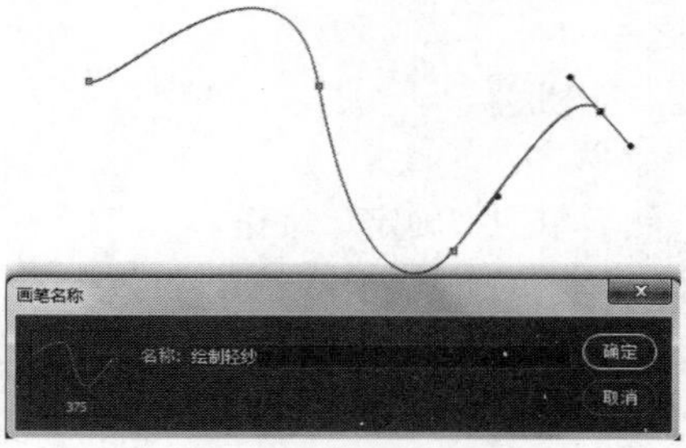

图 1-7-29　定义画笔

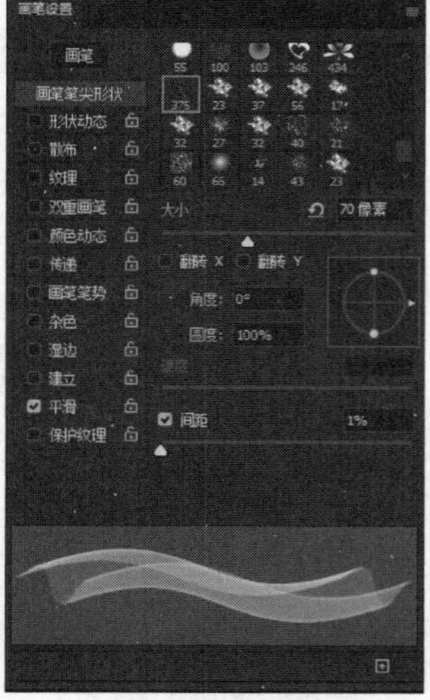

图 1-7-30　画笔笔尖形状的设置

（6）设置自己喜欢的颜色作为前景色，然后进行绘制，最终效果如图 1-7-26 所示。

7.4　应用举例

视频 7.4 应用举例–绘制卡通图1

视频 7.4 应用举例–绘制卡通图2

视频 7.4 应用举例–绘制卡通图3

视频 7.4 应用举例–绘制卡通图4

视频 7.4 应用举例–绘制卡通图5

【**案例**】绘制卡通图，效果如图 1-7-31 所示。

【设计思路】本实例制作的是一幅简单的卡通插图，在插图中使用路径和形状图层的各种功能制作出画面中的奶牛、草地和白云等元素。

【设计目标】通过本案例，掌握使用路径和形状图层可轻松地制作矢量风格的插图。

【操作步骤】

（1）新建一个“名称”为“卡通图”，1 024 像素 ×768 像素 @72 ppi，RGB 颜色模式，白色背景的图像文件，如图 1-7-32 所示。

图 1-7-31　卡通图

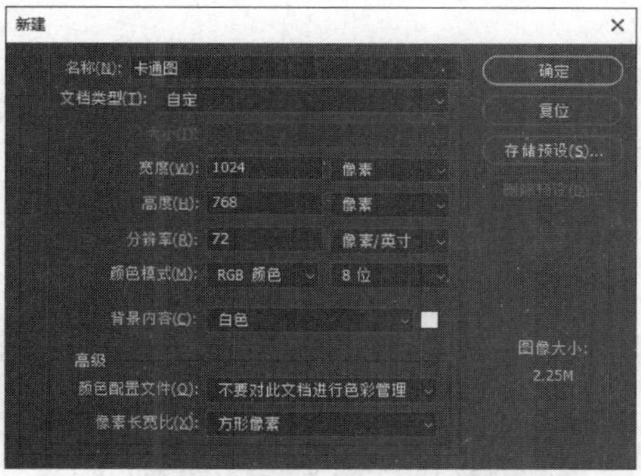

图 1-7-32　“新建”对话框

（2）选择“钢笔工具”，设置工具属性栏中绘制模式为“形状”，设置前景色为“黑色”。绘制奶牛身体外轮廓（其中可以配合添加锚点工具、删除锚点工具、直接选择工具等，调整奶牛身体外轮廓的形状），并命名图层为“奶牛身体外轮廓”，如图 1-7-33 所示。

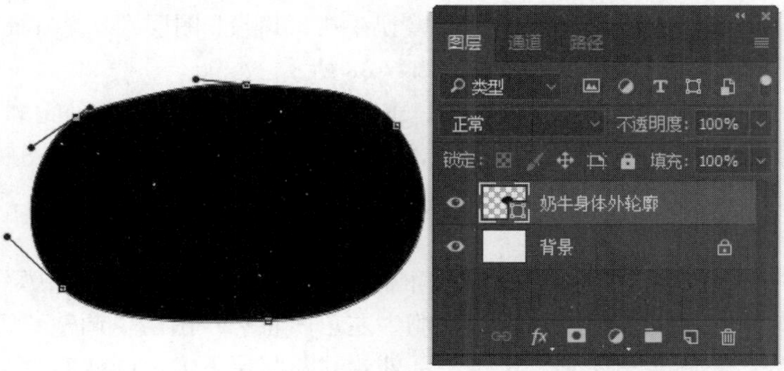

图 1-7-33　绘制外轮廓

（3）复制“形状 1”图层，并重命名为“奶牛身体内轮廓”。选择“奶牛身体内轮廓”图层，按【Ctrl+T】组合键，打开“自由变换路径”命令，等比缩小一点路径，形成奶牛身体内轮廓，并填充成“白色”，如图 1-7-34 所示。

（4）复制“奶牛身体内轮廓”图层，重命名图层为“奶牛身体斑纹 1”，设置前景色为

“#584fa0”。选择“钢笔工具”，设置“工具属性栏”的路径操作为“与形状区域相交”，绘制一个形状和奶牛身体内轮廓交叉重叠作为奶牛的一个斑纹，如图 1-7-35 所示。

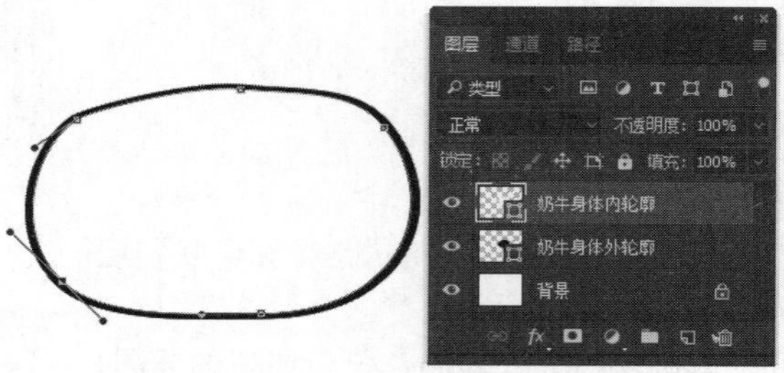

图 1-7-34　绘制内轮廓

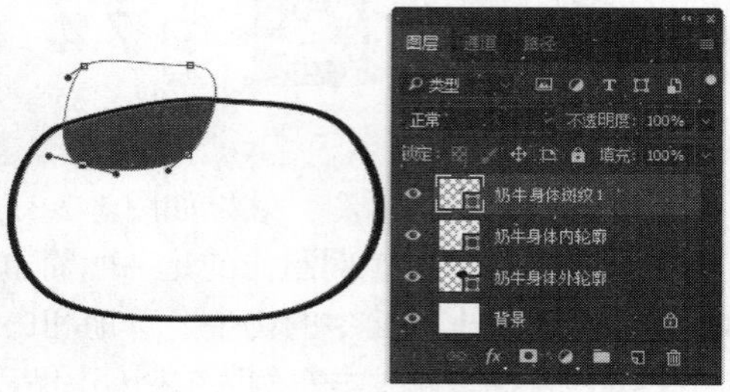

图 1-7-35　绘制斑纹

（5）按同样的方法，复制“奶牛身体内轮廓”图层，重命名图层分别为“奶牛身体斑纹 2”“奶牛身体斑纹 3”“奶牛身体斑纹 4”，并分别在这几个图层上绘制其他斑纹，如图 1-7-36 所示。

（6）选择“钢笔工具”，设置“工具属性栏”的路径操作为“新建图层”，绘制奶牛头部外轮廓，填充黑色，重命名图层为“奶牛头部外轮廓”；利用步骤（3）同样的方法处理头部内轮廓，得到“奶牛头部内轮廓”图层，如图 1-7-37 所示。

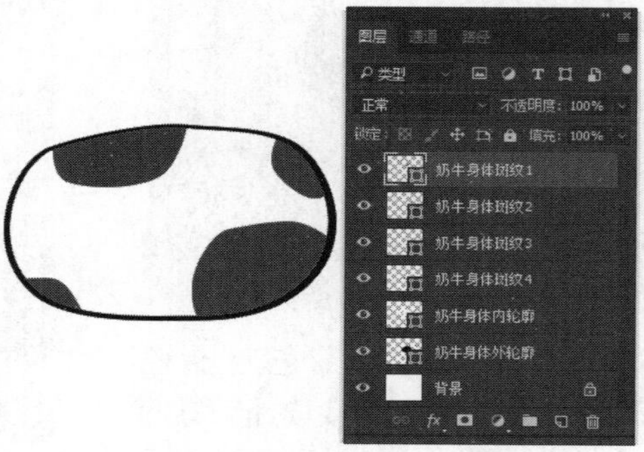

图 1-7-36　其他斑纹

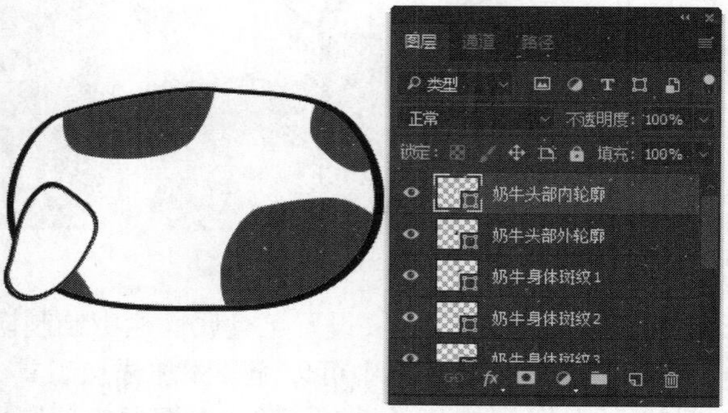

图 1-7-37　绘制头部轮廓

（7）复制“奶牛头部内轮廓”图层，得到“奶牛头部斑纹”图层，设置前景色为“#584fa0”；利用步骤（4）同样方法处理头部斑纹，如图 1-7-38 所示。

（8）利用“钢笔工具”绘制奶牛左耳朵，重命名图层为“奶牛左耳外轮廓”，并填充黑色；再绘制左耳的内轮廓，填充“#584fa0”颜色，并得到“奶牛左耳内轮廓”图层；调整“奶牛左耳外轮廓”图层和“奶牛左耳内轮廓”图层到“奶牛头部外轮廓”图层下方。同样的方法绘制右耳朵，如图 1-7-39 所示。

（9）利用“钢笔工具”绘制奶牛左角，重命名图层为“奶牛左角外轮廓”，并填充黑色；再绘制左角的内轮廓，填充白色，并得到“奶牛左角内轮廓”图层；调整“奶牛左角外轮廓”图层和“奶牛左角内轮廓”图层到“奶牛头部外轮廓”图层下方。同样的方法绘制奶牛右角，如图 1-7-40 所示。

（10）选择“椭圆工具”，设置工具属性栏中绘制模式为“形状”；设置前景色为“黑色”，绘制奶牛的眼睛，得到“奶牛左眼”和“奶牛右眼”图层，如图 1-7-41 所示。

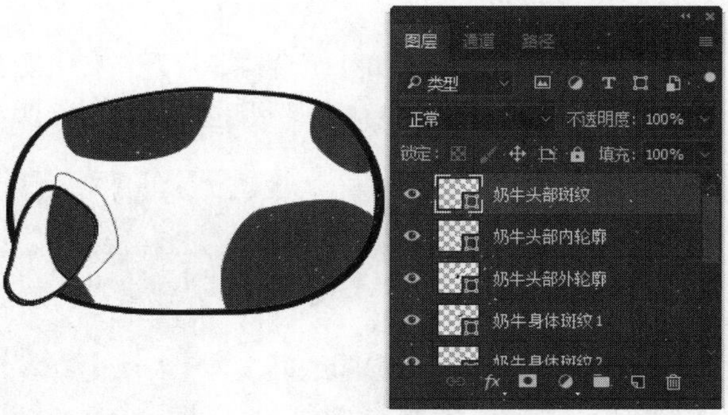

图 1-7-38　绘制头部斑纹

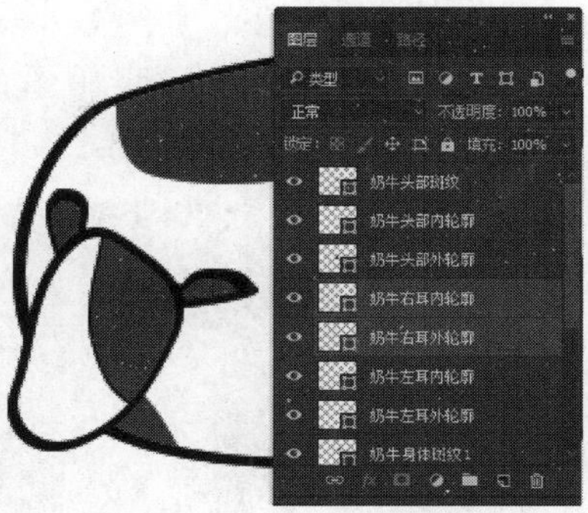

图 1-7-39　绘制耳朵

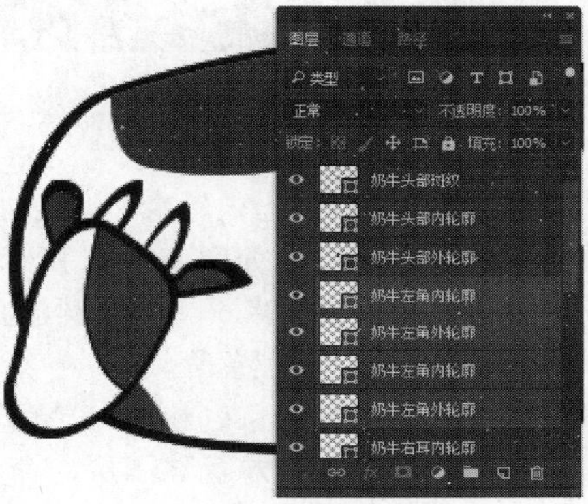

图 1-7-40　绘制牛角

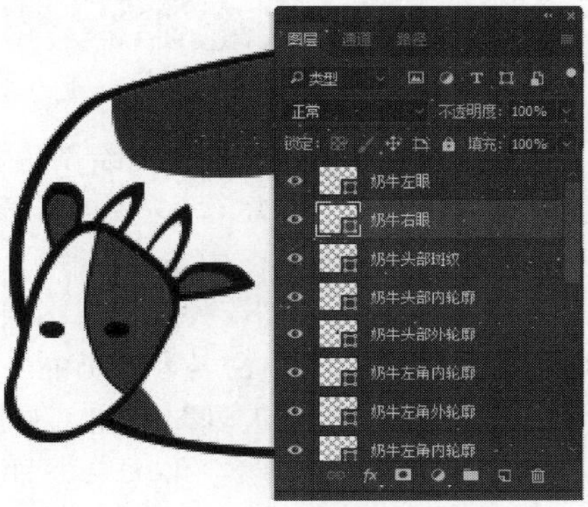

图 1-7-41　绘制眼睛

（11）选择“椭圆工具”，设置工具属性栏中绘制模式为“形状”；设置前景色为“黑色”，绘制牛鼻环的外轮廓。设置工具属性栏的路径操作为“排除重叠形状”▣，绘制牛鼻环的内轮廓，形成镂空，将其移到“奶牛头部外轮廓”下方，如图 1-7-42 所示。

（12）选择“钢笔工具”，绘制出奶牛左后腿的外轮廓，填充黑色，重命名图层为“左后腿外轮廓”；再绘制内轮廓，填充白色，重命名图层为“左后腿内轮廓”；再在内轮廓上绘制一个图形，填充黑色，重命名为“区别图形”以区别左后腿和左后蹄，如图 1-7-43 所示。

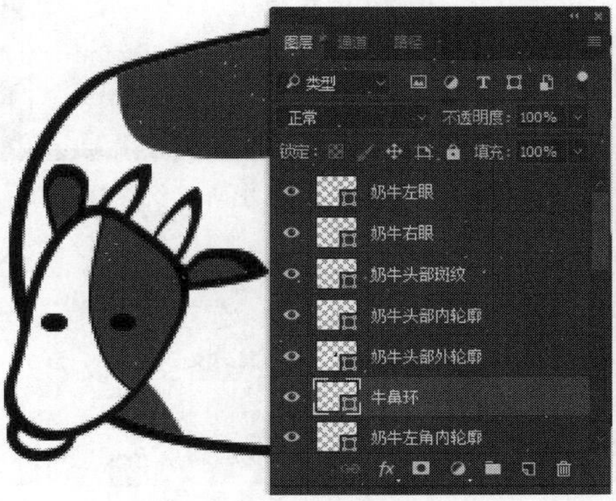

图 1-7-42　绘制牛鼻环

图 1-7-43　绘制左后腿

（13）按住【Ctrl】键，选择“左后腿外轮廓”“左后腿内轮廓”和“区别图形”图层，选择“图层”→“新建”→“从图层建立组”命令，新建“组 1”，重命名为“左后腿”组，并调整至“奶牛身体外轮廓”图层下，如图 1-7-44 所示。

（14）复制“左后腿”组，并重命名为“右后腿”组。按【Ctrl+T】组合键，打开“自由变换”命令，调整右后腿的大小、位置等。同样的方法处理“左前腿”和“右前腿”组，如图 1-7-45 所示。

图 1-7-44　调整左后腿

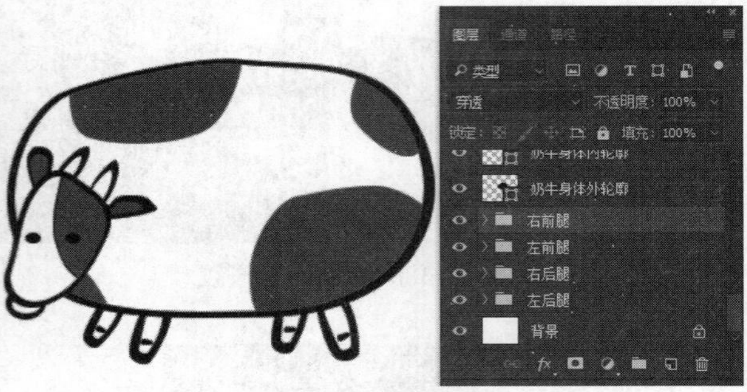

图 1-7-45　绘制牛腿

（15）选择“钢笔工具”，绘制出牛尾巴的外轮廓，填充黑色，重命名图层为“牛尾巴外轮廓”；再绘制内轮廓，填充“#584fa0”颜色，重命名图层为“牛尾巴内轮廓”；移动“牛尾巴外轮廓”和“牛尾巴内轮廓”图层到“奶牛身体外轮廓”图层下，如图 1-7-46 所示。

（16）选择除背景图层外的所有图层和图层组，选择“图层”→“新建”→“从图层建立组”命令，新建“组 1”，重命名为“奶牛”组，此时便于操作奶牛的大小、位置等。

（17）选择“钢笔工具”，在工具属性栏中设置绘制模式为“路径”，绘制一个闭合路径作为草地轮廓，如图 1-7-47 所示。并在图层面板上在“奶牛”组下方新建图层，命名为“草地”。

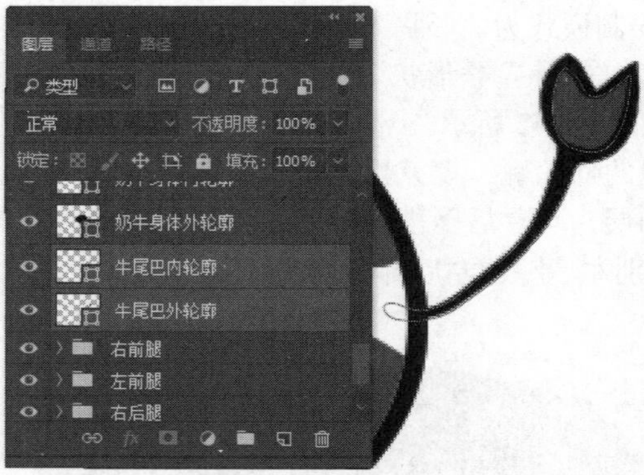

图 1-7-46　绘制牛尾巴

图 1-7-47　草地轮廓

（18）选择“草地”图层，设置前景色为“#95c53b”，在路径面板中单击“前景色填充路径”按钮，填充路径；拖动“工作路径”到“创建新路径”按钮，保存路径；选择“画笔工具”，设置画笔大小 5 px，笔尖形状为“柔边圆”，设置前景色为“#18692e”，单击路径面板中的“用画笔描边路径”按钮，对路径进行描边，如图 1-7-48 所示。

（19）新建图层，并重命名为“草丛”，在路径面板中单击“创建新路径”按钮，新建“路径 2”；选择“钢笔工具”，绘制草丛轮廓路径，按照上述方法填充“#249e46”和描边“#18692e”路径，如图 1-7-49 所示。

（20）选择“移动工具”，按住【Alt】键拖动草丛图像，把草丛摆放在不同位置，得到

“草丛 拷贝”～“草丛 拷贝 6”，同时利用“自由变换”命令调整草丛的大小、形状，合并“草丛”～“草丛 拷贝 6”为新的“草丛”图层，如图 1-7-50 所示。

（21）新建图层，并重命名为“白云”，在路径面板中单击“创建新路径”按钮，新建“路径 3”；选择“钢笔工具”，绘制白云轮廓路径，如图 1-7-51 所示。

图 1-7-48　填充描边路径

图 1-7-49　绘制草丛

图 1-7-50　合并草丛

图 1-7-51　绘制白云轮廓

（22）选择“画笔工具”，设置画笔大小为 8 像素，笔尖形状为“柔边圆”，设置前景色为“#36a7e9”在路径面板中单击调板菜单按钮，在打开的菜单中选择“描边路径”命令，在打开的“描边路径”对话框中选择画笔，选中“模拟压力”复选框，单击“确定”按钮，为白云描边，如图 1-7-52 所示。效果如图 1-7-31 所示。

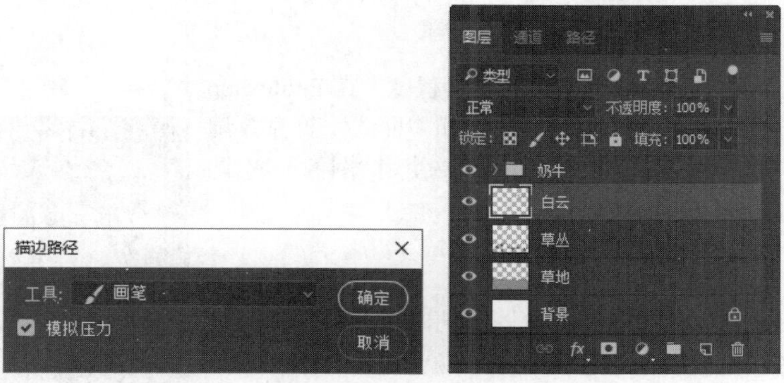

图 1-7-52　描边路径对话框和最终图层

第8章

色彩与色调的调整

学习目标

◎了解图像色彩的基本属性。
◎掌握校正图像色调的方法。
◎掌握调整图像颜色的方法。

学习重点

◎图像色调调整。
◎图像色彩调整。
◎特殊色调控制。

图像的编辑与修饰是制作图像的关键环节，而色彩的运用则在图像中占据着非常重要的地位。Photoshop 给我们提供了很多的色彩和色调调整命令，利用这些命令可以轻松地改变一幅图像的色调及色彩，从而使图像编辑更加方便。

8.1 图像色调调整

图像色调的调整主要是调整图像的明暗程度。在 Photoshop 中，用户可以通过“色阶”“自动色阶”和“曲线”等命令调整图像的色调。在进行图像色调调整时，主要使用“图像”→“调整”子菜单中的各个命令。

8.1.1 “色阶”命令

“色阶”命令允许用户通过修改图像的暗调、中间调区和高光的亮度水平来调整图像的色调范围和颜色平衡。选择“图像”→“调整”→“色阶”命令，打开“色阶”对话框，如图 1-8-1 所示。各选项的含义如下：

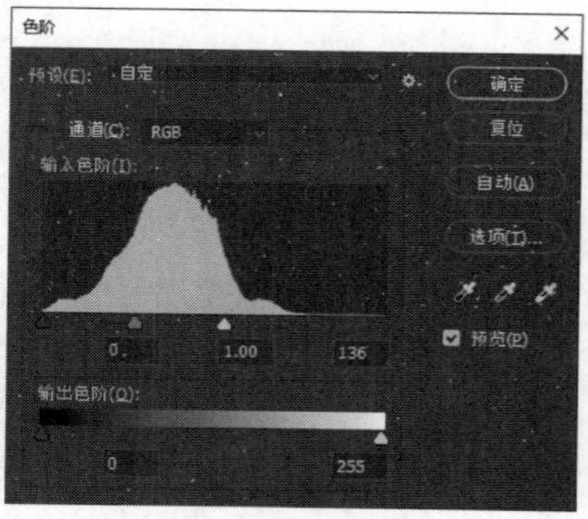

图 1-8-1 “色阶”对话框

（1）通道：用于选择要进行色调调整的颜色通道。一般都选择 RGB 选项，表示对整幅图像进行调整。

（2）输入色阶：第一个文本框用于设置图像的暗部色调，低于该值的像素将变为黑色，取值范围为 0 ～ 253；第二个文本框用于设置图像的中间色调，取值范围为 0.01 ～ 9.99；第三个文本框用于设置图像的亮部色调，高于该值的像素将变为白色，取值范围为 2 ～ 255。

（3）输出色阶：第一个文本框用于提高图像的暗部色调，取值范围为 0 ～ 255；第二个文本框用于降低图像的亮度，取值范围为 0 ～ 255。

（4）“载入”按钮：用于将定义好的色阶设置导入。

（5）“存储”按钮：用于将当前输入色阶的值保存起来，以便以后导入使用。

（6）“自动”按钮：用于对图像色阶做自动调整。

（7）“选项”按钮：用于对自动色阶调整进行修正。

（8）“取消”按钮：用于取消所作的设置并关闭对话框。如果按住【Alt】键，此按钮将变成“复位”按钮，单击此按钮可以将图像恢复到调整前的状态。

（9）吸管工具：用于在原图像窗口中单击选择颜色，各工具的作用如下：

① 黑色吸管：用该吸管单击图像，图像上所有像素的亮度值都会减去选取色的亮度值，使图像变暗。

② 灰色吸管：用该吸管单击图像，Photoshop 将用吸管单击处的像素亮度来调整图像所有像素的亮度。

③ 白色吸管：用该吸管单击图像，图像上所有像素的亮度值都会加上该选取色的亮度值，使图像变亮。

利用“色阶”命令调整图像的色调。调整前后的图像如图 1-8-2 所示。

图 1-8-2　色阶调整前后效果

图1-8-2彩图

8.1.2 “曲线”命令

使用“曲线”命令不仅可以调整图像的整体色调，还可以精确地控制多个色调区域的明暗度及色调，常用于改变物体的质感。选择“图像”→“调整”→“曲线”命令，打开“曲线”对话框，如图 1-8-3 所示。各选项的含义如下：

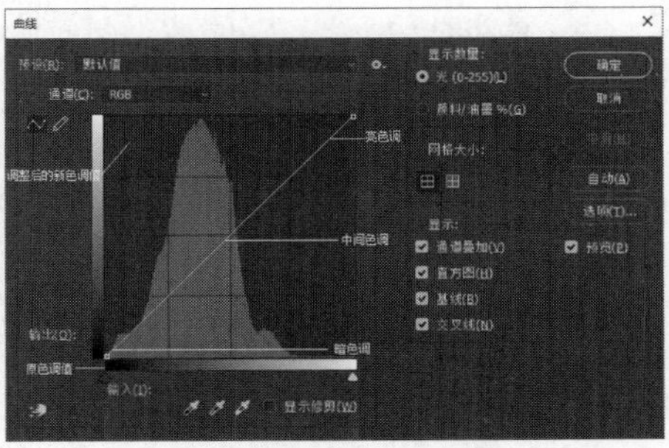

图 1-8-3　“曲线”对话框

（1）通道：用于选择要调整的色调的通道。

（2）图表：表格的横坐标代表了源图像的色调，

纵坐标代表了图像调整后的色调，其变化范围为 0 ～ 255。调整曲线时，首先单击曲线上的点，然后拖动即可改变曲线形状。当曲线形状向左上角弯曲时，图像色调变亮；当曲线形状向右下角弯曲时，图像色调变暗。

（3）曲线工具：用来在图表中添加调节点。若想将曲线调整成比较复杂的形状，可以添加多个调节点进行调整。对于不需要的调节点可以单击选中后按【Delete】键删除。

（4）铅笔工具：可直接在坐标区内画出一个形状，表示曲线调整后的形状。

利用曲线命令对图像进行调整，调整前后的图像如图 1-8-4 所示。

图1-8-4彩图

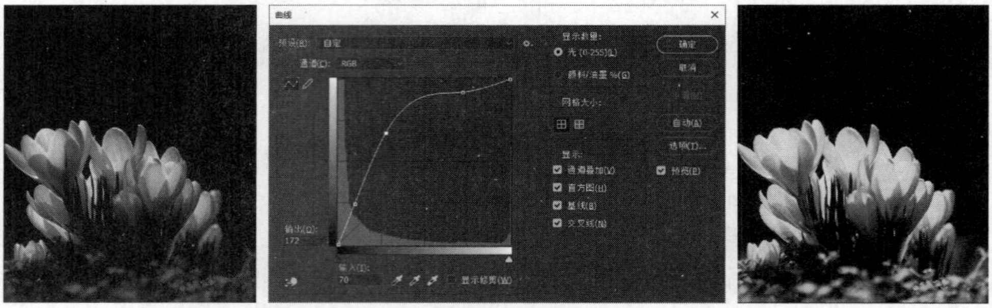

图 1-8-4　曲线调整前后效果

8.1.3 “亮度 / 对比度”命令

选择“图像”→“调整”→“亮度 / 对比度”命令，可以方便地调整图像的明暗度，弹出的对话框如图 1-8-5 所示。

（1）亮度：用于调整图像的亮度，数值为正时，增加图像亮度；数值为负时，降低图像亮度。

（2）对比度：用于调整图像的对比度。数值为正时，增加图像的对比度；数值为负时，降低图像的对比度；如果数值为 -100，图像呈现一片灰色。

图 1-8-6 所示为调整图像亮度 / 对比度后的效果。

图1-8-6彩图

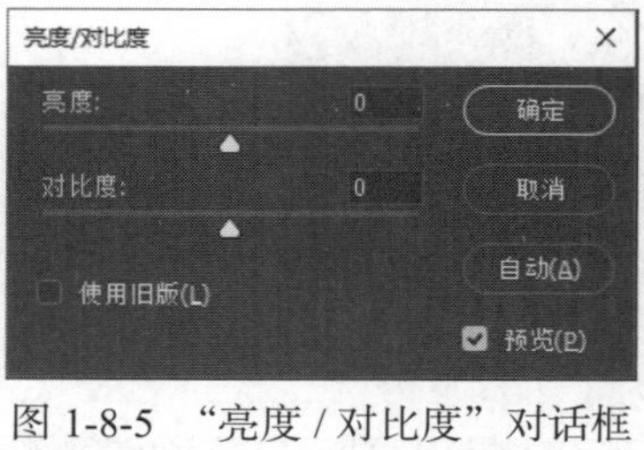

图 1-8-5　“亮度 / 对比度”对话框

图 1-8-6　调整图像的亮度和对比度

8.1.4 “自动色调”命令

选择“图像”→“自动色调”命令，可以自动调整图像的明暗程度，去除图像中不正常的高亮区和黑暗区。

8.1.5 “自动对比度”命令

选择“图像”→“自动对比度”命令，可以自动调整整幅图像的对比度。它将图像中最亮和最暗的像素分别转换为白色和黑色，使得高光区显得更亮，暗调区显得更暗，从而增大图像的对比度。

8.1.6 “自然饱和度”命令

自然饱和度命令可以快速调整图像的饱和度，并且可以在增加图像饱和度的同时有效防止颜色过于饱和而出现的溢色现象。自然饱和度最适合于调整照片，使色彩变浓或者变淡；而作设计时，想完全改变色彩关系，使用饱和度命令更加方便；调整时会保护本身饱和度较高的像素，只调节图中饱和度低的像素。选择“图像”→“调整”→“自然饱和度”命令，打开“自然饱和度”对话框，如图 1-8-7 所示。

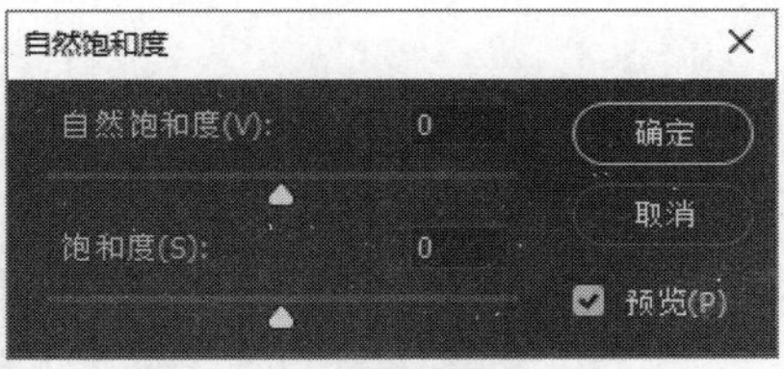

图 1-8-7　“自然饱和度”对话框

8.1.7 “照片滤镜”命令

“照片滤镜”命令可以模仿在照相机镜头前面加彩色滤镜，以便通过调整镜头传输的光的色彩平衡和色温，产生胶片曝光的效果；同时它也提供了多种预设的颜色滤镜。

选择“图像”→“调整”→“照片滤镜”命令，打开“照片滤镜”对话框，如图 1-8-8 所示。

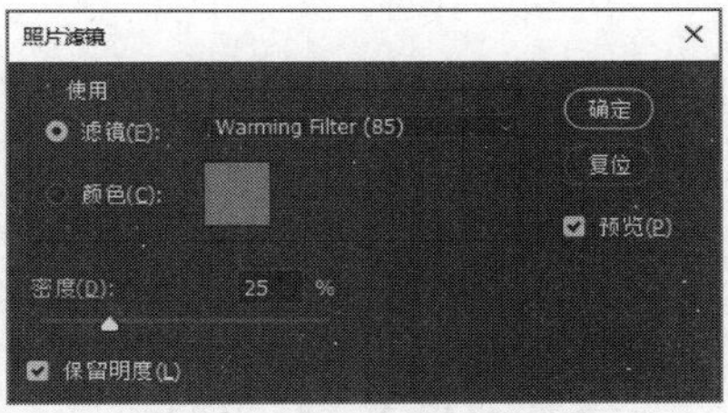

图 1-8-8　“照片滤镜”对话框

- 滤镜：选中该单选按钮，可以在其下拉列表中选择预设的滤镜。
- 颜色：选中该单选按钮，单击右侧的颜色框，将打开“拾色器”对话框，用户可以自定义颜色滤镜。
- 密度：用于调整应用于图像的颜色数量。“密度”越大，应用的颜色调整越大。
- 保留明度：选中该复选框，可以在添加照片滤镜的同时保持图像原来的亮度。

例如，为一幅图像应用 100% 的加温滤镜（85），其前后对比效果如图 1-8-9 所示。

图1-8-9彩图

图 1-8-9　为图像应用加温滤镜

8.1.8 “阴影 / 高光”命令

“阴影 / 高光”命令可以基于暗调或高光中的周围像素进行增亮或变暗，适用于校正由强逆光而形成剪影的照片，或者校正由于太接近照相机闪光灯而有些发白的焦点。选择“图像”→“调整”→“阴影 / 高光”命令，打开“阴影 / 高光”对话框，如图 1-8-10 所示。通过分别调整阴影和高光的数量值，即可调整光照的校正量。选中“显示更多选项”复选框，可将该命令下的所有选项显示出来，如图 1-8-10 所示。

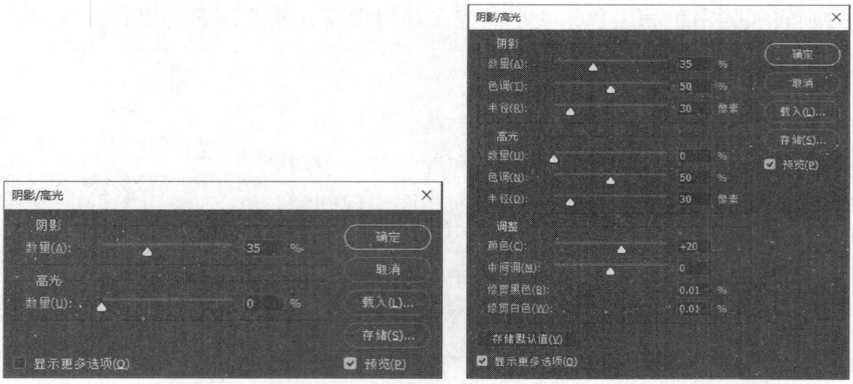

图 1-8-10 “阴影 / 高光”对话框

其各选项的含义如下：

- 数量：分别调整阴影和高光的数量，可以调整光线的校正量。阴影数量越大，则阴影越亮而高光越暗；高光数量越大，则高光越亮而阴影越暗。
- 色调宽度：控制所要修改的阴影或高光中的色调范围。
- 半径：调整应用阴影和高光效果的范围，设置该尺寸，可决定某一像素是属于阴影还是属于高光。
- 颜色校正：可以微调彩色图像中已被改变的区域的颜色。
- 中间调对比度：调整中间色调的对比度。

使用“阴影 / 高光”命令将偏暗的图像进行调整，在“阴影”栏的“数量”文本框设置数值 90，其他数值保持不变，调整后的效果如图 1-8-11 所示。

图1-8-11
彩图

图 1-8-11 “阴影 / 高光”调整前后效果

8.1.9 “曝光度”命令

选择“图像”→“调整”→“曝光度”命令，弹出“曝光度”对话框，如图 1-8-12 所示。如果有一张图片的曝光度不足，就可以使用“曝光度”命令将其调整到正常效果，如图 1-8-13 所示。“曝光度”命令也可以调整曝光过度的照片。

图1-8-13
彩图

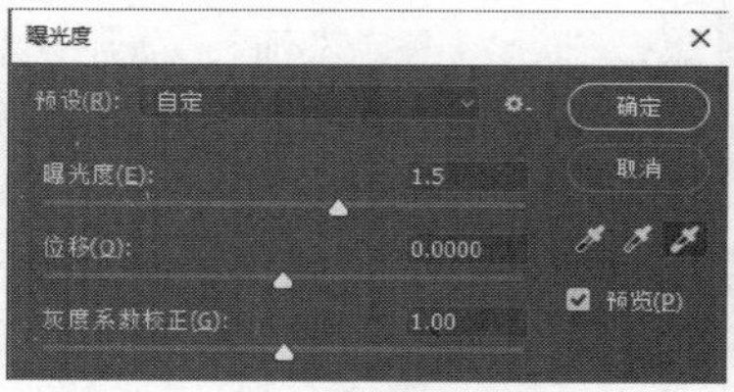

图 1-8-12 “曝光度”对话框

图 1-8-13 曝光不足的图像调整效果

8.2　图像色彩调整

调整图像的色彩是 Photoshop 的重要功能之一，利用 Photoshop 色彩调整命令可以对图像进行相应处理，从而得到所需要的效果。在进行图像色调调整时，主要使用“图像”→“调整”子菜单中的各个命令。

8.2.1　“色彩平衡”命令

“色彩平衡”命令可以调整图像暗调区、中间调区和高光区的各色彩成分，并混合各色彩达到平衡。选择“图像”→“调整”→“色彩平衡”命令，打开“色彩平衡”对话框，如图 1-8-14 所示。

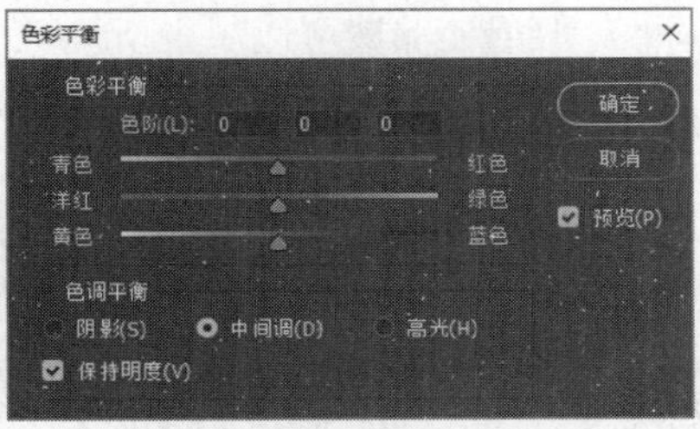

图 1-8-14　“色彩平衡”对话框

其各选项的含义如下：

- 色彩平衡：在“色阶”后的文本框中输入数值可以调整 RGB 三原色到 CMYK 色彩模式间进行对应的色彩变换，其取值范围为 -100 ～ +100。用户也可直接用鼠标拖动文本框下方的三个滑块的位置来调整图像的色彩。
- 色调平衡：用于选择需要调节色彩平衡的色调区，包括阴影、中间调、高光三个单选按钮，选中某一单选按钮后可对相应色调的颜色进行调整。选中“保持明度”复选框表示调整色彩时保持图像亮度不变。

使用“色彩平衡”命令将图像的颜色进行调整，“阴影”选项设置 +40，-64，+25；“中间调”选项设置 +38，-30，+26；“高光”选项设置 +26，-16，+16。调整前后的效果如图 1-8-15 所示。

图 1-8-15　色彩平衡调整前后效果

图1-8-15
彩图

8.2.2　“色相 / 饱和度”命令

“色相 / 饱和度”命令可以调整图像中单个颜色的三要素，即色相、饱和度和明度。选择“图像”→“调整”→“色相 / 饱和度”命令，打开“色相 / 饱和度”对话框，如图 1-8-16 所示。

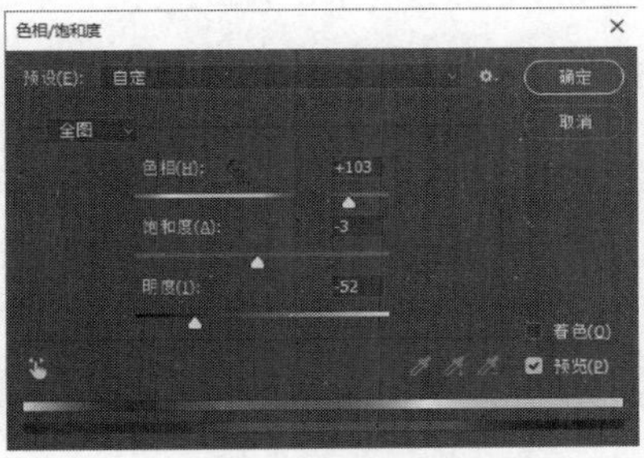

图 1-8-16　“色相 / 饱和度”对话框

其各选项的含义如下：

- 编辑：在下拉列表中可以选择要调整的颜色。“全图”表示对图像中所有颜色像素起作用，其余的选项表示对某一颜色的像素进行调整。

- 色相：调整图像颜色的色彩，取值范围为 -180 ～ +180。
- 饱和度：调整图像颜色的饱和度。
- 明度：调整图像颜色的亮度。
- 吸管工具：当选择单色时，三个吸管工具就变成了可选项。选择普通吸管工具可以具体编辑所调色的范围，选择带 + 号的吸管工具可以增加所调色的范围，选择带 - 号的吸管工具可以减少所调色的范围。
- 着色：选中该复选框，可以对灰色或黑白图像进行单彩色上色操作。

“色相 / 饱和度”以图 1-8-16 所示参数设置，效果如图 1-8-17 所示。

图1-8-17
彩图

图 1-8-17　色相 / 饱和度调整前后的图像

8.2.3 “去色”命令

选择“图像”→“调整”→“去色”命令可以去除图像中的所有色彩，将图像转换为灰度图像。在去色的过程中，每个像素都保持原来的亮度。

8.2.4 “匹配颜色”命令

使用“匹配颜色”命令可以调整图像的亮度、色彩饱和度和色彩平衡，同时还可以将当前图层中的图像颜色与其他图像颜色相匹配。选择“图像”→“调整”→“匹配颜色”命令，打开图 1-8-18 所示的“匹配颜色”对话框。

其各选项的含义如下：

- “图像选项”栏：拖动“亮度”滑块可以增加或减少图像的亮度；拖动“颜色强度”滑块可以增加或减少图像中的颜色像素值；拖动“渐隐”滑块可以控制应用于匹配图像的调整量，向右移动表示减小；选中“中和”复选框表示可自动移去图像中的色痕。
- “图像统计”栏：在“源”下拉列表框中选择需要匹配的源图像，如果选择“无”，表示用于匹配的源图像和目标图像相同。

8.2.5 “替换颜色”命令

“替换颜色”命令可以替换图像中某个特定区域的颜色。选择“图像”→“调整”→“替换颜色”命令，打开“替换颜色”对话框，如图 1-8-19 所示。

需要替换图像中某个区域的颜色时，应先选择吸管工具，在需要替换颜色的图像区域上单击取样，这时预览框中出现的白色部分表示原图像的相应区域已经做了选区，然后拖动“色相”“饱和度”“明度”滑块调节选区的色相、饱和度和亮度，在“结果”框中会显示出调节后的颜色。

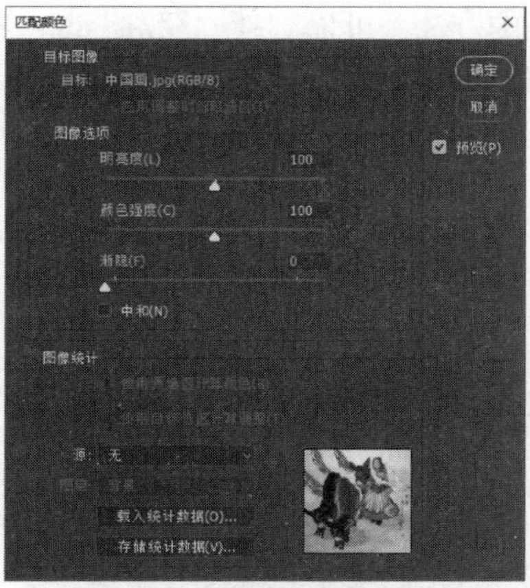

图 1-8-18　“匹配颜色”对话框

图 1-8-19　“替换颜色”对话框

【例】替换图像中的部分颜色（红色花朵替换成蓝色花朵），如图 1-8-20 所示。

视频

例8.1 替换图像部分颜色

（1）选择“文件”→“打开”命令，打开名为“花朵”的图像文件，选择“图像”→“调整”→“替换颜色”命令，打开“替换颜色”对话框，如图 1-8-19 所示。

（2）单击吸管工具和添加到取样工具，在图像中的花朵区域单击取样。

（3）在“替换”选项组中，拖动“色相”滑块，使其值为 -108，拖动饱和度滑块，使其值为 +29，拖动“明度”滑块，使其值为 +8。

（4）单击“确定”按钮，此时图像中的花朵颜色由红色变为蓝色。

图 1-8-20　替换图像中的部分颜色

图1-8-20 彩图

8.2.6　“可选颜色”命令

“可选颜色”命令可以有选择性地修改任何原色中印刷色的数量，而不会影响其他原色，这也是校正高端扫描仪和分色程序使用的一项技术。选择“图像”→“调整”→“可选颜色”命令，打开“可选颜色”对话框，如图 1-8-21 所示。

其各选项的含义如下：

- 颜色：用于选择要调整的主色，可选项有红色、黄色、绿色、青色、蓝色、洋红、白色、中性色和黑色。
- 四个滑块：通过 CMYK 四种印刷基本色来调节它们在选定主色中的成分。

- 方法：用于选择增加或减少每种印刷色的改变量的方法。可以选择“相对”或“绝对”两种方式。

8.2.7 “通道混合器”命令

“通道混合器”命令可以通过从每个颜色通道中选取它所占的百分比来创建色彩。选择“图像”→“调整”→“通道混合器”命令，打开“通道混合器”对话框，如图 1-8-22 所示。

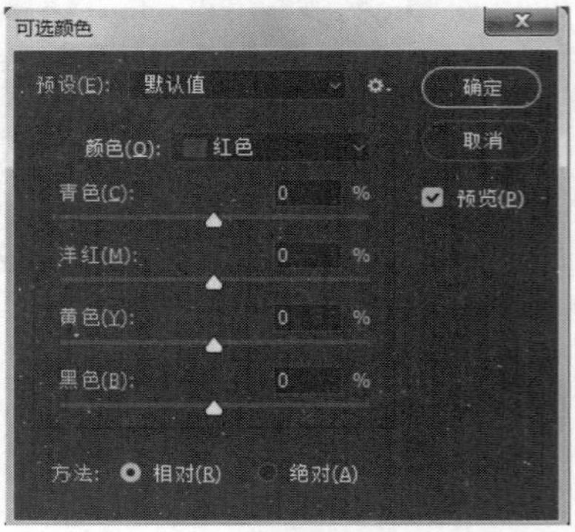

图 1-8-21 “可选颜色”对话框

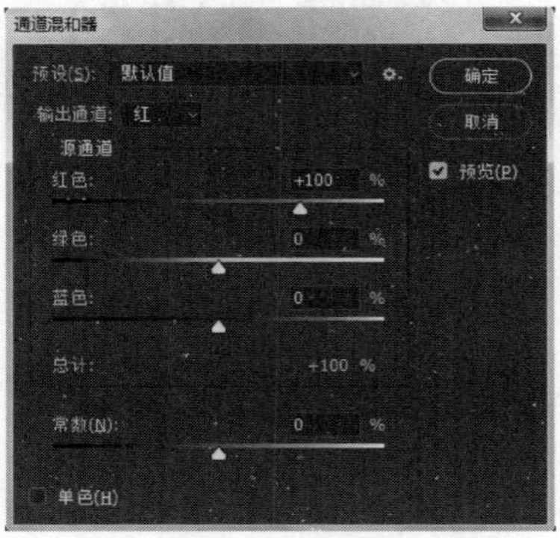

图 1-8-22 “通道混合器”对话框

其各选项的含义如下：

- 输出通道：用于选择要调整的颜色通道。对于不同的颜色模式，其中的颜色通道选项也各不相同。
- 源通道：通过拖动滑块或在文本框中输入数值，可增大或减小该通道颜色对输出通道的贡献，其有效数值范围为 -200 ～ +200。
- 常数：用于调整输出通道的灰度值，负值将增加更多的黑色，正值将增加更多的白色。
- 单色：选中该复选框，将创建仅包含灰色值的彩色图像。

8.2.8 “自动颜色”命令

“自动颜色”命令通过搜索实际图像（而不是通道的用于暗调、中间调和高光的直方图）来调整图像的对比度和颜色。根据在“自动校正选项”对话框中设置的值来中和中间调并剪切白色和黑色像素。选择“图像”→“自动颜色”命令即可。

8.3 特殊效果调整

特殊效果调整是 Photoshop 特殊的色彩色调调整命令。

8.3.1 “渐变映射”命令

使用“渐变映射”命令可以根据各种渐变颜色对图像颜色进行调整。选择“图像”→“调整”→“渐变颜色”命令，打开“渐变映射”对话框，如图 1-8-23 所示。

图 1-8-23 “渐变映射”对话框

其各选项的含义如下：

- 灰度映射所用的渐变：用于选择渐变方案。

- 仿色：选中该复选框，表示为转变色阶后的图像增加仿色处理。
- 反向：选中该复选框，表示将转变色阶后的图像颜色反转，呈现负片效果。

图 1-8-24 所示为图像设置色谱渐变映射的效果。

图 1-8-24　渐变映射效果

图1-8-24
彩图

8.3.2 “反相”命令

选择“图像”→“调整”→“反相”命令，可以将图像中的颜色改变为其补色。图 1-8-25 是图像进行反相操作前后的效果。

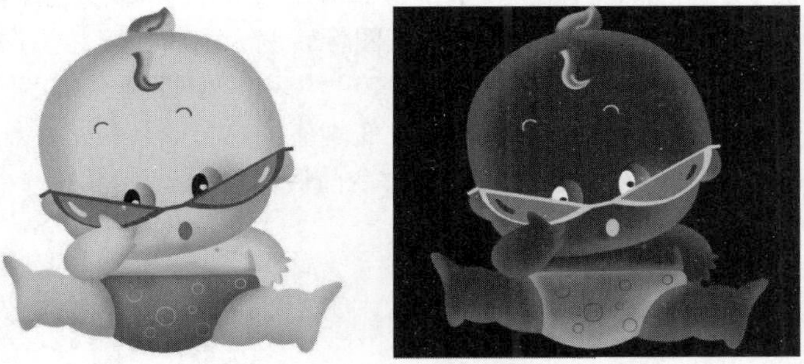

图 1-8-25　使用“反相”命令

图1-8-25
彩图

8.3.3 “黑白”命令

选择“图像”→“调整”→“黑白”命令，弹出“黑白”对话框，如图 1-8-26 所示。“黑白”命令可以将彩色图像转换为灰度图像，同时保持对各颜色转换方式的完全控制。也可以通过对图像应用色调来为灰度着色。“黑白”命令也可以将彩色图像转换为单色图像。

使用颜色滑块手动调整转换，选择“色调”选项并根据需要调整“色相”滑块和“饱和度”滑块。“色相”滑块可更改色调颜色，而“饱和度”滑块可提高或降低颜色的集中度，单击色卡可打开拾色器并进一步微调色调颜色。

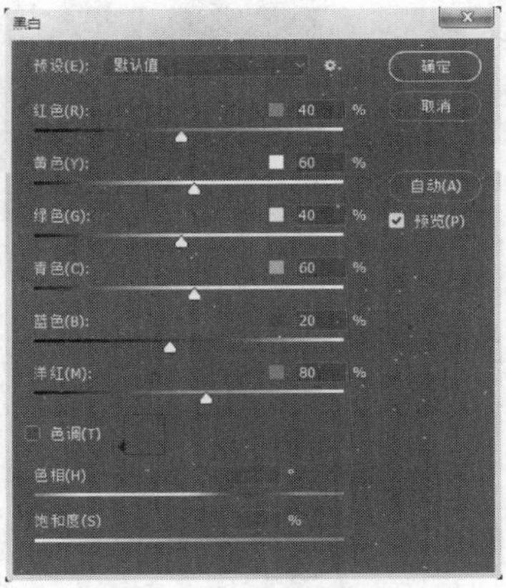

图 1-8-26　“黑白”对话框

8.3.4 “色调均化”命令

“色调均化”命令可以重新分配图像中像素的亮度值，使它们能够更加均匀地表现所有的亮度级别。应用该命令时，图像中最暗的像素将被填上黑色，最亮的像素将被填上白色，其他亮度均匀变化。色调均化的效果如图 1-8-27 所示。

图1-8-27
彩图

图 1-8-27　色调均化效果

8.3.5 “阈值”命令

使用“阈值”命令，可以将图像中所有亮度值比它小的像素都变成黑色，所有亮度值比它大的像素变成白色，从而将一张彩色图像或灰度图像转变为高对比度的黑白图像。

选择“图像”→“调整”→“阈值”命令，打开“阈值”对话框，如图 1-8-28 所示。在“阈值色阶”文本框中修改数值或者拖动滑块均可改变阈值。

图 1-8-29 为一张彩色图像在使用“阈值”命令前后的对比效果图。

图1-8-29
彩图

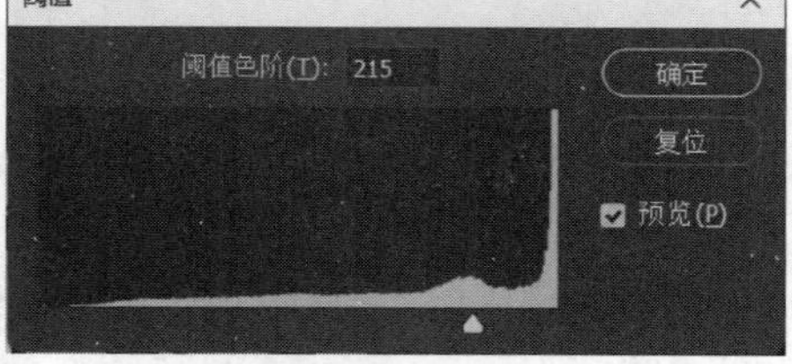

图 1-8-28　“阈值”对话框

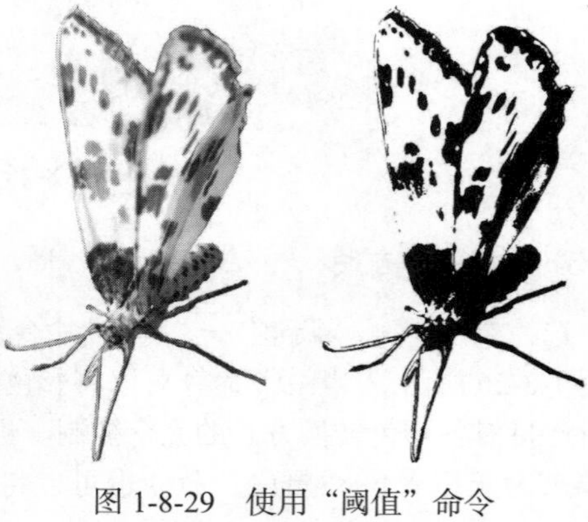

图 1-8-29　使用“阈值”命令

8.3.6 “色调分离”命令

选择“图像”→“调整”→“色调分离”命令，弹出“色调分离”对话框，如图 1-8-30 所示。“色调分离”命令可以指定图像中每个通道（或亮度值）的数目，并将这些像素映射为最接近的匹配色调，减少并分离图像的色调。对话框中的“色阶”参数用于设置图像色调变化的程度，“色阶”数值越小，颜色级数越少，图像的色彩过渡就越粗糙。

图 1-8-31 是执行“色调分离”命令前后的对比效果图。

图 1-8-30　“色调分离”对话框

图 1-8-31　色调分离前后的对比图

图1-8-31 彩图

8.4 应用举例

视频 8.4 应用举例–1–照片上色

视频 8.4 应用举例–2–给风光片调出层次感

【**案例 1**】照片的上色处理。对图 1-8-32 所示的黑白照片进行上色处理，上色后的最终效果如图 1-8-33 所示。

【设计思路】首先利用“色相 / 饱和度”和“色彩平衡”对背景部分的色彩进行调整，再利用“色彩平衡”对人物的头部、手部及台布的色彩进行调整，最后利用“色彩平衡”和“照片滤镜”对衣服和嘴唇部分的色彩进行调整。

【设计目标】掌握“色相 / 饱和度”“色彩平衡”“照片滤镜”等的使用。

【操作步骤】

（1）选择“文件”→“打开”命令，打开图 1-8-32 所示的“黑白照片”文件。

（2）使用工具箱中的快速选择工具和魔棒工具，选取背景部分，如图 1-8-34 所示。

图 1-8-32　黑白照片

图 1-8-33　处理后的照片效果

图 1-8-34　选取人物图像

图1-8-33 彩图

（3）在“色板”面板中设置前景色为“20% 灰”，按【Shift+F5】组合键，打开“填充”对话框，设置使用“前景色”填充，单击“确定”按钮。

（4）选择“图像”→“调整”→“色相 / 饱和度”命令，进行如图 1-8-35 所示的设置，单击“确定”按钮。

（5）选择“图像”→“调整”→“色彩平衡”命令，并进行如图 1-8-36 所示的设置，单击“确定”按钮。效果如图 1-8-37 所示。按【Ctrl+D】组合键取消选区。

图1-8-37
彩图

图 1-8-35 “色相 / 饱和度”对话框

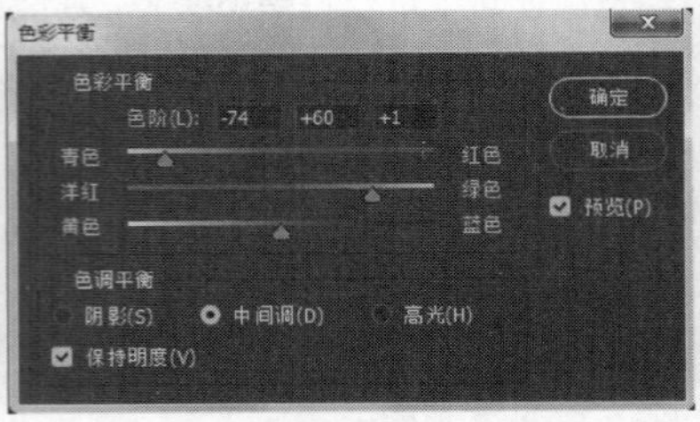

图 1-8-36 “色彩平衡”对话框

图 1-8-37 背景上色

（6）选择工具箱中的快速选择工具和魔棒工具，选取图像中人物的头部和手部，如图 1-8-38 所示。选择“图像”→“调整”→“色彩平衡”命令，并进行如图 1-8-39 所示的设置，单击“确定”按钮。效果如图 1-8-40 所示。按【Ctrl+D】组合键取消选区。

图1-8-40
彩图

图 1-8-38 选取头部和手部

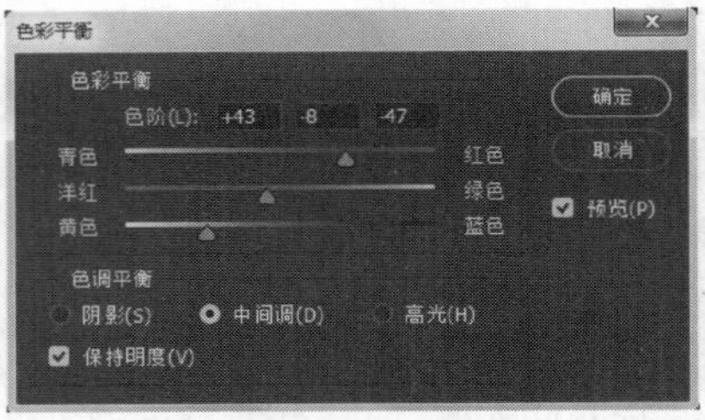

图 1-8-39 头部和手部色彩平衡设置

图 1-8-40 头部和手部上色

（7）选择工具箱中的快速选择工具，选取图像中人物下方的“台布”，如图 1-8-41 所示。

（8）选择“图像”→“调整”→“色彩平衡”命令，并进行如图 1-8-42 所示的设置，单击“确定”按钮。效果如图 1-8-43 所示。按【Ctrl+D】组合键取消选区。

图1-8-43
彩图

图 1-8-41 选取“台布”

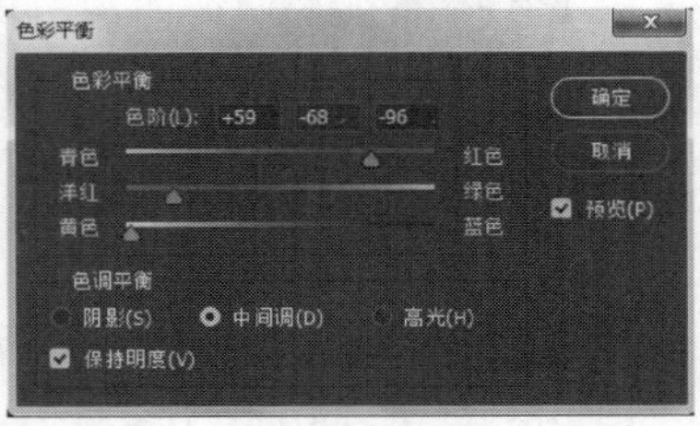

图 1-8-42 台布色彩平衡设置

图 1-8-43 台布上色

（9）利用快速选择工具选取人物的黑色衣服部分，选择“图像”→“调整”→“色彩平衡”命令，并进行如图 1-8-44 所示的设置，单击“确定”按钮。按【Ctrl+D】组合键取消选区。效果如图 1-8-45 所示。

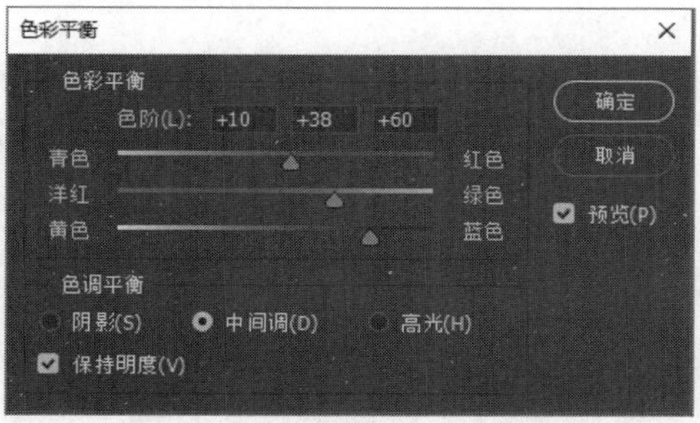

图 1-8-44　衣服色彩平衡设置

图 1-8-45　衣服上色

图1-8-45
彩图

（10）利用快速选择工具选择人物中的嘴唇部分，选择“图像”→“调整”→“色彩平衡”对话框，进行如图 1-8-46 所示的设置，单击“确定”按钮。效果如图 1-8-47 所示。按【Ctrl+D】组合键取消选区。

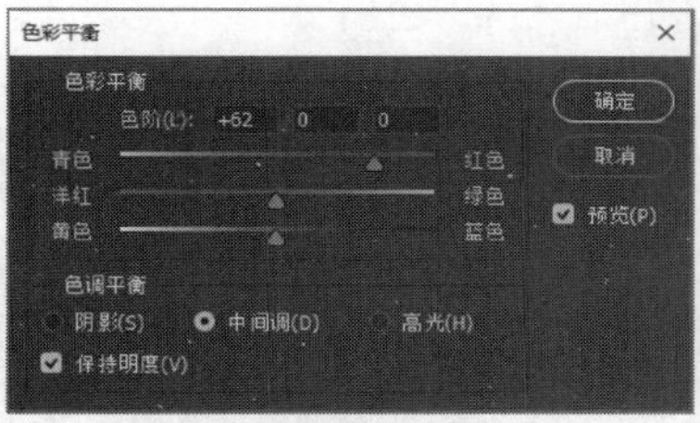

图 1-8-46　嘴唇色彩平衡设置

图 1-8-47　嘴唇上色

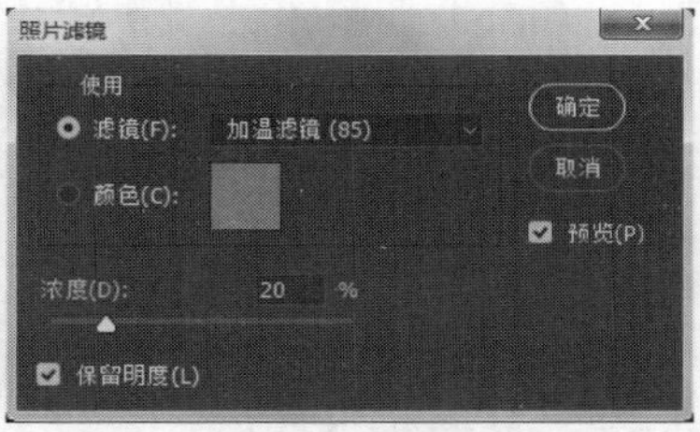

图 1-8-48　“照片滤镜”对话框

图1-8-47
彩图

（11）此时，基本完成了照片的上色操作，但画面偏向青色，不是很自然，所以需对整个画面的色调进行调整。取消任何选区，选择“图像”→“调整”→“照片滤镜”命令，进行如图 1-8-48 所示的参数设置。最终效果如图 1-8-33 所示。

【案例 2】给风光片调出层次感。效果如图 1-8-49 所示。

图 1-8-49　层次风光片

图1-8-49
彩图

【设计思路】本实例虽然使用的是“色阶”调整图层，但也属于图像色彩 / 色调调整。首先利用“色阶”调整图层对阳光区的色调进行调整，再利用“色阶”调整图层对天空的色调进行调整，最后利用“色阶”调整图层对地面的色调进行调整。

【设计目标】通过本案例，掌握“色阶”调整图层以及图层蒙版等的使用。

【操作步骤】

（1）打开“风光图.jpg”图像文件，在图层面板中把“背景”图层拖到“创建新图层”按钮上，复制一个“背景 拷贝”图层；设置图层模式为“柔光”后加蒙版将上部天空和下部擦去，只保留中间光区（柔光模式提高了光区的反差），如图 1-8-50 所示。

图1-8-50
彩图

图 1-8-50　柔光效果

（2）按住【Ctrl】键，单击“背景 拷贝”图层中图层蒙版缩略图载入选区，在图层面板单击“创建新的填充或调整图层”按钮，创建“色阶”调整图层，并命名为“色阶 调整阳光区”；色阶处理阳光区，继续加大反差并提高色彩饱和度，如图 1-8-51 所示。

图1-8-51
彩图

图 1-8-51　“色阶 调整阳光区”图层

（3）按住【Ctrl】键，单击“背景 拷贝”图层中图层蒙版缩略图载入选区，按【Shift+Ctrl+I】组合键反选选区；利用矩形选框工具的“从选区中减去”模式减去天空以外部分，再次创建“色阶”调整图层（与上述操作相同），并命名为“色阶 压暗天空”；色阶处理天空，使天空变暗，如图 1-8-52 所示。

图1-8-52
彩图

图 1-8-52　“色阶 压暗天空”图层

（4）按住【Ctrl】键，单击“色阶 压暗天空”图层中图层蒙版缩略图载入选区，再次创建“色阶”调整图层（与上述操作相同），并命名为“色阶 调出红色天空”；色阶处理天空，调出红色天空，如图 1-8-53 所示。

图 1-8-53　“色阶 调出红色天空”图层

图1-8-53
彩图

（5）按住【Ctrl】键，单击“背景 拷贝”图层中图层蒙版缩略图载入选区，按【Shift+Ctrl+I】组合键反选选区；利用矩形选框工具的“从选区中减去”模式减去地面以外部分，再次创建“色阶”调整图层（与上述操作相同），并命名为“色阶 压暗地面”；色阶处理地面，使地面变暗，如图 1-8-54 所示。

图 1-8-54　“色阶 压暗地面”图层 1

图1-8-54
彩图

（6）选择“色阶 压暗地面”图层，在属性中选择“蓝”通道，使地面变为微蓝，如图 1-8-55 所示。

图 1-8-55　“色阶 压暗地面”图层 2

图1-8-55
彩图

第 9 章

滤镜的使用

学习目标

◎了解各种滤镜的功能。

◎能使用常用滤镜对图像进行各种特效处理。

学习重点

◎各种滤镜的作用及使用步骤。

◎运用滤镜效果制作各种有创意的美术图片。

滤镜，即摄影过程中的一种光学处理镜头。为了使图像产生特殊的效果，使用这种光学镜头过滤掉部分光线中的元素，从而改进图像的显示效果。

Photoshop 中的滤镜同样可以达到上述效果，而且还能通过不同方式改变像素数据，对图像进行抽象、艺术化的特殊处理，产生比实际生活中的滤镜更多的图像处理效果。本章主要介绍 Photoshop 中各种滤镜的作用及参数的设置，并通过实例展示各种滤镜的特殊效果。

9.1 滤 镜 概 述

Photoshop 中的滤镜可分为两种类型，分别是内置滤镜（自带滤镜）和外挂滤镜（第三方滤镜）。Photoshop 中共提供了 100 多种内置滤镜，"滤镜"菜单包括了 Photoshop 中的全部滤镜，如图 1-9-1 所示。其中"滤镜库""液化"和"消失点"滤镜等是特殊的滤镜，它们被单独列出，而其他滤镜按照不同的处理效果主要分为 11 类，被放置在不同类别的滤镜组中。

9.1.1 滤镜的基础操作

使用滤镜处理图像时，只需选择"滤镜"菜单中的滤镜命令即可执行相应的滤镜功能。有些滤镜选择后直接执行，有些滤镜则会打开对话框，如图 1-9-2 所示，要求用户设置参数以控制滤镜的效果。

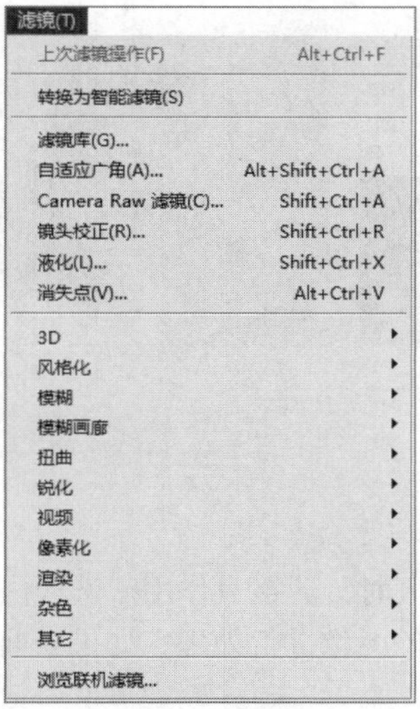

图 1-9-1　“滤镜”菜单

图 1-9-2　“高斯模糊”对话框

（1）在图 1-9-2 所示的滤镜对话框中单击按钮，或按住【Ctrl】键并单击预览框，可将预览区图像的显示比例放大一倍；单击按钮，或按住【Alt】键并单击预览框，则可将预览区图像的显示比例缩小一半。

（2）将鼠标指针移动到预览框中，会变成抓手工具，此时按下鼠标拖动可以移动预览框中的图像。

（3）将鼠标指针移动到图像上时，会显示为一个方框状，此时单击，预览框中心位置会显示该处的图像，如图 1-9-3 所示。

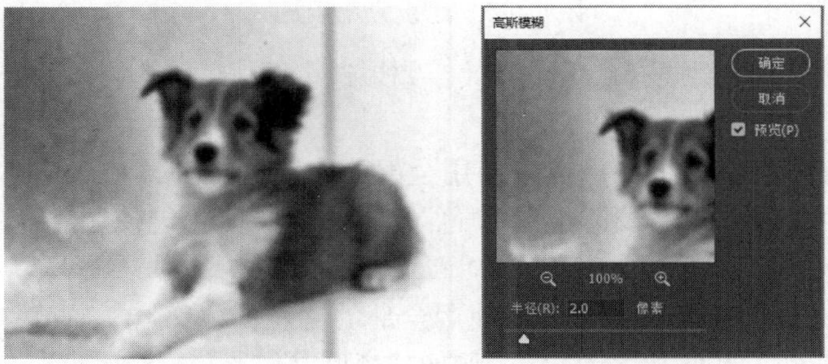

图 1-9-3　预览框

（4）在任意一个滤镜对话框中，按住【Alt】键时，对话框中的“取消”按钮都会变成“复位”按钮，单击“复位”按钮可将滤镜的参数设置恢复为初始默认设置。

（5）单击“确定”按钮可以应用滤镜，单击“取消”按钮则取消操作，并关闭对话框。

（6）当使用较为复杂的滤镜时，执行过程需要很长时间，如果在执行滤镜的过程中，希望在完成处理前停止滤镜的应用，可按【Esc】键终止滤镜的执行。

（7）当执行完一个滤镜命令后，选择“编辑”→“渐隐”命令或按【Shift+Ctrl+F】组合键，在打开的“渐隐”对话框中通过调整不透明度和混合模式可将滤镜效果与原图像混合，如图 1-9-4 所示。

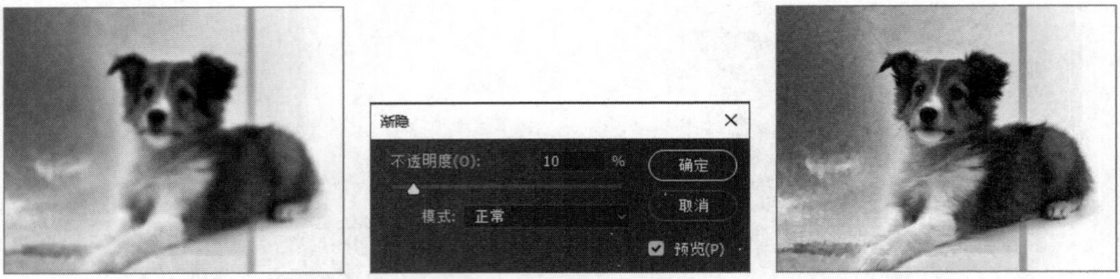

图 1-9-4　渐隐前后效果对比

9.1.2　滤镜使用规则

在使用滤镜命令处理图像时，必须遵守以下操作规则：

（1）滤镜只对当前图层或选区有效。图像上创建了选区时，滤镜只作用于选区内的图像，如图 1-9-5 所示。没有创建选区时，滤镜则只对当前图层中的图像进行处理；如果当前选择的是一个通道，滤镜只对该通道进行处理。

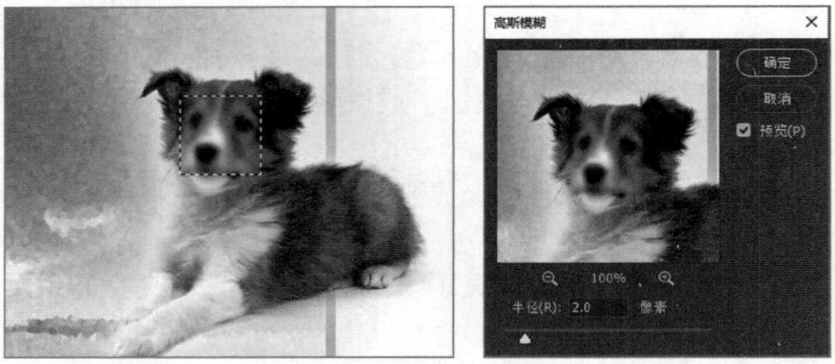

图 1-9-5　滤镜应用于选区

（2）滤镜只对可见图层或有色区域有效。如果选中图层的状态为隐藏，或选中区域为透明区域，则不能执行滤镜命令。

（3）“RGB 颜色”模式的图像可以使用全部的滤镜，“CMYK 颜色”模式的图像只能使用部分滤镜。而“索引颜色”模式和“位图颜色”模式的图像则不能使用滤镜，只有转化成“RGB 颜色”模式后才能使用。

（4）“8 位 / 通道”模式的图像可以使用全部的滤镜；“16 位 / 通道”模式的图像和“32 位 / 通道”模式的图像只能使用部分滤镜，例如“高反差保留”“最大值”“最小值”以及“位移”滤镜等。

9.2　滤 镜 效 果

滤镜可用来实现图像的各种特殊效果，在 Photoshop 中具有非常神奇的作用。本节主要讲述了各种内置滤镜的效果。

9.2.1　3D 类滤镜

3D 类滤镜对图像的部分区域做三维立体变形，产生三维效果。3D 类滤镜的典型应用是将图案附着在特定形状的物体上，包括立方体、球体和圆柱体等。对于圆柱体来说，还可以通过添加节点来改变其外形。3D 类滤镜包括生成凹凸图和生成法线图。

图 1-9-6 所示是“生成凹凸图”对话框。

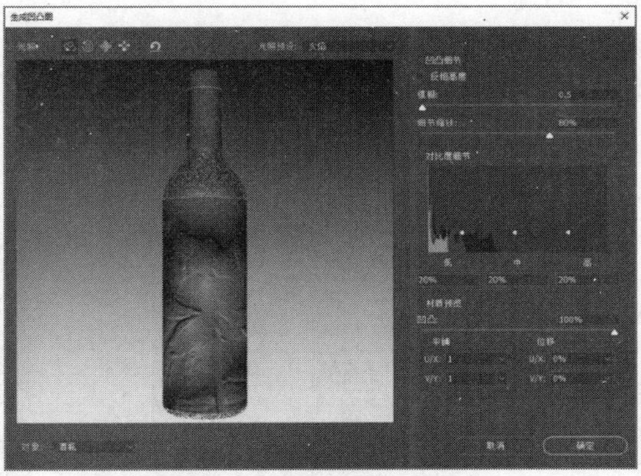

图 1-9-6　“生成凹凸图”对话框

9.2.2　风格化类滤镜

风格化类滤镜的作用是通过强化图像的色彩边界，提高图像中的对比度，创建生成绘画或印象派的效果。

风格化类滤镜包括查找边缘、等高线、风、浮雕效果、扩散、拼贴、曝光过度、凸出、油画九种滤镜。

“浮雕效果”滤镜的作用是将选区的颜色转化为灰色，然后生成凸出的浮雕效果。对比度越大，浮雕的效果越明显。

视 频

例9.1 浮雕效果

【例 9.1】对图像素材“小狗 2.jpg”应用“浮雕效果”滤镜，效果如图 1-9-7 所示。

具体操作步骤如下：

（1）启动 Photoshop，选择“文件”→“打开”命令或按【Ctrl+O】组合键，打开图像素材“小狗 2.jpg”，如图 1-9-8 所示。

（2）选择“滤镜”→“风格化”→“浮雕效果”命令，打开“浮雕效果”对话框，如图 1-9-9 所示。

（3）在“浮雕效果”的对话框中，进行参数设置。拖动“角度”圆盘上的指针设置光源照射的角度，拖动“高度”滑块设置浮雕的凹凸程度，拖动“数量”滑块设置凸出图像的色值来突出图像的细节，单击“确定”按钮产生图 1-9-7 所示的效果。

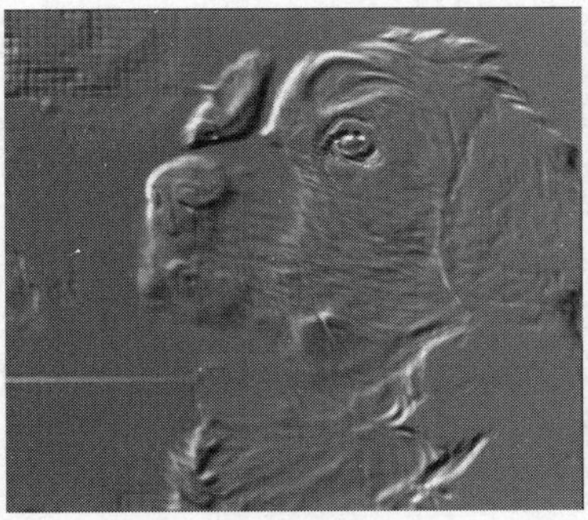

图 1-9-7　“浮雕效果”效果图

图 1-9-8　小狗 2

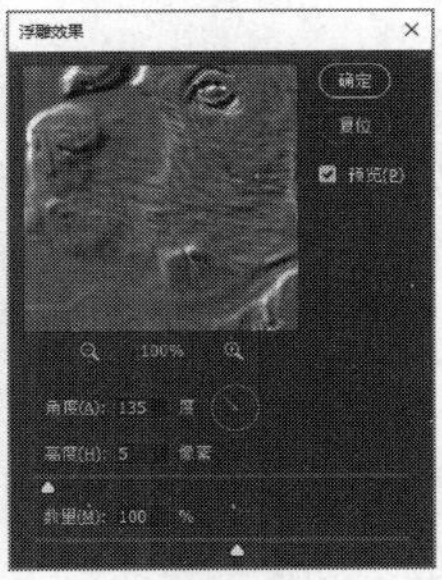

图 1-9-9　“浮雕效果”对话框

“查找边缘”滤镜的作用是用黑色线条在白色背景上勾画图像的边缘，得到图像的大致轮廓。

视 频

例9.2 返璞归真

【例 9.2】对图像素材“小狗 3.jpg”应用风格化类滤镜制作返璞归真效果，效果如图 1-9-10 所示。

具体操作步骤如下：

（1）启动 Photoshop，选择“文件”→“打开”命令或按【Ctrl+O】组合键，打开图像素材“小狗 3.jpg”，如图 1-9-11 所示。

（2）选择“图像”→“调整”→“去色”命令，效果如图 1-9-12 所示。

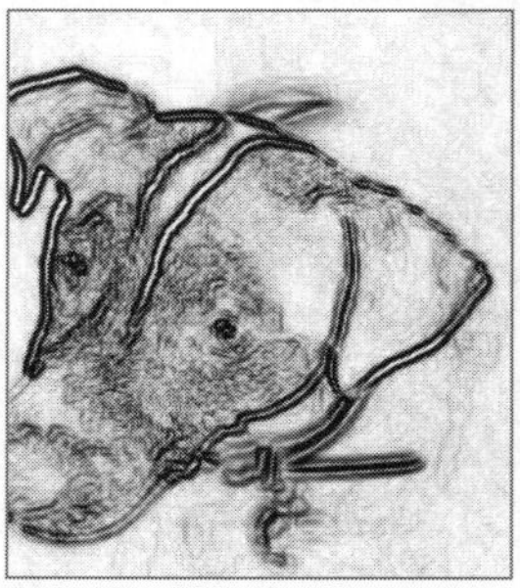

图 1-9-10 “返璞归真”效果图

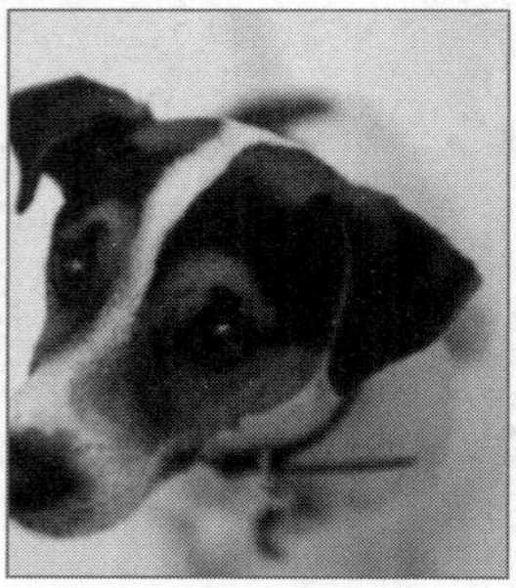

图 1-9-11 小狗 3

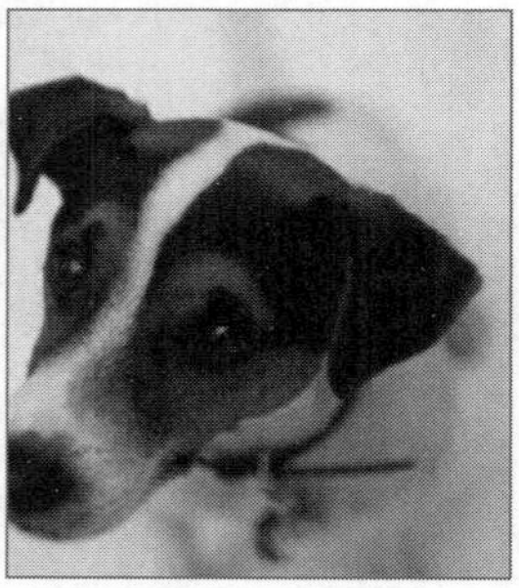

图 1-9-12 去色效果

（3）选择“图像”→“调整”→“亮度 / 对比度”命令，在打开的“亮度 / 对比度”对话框中，设置图像对比度为“+30”，单击“确定”按钮，效果如图 1-9-13 所示。

（4）选择“滤镜”→“风格化”→“浮雕效果”命令，在打开的“浮雕效果”对话框中设置高度为 5 像素，其他保持默认设置，单击“确定”按钮，效果如图 1-9-14 所示。

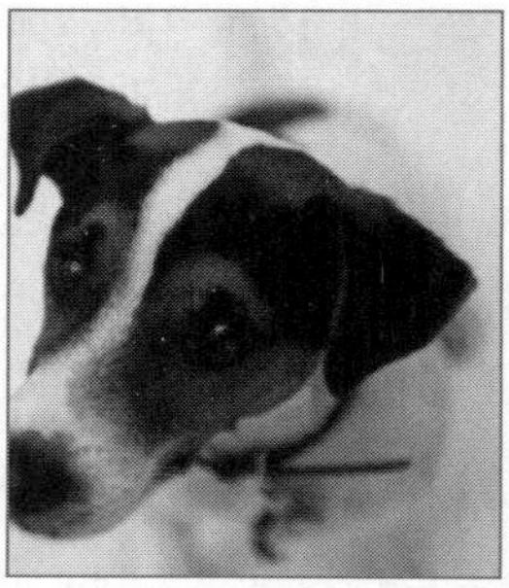

图 1-9-13 增加对比度

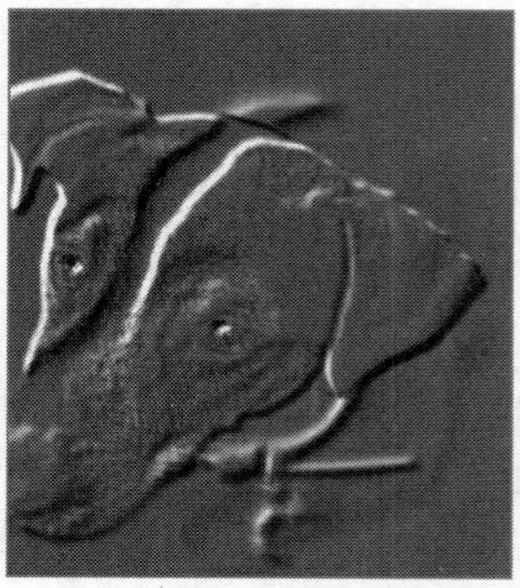

图 1-9-14 浮雕效果

（5）选择“滤镜”→“风格化”→“查找边缘”命令，产生“返璞归真”效果，如图 1-9-10 所示。

9.2.3 模糊类滤镜

模糊类滤镜的作用是降低图像的清晰度，淡化、柔和图像中不同色彩的边界，使图像看起来更朦胧，达到掩盖图像的缺陷或创建出特殊效果的目的。

模糊类滤镜包括表面模糊、动感模糊、方框模糊、高斯模糊、进一步模糊、径向模糊、镜头模糊、模糊、平均模糊、特殊模糊、形状模糊 11 种滤镜。

“动感模糊”滤镜的作用是将图像沿着指定的方向，以指定的强度进行模糊。例如，对图像素材“盛开 .jpg”应用“动感模糊”滤镜，效果如图 1-9-15 所示。

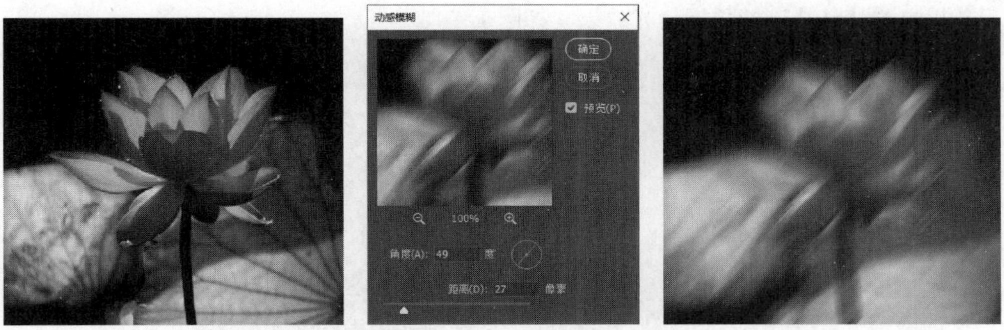

图 1-9-15　“动感模糊”效果

“高斯模糊”滤镜的作用是通过对模糊半径的设置来快速模糊选中的图像部分，产生一种朦胧的效果。对图像素材“盛开 .jpg”应用“高斯模糊”滤镜后的效果如图 1-9-16 所示。

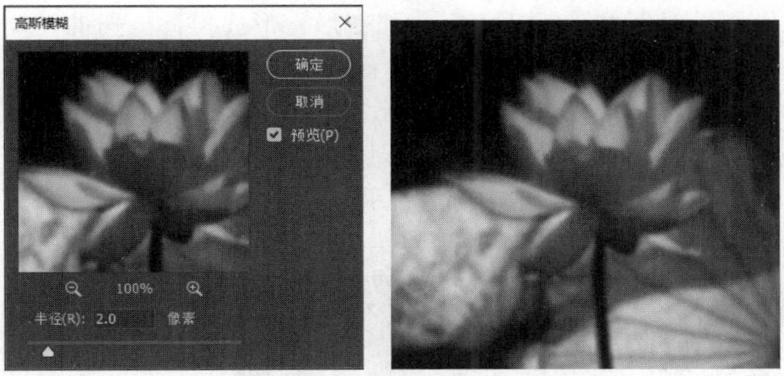

图 1-9-16　“高斯模糊”效果

9.2.4　模糊画廊类滤镜

使用模糊画廊，可以通过直观的图像控件快速创建截然不同的照片模糊效果。每个模糊工具都提供直观的图像控件来应用和控制模糊效果。完成模糊调整后，可以使用散景控件设置整体模糊效果的样式。Photoshop 可在使用模糊画廊效果时提供完全尺寸的实时预览。

模糊画廊类滤镜包括场景模糊、光圈模糊、移轴模糊、路径模糊、旋转模糊五种滤镜。

移轴模糊可以让图片达到近景清楚然后慢慢向远处模糊的效果，如图 1-9-17 所示。

图 1-9-17　“移轴模糊”效果

径向模糊能达到旋转模糊的效果，但只能说是部分达到。旋转模糊工具显然要精确得多。把它与路径模糊工具结合使用，就可以实现类似于凡 • 高的名作《星空》的效果。同样的也可以实现拍摄星星移动轨迹的长期曝光效果，如图 1-9-18 所示。

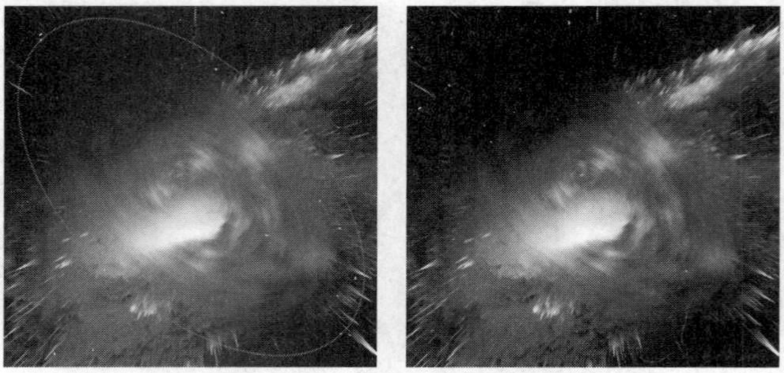

图 1-9-18　“旋转模糊”效果

9.2.5　扭曲类滤镜

扭曲类滤镜的作用是对图像进行几何扭曲和变形，形成拉伸、扭曲、模拟水波、模拟火光等变形效果。

扭曲类滤镜包括波浪、波纹、极坐标、挤压、切变、球面化、水波、旋转扭曲、置换九种滤镜。

“切变”滤镜的作用是使图像按照一条曲线的设置扭曲变形。例如，对图像素材“企鹅群 .jpg”应用“切变”滤镜，效果如图 1-9-19 所示。

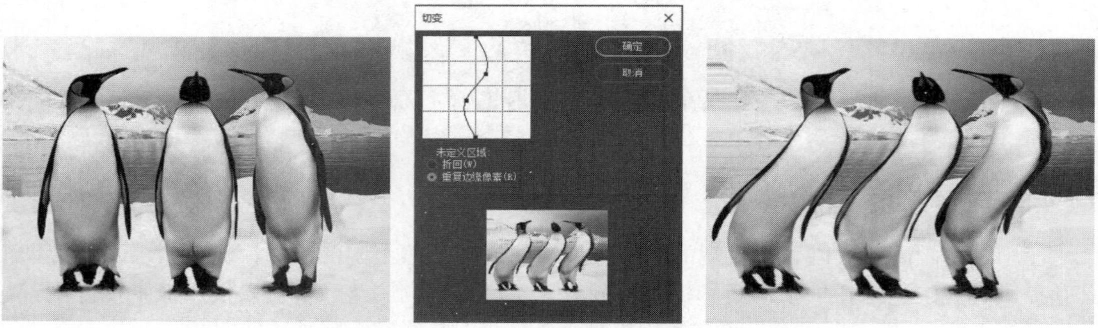

图 1-9-19　“切变”效果

“旋转扭曲”滤镜的作用是以中心点来旋转扭曲图像，产生一种漩涡的效果。

视频

例9.3 起伏的麦浪

【例 9.3】对图像素材“麦田 .jpg”应用扭曲类滤镜制作起伏的麦浪效果，效果如图 1-9-20 所示。

具体操作步骤如下：

（1）启动 Photoshop，选择“文件”→“打开”命令或按【Ctrl+O】组合键，打开图像素材“麦田 .jpg”。

（2）在图层面板的“背景”图层上双击，将其转化为普通图层“图层 0”。按下鼠标拖动“图层 0”到图层面板右下角的“创建新图层”按钮上，产生“图层 0 副本”。选择快速选择工具，在图像上按下鼠标拖动，在天空区域产生选区，如图 1-9-21 所示。

（3）按【Delete】键删除所选区域，按【Ctrl+D】组合键取消选区。将“图层 0”的状态设置为隐藏，选择“滤镜”→“扭曲”→“旋转扭曲”命令，打开“旋转扭曲”面板，拖动“角度”滑块设置旋转的角度，如图 1-9-22 所示。

（4）单击“确定”按钮，设置“图层 0”的状态为显示，起伏的麦浪效果完成，如

图 1-9-20 所示。

图 1-9-20　起伏的麦浪

图 1-9-21　建立选区

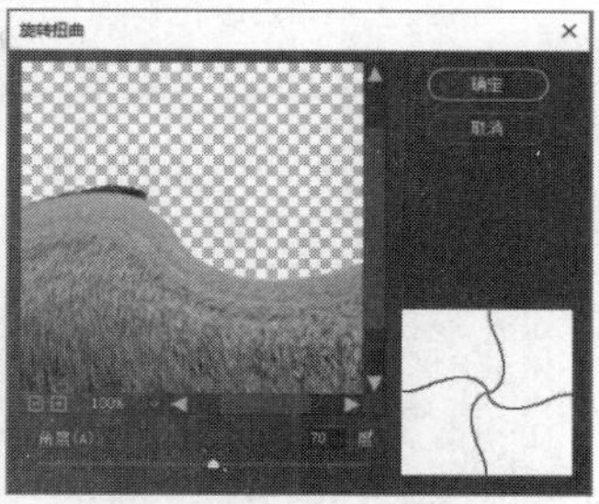

图 1-9-22　“旋转扭曲”对话框

9.2.6　锐化类滤镜

锐化类滤镜的作用是通过增加相邻像素间的对比度来使模糊图像变清晰。

锐化类滤镜包括 USM 锐化、防抖、进一步锐化、锐化、锐化边缘、智能锐化六种滤镜。

“USM 锐化”滤镜的作用是调整图像边缘细节的对比度来提高图像整体的清晰度。使用“USM 锐化”滤镜时，当两种不同颜色相交，不改变颜色本身，而只将其相交线变得清楚一些，即可提高图像清晰度。例如，对图像素材“别墅 .jpg”应用“USM 锐化”滤镜，效果如图 1-9-23 所示。

图 1-9-23　“USM 锐化”效果

9.2.7　视频类滤镜

视频类滤镜属于 Photoshop 的外部接口程序，用来从摄像机输入图像或将图像输出到录像带上，实现视频图像与普通图像的互相转化。视频类滤镜包括 NTSC 颜色、逐行两种滤镜。

（1）NTSC 是一种国际通用的电视颜色制式。“NTSC 颜色”滤镜的作用是在将计算机图像转换为视频图像时，将图像的色域限制在电视机可接受的范围内，以防止过饱和的颜色渗过电视的扫描线引起电视机无法准确地重现图像。

（2）“逐行”滤镜的作用是消除视频图像中的奇数或偶数的隔行线，使在视频上捕捉的运动图像变得平滑。

9.2.8　像素化类滤镜

像素化类滤镜的作用是将图像像素进行分块化处理。将图像中色彩相近或相邻的像素聚集起来进行分块，形成彩块、点状或马赛克等特殊效果，使图像看起来像是由许多晶格组成。

像素化类滤镜包括彩块化、彩色半调、点状化、晶格化、马赛克、碎片、铜板雕刻七种滤镜。

“马赛克”滤镜的作用是将图像像素结成方块，块内的像素颜色相同，块颜色代表选区的颜色。例如，利用“马赛克”滤镜制作“保护肖像权”效果，如图 1-9-24 所示。

图 1-9-24 “马赛克”效果图

9.2.9 渲染类滤镜

渲染类滤镜的作用是使图像产生照明、三维映射云彩，以及特殊的纹理效果。

渲染类滤镜包括火焰、图片框、树、分层云彩、光照效果、镜头光晕、纤维、云彩八种滤镜。

“光照效果”滤镜的作用是模拟光源照射在图像上的效果。它包括 17 种光照样式、3 种光照类型和四套光照属性。

视频

例9.4 倒霉的采花大盗

【例 9.4】利用“光照效果”滤镜制作“倒霉的采花大盗”效果，效果如图 1-9-25 所示。

具体操作步骤如下：

（1）启动 Photoshop，选择“文件”→“打开”命令或按【Ctrl+O】组合键，打开图像素材“采花 .jpg”，如图 1-9-26 所示。

（2）选择“图像”→“调整”→“去色”命令，效果如图 1-9-27 所示。

图 1-9-25 “倒霉的采花大盗”效果

图 1-9-26 采花

图 1-9-27 去色效果

（3）选择“滤镜”→“风格化”→“查找边缘”命令，效果如图 1-9-28 所示。

（4）选择“滤镜”→“渲染”→“光照效果”命令，打开“光照效果”属性和工具属性栏，在工具属性栏中选择“三处点光”，如图 1-9-29 所示。

（5）在图 1-9-29 所示的对话框中，进行参数设置。在“光照类型”下拉列表中选择光源，Photoshop 提供了点光、聚光灯和无限光三种光源，“点光”投射的是一束圆形的光柱；“聚光灯”是远处照射光，均匀地投射在整个图像上；“无限光”是从正上方向直射，投射成圆形光圈。拖动“强度”滑块调节灯光的亮度；拖动“聚光”滑块调节灯光的衰减范围；拖动“光泽”滑块设置图像表面反射光线的多少；在“纹理”下拉列表中选择要创建凹凸效果的通道，可以是 Alpha 通道或红、绿、蓝通道。

图 1-9-28　“查找边缘”效果

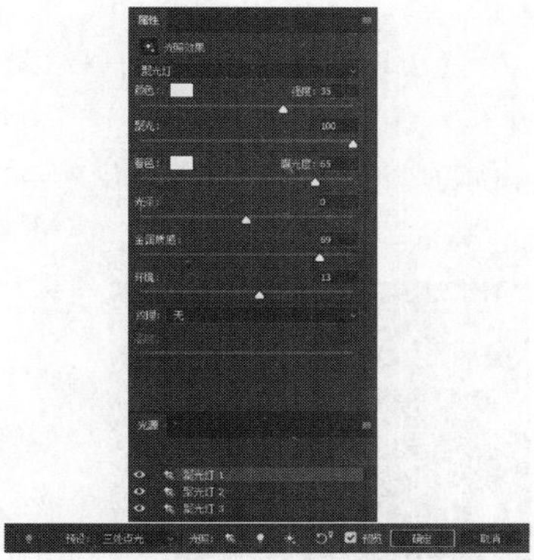

图 1-9-29　“光照效果”设置

（6）单击“确定”按钮，“倒霉的采花大盗”效果产生，如图 1-9-25 所示。

9.2.10　杂色类滤镜

杂色类滤镜的作用是为图像添加或去除杂色以及带有随机分布色阶的像素。增加杂色可以将图像的一部分更好地融合于周围的背景中；去除图像中不必要的杂色可以提高图像的质量。

杂色类滤镜包括中间值、去斑、添加杂色、减少杂色、蒙尘与划痕五种滤镜。

“添加杂色”滤镜的作用是在图像中添加随机分布的杂点，使图像有一些沙石质感的效果。

【例 9.5】对图像素材“小女孩 .jpg”应用“添加杂色”滤镜，效果如图 1-9-30 所示。

具体操作步骤如下：

（1）启动 Photoshop，选择“文件”→“打开”命令或按【Ctrl+O】组合键，打开图像素材“小女孩 .jpg”，如图 1-9-31 所示。

（2）选择“滤镜”→“杂色”→“添加杂色”命令，打开“添加杂色”对话框，如图 1-9-32 所示。

（3）在图 1-9-32 所示的对话框中，进行参数设置。拖动“数量”滑块设置添加杂色的数量；选择“平均分布”可随机分布杂点；选择“高斯分布”可根据高斯曲线分布杂点；选中“单色”设置添加的杂色只影响图像的色调，而不会改变图像的颜色。

视频

例9.5 小女孩添加杂色

（4）单击“确定”按钮，“原始的影像”效果产生，如图 1-9-30 所示。

图 1-9-30　“添加杂色”效果

图 1-9-31　小女孩

图 1-9-32　“添加杂色”对话框

视频

例9.6 礼花绽放

【例 9.6】制作礼花绽放效果，效果如图 1-9-40 所示。

具体操作步骤：

（1）新建一个 15 cm × 15 cm、72 ppi 分辨率、RGB 颜色模式、黑色背景内容的新文档。

（2）选择“滤镜”→“杂色”→“添加杂色”命令，打开“添加杂色”对话框，如图 1-9-33 所示。

（3）选择“滤镜”→“像素化”→“晶格化”命令，打开“晶格化”对话框，如图 1-9-34 所示。

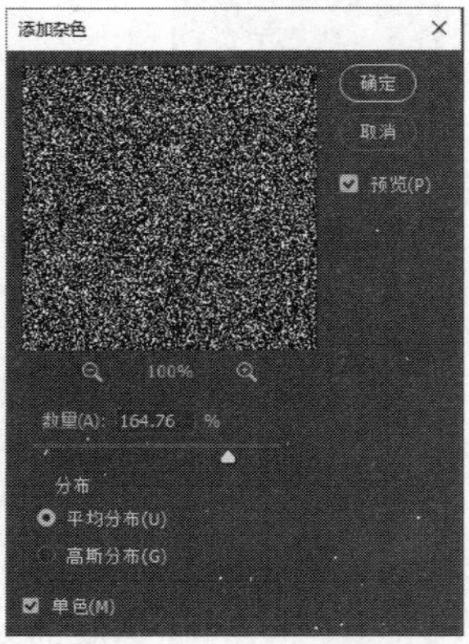

图 1-9-33 “添加杂色”对话框

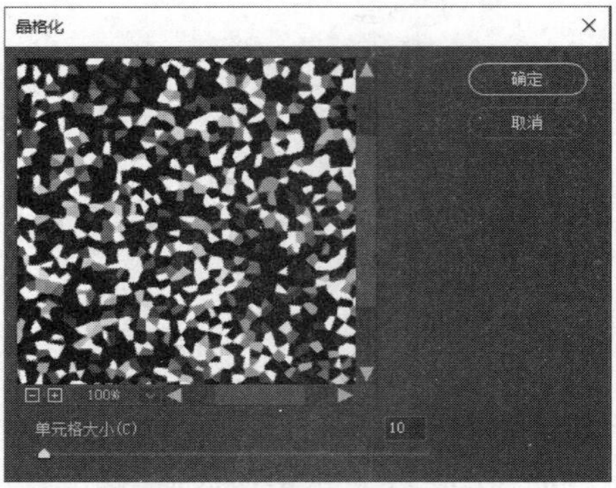

图 1-9-34 “晶格化”对话框

（4）选择“图像”→“调整”→“阈值”命令，打开“阈值”对话框，如图 1-9-35 所示。

（5）选择“滤镜”→“扭曲”→“极坐标”命令，设置“极坐标到平面坐标”，如图 1-9-36 所示。

（6）选择“图像”→“图像旋转”→“90 度逆时针”命令；再选择“滤镜”→“风格化”→“风”命令，在打开的“风”对话框中，设置方法“风”，方向“从右”，按【Alt+Ctrl+F】组合键，可以多执行几次风滤镜（此例再执行一次即可），效果如图 1-9-37 所示；选择“图像”→“图像旋转”→“90 度顺时针”命令。

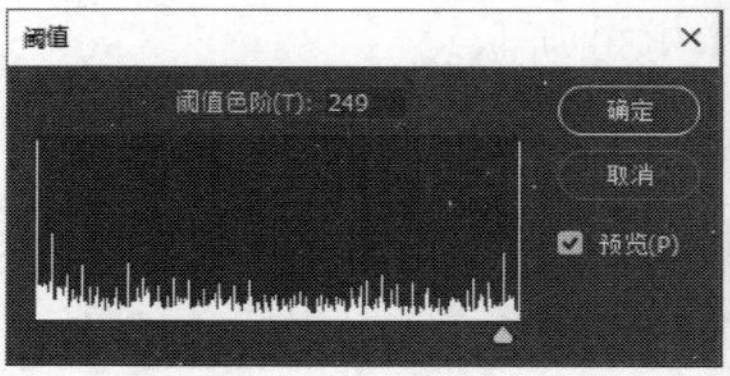

图 1-9-35 “阈值”对话框

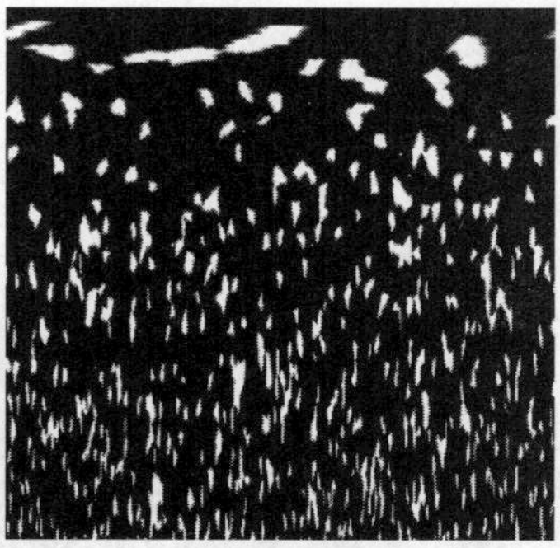

图 1-9-36 “极坐标”滤镜效果

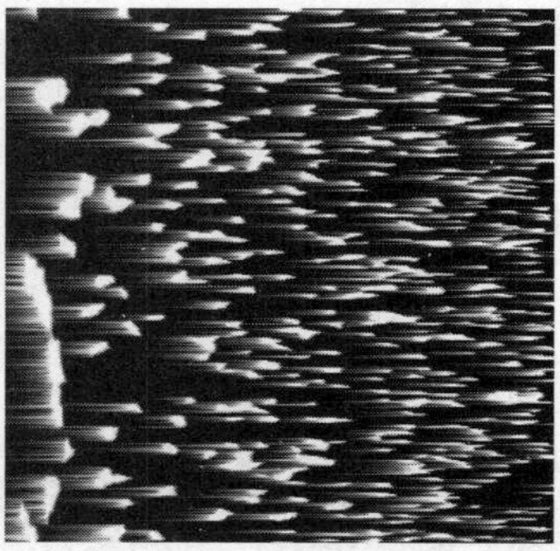

图 1-9-37 “风”滤镜效果

（7）选择“滤镜”→“扭曲”→“极坐标”命令，设置“平面坐标到极坐标”，效果如图 1-9-38 所示。

（8）选择“渐变工具”，选择七彩的“色谱”（可以在“颜色”面板或“色板”面板中的“旧版色板”中设置），设为“径向渐变”，模式为“颜色”，在“背景”图层上，由中心向外拖动，如图 1-9-39 所示。

（9）选择“滤镜”→“扭曲”→“球面化”命令，设置数量“25%”，效果如图 1-9-40 所示。

图 1-9-38　“极坐标”效果

图 1-9-39　“色谱”效果

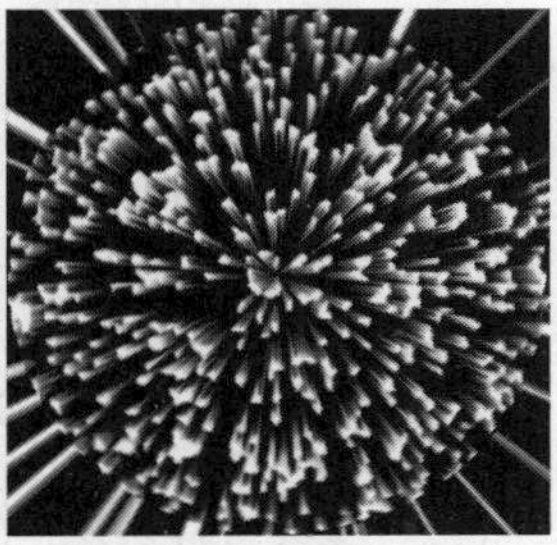

图 1-9-40　“球面化”效果

图1-9-39
彩图

图1-9-40
彩图

9.2.11　其他滤镜

其他滤镜是一组单独的不适合分类的滤镜。其他滤镜包括位移、最大值、最小值、自定、高反差保留五种滤镜。

“自定”滤镜的作用是用户通过自己设置对话框中的数值来更改图像中每个像素的亮度值，从而模拟出锐化、模糊或浮雕的效果，如图 1-9-41 所示。

在图 1-9-41 所示的“自定”对话框中，在中心文本框输入当前像素亮度增加的倍数，在周围相邻文本框输入数值，即可控制与中心文本框中表示的相邻像素的亮度，Photoshop 将相邻像素的亮度值与这个数值相乘。在“缩放”文本框中设置亮度值总和的除数（用该值去除计算中包括像素的亮度总和），在“位移”文本框中输入与缩放计算结果相加的值。

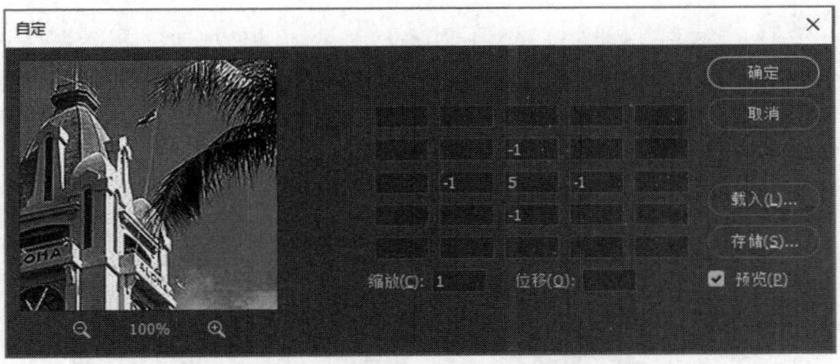

图 1-9-41　“自定”对话框

当中心文本框的数值为正值，周围相邻文本框的数值也为正值，并在“缩放”文本框中填入所有数值之和，即可创建模糊滤镜的效果。

当中心文本框周围相邻文本框的数值正负平衡时，即可创建浮雕滤镜的效果，正值和负值的位置可决定光线照射的方向。

9.3　特 殊 滤 镜

9.3.1　滤镜库

“滤镜库”是 Photoshop CS 后新增的功能，通过“滤镜库”可以浏览 Photoshop 中常见的滤镜及其对话框。“滤镜库”提供了风格化、画笔描边、扭曲、素描、纹理及艺术效果六组滤镜。

图 1-9-42 “滤镜库”对话框

在图 1-9-42 所示的“滤镜库”对话框中，展开滤镜组，单击滤镜名称即可添加该滤镜，在右边的滤镜参数设置区域可调整其参数，预览区可预览滤镜效果，单击“确定”按钮，该滤镜将应用于图像。

“滤镜库”可以累积应用，并可以多次应用单个滤镜，还可以重新排列滤镜并更改已应用的每个滤镜的参数设置，以实现对同一幅图像应用多个滤镜的叠加的效果。

9.3.2 液化

“液化”滤镜的作用是对图像进行像液体一样的流动变形，如旋转扭曲、收缩、膨胀以及映射等，变形的程度可以随意控制。

（1）在使用“液化”滤镜的时候，可先将受保护的区域冻结起来。在图 1-9-43 所示的工具箱中选择冻结蒙版工具在图像预览区中拖动，红色所覆盖的区域为被保护区（颜色可以在“蒙版颜色”下拉列表中设置）。

图 1-9-43 “液化”对话框

（2）单击冻结区域选项组中的“全部反相”按钮，可将冻结区域与非冻结区域进行转换。单击“无”按钮，可取消所有冻结区域。单击解冻蒙版工具，在图像预览区中涂抹，所涂抹区域将撤销图像的冻结状态。

（3）选择变形工具，在图像预览区中拖动鼠标，则鼠标指针经过区域图像的像素会沿着鼠标指针移动的方向产生扭曲变形。

（4）选择顺时针旋转扭曲工具，在图像预览区中拖动鼠标，则鼠标指针经过区域图像的像素会按顺时针方向旋转。

（5）选择褶皱工具，在图像预览区中单击，鼠标以下图像的像素会向中心移动，产生挤压效果。

（6）选择膨胀工具，在图像预览区中单击，鼠标以下图像的像素会向外移动，产生膨胀效果。

（7）选择左推工具，在图像预览区中拖动鼠标，则鼠标指针经过区域图像的像素会与鼠标指针移动方向垂直移动，产生图像位移的效果。

（8）选择重建工具，在图像预览区中涂抹，可恢复变形的区域。如果要恢复到原始图像，则单击“恢复全部”按钮即可。

9.3.3　消失点

“消失点”滤镜的作用是在保证图像透视角度不变的情况下，对图像的指定平面应用绘画、仿制、复制、粘贴以及变换等编辑操作。利用消失点来修饰、添加或移去平面内容时，结果将更加逼真，因为系统可准确确定这些编辑操作的方向，并且将它们缩放到透视平面。

注意：在使用“消失点”滤镜时，首先要创建一个透视网格，以定义图像的透视关系，然后使用“消失点”对话框的选框工具或图章工具进行透视编辑操作，如图 1-9-44 所示。

图 1-9-44　“消失点”对话框

9.4　应用举例

【案例 1】鲤鱼打挺，如图 1-9-45 所示。

图 1-9-45　“鲤鱼打挺”效果图

【设计思路】本实例首先利用魔棒工具抠图得到鱼的形状；再利用通道得到填充选区；最后利用滤镜功能得到鲤鱼打挺效果。

【设计目标】通过本案例，掌握“玻璃”滤镜、“水波”滤镜、“液化”滤镜和“高斯模糊”滤镜制作鲤鱼打挺的效果。

视频

9.4 应用举例-1-鲤鱼打挺

视频

9.4 应用举例-2-绘制几何图形

视频

9.4 应用举例-3-彩色铅笔效果

【操作步骤】

（1）启动 Photoshop，选择“文件”→“打开”命令或按【Ctrl+O】组合键，打开图像素材“湖光山色 .jpg”，拖动“背景”图层到图层面板下方的“创建新图层”按钮上创建“背景 拷贝”。

（2）打开图像素材“鱼 .jpg”，利用魔棒工具将鱼从背景中抠出，复制到“背景 拷贝”图层上方作为“图层 1”，选择“图像”→“调整”→“去色”命令，按【Ctrl+T】组合键利用自由变换工具调整“鱼”的位置和大小，效果如图 1-9-46 所示。

（3）将“背景”和“背景 拷贝”图层的状态设置为隐藏，按【Ctrl+S】组合键，保存当前文件为“鲤鱼 .psd”，如图 1-9-47 所示。

图 1-9-46 去色

图 1-9-47 隐藏图层

（4）将“图层 1”的状态设置为隐藏，显示“背景 拷贝”图层。选中“背景 拷贝”图层，选择“滤镜”→“滤镜库”命令，选择“扭曲”类下的“玻璃”滤镜，参数设置如图 1-9-48 所示，载入“鲤鱼 .psd”作为纹理。

（5）显示“图层 1”，隐藏“背景 拷贝”图层。选中“图层 1”，切换到通道面板，将“图层 1”的红色通道拖到“创建新通道”按钮上，创建“红 拷贝”通道。在图层面板中，按住【Ctrl】键同时单击“红 拷贝”通道的缩略图，将此通道作为选区载入，按【Shift+Ctrl+I】组合键反选选区，如图 1-9-49 所示。

图 1-9-48 “玻璃”对话框

图 1-9-49 载入选区

（6）保留选区，切换到图层面板，隐藏“图层 1”，显示“背景 拷贝”图层。单击“创建新图层”按钮，在“背景 拷贝”图层上方创建“图层 2”，选择“编辑”→“填充”命令填充白色，效果如图 1-9-50 所示。

（7）按【Ctrl+D】组合键，取消选区；选中“背景 拷贝”图层，选择“滤镜”→“液化”命令，选用合适大小的画笔涂抹模拟出水被往上抽的效果，效果如图 1-9-51 所示。

（8）利用矩形选框工具在“背景 拷贝”图层上拉出一个矩形选框，选择“滤镜”→“扭曲”→“水波”命令，参数设置如图 1-9-52 所示，单击“确定”按钮，效果如图 1-9-53 所示。

图 1-9-50　填充选区

图 1-9-51　“液化”对话框

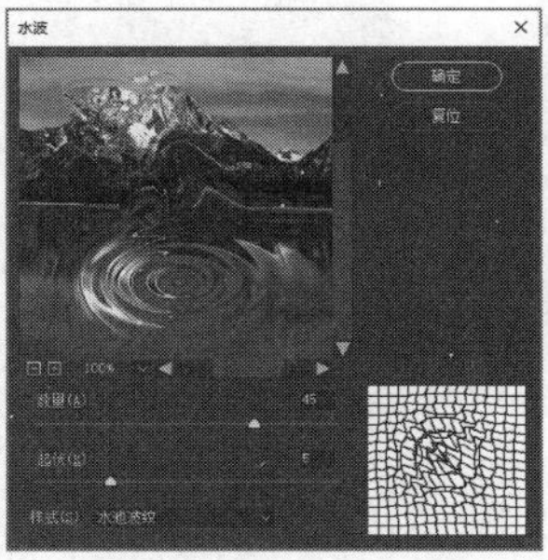

图 1-9-52　“水波”对话框

图 1-9-53　水波效果

（9）选择“滤镜”→“模糊”→“高斯模糊”命令，半径 1 像素，单击“确定”按钮；按【Ctrl+D】组合键，取消选区；把“图层 2”的图层不透明度设置为 35% 左右；“鲤鱼打挺”最终效果如图 1-9-45 所示。

【案例 2】绘制几何图形。效果如图 1-9-54 所示。

【设计思路】本实例首先利用渐变工具得到黑白渐变效果；再利用“波浪”滤镜和“极坐标”滤镜得到花形效果；最后利用“铬黄”描绘边缘，修改图层的混合模式得到彩色的几何图形效果。

【设计目标】通过本案例掌握滤镜的设置方法并了解极坐标滤镜的妙用。

【操作步骤】

（1）新建一个 10 cm × 10 cm、72 ppi 分辨率、RGB 颜色模式、白色背景内容的新文档；按“D”键，设置默认的前景色和背景色，分别为黑色和白色。

（2）选择“渐变工具”，在工具属性栏中选择“前景色到背景色”的渐变，类型“对称渐变”，按住鼠标左键拖动鼠标，从画布中央向中下，绘制一条对称的黑白渐变，如图 1-9-55 所示。

（3）选择“滤镜”→“扭曲”→“波浪”命令，设置波形为正弦，其他参数如图 1-9-56 所示。

图 1-9-54　几何图形

图 1-9-55　黑白渐变

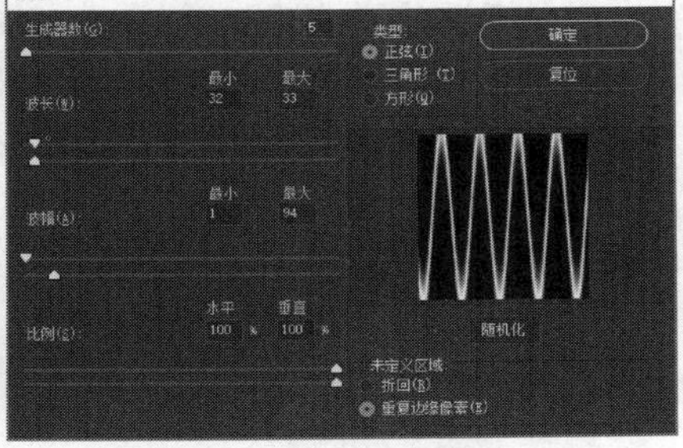

图 1-9-56　波浪滤镜

（4）选择“滤镜”→“扭曲”→“极坐标”命令，设置“平面坐标到极坐标”，效果如图 1-9-57 所示。

（5）选择“滤镜”→“滤镜库”命令，在打开的滤镜库中选择“素描”类下的“铬黄”滤镜，参数默认，效果如图 1-9-58 所示。

（6）新建“图层 1”，利用渐变工具填充个人喜欢的渐变色，本案例用“色谱”（可以在“颜色”面板或“色板”面板中的“旧版色板”中设置），从左上角向右下角拉，如图 1-9-59 所示。

图 1-9-57　极坐标

图 1-9-58　铬黄

图 1-9-59　色谱渐变

（7）在图层面板上，选择“图层 1”的图层混合模式为“颜色”，如图 1-9-54 所示。

【案例 3】添加彩色铅笔背景效果，如图 1-9-60 所示。

图 1-9-60　彩色铅笔效果

【设计思路】本实例首先利用“纹理”类滤镜、“模糊”类滤镜和“画笔描边”类滤镜得到彩色渲染效果；再利用“风格化”类滤镜得到铅笔素描效果；最后修改图层的混合模式得到彩色铅笔效果。

【设计目标】通过本案例，掌握综合利用各种滤镜来实现设计效果。

【操作步骤】

（1）打开“彩色铅笔 - 源 .psd”文件，在图层面板上把“背景”图层拖到“创建新图层”按钮上，连续拖两次，复制 2 层（背景 拷贝、背景 拷贝 2）。

（2）隐藏“背景 拷贝 2”图层，选择“背景 拷贝”图层，选择“滤镜”→“滤镜库”命令，在打开的“滤镜库”对话框中选择“纹理”类滤镜下的“颗粒”。设置参数：强度 25，对比度 40，颗粒类型为喷洒，如图 1-9-61 所示。

（3）选择“滤镜”→“模糊”→“动感模糊”命令。设置参数：角度 40° ，距离 20 px，如图 1-9-62 所示。

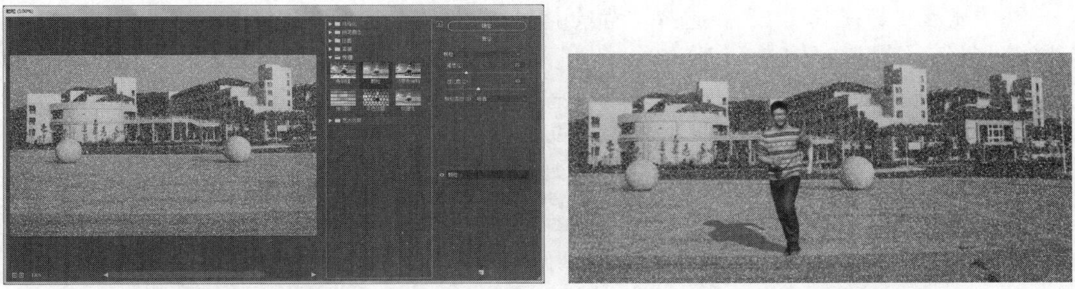

图 1-9-61　颗粒

图 1-9-62　动感模糊

（4）选择“滤镜”→“滤镜库”命令，在打开的“滤镜库”对话框中选择“画笔描边”类滤镜下的“成角的线条”，设置参数：方向平衡 40，描边长度 7，锐化程度 3，如图 1-9-63 所示。

图 1-9-63　成角的线条效果

（5）在图层面板中，将“背景 拷贝”图层的图层混合模式设置为“颜色”，效果如图 1-9-64 所示。

图 1-9-64　图层叠加

（6）显示“背景 拷贝 2”，选择“背景 拷贝 2”图层，选择“滤镜”→“风格化”→“查找边缘”命令，效果如图 1-9-65 所示。

图 1-9-65　查找边缘

（7）选择“图像”→“调整”→“色相 / 饱和度”命令，设置参数：饱和度 −44°，明度 34，如图 1-9-66 所示。

图 1-9-66　色相 / 饱和度

（8）在图层面板中，选择“背景 拷贝 2”图层的图层混合模式设置为“颜色减淡”，效果如图 1-9-67 所示。

图 1-9-67　图层叠加

（9）“人物”图层若也做彩色铅笔效果，也可以采用上述类似方法。

第 10 章

动作与动画

学习目标

◎掌握如何通过“动作”面板播放动作。
◎了解新建动作、编辑、存储和载入动作的方法。
◎掌握 GIF 动画的创建和编辑。
◎掌握动画的存储及导出方法。

学习重点

◎录制与播放动作。
◎创建和编辑 GIF 动画。

在 Photoshop 中使用动作可以简化图像编辑处理的过程，而动作主要用于简化处理图像效果的过程。Photoshop 往往只是被用来制作比如海报、印刷稿等静态图像的，其实它也具备动画制作的能力。在 Photoshop 中去创建一个由多个帧组成的动画，把单一的画面扩展到多个画面；并在这多个画面中营造一种影像上的连续性，令动画成型。本章主要讲解动作和动画的方法和技巧。

10.1 “动作”面板

动作是指单个文件或一批文件上自动播放的一系列任务。也就是可以将用户对一幅图像的多个步骤操作以一个快捷键录制成一个动作，在需要将其他图像或图像选区进行相同操作时，就可以按所设置的该快捷键来进行播放，提高工作效率。

使用动作命令组，只需按设置的快捷键即可自动执行所有存储在其中的命令。动作主要有以下功能：

（1）使用“动作”面板可记录、播放、编辑和删除动作，还可存储载入和替换动作。

（2）将一系列命令组合为单个动作，在需要选择上述命令时，直接选择该动作即可，从而使选择任务自动化。而且这个动作可以在以后的应用中反复使用。

（3）可以创建一个动作，该动作应用一系列滤镜来体现用户设置的效果。

（4）可同时处理多幅图像，也可在一个文件或一批文件上使用相同的动作。

使用“动作”面板可以记录、播放、编辑和删除动作，还可用于存储和载入动作文件。选择“窗口”→“动作”命令，或按【Alt+F9】组合键，或在打开的面板中单击“动作”标签，可以打开“动作”面板，如图 1-10-1 所示。其中各项含义如下：

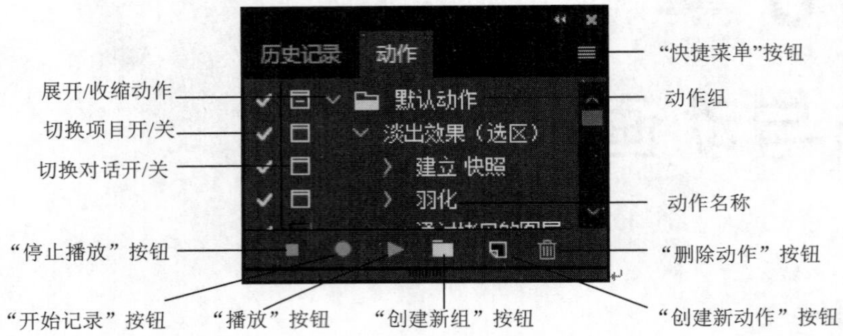

图 1-10-1 “动作”面板

- “展开 / 收缩动作”按钮：单击此按钮可以展开动作集或动作的操作步骤，展开后的动作按钮向下。
- “切换项目开 / 关”：若该框是空白，则表示该动作集是不能播放的；若该框内有一个红色的“√”，则表示该动作集中有部分动作不能播放；若该框内有一个黑色的“√”，则表示该动作集中所有动作都能播放。
- 切换对话开 / 关：开关动作，切换后无法恢复。
- “停止播放”按钮：用于停止录制当前的动作，该按钮只有在录制按钮处于按下状态时才可用。
- “开始记录”按钮：用于开始录制一个新的动作，在录制过程中，该按钮的颜色为红色。
- “播放”按钮：单击此按钮，可以播放当前选定的动作。
- “创建新组”按钮：单击此按钮，可以新建一个新组，用于存放动作。
- “创建新动作”按钮：单击此按钮，可以新建一个动作。
- “删除动作”按钮：单击此按钮，可以将当前的动作或组删除。
- 动作名称：显示动作的名称。
- 动作组：是一组动作的集合，在文件夹右侧是该组的名称。
- “快捷菜单”按钮：单击此按钮，可以弹出面板的下拉列表，用户可以对组或动作进行新建、复制、删除和播放等操作；可以载入、替换、重置、存储动作；还可以添加各种动作组，比如命令动作组、框架动作组、图像效果动作组、产品动作组、文本效果动作组和纹理动作组等。

10.2 动作的使用

在 Photoshop 中，用户可以通过“动作”面板创建和记录、播放、编辑动作，还可存储和载入动作等。本节分别介绍各个操作。

10.2.1　创建和记录动作

在 Photoshop 中，除了系统提供的默认动作以外，用户还可以根据需要自定义动作，有针对性地进行图像处理。

要创建和记录新动作，可单击“动作”面板上的“创建新动作”按钮，或选择面板“快捷菜单”中的“新建动作”命令，打开“新建动作”对话框，进行所需的设置，如图 1-10-2 所示。各选项的功能如下：

- 名称：用于设置新建动作的名称。
- 组：用于选择新建动作所属的组。
- 功能键：用于设置新建动作的热键。
- 颜色：用于设置新建动作在按钮模式下显示的颜色。

在选择组时，默认情况下，只有“默认动作”一个组可选择，如果要将所创建和记录的动作放到不同的组中，可单击“动作”面板上的“创建新组”按钮，打开“新建组”对话框，设置组名，单击“确定”按钮即可，如图 1-10-3 所示。

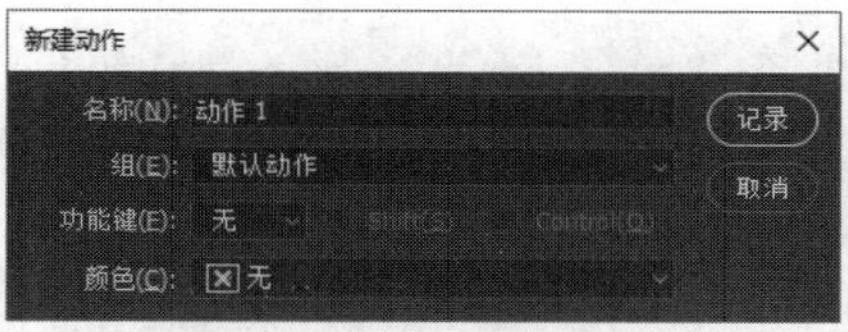

图 1-10-2　“新建动作”对话框

图 1-10-3　“新建组”对话框

【例 10.1】打开图 1-10-4 所示的“花 1.jpg”图像，使用“动作”面板新建一个动作，并将图像另存为“TIFF”格式，再将“花 2.jpg”进行相同的操作。

视频

例10.1 图像大小和存储动作

具体操作步骤如下：

（1）启动 Photoshop，选择实际要打开的路径，打开图 1-10-4 所示的“花 1.jpg”图像，单击“动作”面板中“新建动作”按钮，打开“新建动作”对话框，如图 1-10-5 所示。

图 1-10-4　“花 1.jpg”图像

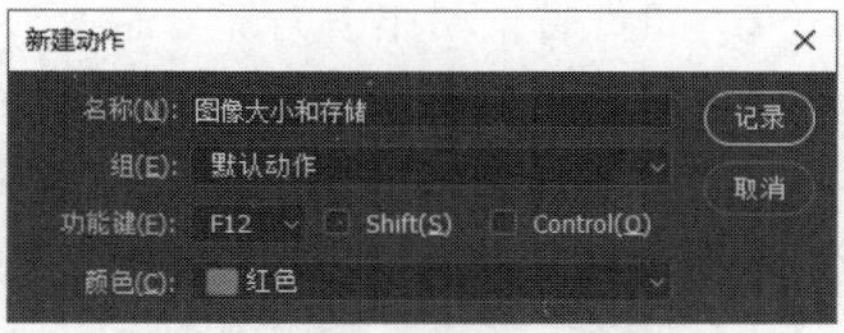

图 1-10-5　“新建动作”对话框

（2）设置新动作的名称为“图像大小和存储”、功能键为【F12】键以及“颜色”为“红色”，如图 1-10-5 所示，单击“确定”按钮即可开始记录接下来的操作步骤。

（3）按【Alt+Ctrl+I】组合键，打开“图像大小”对话框，单击“约束比例”按钮，设置宽度为“500 像素”，如图 1-10-6 所示，单击“确定”按钮。

（4）按【Shift+Ctrl+S】组合键，打开“另存为”对话框，选择实际要保存的路径，设置文件格式为“TIFF”，单击“保存”按钮，如图 1-10-7 所示。再关闭该图像窗口，此时的“动作”面板如图 1-10-8 所示。单击“停止播放”按钮，结束动作记录。

（5）打开图 1-10-9 所示的“花 2.jpg”图像，按【F12】键或单击“播放”按钮▶即可进行动作播放，同时与“花 1.tif”图像相同的路径下生成“花 2.tif”图像。

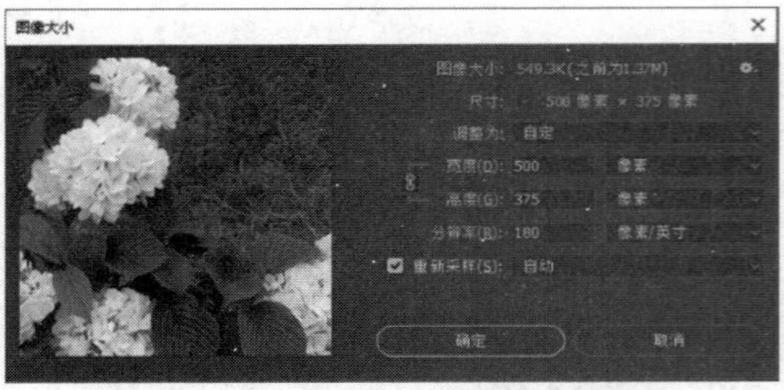

图 1-10-6 “图像大小”对话框

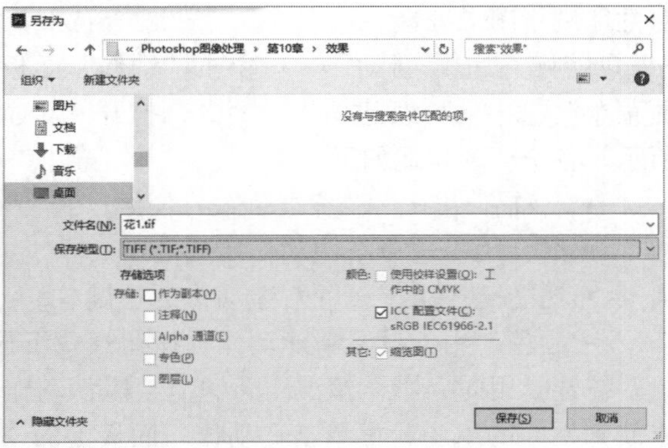

图 1-10-7 “另存为”对话框

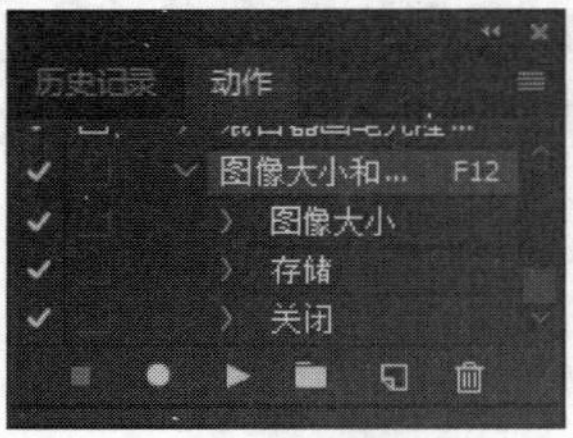

图 1-10-8 “动作”面板

图 1-10-9 “花 2.jpg”图像

10.2.2 播放动作

如果要在图像文件上播放所需的动作或动作组，可以分为以下几种情况选取需要播放的内容，再进行播放。

（1）如要播放动作组，则单击选中此组的名称；如要完整地播放动作，则选择动作的名称。

（2）如要播放动作中的部分命令，选中要执行的具体命令。

（3）如要加入一个命令在动作中播放，选择并检查动作名称左边的注记框。在“动作”面板中单击“播放”按钮▶，或从“动作”面板“快捷菜单”≡中的下拉列表中选择“播放”命令。

（4）如要连续播放动作中的一个命令，首先选择“播放”命令，然后定义播放速度。

10.2.3 编辑动作

用户在记录动作以后，若感觉动作的效果并不是特别理想，或者想要复制一个新的动作，以方便在此基础上制作出该动作更多的版本。此时，需要掌握动作编辑方面的相关知识。

1. 重命名、移动、复制、删除动作

（1）重命名动作：在“动作”面板中的列表模式下双击动作名称，此动作名称即进入编辑状态，输入新名称即可。

（2）移动动作：选择某个动作，然后按住鼠标左键拖动该动作到相应位置即可。

（3）复制动作：选择某个动作，然后按住鼠标左键拖动该动作到面板下方的“创建新动作”按钮上，即可复制一个该动作的副本。

（4）删除动作：选择某个动作，然后单击面板下方的“删除动作”按钮即可。

2. 编辑动作中的内容

用户可以编辑动作中的内容。例如，当需要在某个动作中添加操作时，可以在选中该动作后，单击“开始记录”按钮，然后执行新操作就可以被记录下来，添加到该动作中。

用户还可以更改某一个具体操作中的内容，方法是双击所要更改的操作，然后更改操作内容。此时“开始记录”按钮和“播放”按钮同时启用，用户更改的操作被记录下来，并替换原有的操作。

当用户应用完修改后的动作后，如果想要将先前的“动作”面板中默认的动作中一些修改再次恢复时，可选择面板“快捷菜单”下拉列表中的“复位动作”命令，恢复 Photoshop 默认的参数设置。

视频

例10.2 修改动作

【例 10.2】修改例 10.1 中的“图像大小”和“存储”文件格式操作，并添加“旋转”。

具体操作步骤如下：

（1）打开“花 1.jpg”图像，在“动作”面板中，双击“图像大小”操作，打开“图像大小”对话框，选中“约束比例”按钮，设置宽度为“1 200 像素”，单击“确定”按钮。

（2）在“动作”面板中，双击“存储”操作，打开“存储为”对话框，选择实际要保存的路径，设置文件格式为“Photoshop PDF”，单击“保存”按钮。

（3）单击“开始记录”按钮，选择“图像”→“图像旋转”→“180 度”命令，则旋转图像 180 度。

（4）单击“停止播放”按钮，结束动作记录。

（5）选择“旋转 第一 文档”动作，然后按住鼠标左键拖动该动作到“图像大小”操作的下方位置。此时的“动作”面板如图 1-10-10 所示。

（6）按【F12】键或单击“播放”按钮即可进行动作播放。

10.2.4　存储和载入动作

对于用户创建的有价值的动作，可以将其保存下来，以便以后调用，如果觉得动作不够丰富，还可以通过“载入动作”对话框载入其他动作。

在“动作”面板“快捷菜单”中，还有“存储动作”和“载入动作”命令，用于将用户设置的动作进行存储和重新载入。

1. 存储动作

“存储动作”命令用于存储用户自己录制的动作。尽管当时录制的动作并不会在面板中消失，但用户可能经常使用“复位动作”命令。复位动作后，用户所编辑的动作将不再保留在“动作”面板中。因此，如果用户认为某个自行设置的动作很有用，那么就有必要将该动作进行存储。

要存储动作，先选中要保存的动作组，单击“动作”面板右上角的按钮，在弹出的“快捷菜单”中选择“存储动作”命令，打开图 1-10-11 所示的“另存为”对话框。选择存放动作文件的目标文件夹并输入要保存的动作名称后，单击“保存”按钮即可。

2. 载入动作

Photoshop 在“动作”面板菜单中预置了一些已编辑好的复杂动作，包括命令、图像效果、处理、文字效果、画框、纹理和视频动作，用户可以通过载入并使用这些预置的动作来快速完成对图像的批量操作。

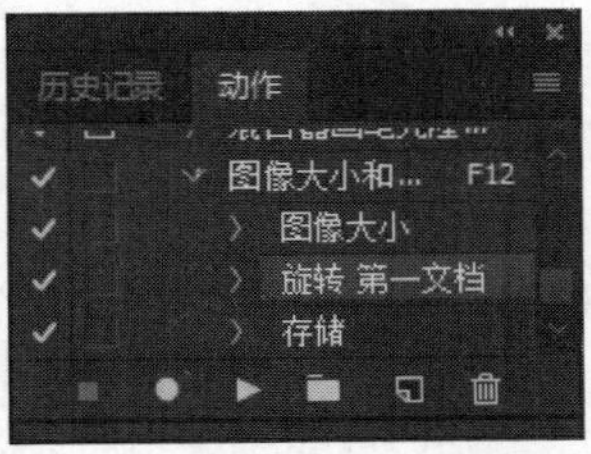

图 1-10-10 “动作”面板

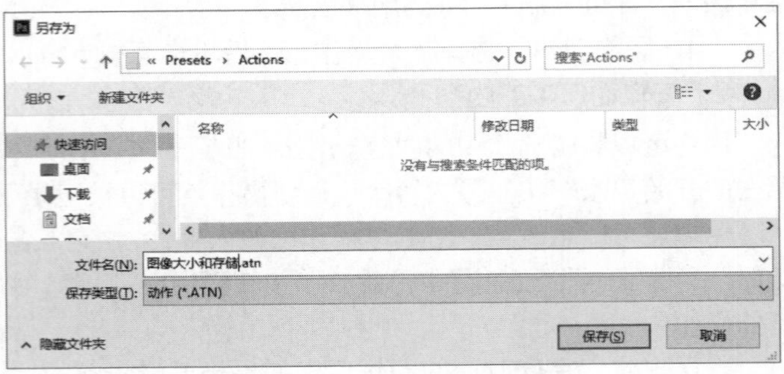

图 1-10-11 “另存为”对话框

载入动作的过程和保存动作的过程一样，选择“动作”面板“快捷菜单”中的“载入动作”命令，在打开的“载入”对话框中双击需要的动作即可调出 Photoshop 自带的或用户定义的动作。

此外，用户还可以直接在“动作”面板“快捷菜单”的底部选择所需要的动作组。

10.2.5 设置动作选项

在“动作”面板“快捷菜单”中有两个重要的选项设置，它们是组选项和回放选项。

1. 组选项

选择“动作”面板“快捷菜单”中的“组选项”命令，打开“组选项”对话框，如图 1-10-12 所示。在该对话框中，用户可以对选择的组进行重命名。

2. 回放选项

有的动作时间太长导致不能正常播放，可以设置其播放速度，可以减慢播放速度使其正常播放。其方法是：单击“动作”面板右上角的按钮，在弹出的“快捷菜单”中选择“回放选项”命令，打开“回放选项”对话框，如图 1-10-13 所示，在“性能”栏中进行设置，再单击“确定”按钮即可。

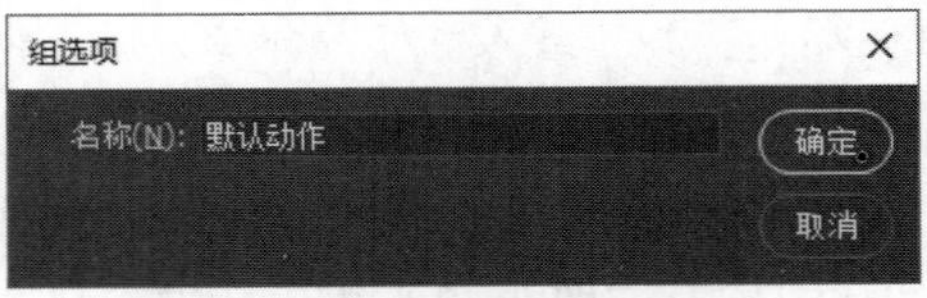

图 1-10-12 “组选项”对话框

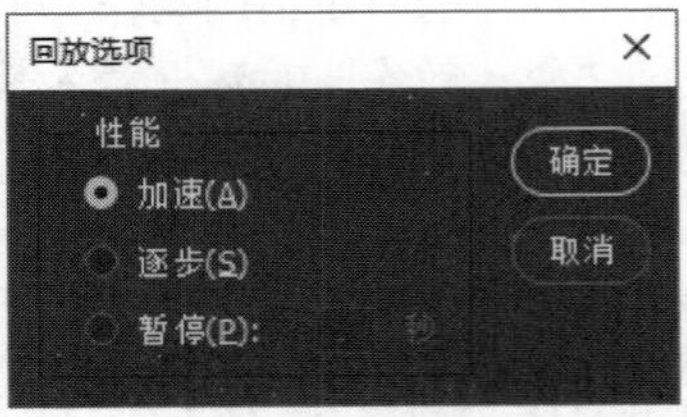

图 1-10-13 “回放选项”对话框

- 加速：选中该单选按钮，将以正常速度播放动作。该选项是 Photoshop 的默认选项，动作播放速度最快。
- 逐步：选中该单选按钮，动作执行速度较慢，但有利于用户在设置并测试动作过程中看清楚每一步操作后的效果。
- 暂停：选中该单选按钮，可以设置每一步的暂停时间。

10.3　动画的使用

Photoshop 除了做图像处理和平面设计外，还可以做动画效果。在平时工作项目中，会碰上要做简单 gif 动画的需求。以往做 gif 动画最麻烦的就是逐帧制作，一旦修改起来也很痛苦。随着 Photoshop 版本的不断升级，其功能不断优化和增加。发展到 CC 版本，时间轴已可以对视频简易剪辑，所以用时间轴已可制作简单的 gif 动画。

10.3.1　创建动画

动画是在一段时间内显示的一系列图像或帧。每一帧较前一帧有轻微的变化，当连续、快速地显示这些帧时会产生仿佛运动的效果。可以使用时间轴面板和“图层”面板来创建动画帧。每个帧表示“图层”面板中的一个图层配置。

1. 添加帧

添加帧是创建动画的第一步。如果打开了一个图像，则时间轴面板将该图像显示为新动画的第一帧。选择“窗口”→“时间轴”命令即可显示时间轴面板，如图 1-10-14 所示。

如果要添加其他的帧，可以在时间轴面板中单击“复制选中的帧”按钮。用户所添加的每一个帧开始时都是上一个帧的副本。

注意：可以更改时间轴面板中缩略图的大小，方法是单击时间轴面板右上角的选项按钮，弹出面板菜单，选择“面板选项”命令，然后在弹出的“时间轴面板选项”对话框中选择所需的缩略图大小。

2. 将帧拼合到图层

打开并创建一个动画文件后，还需要使各帧的图像具有差别，这样才会有动画效果。要修改动画帧的内容，需先将动画帧拼合到图层中，然后使用“图层”面板对帧进行更改。

将帧拼合到图层将为每一帧创建一个复合图层，它包含该帧中的所有图层。还可以隐藏该帧中原来的图层，但将其保留，以备其他帧需要时使用。

单击时间轴面板右上角的选项按钮，弹出面板菜单，选择“将帧拼合到图层”命令，即可将动画的所有帧拼合到图层中，如图 1-10-15 所示。

图 1-10-14　时间轴面板

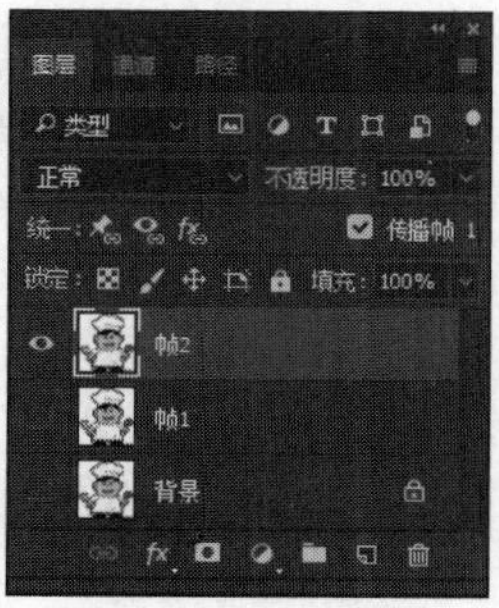

图 1-10-15　将帧拼合到图层

注意：也可以创建一个新图像文件，在其中置入图像，然后通过复制帧来创建动画。

视 频

例10.3 创建两帧动画文件

【例 10.3】创建一个两帧动画文件，如图 1-10-16 所示。

（1）选择“文件”→“打开”命令，在弹出的“打开”对话框中双击所需图片。在时间轴面板中，单击“创建帧动画”按钮，此图片即作为动画的第 1 帧显示在时间轴面板中。

（2）在时间轴面板底部单击“复制所选帧”按钮，创建第 2 帧。

（3）在时间轴面板菜单中选择“将帧拼合到图层”命令。

（4）设置帧 2 图层的“不透明度”为 30%。

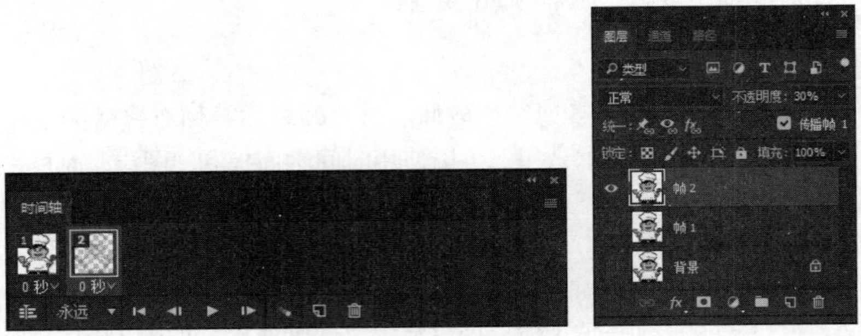

图 1-10-16　两帧动画

3. 创建帧时添加新图层

在创建新图层时，该图层在动画的所有帧中都是可见的，如果想在特定帧中隐藏图层，可在时间轴面板中选择该帧，然后在“图层”面板中隐藏要隐藏的图层。但是，如果要使一个新图层在某一帧中是可见的，而在其他帧中是隐藏的，那么只需在每次创建帧时，在时间轴面板菜单中选择“为每个新建帧创建新图层”命令，自动将新图层添加到图像中即可。

如果创建的动画要求将新的可视图素添加到每一帧，也可以使用该命令以节省时间。

4. 指定循环和延迟时间

在使用 Photoshop 制作动画文件时，可以为每个帧指定延迟时间并指定循环，以使动画连续运行。

1）指定循环

通过选择循环选项，可以指定动画序列在播放时重复的次数。

要指定动画的循环选项，可在时间轴面板左下角单击“选择循环选项”下拉按钮，在弹出的下拉列表中选择所需的选项。可选择的选项有：“一次”“永远”和“其他”。选择“其他”选项时可以设置重复播放的具体次数。

视 频

例10.4 设置循环选项

【例 10.4】设置循环选项，使动画序列重复播放 3 次。

（1）在时间轴面板左下角单击“选择循环选项”下拉按钮，在弹出的下拉列表中选择“其他”命令，如图 1-10-17 所示。

（2）在弹出的“设置循环计数”对话框的“播放”文本框中输入“5”，如图 1-10-18 所示。

（3）单击“确定”按钮。

2）指定延迟时间

可以为动画中的单个或多个帧指定延迟，即显示帧的时间。延迟时间以秒为单位显示。秒的几分之一以小数值显示。例如，当指定延迟时间为四分之一秒时，那么该值的表现形式应为 0.25。

当在当前帧上设置延迟后，则之后创建的每个帧都将记忆并应用该延迟值。如果选择了多个帧，则为一个帧指定延迟值时会将该值应用于所有帧。

指定延迟时间的方法是在时间轴面板中单击所选帧下面的延迟值，然后在弹出的下拉列表中选择所需要的值，如图 1-10-19 所示。

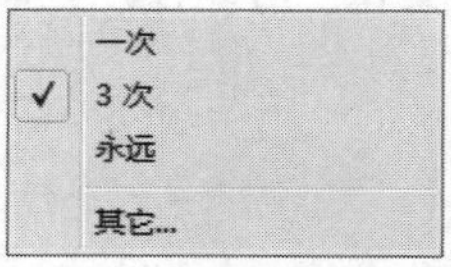

图 1-10-17　选择循环选项

图 1-10-18　设置循环次数

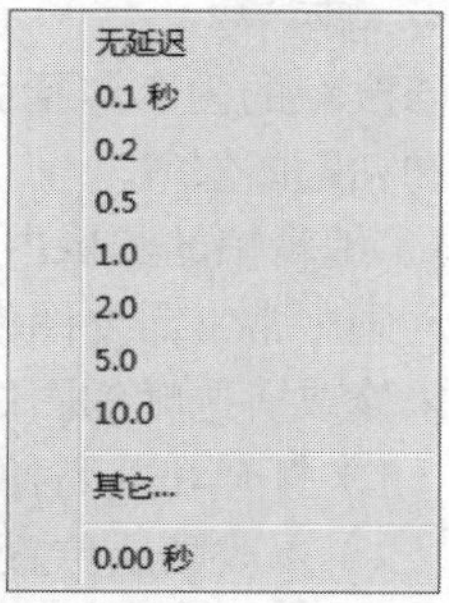

图 1-10-19　选择帧延迟时间

【例 10.5】为动画的第 1 帧设置延迟时间为 0.25 s。

视 频

例10.5 设置延迟时间

（1）在时间轴面板中单击第 1 帧，以选定该帧。

（2）单击该帧下方的延迟值，弹出“选择帧延迟时间”下拉列表。

（3）选择“其他”命令，弹出“设置帧延迟”对话框，在“设置延迟”文本框中输入“0.25”，如图 1-10-20 所示。

（4）单击“确定”按钮。此时在时间轴面板的第 1 帧下方显示的延迟值即变为 0.25 s，如图 1-10-21 所示。

图 1-10-20　“设置帧延迟”对话框

图 1-10-21　时间轴面板中显示当前的延迟值

10.3.2　编辑动画

当制作了一个简单动画时，要使它更加完善，还需要做进一步的编辑，例如编辑帧的内容，处理帧，使用过渡帧使动画更加形象等。

1. 选择帧

在处理帧之前，必须将其选择为当前帧。当前帧的内容将会显示在文档窗口中。

选择帧的方法有多种，要选择某一帧，可在时间轴面板中执行下列操作之一：

（1）单击所需帧的缩略图。

（2）单击“选择下一帧”按钮，选择序列中的下一帧作为当前帧。

（3）单击“选择上一帧”按钮，选择序列中的前一帧作为当前帧。

（4）单击“选择第一帧”按钮，选择序列中的第一帧作为当前帧。

如果要选择多个帧，则可在时间轴面板中执行下列操作之一：

（1）要选择多个连续的帧，选择第 1 帧后，再按住【Shift】键单击第 2 个帧，这两帧之间所有的帧都被选中。

（2）要选择多个不连续的帧，选择第 1 帧后，再按住【Ctrl】键分别单击其他帧，即可选中这些帧。

（3）要选择全部帧，弹出时间轴面板菜单，选择“选择全部帧”命令。

当选择了多帧后，如果要取消某一帧，按住【Ctrl】键单击该帧即可。

2. 修改帧

修改帧的内容包括编辑帧的图像内容，更改帧的位置，反转帧的顺序，删除帧及在帧之间复制和粘贴图层等。

1）编辑帧的图像内容

动画中常常需要图像的变幻，其实就是使每一帧的图像内容做一些变化。可以使用“图层”面板来修改所选帧的图像。对于帧的图层，用户可以执行下列任何操作：

（1）打开和关闭各种图层的可视性。

（2）更改图层位置以移动图层内容。

（3）更改不透明度以渐显或渐隐内容。

（4）更改图层的混合模式。

（5）在图层中添加样式。

视频

例10.6 修改帧的图像内容

【例 10.6】修改帧的图像内容，如图 1-10-22 所示。

（1）创建一个图像文件，打开所需的图片；在时间轴面板中，单击“创建帧动画”按钮。

（2）选择第 1 帧，单击“复制选中的帧”按钮，复制一帧。

（3）在时间轴面板菜单中选择“将帧拼合到图层”命令，选择第 2 帧。

（4）设置“帧 2”图层的“混合模式”为“亮光”；在“图层”面板双击“帧 2”图层，打开“图层样式”对话框。

（5）复选“颜色叠加”，设置颜色“#28f17”，“不透明度”为 40%，如图 1-10-23 所示。

（6）单击“确定”按钮。

图 1-10-22 修改第 2 帧图像内容后的时间轴面板

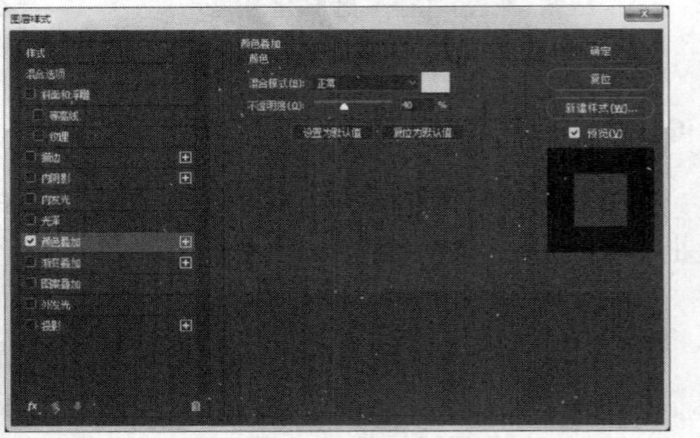

图 1-10-23 设置混合模式

2）更改帧的位置

在时间轴面板中选择要移动的帧，然后将选区拖移到新的位置，即可更改该帧的位置。但是，如果拖移多个不连续的帧，则这些帧将连续地放置到新的位置上。

3）反转帧的顺序

反转帧是指反向调整帧的顺序。要反转的帧不必是连续的，可以反转选中的任何帧。选择要反转的帧，然后从时间轴面板菜单中选择“反向帧”命令，即可反转帧的顺序。

4）删除帧

如果要删除一个或多个帧，在时间轴面板中选中所需的帧后，可执行下列操作之一：

（1）从面板菜单中选择“删除帧”命令。

（2）单击时间轴面板底部的“删除选中的帧”按钮，弹出如图 1-10-24 所示的提示对话框，单击“是”按钮，确认删除。

（3）将选定帧拖移到“删除选中的帧”按钮上，使其呈按下状态。

注意：如果要删除整个动画，可以从时间轴面板菜单中选择“删除动画”命令。

5）在帧之间复制和粘贴图层

在复制和粘贴时，为了便于理解，可以将帧视为具有给定图层配置的图像副本。在复制帧时，图层的配置即每一图层的可视性设置、位置和其他属性也同时被复制；而粘贴则是将图层的配置应用到目标帧。可以同时复制多个帧。

在时间轴面板中选择要复制的帧，然后选择时间轴面板菜单中的“拷贝帧”命令，再在当前动画或另一动画中选择一个或多个目标帧，选择时间轴面板菜单中的“粘贴帧”命令，弹出图 1-10-25 所示的“粘贴帧”命令，选择粘贴方法，即可完成在帧之间复制和粘贴图层的操作。

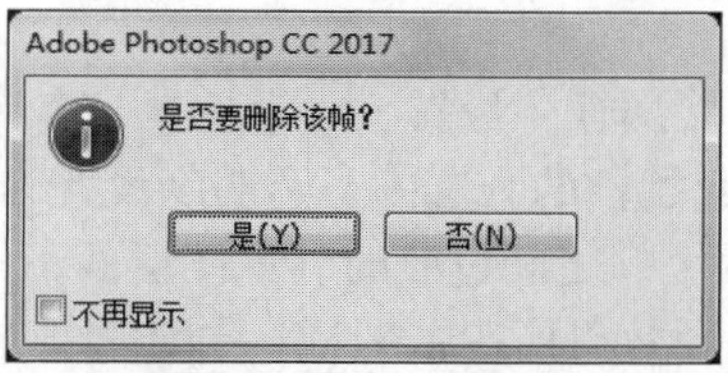

图 1-10-24　删除帧时的提示对话框

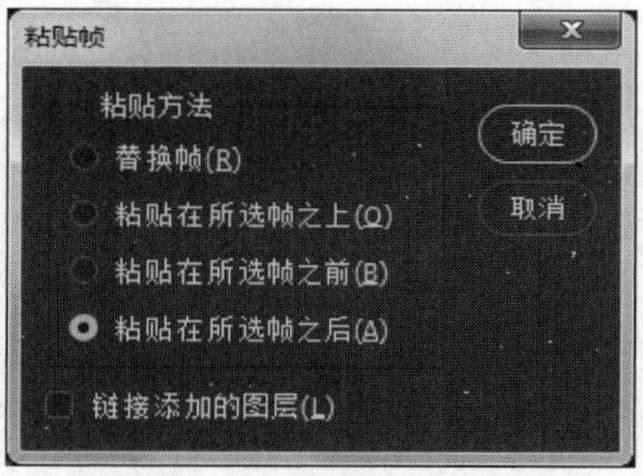

图 1-10-25　“粘贴帧”对话框

在“粘贴帧”对话框中，可以选择以下几种粘贴方法。

（1）替换帧：用于使用复制的帧替换所选帧。如果将这些帧粘贴到同一图像，则不会在该图像中添加任何新图层；目标帧中现有的每一图层的属性都将替换为所复制的每一图层的属性。如果在不同图像之间粘贴帧，则在图像中添加新的图层；但是，在目标中只有粘贴的图层是可见的（现有图层将被隐藏）。

（2）粘贴在所选帧之上：用于将粘贴的帧的内容作为新图层添加到图像中。将这些帧粘贴到同一图像时，使用此选项可使图像中的图层数量加倍。在目标帧中，新粘贴的图层是可见的，原来的图层将被隐藏。在非目标帧中，新粘贴的图层被隐藏。

（3）“粘贴在所选帧之前”或“粘贴在所选帧之后”：用于在目标帧之前或之后添加复制的帧。如果在不同图像之间粘贴帧，则在图像中添加新的图层；但是，在新帧中只有粘贴的图层是可见的（现有图层将被隐藏）。

此外，如果在对话框中选中了“链接添加的图层”复选框，可以在“图层”面板中链接粘贴的图层。当需要将粘贴的图层作为一个单元重新定位时，即可使用该选项。

3. 帧的处理

帧的处理方法指定在显示下一帧之前是否删除当前帧。在处理包含背景透明度的动画时可选择一种处理方法，以指定当前帧是否透过下一帧的透明区域可见。帧的处理方法有“自动”“不处理”和“处理”三种。

（1）自动：用于确定当前帧的处理方法，如果下一帧包含图层透明度，则删除当前帧。对于大多数的动画，“自动”选项都可得到所需的结果，因此它是默认选项。

（2）不处理：用于在显示下一帧时保留当前帧。当前帧（和前一帧）可以透过下一帧的透明区域显示出来。使用该选项可以在浏览器中查看准确的动画预览。

（3）处理：用于在显示下一帧之前中止显示当前帧。使用该选项时，在任何时候都只显示一个帧，并且当前帧不会透过下一帧的透明区域显示出来。

当把某一帧的处理方法设置为“不处理”或“处理”时，在该帧的左下角会显示一个图标，表示当前的状态，如图 1-10-26 所示。将处理方法设置为“自动”时不显示图标。

在时间轴面板中，右击要为其选择处理方法的帧的缩略图，在弹出的快捷菜单中选择某一命令，即可为该帧应用相应的处理方法，如图 1-10-27 所示。

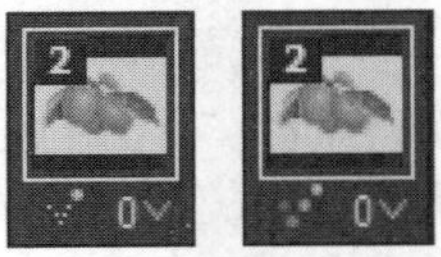

图 1-10-26　处理和不处理帧时显示的图标

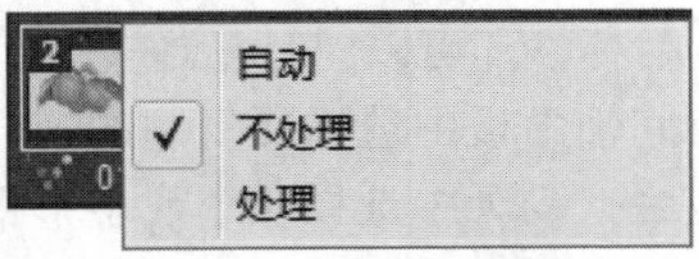

图 1-10-27　“处理方法”快捷菜单

4. 使用过渡帧

用户可以借助于“过渡”命令来自动添加或修改两个现有帧之间的一系列帧，这是一种在屏幕上快速移动对象或渐隐对象的方法。

使用“过渡”命令可以均匀地改变新帧之间的图层属性（位置、不透明度或效果参数）以创建移动外观。例如，如果要渐隐一个图层，则可将起始帧的图层的不透明度设置为 100%，然后将结束帧的同一图层的不透明度设置为 0%。在这两个帧之间过渡时，该图层的不透明度在整个新帧上均匀减小。“过渡”命令大大减少了创建动画效果所需的时间。创建过渡帧之后，可以分别对它们进行编辑。

要将过渡应用到特定图层，应先在“图层”面板中选择该图层，然后选择所需的帧。在选择帧时，要注意以下问题：

（1）如果选择单一帧，则应选取是否用上一帧或下一帧来过渡该帧。

（2）如果选择两个连续帧，则在这两个帧之间添加新帧。

（3）如果选择的帧多于两个，过渡操作将改变所选的第一帧和最后一帧之间的现有帧。

（4）如果选择动画中的第一帧和最后一帧，则这些帧将被视为连续的，并且过渡帧将添加到最后一帧之后。当需要将动画设置为多次循环时，这种过渡方法很有用。

选择所需帧后，单击时间轴面板中的“动画帧过渡”按钮，或者在时间轴面板菜单中选择“过渡”命令，弹出图 1-10-28 所示的“过渡”对话框，设置所需的选项即可。

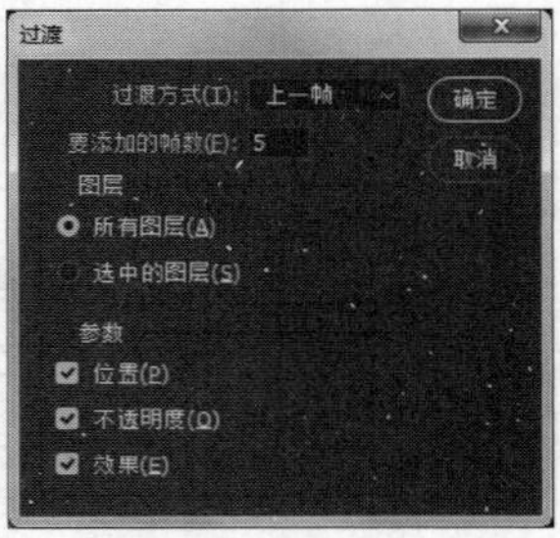

图 1-10-28　“过渡”对话框

（1）过渡：用于选择在何处添加帧。如果选择的是多帧，则程序自动指定的选项为“选区”；如果选择的是单一帧，则需要在下拉列表中选择在何处添加帧。

- 下一帧：在所选的帧和下一帧之间添加帧。当在时间轴面板中选择最后一帧时，该选项不可用。

- 第一帧：在最后一帧和第一帧之间添加帧。只有在时间轴面板中选择最后一帧时，该选项才可用。
- 上一帧：在所选的帧和上一帧之间添加帧。当在时间轴面板中选择第一帧时，该选项不可用。
- 最后一帧：在第一帧和最后一帧之间添加帧。只有在时间轴面板中选择第一帧时，该选项才可用。

（2）要添加的帧：用于输入要添加的帧数。如果选择的帧多于两个，该选项不可用。

（3）图层：用于指定要在添加的帧中改变的图层。

- 所有图层：改变所选帧中的全部图层。
- 选中的图层：只改变所选帧中当前选中的图层。

（4）参数：用于指定要改变的图层属性。

- 位置：在起始帧和结束帧之间均匀地改变图层内容在新帧中的位置。
- 不透明度：在起始帧和结束帧之间均匀地改变新帧的不透明度。
- 效果：在起始帧和结束帧之间均匀地改变图层效果的参数设置。

【例 10.7】为动画添加过渡帧，如图 1-10-29 所示。

视频 例10.7 为动画添加过渡帧

（1）在时间轴面板中选择第 1 帧，复制选中的帧。

（2）将帧拼合到图层，设置帧 2 的不透明度为“50%”。

（3）选中第 2 帧，单击“动画帧过渡”按钮，弹出“过渡”对话框。

（4）在“过渡”下拉列表中选择“上一帧”选项。

（5）在“要添加的帧”文本框中输入“3”。

（6）在“图层”选项组中选中“所有的图层”单选按钮。

（7）单击“确定”按钮。

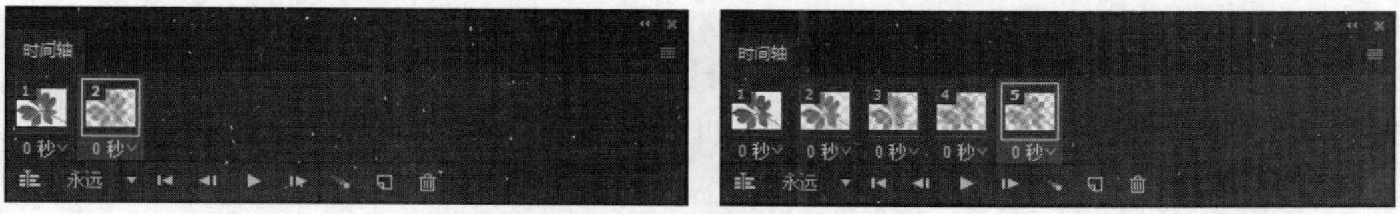

图 1-10-29 添加过渡帧

5. 使用视频时间轴

视频时间轴动画是 Photoshop 动画的主要编辑器，不需要过渡，只要在变化过程中设定关键帧即可。单击时间轴面板左下角的按钮，即可切换到时间轴方式。面板的名称变为了“动画（时间轴）”，而之前的是“动画（帧）”。右下角的按钮变为了，单击将会切换到原先的帧方式。在时间轴编辑器中想要移动位置，我们就编辑他的位置，把位置前面的小钟打开，将拉杆拖动一段距离，在画布中拖移对象到指定地点，时间轴上就会自己产生一个关键帧。记住先拖拉杆，再动对象，可以多设几个关键帧，对象也多改变几个位置，单击“播放”按钮就可以看到效果了。样式也是一样的设置。

【例 10.8】利用视频时间轴动画制作运动小球。

视频 例10.8 视频时间轴动画制作运动小球

（1）新建文件，在黑色背景上绘制两个不同图层的两个不同颜色的小球，如图 1-10-30 所示。

（2）单击时间轴面板右上角设置文档时间为 10 s。

（3）切换到视频时间轴方式，设置小球运动路线。选择图层 1 上的红色小球，把它放置在最左边，打开位置前面的小钟，生成一个起始帧黄色小棱角。然后拖动拉杆一段距离（也就是时间），把红球移动进来 并放好位置，此时会自动生成一个关键帧。然后又移动拉杆，再动红球。

（4）再来做蓝球的工作。先把蓝球放外面，把拉杆移动一段距离再开启小钟，这样就有一个红球运动一段时间蓝球再丢进来的效果，如图 1-10-31 所示。

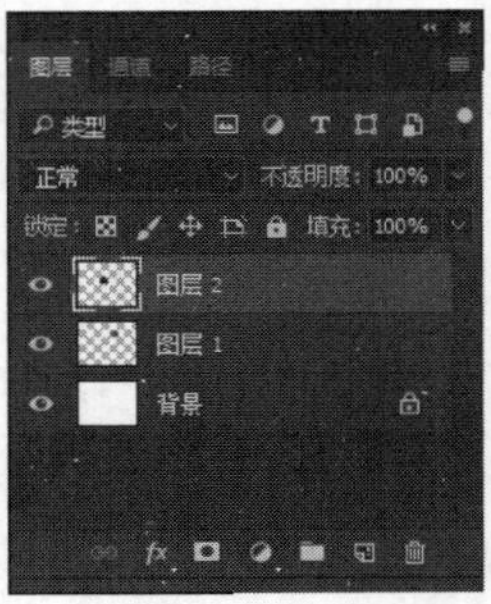

图 1-10-30　本例“图层”面板

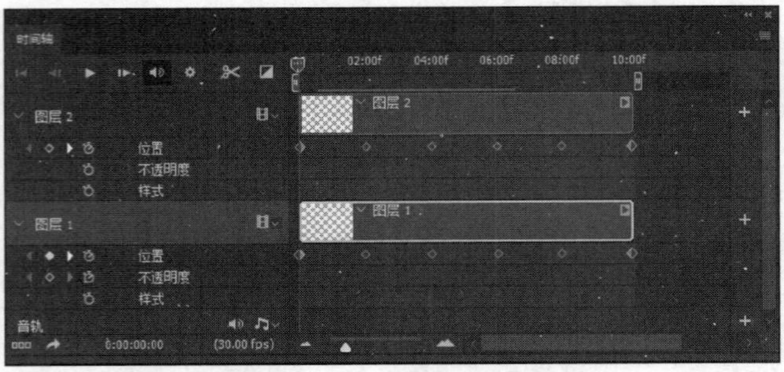

图 1-10-31　时间轴面板

6. 预览动画

在时间轴面板中单击“播放动画”按钮，即会在文档窗口中按指定的次数播放动画。此时“播放动画”按钮自动变成“停止动画”按钮，单击该按钮可停止播放动画。要倒回动画，可单击“选择第一帧”按钮。

10.3.3　优化、存储和导出动画

完成动画后，应优化动画以便快速下载到 Web 浏览器。可以使用下面两种方法来优化动画：

（1）优化帧，使之只包含各帧之间的更改区域。这会大大减少动画 GIF 的文件大小。

（2）将动画存储为 GIF 图像，像任何 GIF 图像一样优化它。可以将一种特殊仿色技术应用于动画，确保仿色图案在所有帧中都保持一致，并防止在播放过程中出现闪烁。由于使用了这些附加的优化功能，与标准 GIF 优化相比，可能需要更多的时间来优化动画 GIF。

1. 优化动画帧

要优化动画帧，可从时间轴面板菜单中选择“优化动画”命令，弹出“优化动画”对话框，进行所需设置，如图 1-10-32 所示。

（1）外框：用于将每一帧裁剪到相对于上一帧发生了变化的区域。使用该选项创建的动画文件比较小，但与不支持该选项的 GIF 编辑器不兼容。此选项为默认选项，建议使用它。

（2）去除多余像素：用于使一个帧中相对于上一帧没有发生变化的所有像素变为透明。此选项为默认选项，建议使用它。使用该选项时，应将帧处理方法设置为“自动”。

2. 存储动画

在 Photoshop 中，可以使用多种格式将动画帧作为单个文件进行存储。如果要便于在 Web 上查看，则可以使用 GIF 标准格式来存储动画图像。

GIF 格式的图像是允许单个 GIF 文件中存储多幅图像。GIF 文件是一种信息量小，动画形式简洁，包含颜色数量少的文件，所以非常方便用于网络传输。

选择“文件”→“存储”或“存储为”命令，即可以原来的格式或指定格式来存储当前动画。若要将动画存储为用于 Web 所用的格式，则需选择“文件”→“导出”→“存储为 Web 所用格式（旧版）”命令，弹出图 1-10-33 所示的“存储为 Web 所用格式”对话框，进行所需设置后，

单击“存储”按钮即可。

注意： 如果动画文件尚未保存过，在“存储为 Web 所用格式”对话框中单击“存储”按钮后，将弹出“将优化结果存储为”对话框，指定保存位置、保存类型和文件名称，然后单击“保存”按钮即可。

图 1-10-32　“优化动画”对话框

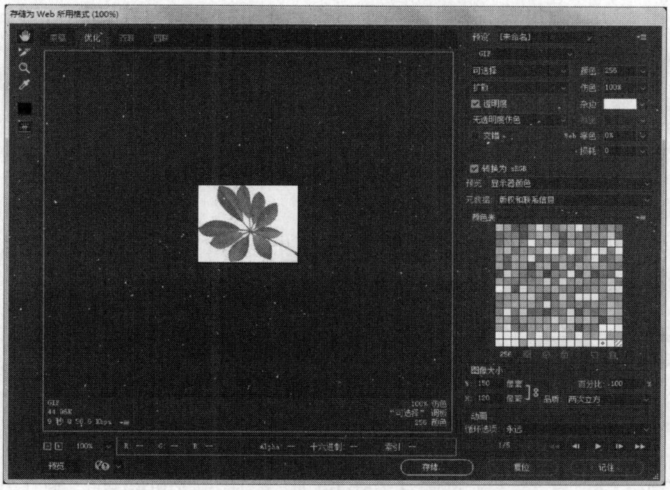

图 1-10-33　“存储为 Web 所用格式”对话框

3. 导出动画

在 Photoshop 中，用户可以使用 PSD、BMP、JPEG、PDF、Targa 和 TIFF 格式将动画帧导出为文件。

在时间轴面板菜单中选择“将帧拼合到图层”命令，并在“图层”面板中确保只显示了依据动画帧所创建的图层，然后选择“文件”→“导出”→“将图层导出到文件”命令，弹出图 1-10-34 所示的“将图层导出到文件”对话框，进行所需的设置。然后单击“运行”按钮，即可将动画帧作为文件导出。

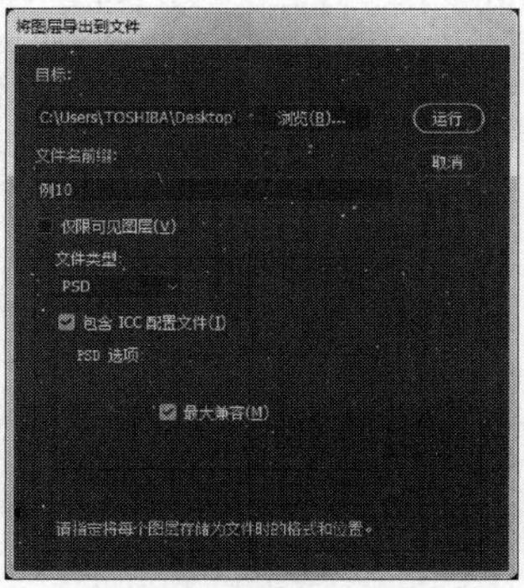

图 1-10-34　“将图层导出到文件”对话框

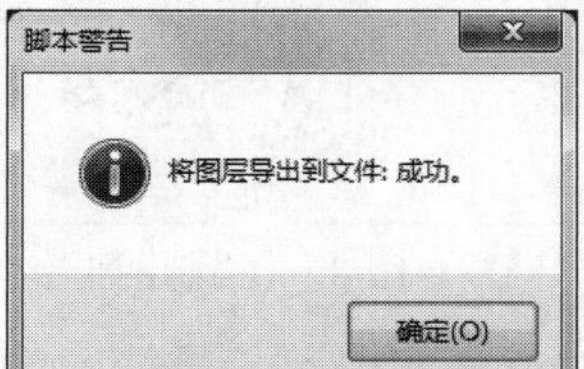

图 1-10-35　“脚本警告”对话框

“将图层导出到文件”对话框中各选项功能如下：

（1）目标：用于为导出的文件选择一个目标。可单击“浏览”按钮进行选择。默认情况下，生成的文件存储在与源文件相同的文件夹下。

（2）文件名前缀：用于为各文件输入一个通用名称。

（3）仅限可视图层：用于导出在“图层”面板中启用了可视性的图层。如果要只导出依据动画帧创建的图层，则使用此选项。

（4）文件类型：用于选择文件格式。然后可在对话框下方对所选格式进行配置。

（5）包含 ICC 配置文件：用于在导出的文件中嵌入工作区配置文件。对于有色彩管理的工作流程，设置此选项很重要。

导出成功后，会弹出一个“脚本警告”提示对话框，如图 1-10-35 所示。单击“确定”按钮即可。

注意： 如果有不是依据动画帧创建的图层，必须禁用它们的可视性。这一点对于只导出动画帧十分重要。

10.4 应用举例

视频

10.4 应用举例-1-奔跑的马

视频

10.4 应用举例-2-动态雨丝1

视频

10.4 应用举例-2-动态雨丝2

前面介绍了动画制作过程中的各种知识，包括动画的创建与编辑、动画的预览、动画的优化，以及动画的存储和导出。

【案例 1】创建一个奔跑的马的动画实例。

【设计思路】本例应用了帧动画的原理，制作过程中应注意马形态的绘制。

【设计目标】通过本案例，掌握帧动画的应用技巧。

【操作步骤】

（1）新建一个 500 像素 ×350 像素 @72 ppi、RGB 模式，白色背景内容的图像文件。

（2）单击“图层”面板右下方的“创建新图层”按钮，新建“图层 1”，选择“图层 1”使其处于工作状态，在“图层 1”中绘制一个如图 1-10-36 所示的动作。

（3）隐藏“图层 1”，新建“图层 2”，选择“图层 2”使其处于工作状态，在“图层 2”中绘制一个如图 1-10-37 所示的动作。

图 1-10-36　绘制图形一

图 1-10-37　绘制图形二

（4）隐藏“图层 2”，新建“图层 3”，选择“图层 3”使其处于工作状态，在“图层 3”中绘制一个如图 1-10-38 所示的动作。

（5）隐藏“图层 3”，新建“图层 4”，在“图层 4”中绘制一个如图 1-10-39 所示的动作。

（6）隐藏“图层 4”，新建“图层 5”，在“图层 5”中绘制一个如图 1-10-40 所示的动作。

（7）完成以上五个动作以后，选择“窗口”→“时间轴”命令，打开时间轴面板。隐藏除

“背景”和“图层 1”以外的所有图层；单击“创建帧动画”按钮，创建动画的第 1 帧显示在时间轴面板中。

图 1-10-38　绘制图形三

图 1-10-39　绘制图形四

（8）单击时间轴面板左下方的“复制选中的帧”按钮，将当前帧复制为 2。将“图层 1”隐藏，显示“图层 2”，注意调整“图层 2”马的位置，在以下的马动作位置的调整中要注意结合现实奔跑的动作，这样做出的动画效果才会逼真，如图 1-10-41 所示。

图 1-10-40　绘制图形五

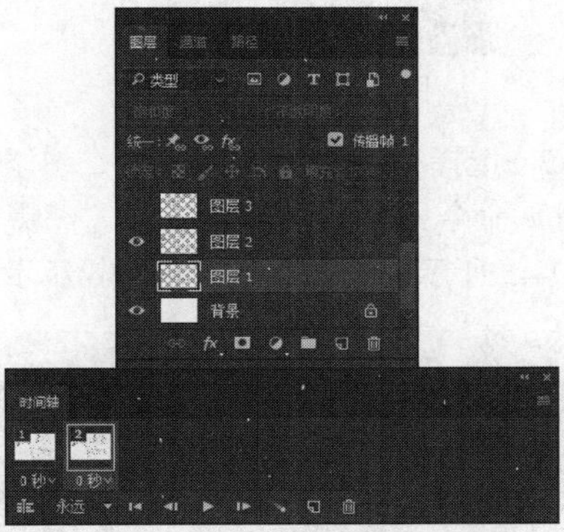

图 1-10-41　复制选中的帧

（9）完成“图层 2”位置调整以后，参照步骤 8 把第 3、4、5 帧做出来；单击“播放”按钮，就会看到一匹马在原地不停地奔跑了，如图 1-10-42 所示。

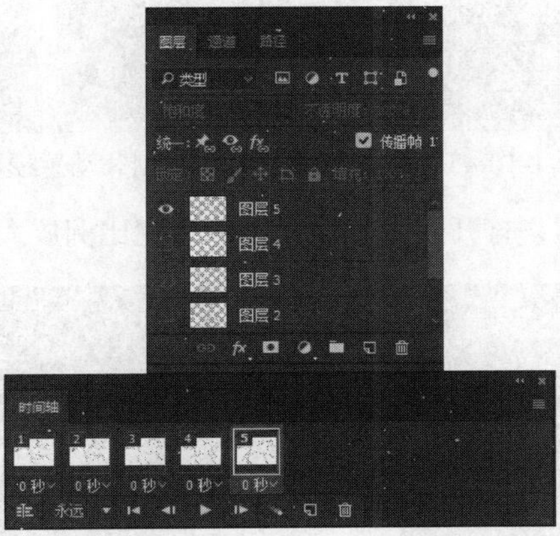

图 1-10-42　第 3、4、5 帧效果图

【案例 2】创建一个动态的下雨效果。

【设计思路】本例先把照片调暗，用杂色滤镜做出下雨的效果，再利用帧动画制作出下雨效果。

【设计目标】通过本案例，掌握雨丝的制作，掌握帧动画的应用技巧。

【操作步骤】

（1）打开“东湖 jpg”图像文件，添加“曲线”调整图层，降低一点高光，如图 1-10-43 所示。

（2）新建“雨丝”图层，填充黑色；在“雨丝”图层上右击，在弹出的快捷菜单中选择“转换为智能对象”命令，把“雨丝”图层转换为智能图层，如图 1-10-44 所示。

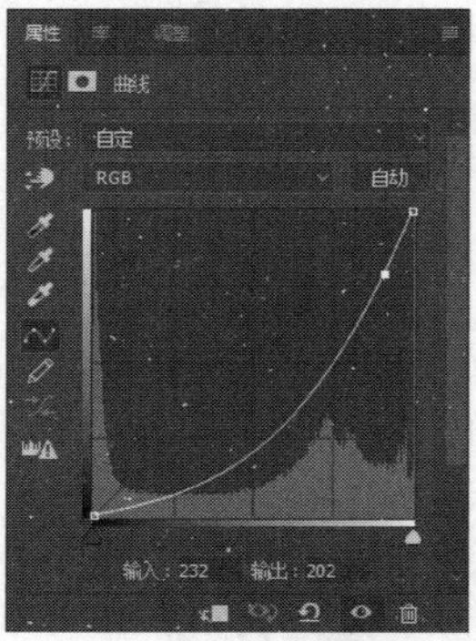

图 1-10-43 曲线

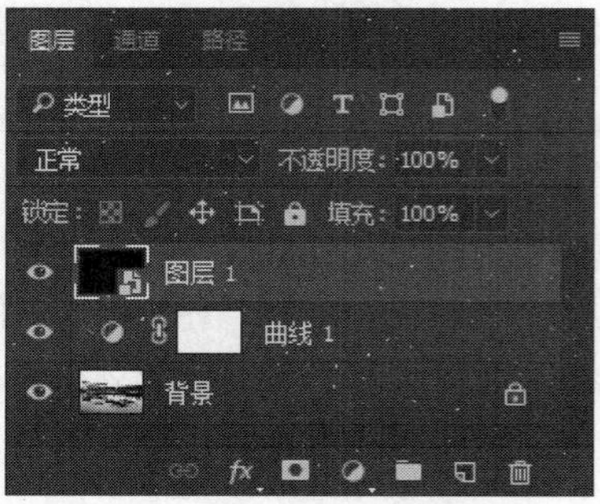

图 1-10-44 “雨丝”图层

（3）选择“滤镜”→“杂色”→“添加杂色”命令，添加杂色；选择“滤镜”→“模糊”→“高斯模糊”命令，模糊图像；选择“滤镜”→“模糊”→“动感模糊”命令，再次模糊图像；如图 1-10-45 所示。效果如图 1-10-46 所示。

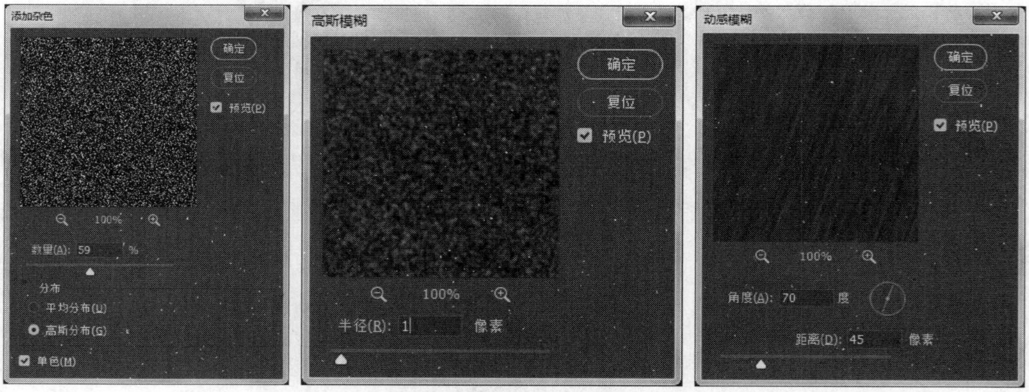

图 1-10-45 添加杂色、高斯模糊和动感模糊

（4）按【Ctrl+T】组合键，打开自由变换命令，高宽比例放大到 200%，如图 1-10-47 所示。

图 1-10-46 滤镜后效果

图 1-10-47 自由变换雨丝

（5）设置“雨丝”图层的图层混合模式为“滤色”；创建“色阶”调整图层，单击色阶属性中的按钮，创建剪切蒙版，调整色阶参数，如图 1-10-48 所示。

（6）把“雨丝”图层和“色阶 1”调整图层合并，并重新命名为“雨丝 1”图层，设置图层混合模式为“滤色”，如图 1-10-49 所示。

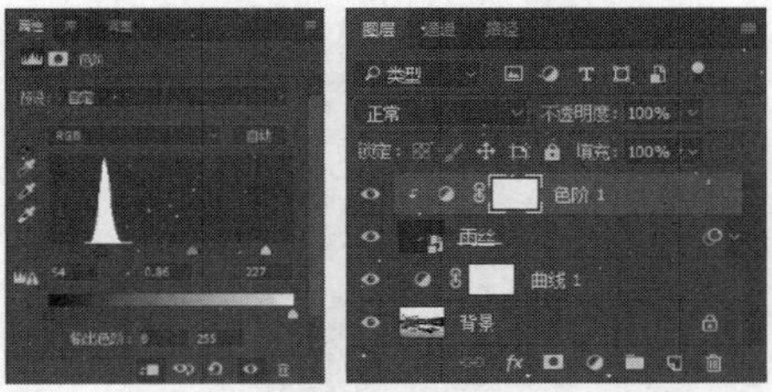

图 1-10-48　色阶

图 1-10-49　合并图层

（7）复制“雨丝 1”图层，得到“雨丝 1 拷贝”图层，利用自由变换命令把“雨丝 1 拷贝”图层的图像高宽比例放大到 200%；选择“滤镜”→“锐化”→“USM 锐化”命令，锐化图像，如图 1-10-50 所示。

图 1-10-50　USM 锐化

（8）创建“色阶”调整图层，单击色阶属性中的按钮，创建剪切蒙版，调整色阶中的中间调为 0.8，使第 2 层的雨丝少一些，如图 1-10-51 所示；把“雨丝 1 拷贝”图层和“色阶 1”调整图层合并，并重新命名为“雨丝 2”图层，设置图层混合模式为“滤色”。

图 1-10-51　设置第 2 层雨丝

（9）复制“雨丝 2”图层，得到“雨丝 2 拷贝”图层，利用自由变换命令把“雨丝 2 拷贝”图层的图像高放大到 200%（注意：宽不放大）；创建“色阶”调整图层，单击色阶属性中的按钮，创建剪切蒙版，调整色阶中的中间调为 0.9，使第 3 层的雨丝少一些；把“雨丝 2 拷贝”图层和“色阶 1”调整图层合并，并重命名为“雨丝 3”图层，设置图层混合模式为“滤色”，如图 1-10-52 所示。

图 1-10-52　静态雨丝效果

（10）在“图层”面板中，选择雨丝的三个图层，按【Ctrl+G】组合键，建立图层组，并重命名为“雨丝”；按【Ctrl+J】组合键，复制新图层组，再合并组，修改图层名称为“雨丝”，修改图层混合模式为“滤色”，隐藏“雨丝”图层组。

（11）双击“背景”图层，将“背景”图层转换成普通图层，即默认为“图层 0”；按住【Ctrl】键，单击“图层 0”的缩略图，载入选区；利用“裁剪工具”，在选区内双击一下，可以裁剪多余的图像（前面“雨丝 2”和“雨丝 3”图层的图像放大过）。

（12）选择“窗口”→“时间轴”命令，打开时间轴面板，单击“创建帧动画”按钮，创建动画的第 1 帧显示在时间轴面板中；选择“雨丝”图层，按【Ctrl+T】组合键，打开自由变换命令，设置“参考点位置”为左下角，即单击工具属性栏的按钮，拉动右上角，使雨丝放大，如图 1-10-53 所示。

（13）在时间轴面板中，单击“复制所选帧”按钮，复制 1 帧；选择第 2 帧，利用移动工具，将雨丝往左下角拖动，一直拖到顶，如图 1-10-54 所示。

图 1-10-53　放大雨丝

图 1-10-54　拖动雨丝

（14）在时间轴面板中，选择第 1 帧，打开时间轴面板菜单，选择“过渡”命令，如图 1-10-55 所示。

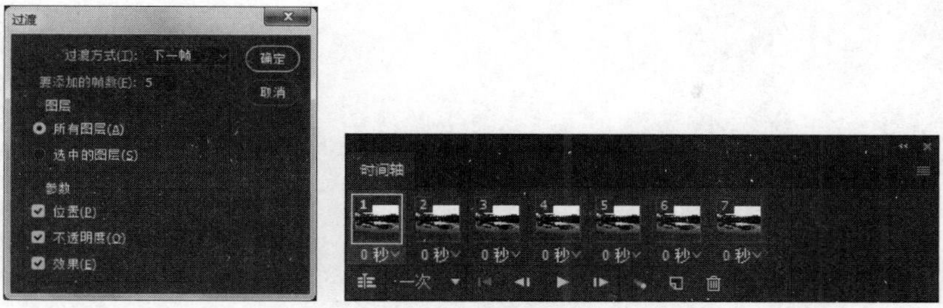

图 1-10-55　过渡

（15）选择所有的帧，把延迟时间设置为 0.1 s，设置循环为“永远”，如图 1-10-56 所示。

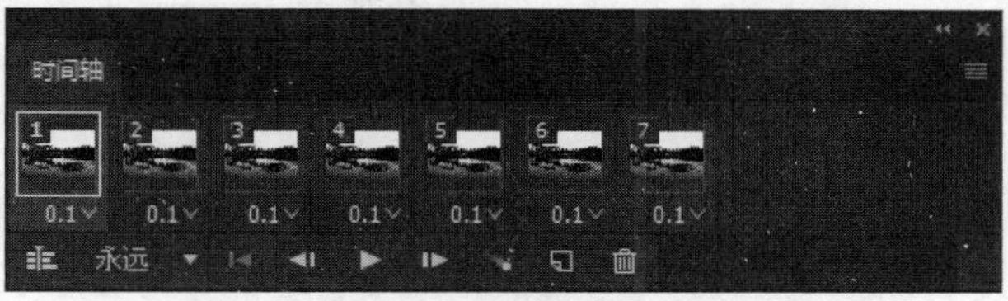

图 1-10-56　设置延迟时间和循环

（16）选择“文件”→“导出”→“存储为 Web 所用格式（旧版）”命令，打开如图 1-10-57 所示的“存储为 Web 所用格式”对话框，设置文件类型为“GIF”、循环选项为“永远”、其他参数默认，单击“存储”按钮即可。

图 1-10-57　存储为 Web 所用格式

第三部分
音频编辑

Adobe Audition最初名为Cool Edit Pro，2003年5月由Adobe公司从Syntrillium Software公司收购后，才改名为Adobe Audition，它是一款功能强大、效果出色的录音和音频处理软件，可用于混合视频、录制播客或广播节目的声音、恢复和修复音频录音等。

本部分以Adobe Audition CC 2020作为对象，介绍其基本功能，通过简单实例深入浅出地阐述音频素材的录制和编辑等。在介绍基本知识点的同时，侧重于操作技巧。通过本章的学习，读者将轻松掌握音频录音、处理和编辑及后期合成的操作。

第 11 章

音频编辑基础

学习目标

◎掌握音频编辑的基础知识。
◎掌握音频文件格式。
◎了解常用的音频编辑软件。
◎掌握编辑音频的操作流程。

学习重点

◎音频基础知识。
◎音频编辑的操作流程。

本章主要介绍音频编辑基础知识、音频文件格式、常用的音频编辑软件和编辑音频的操作流程等。通过本章的学习，读者可以掌握音频编辑的基础知识，为深入学习 Audition 奠定基础。

11.1 音频的基础知识

人类能够听到的所有声音都称为音频。狭义上讲，音频是存储在计算机里的声音。

11.1.1 声音的基本概念

声音是人或动物感知的重要媒介，是由物体振动产生的声波，发出振动的物体称为声源，声音以波的形式振动传播，它可以通过气体、液体、固体等介质传播连续的振动。声音有如下三个重要参数，如图 1-11-1 所示。

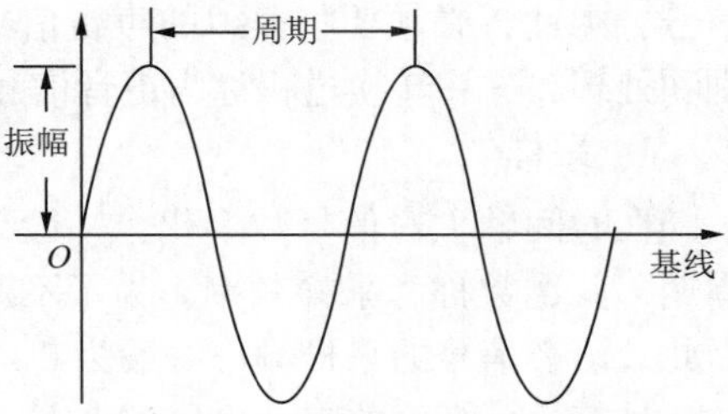

图 1-11-1　声音的三个重要参数

1. 振幅

表示波形最高点离开平衡位置（基线）的距离，反映从波形波峰到波谷的压力变化，以及波所携带的能量多少。振幅决定声音的大小，振幅大的波形声音较大，振幅小的波形声音较小。常用的振幅单位为分贝（dB），人耳能听到的最低声音为听阈，但振幅增加到某一限度时，引起的将不单是听觉，可能因鼓膜过度振动而引起疼痛感觉，这个限度称为最大可听阈。

2. 频率

指单位时间内振动的次数。以赫兹（Hz）为单位，表示每秒周期数。频率决定音调的高低，频率越高，音乐音调越高。

以声波频率为标准，可以将其分为可听声波、超声波、次声波三类。20 000 Hz 以上称为超声波，人类能听到的声音频率为 20 Hz ～ 20 000 Hz，20 Hz 以下称为次声波，次声波及超声波都是人类所听不见的。

（1）可听声波。人耳只能听到频率为 20 Hz ～ 20 000 Hz 的声波，在可听声波中，有如下三要素：

① 音强：是指声音信号中主音调的强弱程度，是判别乐音的基础，与发音体产生的声波振幅有关。

② 音调：指人耳对声音调子高低的主观感觉，与发音体产生的振动频率有关。频率低的调子给人以低沉、厚实、粗犷的感觉；频率高的调子给人以亮丽、明亮、尖刻的感觉。

③ 音色：声音的独特性，与发音体产生的波形有关，不同乐器、不同的人，包括所有能发声的物体发出的声音，都有一个基音，还有许多不同频率的泛音，这些泛音决定了其不同的音色，使人能辨别是哪种乐器或者是谁发出的声音。

（2）超声波：动物可以捕捉到高于人类所能听到的声波频率，如海豚用超声波彼此交流，蝙蝠用超声波避开障碍物等。人类利用超声波方向性好、穿透能力强、在水中传输距离长等特性，将其用于医学、军事、工业、农业等领域，如测距、测速、清洗、焊接、碎石、杀菌消毒等。

（3）次声波：有些动物对低频声波有很好的反应，如大象利用次声波进行交流。次声波的频率很低，大气对次声波的吸收系数小，因此次声波不易衰减，不易被水和空气吸收。因而其穿透力极强，可传播至极远处而能量衰减很小。值得注意的是：某些频率的次声波由于和人体器官的振动频率相近，容易和人体器官产生共振，对人体有很强的伤害性，危险时可致人死亡。

3. 周期

相邻两个波峰或波谷为一个周期。周期与频率互为倒数关系。如，1 000 Hz 波形每秒有 1 000 个周期。

11.1.2 声音的数字化

计算机能识别并处理的是离散的数字信号，而声音信号是在时间和幅度上都是连续的模拟信号，因此，必须要将模拟的声音信号转换为离散的二进制数字信号，计算机才能对其进行识别和处理，这一转换过程称为声音信号的数字化，一般分为采样、量化和编码三大步骤。

1. 采样

在时间轴上对信号数字化。一般每隔相等的一小段时间采样一次，这个时间间隔称为采样周期，其倒数称为采样频率。为了不产生失真，采样频率不应低于声音信号最高频率的两倍。因此，语音信号的采样频率一般为 8 kHz 以上，音乐信号的采样则应在 40 kHz 以上。原则上采样率越高，可恢复的声音信号越丰富，其声音的保真度越好，声音的质量越好。

2. 量化

在幅度轴上对信号数字化。在上一步骤的采样中，已经将模拟信号转换为时间离散的信号，但幅度仍然连续。量化将幅度上连续取值（模拟量）的每一个样本转换为离散值（数字值）表示，量化过程又可称为 A/D 转换（模数转换）。量化的样本用二进制数表示，使用二进制的位数多少称为量化精度。若用 8 位表示，则样本的取值范围为 0~255，精度为 1/256；若用 16 位表示，则声音样本的取值范围为 0~65 536，精度为 1/65 536。量化精度越高，声音的质量越好，需要的存储空间也就越多；量化精度越低，声音质量越差，而需要的存储空间也越少。

3. 编码

按一定格式记录采样和量化后的数字数据。编码约定记录数字数据的格式及用来压缩数字数据的算法。编码使音频数据在保证声音质量的前提下数据量尽可能小，方便声音数字信号的存储和传输。压缩编码的基本指标之一就是压缩比，指声音文件压缩前和压缩后大小的比值，用来简单描述数字声音的压缩效率。压缩算法包括有损压缩和无损压缩。

（1）有损压缩：解压后数据不能完全复原，其利用人类对声波中的某些频率成分不敏感的特性，允许压缩过程中损失次要的信息，牺牲质量减少数据量，虽然不能完全恢复原始数据，但是所损失的部分对理解原始声音的影响缩小，但压缩比较高。如 MP3、WMA 等格式都是有损压缩格式，相比于作为源的 WAV 文件，都有相当大程度的信号丢失，但压缩比能达到 10%。

（2）无损压缩：对文件本身的压缩，对声音的数据存储方式进行优化，在不牺牲任何音频信号的前提下，减少文件体积的格式，文件完全还原，不会影响文件内容，不会使声音细节有任何损失。常见的无损压缩的音乐格式有：FLAC 等。

11.1.3　音频文件格式

音频文件格式又称音乐格式，指要在计算机内播放或是处理音频文件，是对声音文件进行数、模转换的过程。音频文件种类非常多，常见的格式有：CD-DA、WAV、MIDI、MP3/MP3 Pro、WMA、RA、OGG（ogg vorbis）、APE、FLAC、AAC 等。

以下列出部分常见音频文件的简单介绍：

1. CD-DA

CD-DA 文件为标准激光盘文件，扩展名为 .cda，CD 格式的音质是比较高的音频格式。标准 CD 格式也就是 44.1 kHz 的采样频率，速率 88 KB/s，16 位量化位数，CD 音轨近似无损，所以音质非常好，但是该格式文件数据量大。

2. WAV

WAV 是微软专门为 Windows 系统定义的波形文件格式（waveform audio），其扩展名为 wav，支持多种音频位数、采样频率和声道，标准格式的 WAV 文件采样频率与 CD 一样，为 44.1 kHz，速率 88 KB/s，16 位量化位数 WAV 格式的声音文件音质可以和 CD 媲美，但存储要求高，不便网上传输。

3. MIDI

MIDI 全称为 musical instrument digital interface，是一个供不同设备进行信号传输的接口的名称，简称 MID，其文件内容不是波形声音数据，而是一系列指令，指挥声卡如何再现音乐的一组指令。MID 文件可用作曲软件生成，也可通过声卡的 MIDI 口将外接音序器演奏的乐曲输入计算机生成。

4. MP3

MP3 是一种音频压缩技术，全称为 MPEG Audio Layer3，这种压缩技术可以将音乐以 1∶10 甚至 1∶12 的压缩率压缩成容量较小的音乐文件，从而在音质丢失很小的情况下把文件压缩到更小的程度。

5. WMA

WMA 其全称为 windows media audio，是微软开发的一种音频格式，同时兼顾了少的数据存储和高音质，压缩率一般可以达到 1∶18，生成的文件比 MP3 小得多。更重要的是 WMA 可以通过 DRM（digital rights management）加入防止复制、限制播放时间和播放次数，还可进行播放机器的限制，可有力地防止盗版。

6. RA 格式

RA 文件使用有损压缩方式，压缩比相当高，因此文件存储空间小，但音质相对较差。RA 可以随网络带宽的不同而改变声音质量，因此在保证高质量音乐的同时，不影响文件传输的流畅性。因此 RA 文件适合在互联网上使用。

11.2　常用的音频编辑软件

通过使用常用的几种音频编辑软件可以轻松地完成对设备的编辑，这些软件既专业又实用，非常容易上手，使用这些软件可以大大地提高编辑音频的工作效率。本节将详细介绍常用的音频编辑软件的相关知识。

11.2.1　Adobe Audition

Adobe Audition 是一个专业音频编辑和混合环境，它是专为在广播设备和后期制作设备等方面工作的音频和视频专业人员服务的。它可以提供先进的音频混合、编辑、控制和效果处理功能。最多混合 128 个声道，可编辑单个音频文件，创建回路并可使用 45 种以上的数字信号处理效果。

Adobe Audition 是一个完善的多声道录音室，可提供灵活的工作流程并且使用简便。无论是要录制音乐、无线电广播，还是为录像配音，Adobe Audition 中恰到好处的工具均可为用户提供充足动力。它的主界面如图 1-11-2 所示。

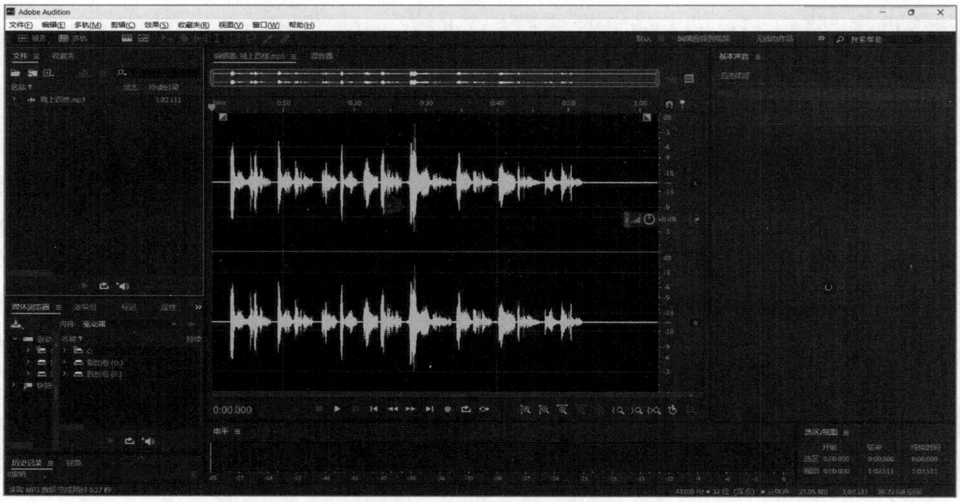

图 1-11-2　Adobe Audition 主界面

11.2.2　GoldWave

GoldWave 是一个功能强大的数字音乐编辑器，是一个集声音编辑、播放、录制和转换于一体的音频工具。它还可以对音频内容进行格式转换等处理。图 1-11-3 所示为 GoldWave 软件的主界面。

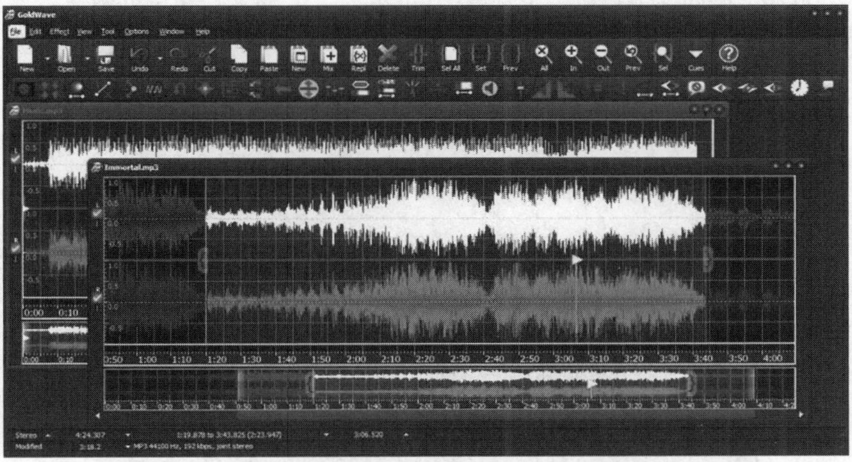

图 1-11-3　GoldWave 软件主界面

11.2.3　Adobe Soundbooth

Adobe Soundbooth 软件为网页设计人员、视频编辑人员和其他创意专业人员提供多种工具，以建立与润饰声音信号、编辑音乐和音效等。Adobe Soundbooth 设计目标是为网页及影像工作流程提供高品质的声音信号，能快速录制、编辑及创作音乐。该软件紧密整合于 Animate 及 Adobe Premiere Pro 中，更让 Adobe Soundbooth 使用者能轻松地移除录音杂音、修饰配音，为作品编排最适合的配乐。无论在单轨或多轨模式下，Audition 都能对录音进行采样，按照前面章节描述步骤对选项进行设置。大致原则为：在保证没有爆音的前提下，尽可能提高音量。在降噪完成之后或之前，为使得前后音量平衡，常常需要调整音量。图 1-11-4 为 Adobe Soundbooth 软件的主界面。

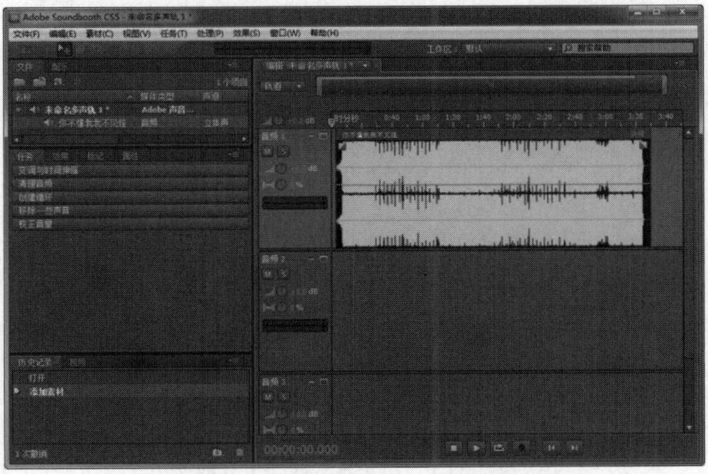

图 1-11-4　Adobe Soundbooth 软件主界面

11.2.4 Windows Movie Maker

Windows Movie Maker 可配合麦克风、数码摄像机或摄像头来录制音频和视频动画并对其进行编辑和整理，最终制作出一段影像动画，然后可以把这些动画用于信息交流或者进行远程教学，使得用户既可以在自己的计算机上观看制作出的电影，也可通过电子邮件将其发送给他人，或将其公布在某个网站上以供大家观看。Windows Movie Maker 软件不光可以编辑音频，也可以编辑视频以及在线共享等。图 1-11-5 为 Windows Movie Maker 软件主界面。

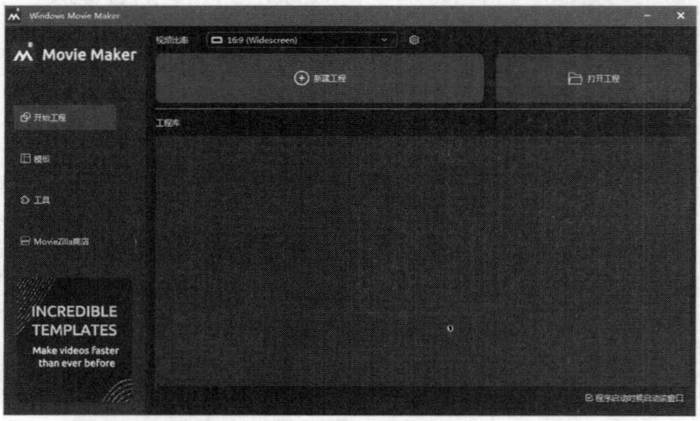

图 1-11-5　Windows Movie Maker 软件主界面

11.2.5 SONAR

SONAR 软件支持 Wave、MP3、ACID 音频，WMA、AIFF 和其他流行的音频格式，并提供所需的所有处理工具，帮助用户快速、高效地完成专业质量的工作。

SONAR 软件的前身是 Cakewalk 软件。早在 20 世纪 90 年代，Cakewalk 公司的 Cakewalk 软件就开始崭露头角，早期，它是专门进行 MIDI 制作、处理的音序器软件，也是使用人数最多的音乐工作站软件。进入 21 世纪后，Cakewalk 摇身变成了 SONAR，SONAR 在 Cakewalk 的基础上，增加了针对软件合成器的全面支持，并且增强了音频功能，使之成为新一代全能型超级音乐工作站。图 1-11-6 所示为 SONAR 软件的主界面。

图 1-11-6　SONAR 软件主界面

11.3　音频编辑的操作流程

音频编辑环节往往是整个作品制作过程中工作量较多的环节。在制作过程中，每一步都需要完成一些协调工作，需要提前做好准备、安排好时间，让整个作品的制作过程分阶段地、有条不紊地进行。音频编辑的流程包括策划、素材采集、制作、修改及测试等。

（1）策划。策划主要是指在音频编辑时指定一些规则或者规定，包括需要的音频类型、音频素材的长度、音频的具体效果说明、音频声效如何与画面配合等。

（2）素材采集。音频素材的类别不同，采集方式也不同。有些素材音效，可以通过购买或者下载获得；有些原创音频，可以通过现场录制或拟音的方式制作；有些旁白类素材，需要演员在录音棚中录制等。

（3）制作。制作音频主要包括三个步骤：

① 音频编辑：音频编辑是音效制作的关键步骤，主要就是通过导入、新建、复制、删除、降噪、剪辑等手段将音频素材变成作品所需音效的过程。

② 声音合成：声音合成主要是对多个音频元素进行合成，不仅仅是多个音轨放在一起，而且还需要对元素位置、均衡等多方面进行综合调整。

③ 后期处理：后期处理是指对一部分作品的音效进行统一处理，使所有音效达到统一的过程。

（4）修改。修改就是按照用户反馈的意见，对音频文件进一步进行制作、合成、调整等，使其达到最满意的效果。

（5）测试。测试就是指邀请一定数量的用户或专家，对音频的风格、结构等方面进行试听、体验和感受，然后收集大家的感受，进行反馈。

第 12 章 Audition 基础

学习目标

◎熟悉 Audition 的工作界面。
◎掌握 Audition 的基本操作。
◎掌握 Audition 音频的剪辑和修饰。

学习重点

◎导入和导出文件。
◎音频的剪辑和修饰。

Adobe Audition 可以同时处理单轨和多轨的音频信号；可同时处理多个文件，在不同的文件中进行剪切、粘贴、合并、重叠声音等操作；提供多种特效，如音量放大、降低噪声、压缩、扩展、回声、失真、延迟等；可生成多种声音，如噪声、低音、静音、电话信号等。本章主要介绍 Audition 软件的工作界面、导入导出、保存等基本操作以及 Audition 录音等相关知识，为深入学习 Adobe Audition 其他知识奠定基础。

Adobe Audition 提供了高级混音、编辑、控制和特效处理能力，是一个专业级的音频工具，允许用户编辑个性化的音频文件、创建循环、引进了 45 个以上的 DSP（digital signal processing）特效以及高达 128 个音轨。本节讲述 Adobe Audition 的基本操作。

12.1 Audition 工作界面

Adobe Audition 允许用户删减和调整窗口的大小，创建方便用户的音频工作窗口。窗口管理器能够利用跳跃跟踪打开的文件、特效等。

Adobe Audition CC 主界面如图 1-12-1 所示。

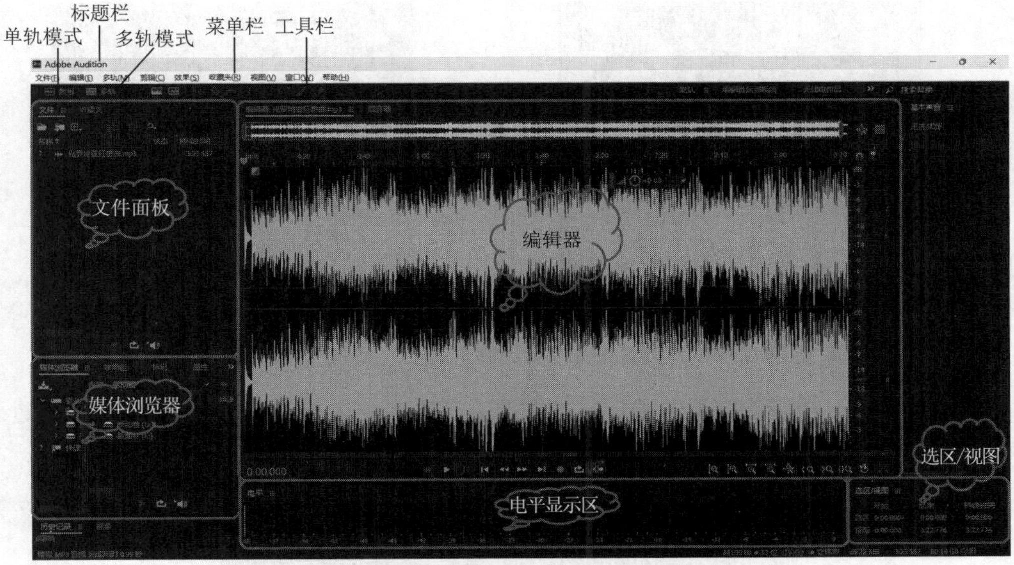

图 1-12-1　Adobe Audition CC 主界面

1. 标题栏

软件图标及名称，最小化、还原 / 最大化按钮及关闭按钮。

2. 菜单栏

显示 Audition 功能菜单，与 Windows 其他应用程序类似，菜单栏包含了软件几乎所有的功能按钮。

3. 工具栏

由四部分构成：模式切换按钮、频谱频率显示器及频谱音调显示器按钮、常用工具栏、风格选择栏，如图 1-12-2 所示。

（a）模式切换按钮

（b）频谱频率显示器及频谱音调显示器按钮

（c）常用工具栏

（d）风格选择栏

图 1-12-2　工具栏

4. 默认面板

1）文件面板

Audition 中，素材导入后都将出现在文件面板中，文件面板主要作用是对引用素材进行管理，如图 1-12-3 所示。

2）收藏夹面板

单击“文件”右侧的“收藏夹”按钮显示收藏夹面板内容，如图 1-12-4 所示。默认情况下，收藏了部分命令组合，用户也能自行创建任何其他收藏，收藏夹能保存并快速重新应用到波形编辑器中的任何文件或选择项的效果、淡化和振幅调整的组合。

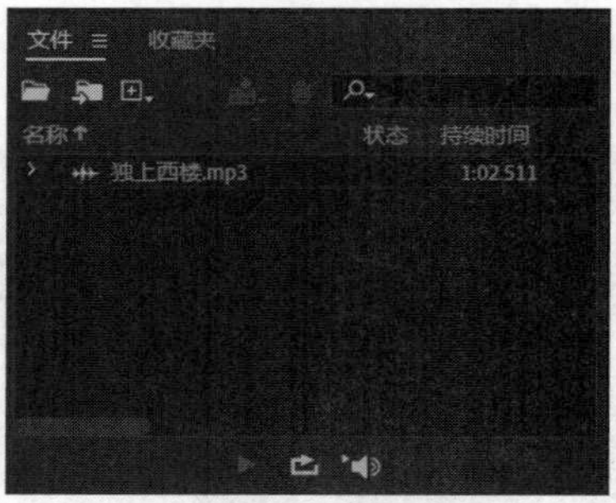

图 1-12-3　文件面板

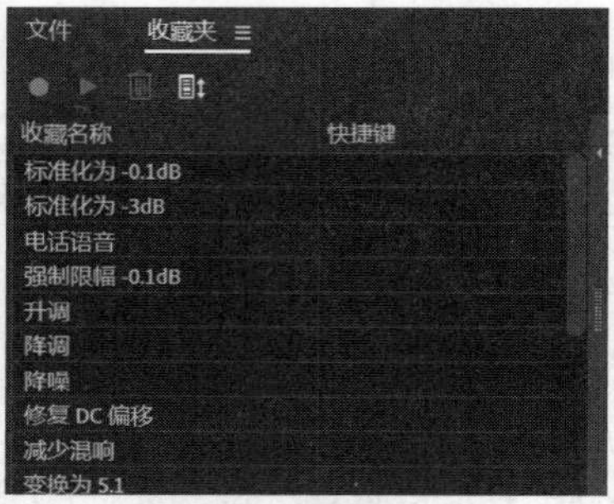

图 1-12-4　收藏夹面板

3）媒体浏览器面板

媒体浏览器面板功能类似于 Windows 的资源管理器，在这个面板可对文件夹或文件进行访问操作，如图 1-12-5 所示。

图 1-12-5　媒体浏览器面板

可以对某些常用的文件夹创建快捷方式，以便对文件夹进行快速定位。具体操作如下：

右击右侧窗格的“名称”中需要创建快捷方式的文件，选择“添加快捷方式”命令，如图 1-12-6 所示。则此文件的快捷方式将会出现在左侧窗格的快捷键中，如图 1-12-7 所示，这样可以通过快捷方式快速定位并找到对应的对象。

图 1-12-6　“添加快捷方式”命令

图 1-12-7　添加快捷方式效果

4）效果组面板

单击“媒体浏览器”右侧的“效果组”按钮对音频添加效果，如图 1-12-8 所示，只需要单击▶按钮就可以进入设置窗口，也可通过单击⏻按钮取消 / 应用效果。

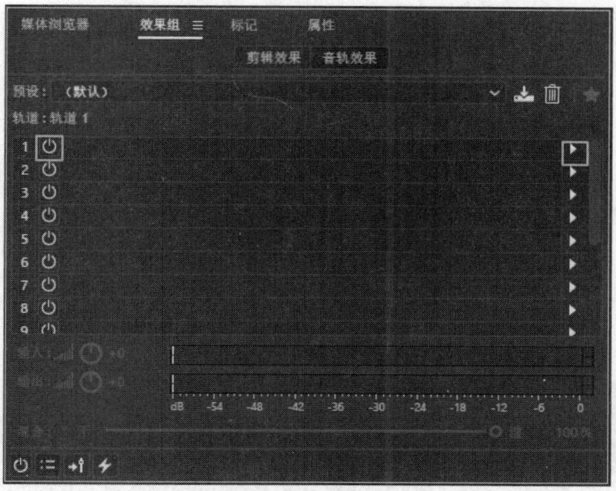

图 1-12-8　效果组面板

5）标记面板

标记面板可对波形中的位置进行定义操作。以便轻松地在波形中进行选择、执行编辑或回放音频的操作。

可以对波形的点（特定时间位置）或范围（一段从开始时间到结束时间）进行标记。

图 1-12-9　标记面板

（1）标记点操作方法：切换到双轨，在需要标记的波形时间点上单击，在标记面板中，单击“添加提示标记”按钮▇，如图 1-12-9 所示。标记完成后，在相应波形上方的相应时间点会标记有白色手柄。

（2）标记范围操作方法：切换到双轨，通过鼠标左键拖动选择需要标记的时间范围，接下来的操作与上述标记点操作类似。

标记完成后，在波形顶部的时间轴中，标记有白色手柄，如图 1-12-10 所示，可选择、拖动白色手柄以修改定位的时间，右击白色手柄，以访问快捷菜单命令，如图 1-12-11 所示。

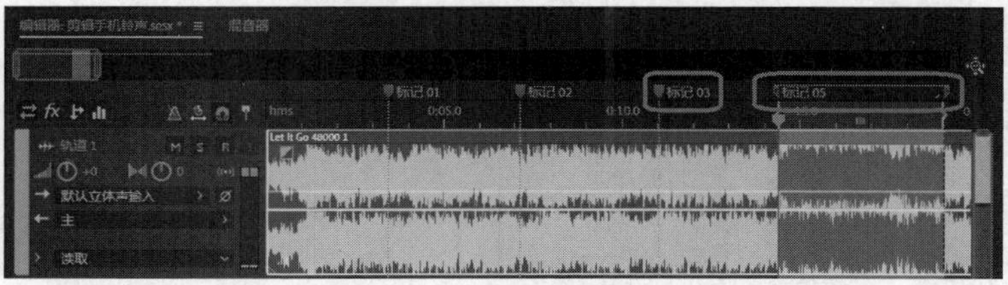

图 1-12-10　对波形点或范围标记后

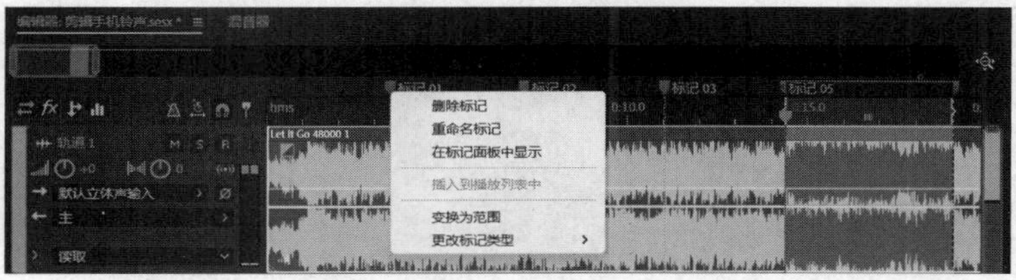

图 1-12-11　标记的快捷菜单

6）属性面板

用来显示当前文件基本信息及时间等属性，基本信息包括文件名、持续时间、采样率、位深度、格式、文件路径等。

7）历史记录面板

历史记录面板如图 1-12-12 所示。通过历史记录可以查看以前的操作步骤，可对这些操作进行撤销、重做等。

图 1-12-12　历史记录面板

8）视频面板

视频面板可显示视频内容，以便对视频进行配音等操作，如图 1-12-13 左下角部分所示。

图 1-12-13　视频面板显示视频

9）编辑器面板

（1）单音轨编辑区。单音轨编辑区如图 1-12-14 所示。在单音轨编辑区中，可进行单轨录音操作，也可对单个音频文件进行编辑和加工处理，修改结果将保存为音频文件。

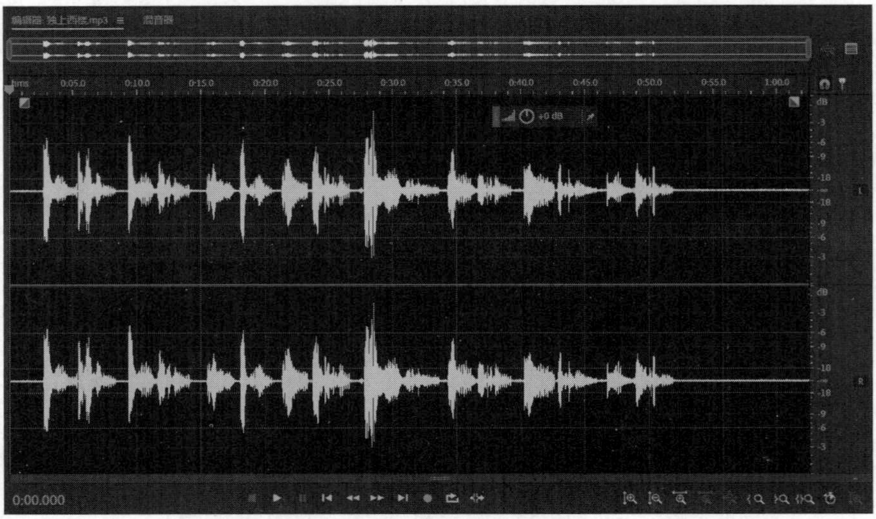

图 1-12-14　单音轨编辑区

在单轨或多轨编辑区下方有一排按钮如图 1-12-15 所示。左侧显示音频播放指示器位置，中间为录放按钮，右侧为缩放按钮。各按钮功能如下：

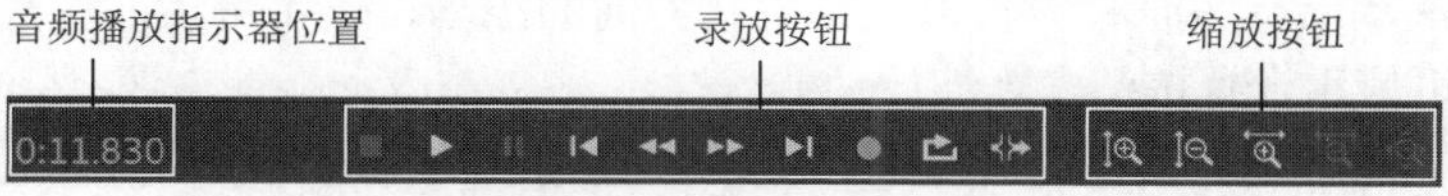

图 1-12-15　音轨操作按钮

① 0:11.830 中的值可以通过鼠标拖动修改，也可直接在此输入。

② 录放按钮。

- 停止按钮：停止播放或停止录音。
- 播放按钮：播放当前声音文件。
- 暂停按钮：暂停播放或暂停录音，再次单击继续播放或继续录音。
- 移到上一个按钮：将播放指示器移动到上一个提示点或者开头。
- 快退按钮：每单击一次，向回倒带若干毫秒，也可按住不放连续向回倒带。
- 快进按钮：每单击一次，向前进带若干毫秒，也可按住不放连续向前进带。
- 移到下一个按钮：将播放指示器移动到下一个提示点或者结尾。
- 录制按钮：按下开始录音。
- 循环播放按钮：循环播放选中的波形。
- 跳过所有项目按钮：播放时跳过所有项目。

③ 缩放按钮。

- 放大振幅按钮：垂直方向放大波形。
- 缩小振幅按钮：垂直方向缩小波形。
- 放大时间按钮：水平方向放大波形。
- 缩小时间按钮：水平方向缩小波形。
- 全部缩小按钮：水平、垂直方向都缩小波形。

（2）多音轨编辑区。多音轨编辑区如图 1-12-16 所示。在多音轨编辑区中，可进行多轨录音、配音影视片，也可对多个文件进行混合、编辑、添加效果等操作，多音轨状态的编辑结果不破坏源音频文件，由多轨工程文件管理，多轨工程文件不包括实际的音频文件，仅存储文件的相关位置、包络及效果信息等，扩展名为 .sesx。

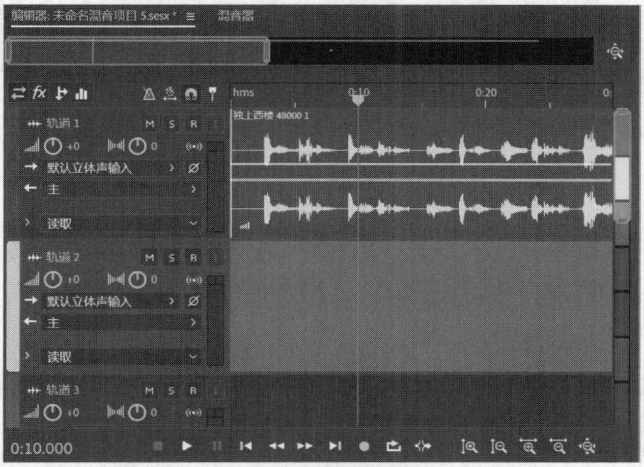

图 1-12-16　多音轨编辑区

为区分不同音轨，在每个轨道头部前标记了不同颜色的色块，在色块部分按下鼠标左键上下拖动，可以调整音轨位置；在轨道头部滚动鼠标滚轮，将对轨道进行垂直方向的拉伸；在轨道显示波形部分滚动鼠标滚轮，对轨道进行垂直方向的滚动；按主键盘的“+”或者“-”对波形进行缩放，也可使用音轨按钮实现缩放功能。

在波形中，有两条线：黄色为音量线，拖动音量线改变音量大小；蓝色为声像线，拖动声像线改变声像。

每个音轨左侧有很多功能按钮。

从左到右分别为静音按钮、独奏按钮、录音准备按钮和监视输入按钮（需要声卡的支持）；

中，左侧为音量按钮，右侧为立体声平衡调节按钮。二者都可以通过左键拖动鼠标修改数值，若需恢复到默认值，只需在按【Alt】键的同时单击鼠标左键即可（音量按钮调节声音与前述音量线调节声音并不冲突，同样，立体声平衡调节按钮调节声像与前述声像线调节声像并不冲突）。

在多轨编辑区下方有一排按钮，其功能与单轨类似，在此不再赘述。

10）混音器面板

声音的混合是指将两种或两种以上的音频素材合成，形成新文件。单击“混音器”选项卡可切换到混音器面板，如图 1-12-17 所示，由于 Audition 默认显示 6 轨道，因此混音器面板可对 6 个轨道进行混音，混音操作完成即可导出混音音频。

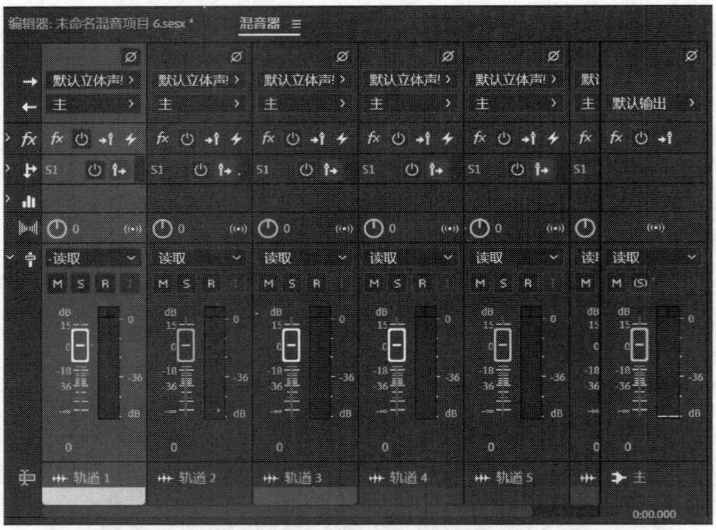

图 1-12-17　混音器面板

11）电平面板

电平面板显示当前播放声音的实时电平状态，显示值的单位为 dB，如图 1-12-18 所示。电平面板，最右侧刻度为 0，通常称为标准量，除 0 以外的其他都是变化值，为负数，若变化值高于标准量 0，则音频可能出现破音或爆音。

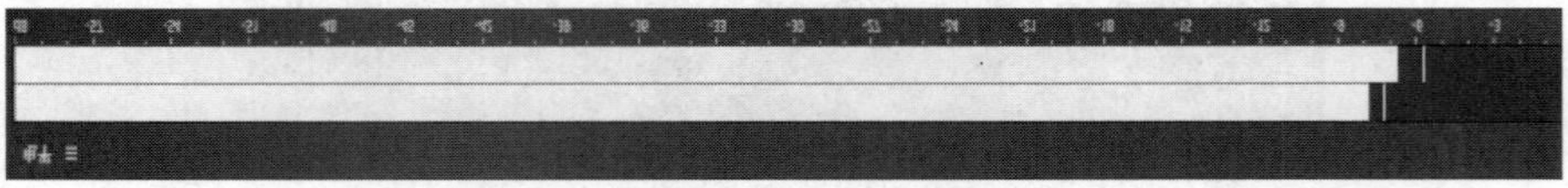

图 1-12-18　电平面板

12）选区 / 视图面板

选区 / 视图面板显示了当前选区和视图等相关信息，如图 1-12-19 所示。

图 1-12-19　选区 / 视图面板

13）状态栏

状态栏默认在 Adobe Audition 工作区底部，如图 1-12-20 所示，状态栏的左侧显示打开、保存或处理文件所需的时间，以及当前的传输状态（播放、录音或已停止）。状态栏右侧显示可自定义的各种各样的信息。

图 1-12-20　状态栏

12.2　Audition 基本操作

1. 选项设置

1）音频硬件设置

为保证 Audition 能正常使用声音的输入设备和输出设备，需要进行以下音频硬件设置和确认：选择“编辑”→“首选项”→“音频硬件”命令，出现图 1-12-21 所示对话框，在对话框中选择正确的声卡设备类型、选择所能支持的默认输入、默认输出等选项。

另外，感兴趣的读者也可研究并修改其他选项，如常规、外观、自动保存等。

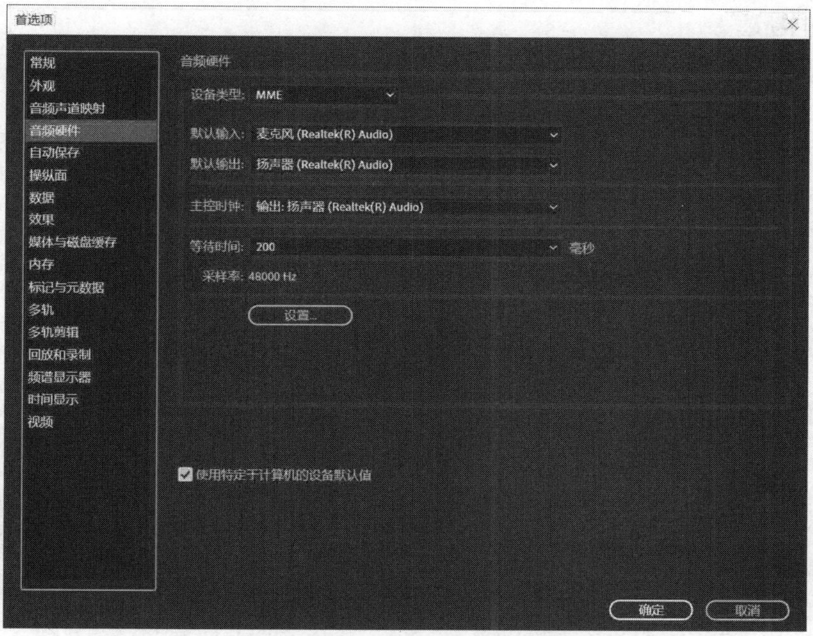

图 1-12-21　“首选项”对话框

2）Windows 10 下的录音选项设置

硬件选择正确的情况下，还需要选择正确的音频输入通道才能将声音录入计算机。双击右下角音量图。操作方法如下：右击桌面右下角的小喇叭图标，在弹出的快捷菜单中选择“录音设备”命令，将出现图 1-12-22 所示对话框，在录制选项卡中，选择录音来源，并在弹出的菜单中选择“设置为默认设备”命令。

如果找不到录音来源硬件设备，则在空白位置右击，并在弹出的快捷菜单中选择“显示禁用设备”命令，此时界面如图 1-12-23 所示。

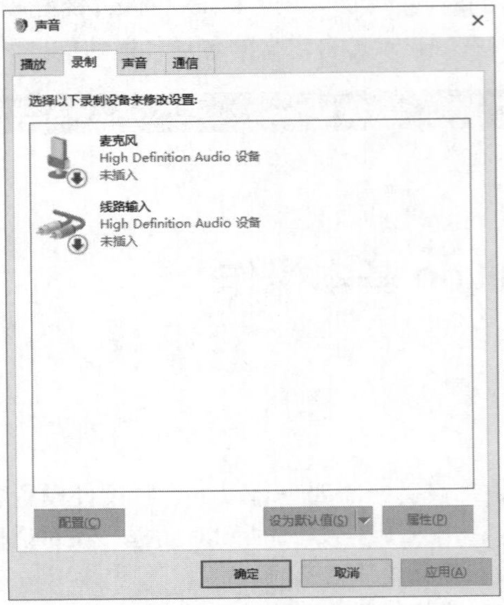

图 1-12-22　录音选项

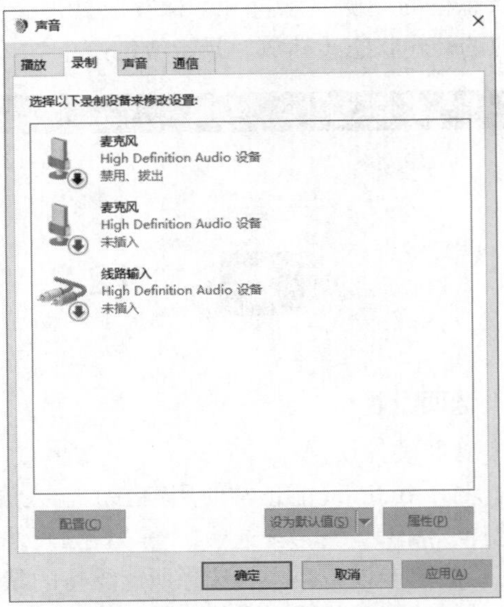

图 1-12-23　录音选项显示禁用设备

2. 文件的新建

1）新建音频文件

方法一：选择“文件”→“新建”→“音频文件”命令，如图 1-12-24 所示，将出现图 1-12-25 所示界面，输入文件名，根据录音文件的要求选择合适的采样率、声道及位深度。

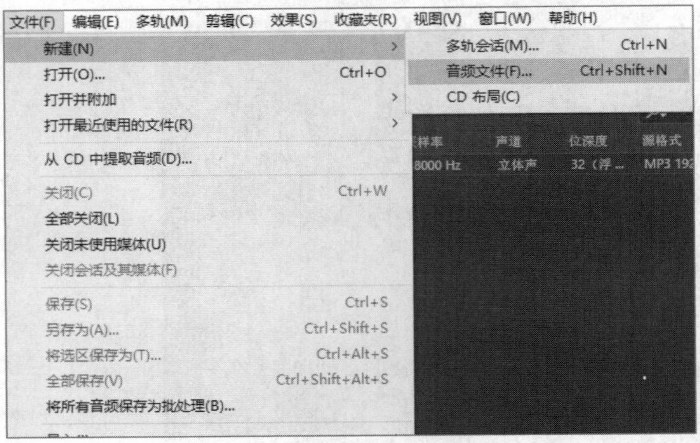

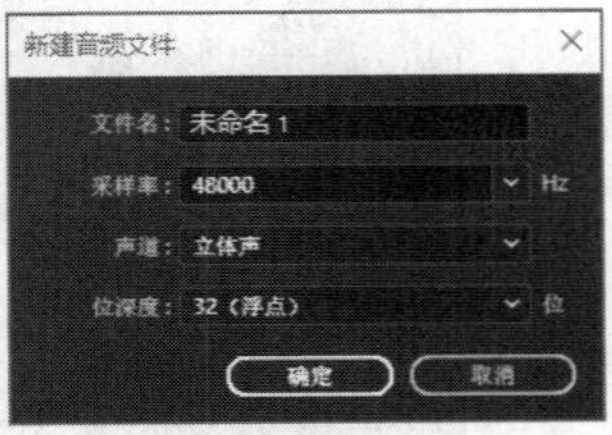

图 1-12-24　新建音频文件菜单　　　图 1-12-25　“新建音频文件”对话框

方法二：在文件面板中右击空白位置，在弹出的快捷菜单中选择“新建”→“音频文件”命令，如图 1-12-26 所示，后续操作同方法一。

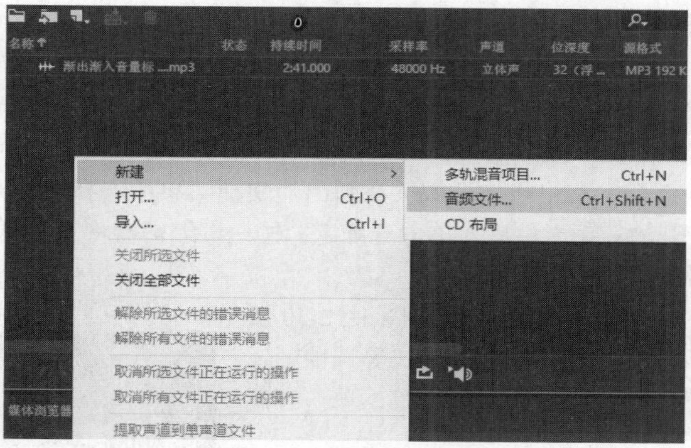

图 1-12-26　新建音频文件快捷菜单

2）新建多轨合成项目

只有创建多轨合成项目文件后，在多轨合成的界面中才能对多个声音文件进行合成编辑操作。

方法一：选择“文件”→“新建”→“多轨会话”命令，如图 1-12-27 所示，将出现图 1-12-28 所示界面，输入文件名，根据录音文件的要求选择合适的采样率、位深度（又称比特率）及主控，单击“确定”按钮。

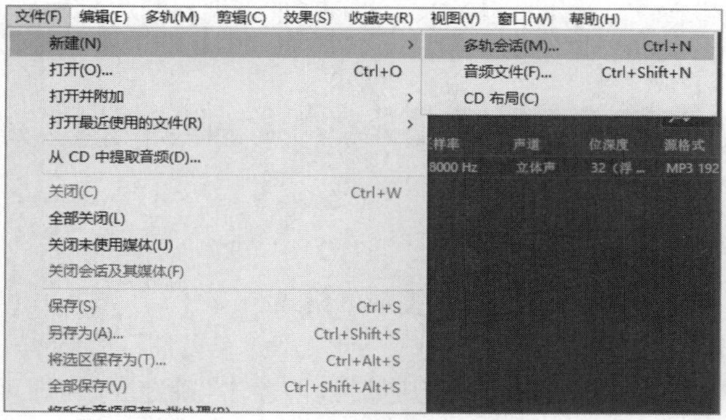

图 1-12-27　新建音频文件菜单

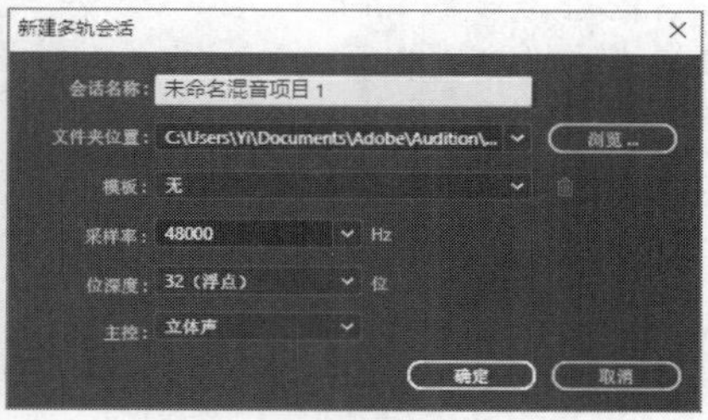

图 1-12-28　“新建多轨会话”对话框

方法二：在文件面板中右击空白位置，在弹出的快捷菜单中选择“新建”→“多轨混音项目”命令，如图 1-12-29 所示，后续操作同方法一。

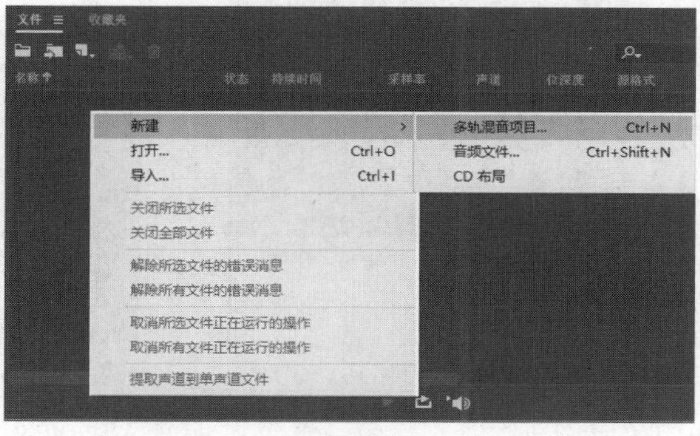

图 1-12-29　新建多轨混音文件快捷菜单

3. 音频文件的打开、保存与关闭

1）打开音频文件

方法一：选择“文件”→“打开”命令，在对话框中选择需要打开的音频文件，选择“打开”按钮，编辑器将直接显示文件波形图。

方法二：在文件面板中右击空白区域，在弹出的快捷菜单中选择“打开”命令，在弹出的对话框中选择需要打开的音频文件后，单击“确定”按钮，编辑器将直接显示文件波形图。

2）保存音频文件

选择“文件”→“保存”命令，弹出图 1-12-30 所示对话框，设置好相应文件名、位置、格式等选项，还可修改新建文件时已经设置好的采样类型等，单击“确定”按钮。

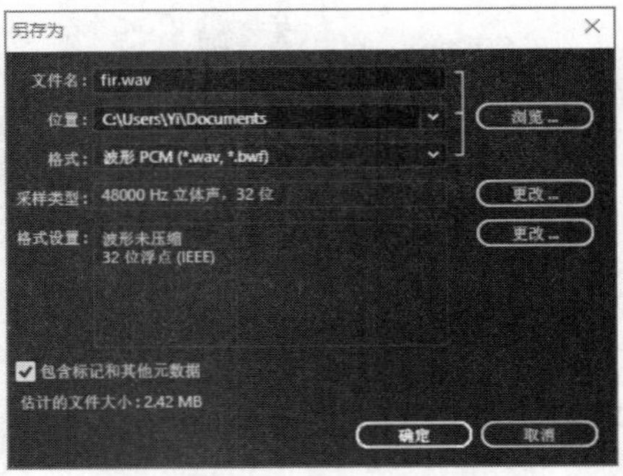

图 1-12-30 “另存为”对话框

3）关闭文件

方法一：在文件面板中右击需要关闭的对象，在弹出的快捷菜单中选择关闭所选文件，也可关闭全部文件。

方法二：选择“文件”菜单下的相应关闭命令。

4. 音频文件的导入与导出

1）导入文件到文件面板

方法一：选择“文件”→“导入”→“文件”命令，在对话框中选择需要打开的音频文件。

方法二：在左侧的文件面板中，单击“导入文件”按钮，在对话框中选择需要打开的音频文件。

注意：导入文件后，文件仅仅出现在文件面板中，双击文件面板中的文件后，才会在编辑区显示其波形图。

2）导出文件

Adobe Audition 可导出单轨或多轨，导出为 MP3 等可直接播放的格式。

在单轨模式下，常用操作方法如下：选择“文件”→“导出”→“文件”命令，如图 1-12-31 所示，将出现图 1-12-32 所示界面，在对话框中设置相应属性后，单击“确定”按钮即可。

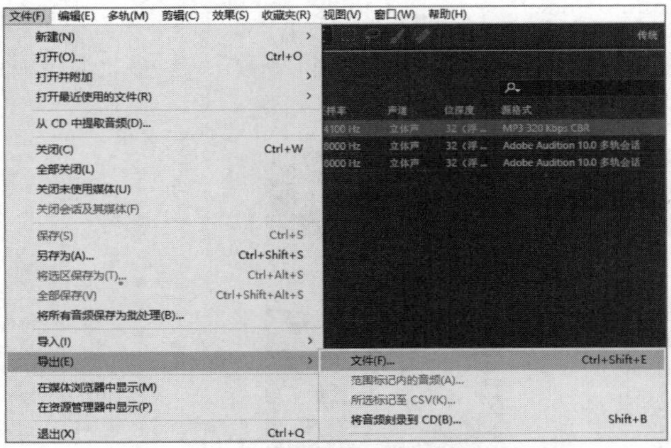

图 1-12-31 使用菜单导出单轨文件

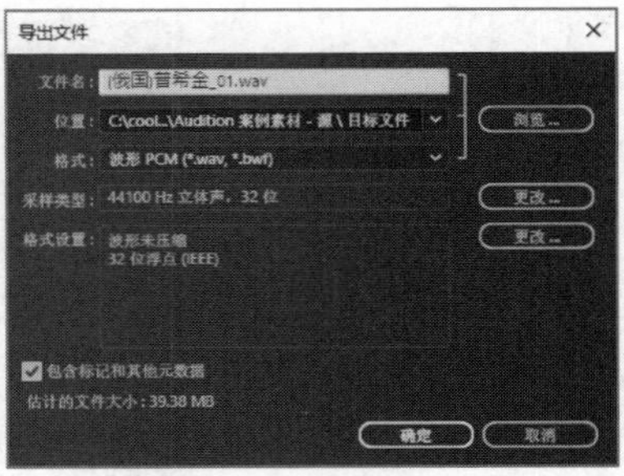

图 1-12-32 “导出文件”对话框

在多轨模式下，常用操作方法如下：

方法一：在编辑器中选择需要导出的对象（若需导出整个会话，也可不选择），选择“文件”→“导出”→“多轨混音”→“时间选区”/“整个会话”/“所选剪辑”命令，如图 1-12-33 所示。导出相应对象至音频文件，将出现图 1-12-34 所示界面，在对话框中设置相应属性后，单击“确定”按钮即可。

方法二：在多轨模式下，在编辑器中选择需要导出的对象（若需导出整个会话，也可不选择），右击选区，选择“导出缩混”→“整个会话”→“时间选区”/“整个会话”/“所选剪辑”命令，如图 1-12-35 所示，后续操作同方法一。

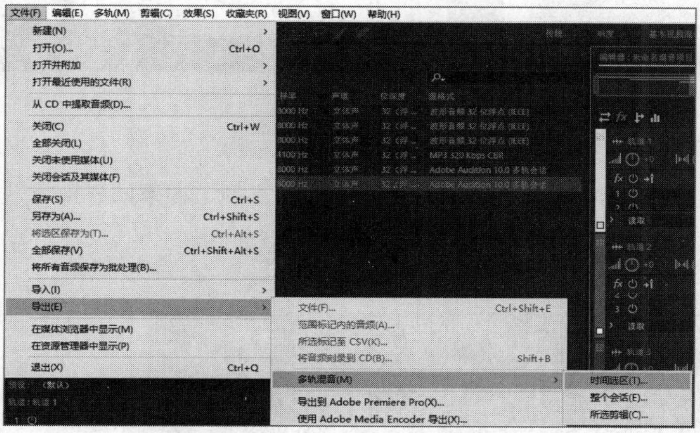

图 1-12-33　使用菜单导出多轨混音

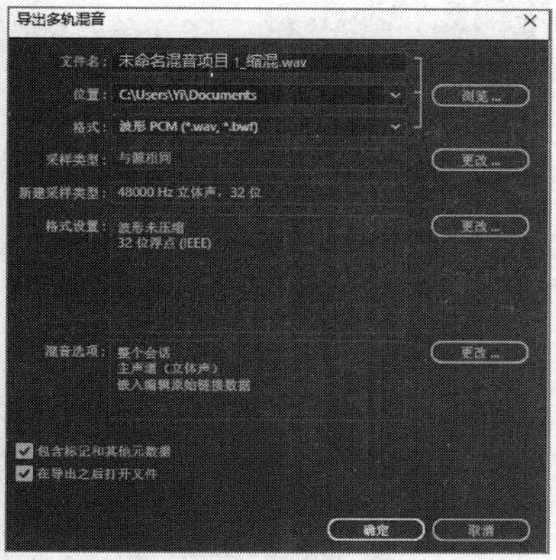

图 1-12-34　“导出多轨混音”对话框

5. 从 CD 中提取音频

Adobe Audition 可以从 CD 轨道中直接提取音频，以便对其进行重新编辑。

在 CD 光盘已经放入光驱的前提下，选择“文件”→“从 CD 中提取音频”命令，如图 1-12-36 所示，将弹出“从 CD 中提取音频”对话框，选择放入 CD 的光驱、读取速度及要导入的轨道等选项，单击“确定”按钮。

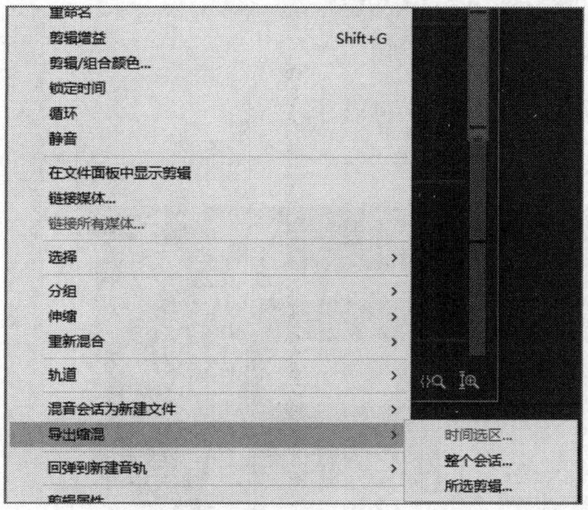

图 1-12-35　使用快捷菜单导出多轨混音

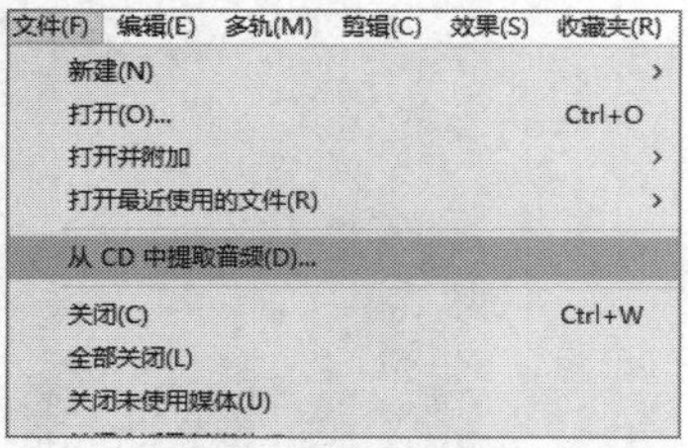

图 1-12-36　“从 CD 中提取音频”菜单

6. 关闭和启用声道

在“编辑器”窗口中，通过单击“切换声道启用状态：左侧”按钮，可以关闭与启用左声道的声音，如图 1-12-37 所示。同样，单击“切换声道启用状态：右侧”按钮，可以关闭与启用右声道的声音。

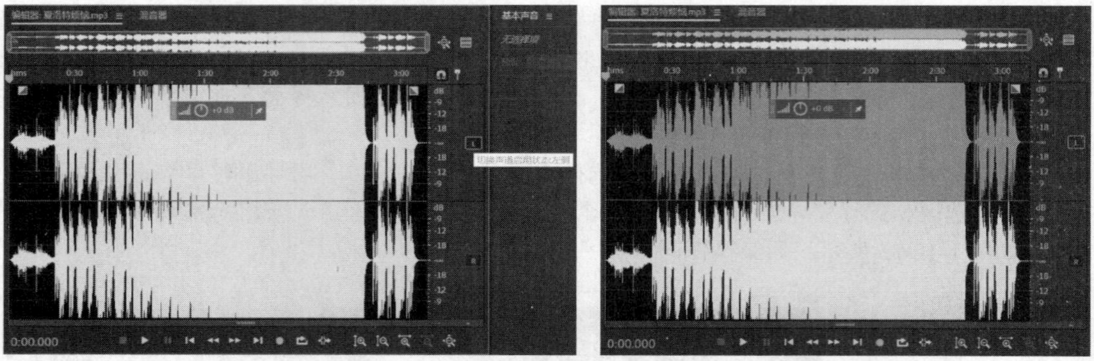

图 1-12-37　启用和关闭左声道

7. 频谱频率显示和频谱音调显示

在 Audition CC 的工作界面中，通过“频谱频率显示”按钮可以设置频谱频率的显示方式，如图 1-12-38 所示。设置频谱频率显示后的信息如图 1-12-39 所示。

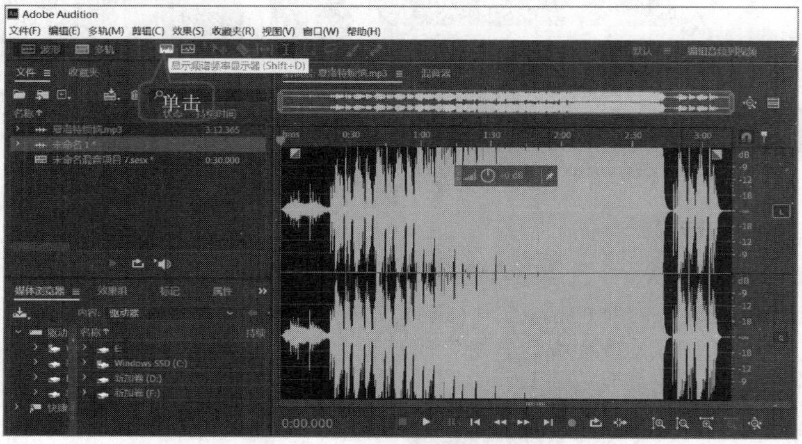

图 1-12-38　“频谱频率显示”按钮

同理，通过“频谱音调显示”按钮可以设置频谱音高的显示方式。

图 1-12-39　查看频谱频率的信息

12.3　Audition 录音

无论在单轨或多轨模式下，Audition 都能对录音进行采样，按照前面章节描述步骤对选项进行设置。大致原则为：在保证没有爆音的前提下，尽可能提高音量。在降噪完成之后或之前，为使得前后音量平衡，常常需要调整音量。

1. 单轨录音

选择“文件”→“新建”→“音频文件”命令，在“新建”对话框中，输入文件名，根据录音文件的要求选择合适的采样率、声道及位深度（又称为比特率）后，单击“确定”按钮。

单击“录制”按钮，即可开始录制，如图 1-12-40 所示。在录制过程中显示波形图说明录制正常。录制完成后，单击结束录音。可单击进行播放测试，然后保存文件。

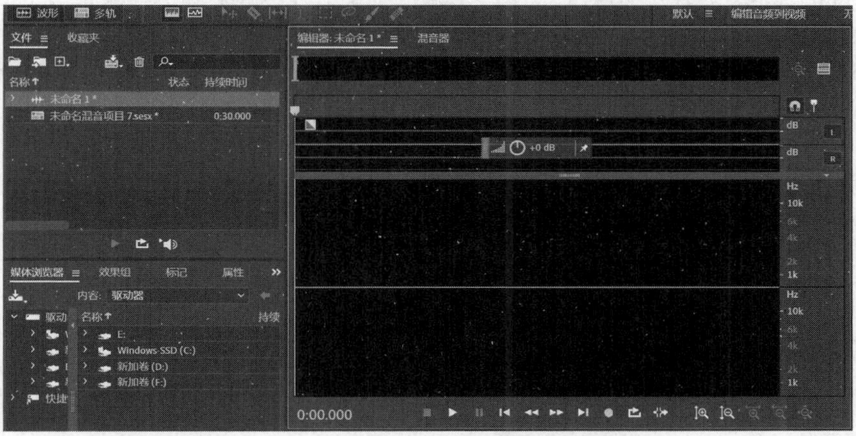

图 1-12-40　单轨录音

2. 多轨录音

选择“文件”→“新建”→“多轨会话”命令，将出现图 1-12-41 所示界面，大部分参数设置可参考单轨录音，单击“确定”按钮。

新建一个主控为立体声的多轨音频工程文件后的界面如图 1-12-42 所示。

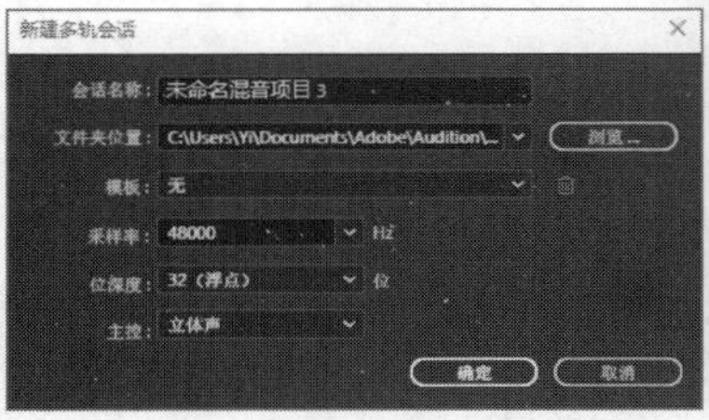

图 1-12-41　新建多轨会话

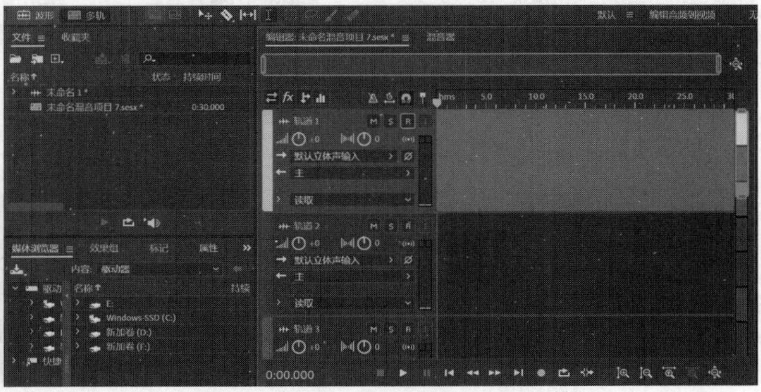

图 1-12-42　多轨录音

单击需要进行录音的轨道上的“录制准备”按钮，当变为图标，则说明该轨道进入录音准备状态。单击“录音”按钮（如需要多个轨道录音，也可选择多个轨道的“录音轨道按钮”，其他操作同上），单击结束录音，并单击结束录音准备。然后进行试听和保存。

12.4 音频的剪辑和修饰

1. 删除波形

在进行音频编辑的过程中，常常需要删除一些音频中多余的片段。删除音频波形的操作方法主要有两种，一是选中需要删除的波形区域，选择“编辑”→“删除”命令，如图 1-12-43 所示，可以看到选择的音频波形区域被删除，并且删除区域的前后波形会自动连接在一起；二是选中需要删除的波纹，选择“编辑”→“波纹删除”命令，可以看到五个和波纹删除相关的命令，分别是“所选剪辑”“所选剪辑内的时间选区”“所有轨道内的时间选区”“所选轨道内的时间选区”和“所选轨道中的间隙”，如图 1-12-44 所示。要注意的是，在单轨编辑状态下，“删除波纹”命令是不能用的，“删除波纹”命令主要应用在多轨模式下。

选择“波纹删除”中的“所选剪辑”命令后，可将选中的轨道内的音频区域全部删除；而“所选剪辑内的时间选区”“所有轨道内的时间选区”“所选轨道内的时间选区”和“所选轨道中的间隙”命令都需要在多轨合成文件中创建一个时间选区，然后再进行相应的操作。

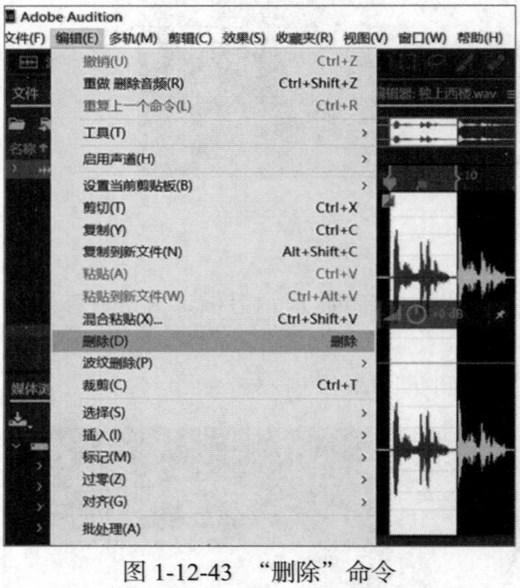

图 1-12-43 “删除”命令

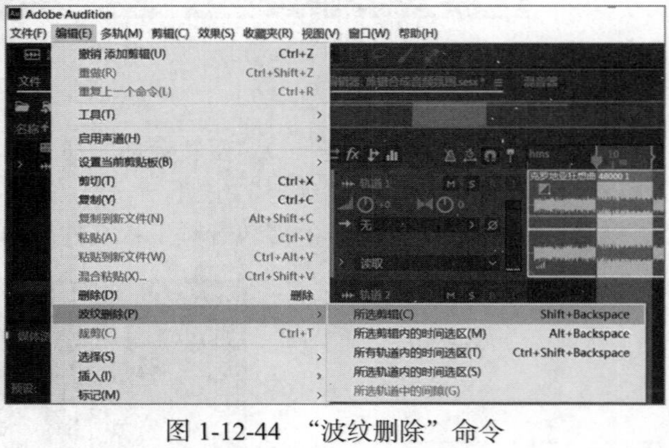

图 1-12-44 “波纹删除”命令

2. 剪切、复制、粘贴波形

在编辑音频的过程中，常常需要复制一些音频波形，可以使用 Audition 软件的复制粘贴功能来操作。在操作时，使用“时间选择工具”按钮，选择准备进行复制的音频波形，在菜单栏中选择“编辑”→“复制”命令，如图 1-12-45 所示，将光标定位到准备进行粘贴的位置，在菜单栏中选择“编辑”→“粘贴”命令，即可完成复制、粘贴音频波形的操作，如图 1-12-46 所示。如果选择“编辑”→“剪切”命令，再选择“粘贴”命令，即可完成剪切音频波形的操作。

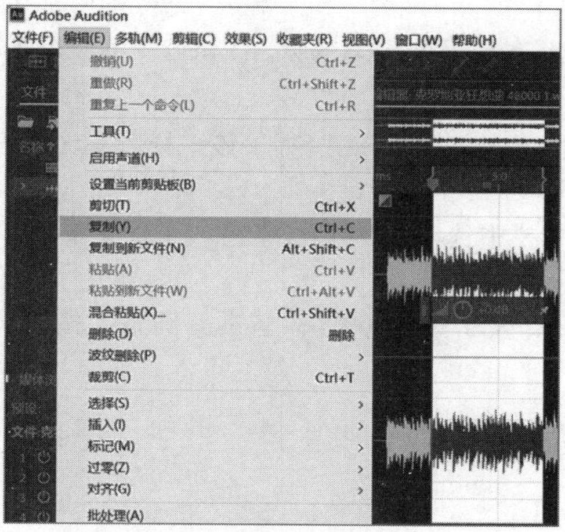

图 1-12-45 复制选中的音频波形

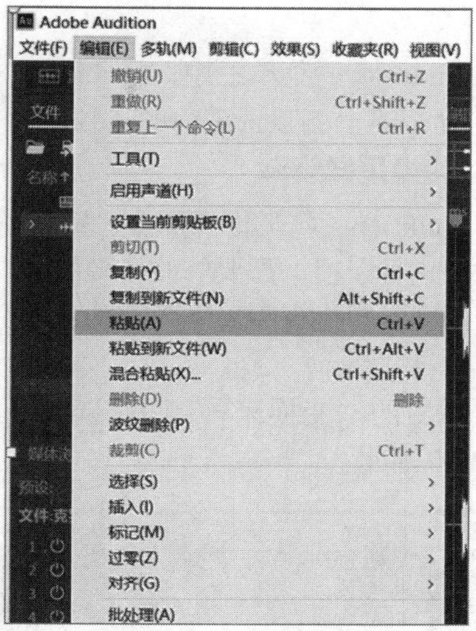

图 1-12-46 粘贴波形

3. 复制到新文件

在 Audition 软件中，可以通过“复制到新文件”命令，自动创建一个未命名的音频文件，并将复制的音频波形片段粘贴在这个文件中。下面通过一个案例讲解复制为新文件的操作。

【例 12.1】制作手机铃声（复制波形编辑）。

视 频

例12.1 制作手机铃声

（1）打开 Adobe Audition，选择“文件”→“打开”命令，在对话框中选择“let it go.mp3”，单击“打开”按钮打开文件。

（2）单击“播放”按钮▶，试听波形文件，用鼠标左键拖动，选择一段喜欢的波形，本例所选时间为：1:00.700 至 1:28.000，如图 1-12-47 所示。

（3）选择“编辑”→“复制到新文件”命令，如图 1-12-48 所示。

图 1-12-47 选择波形

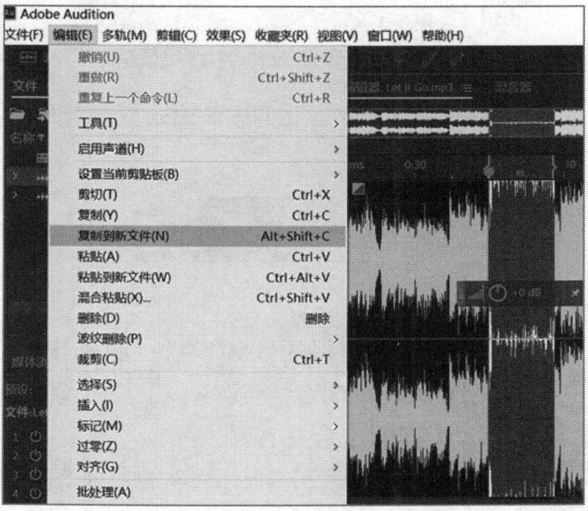

图 1-12-48 “复制到新文件”命令

（4）试听新文件效果，选择“文件”→“保存”命令，在“另存为”对话框中设置文件名为“手机铃声”，格式为“mp3”，单击“确定”按钮。

4. 裁剪

在 Audition 的菜单栏中选择“编辑”→“裁剪”命令。“裁剪”和“删除”命令的区别在于，“裁剪”命令不会删除选区内的音频波形，而是将选区外的音频波形删除，保留选中的波形区域。

5. 转换采样频率

在 Audition CC 工作界面中，默认状态下采样频率为 44 100 Hz，如果该采样频率无法满足用户需求，可以根据需要修改音频的采样频率类型。

打开准备转换音频采样频率的音频文件，在菜单栏中选择“编辑”→“变换采样频率”命令，如图 1-12-49 所示。

在弹出的“变换采样频率”对话框中设置采样率为“48 000”，单击“确定”按钮，如图 1-12-50 所示。

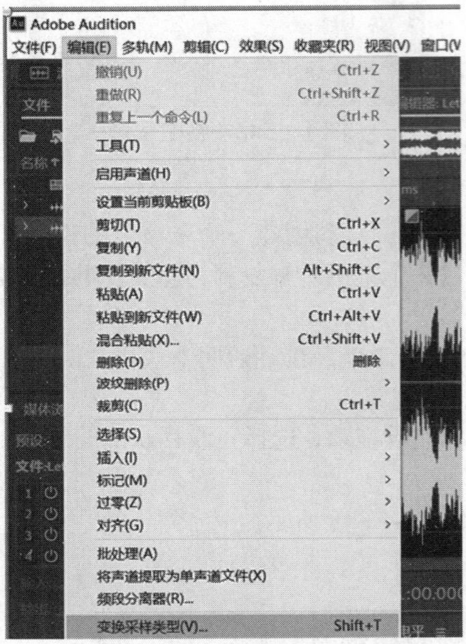

图 1-12-49 “变换采样类型”菜单

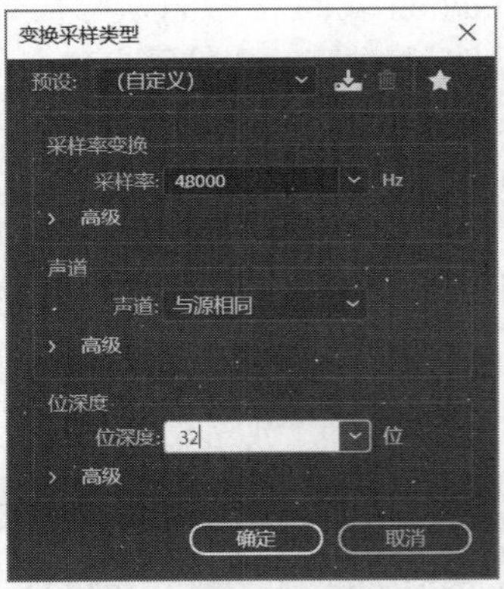

图 1-12-50 “变换采样类型”对话框

返回软件主界面后，可以看到完成采样频率转换后的音频效果。

12.5 应用举例

视频

12.5 应用举例–合并音频

生活中获得的音频素材一般都比较单调，如果想要得到一些具有特殊效果的音频，通过简单的剪辑就能实现，下面介绍如何合并两段音频的操作方法。

【案例】合并音频。

【设计思路】利用简单的复制粘贴命令完成音频的合并。

【设计目标】通过本案例，掌握导入文件、音频复制、粘贴等相关知识。

【操作步骤】

（1）打开素材文件“音频 1.mp3”和“音频 2.mp3”，并分别试听两段音频的效果。

（2）双击“音频 2.mp3”音频文件，选中需要复制的波形，如图 1-12-51 所示。

（3）右击，在弹出的快捷菜单中选择“复制”命令，如图 1-12-52 所示。

图 1-12-51　打开素材文件

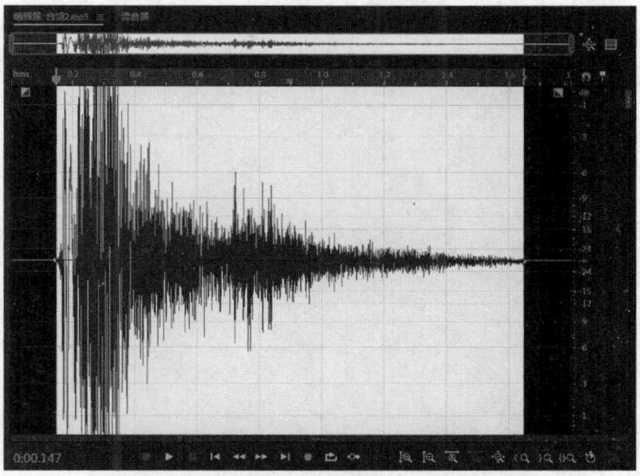

图 1-12-52　选中需要复制的波形

（4）在文件面板中双击“音频 1.mp3”文件，将光标定位在需要粘贴音频的位置，也即 3.3 s 附近，如图 1-12-53 所示。在菜单栏中选择“编辑”→“粘贴”命令，将选中的音频 1 的波形粘贴到音频 2 的后面，如图 1-12-54、图 1-12-55 所示。

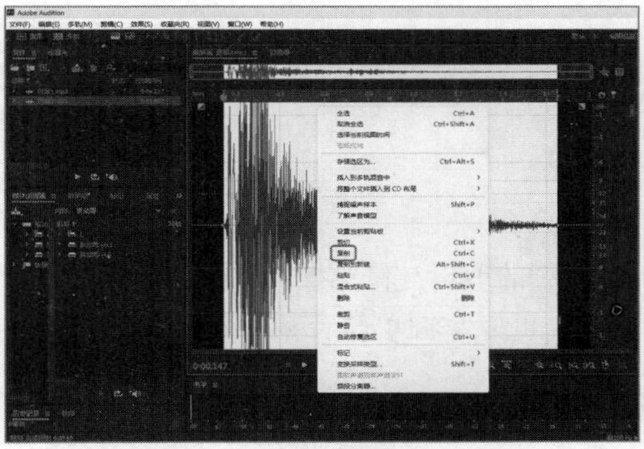

图 1-12-53　复制选中的波形

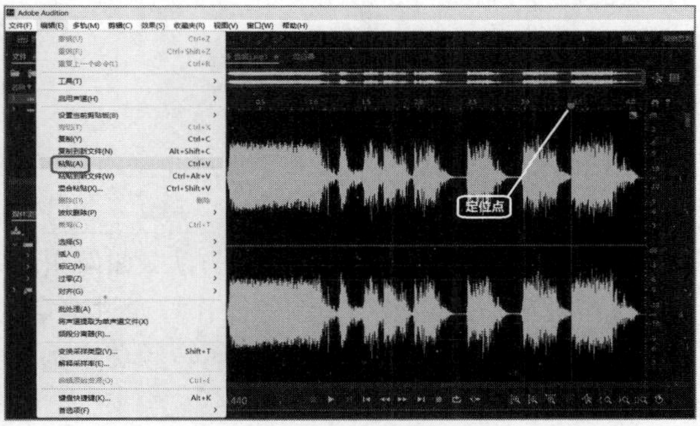

图 1-12-54　粘贴选中的波形

（5）选择“文件”→“另存为”命令，保存文件，如图 1-12-56 所示。

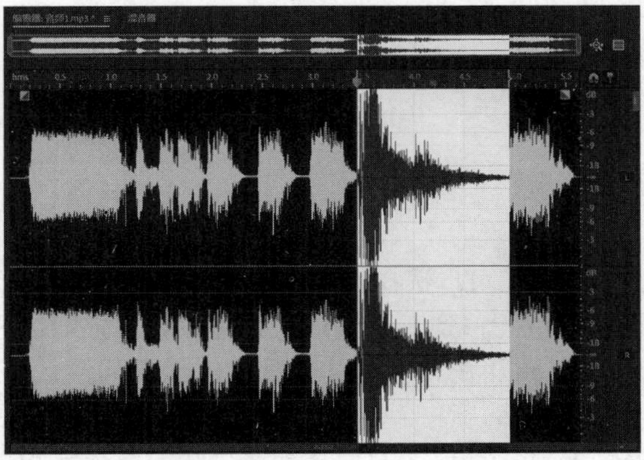

图 1-12-55　粘贴波形后的效果

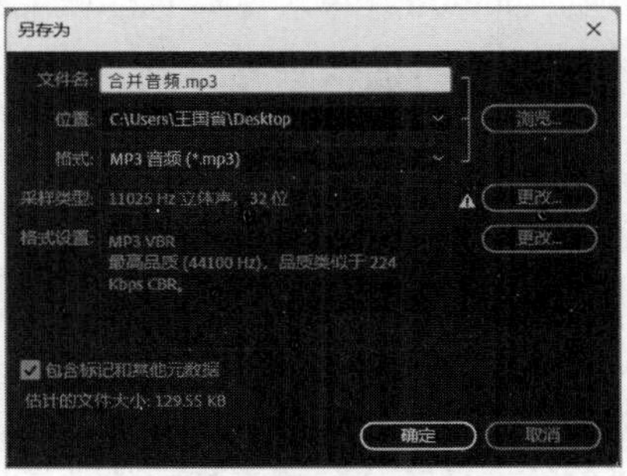

图 1-12-56　保存文件

第 13 章 单轨音频的编辑

学习目标

◎运用工具编辑音频。
◎掌握单轨音频的编辑操作。
◎掌握单轨音频的效果合成操作。

学习重点

◎单轨音频的特效处理。
◎单轨音频的编辑。

本章主要介绍单轨音频编辑的方法，如何完成单轨音频的剪辑与修饰操作、修复音频效果、优化人声效果、匹配多个音频等操作。通过本章的学习，可以掌握单轨音频编辑方面的知识，为深入学习 Adobe Audition 多轨编辑音频奠定基础。

13.1 创建和管理单轨音频

Adobe Audition 可以对单个音频轨道的波形进行编辑，也可以同时处理多个音频轨道波形。本节讲述 Audition 在单轨模式下的编辑操作。

13.1.1 运用工具编辑音频

1. 时间选择工具

在 Audition CC 的工作界面中，使用“时间选择工具”可以选择音频文件中需要编辑的部分。操作时，选择“时间选择工具”按钮后，需将鼠标指针移到音频轨道的合适位置，按下鼠标左键并向右拖动，即可选中音频中的部分波形。Audition 下的常用工具如图 1-13-1 所示。

2. 移动工具

“移动工具”可以对音频文件进行移动操作。按住“移动工具”按钮，将对象拖动到指定位置即可。

3. 切断所选剪辑工具

“切断所选剪辑工具”可以将音频文件切割成几部分，然后分别对各部分的音频进行编辑操作。

4. 滑动工具

使用“滑动工具”可以移动音频文件中的内容，该操作不会移动音频文件的整体位置。具体操作如下：在工具栏中选择“滑动工具”，将鼠标指针移动至音频素材上，测试鼠标指针呈形状，按下鼠标左键并向右移动，将隐藏的音频内容拖动出来，此时音频文件的波形会有所变化，即可完成“滑动工具”的操作。

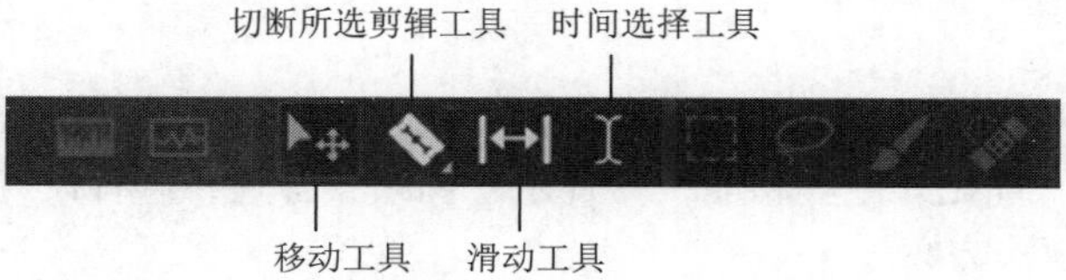

图 1-13-1　常用工具

13.1.2　放大和缩小振幅

在 Audition CC 的编辑器窗口中，可以根据需要对音频文件的声音振幅进行放大与缩小操作，使制作的音频文件更加符合用户的需求，具体操作如下：

（1）通过编辑器窗口的“放大（振幅）”按钮放大音频振幅；

（2）通过编辑器窗口的“缩小（振幅）”按钮缩小音频振幅；

（3）通过编辑器窗口的“调整（振幅）”数值框放大音频振幅；

（4）通过编辑器窗口的“调整（振幅）”数值框缩小音频振幅，如图 1-13-2 所示。

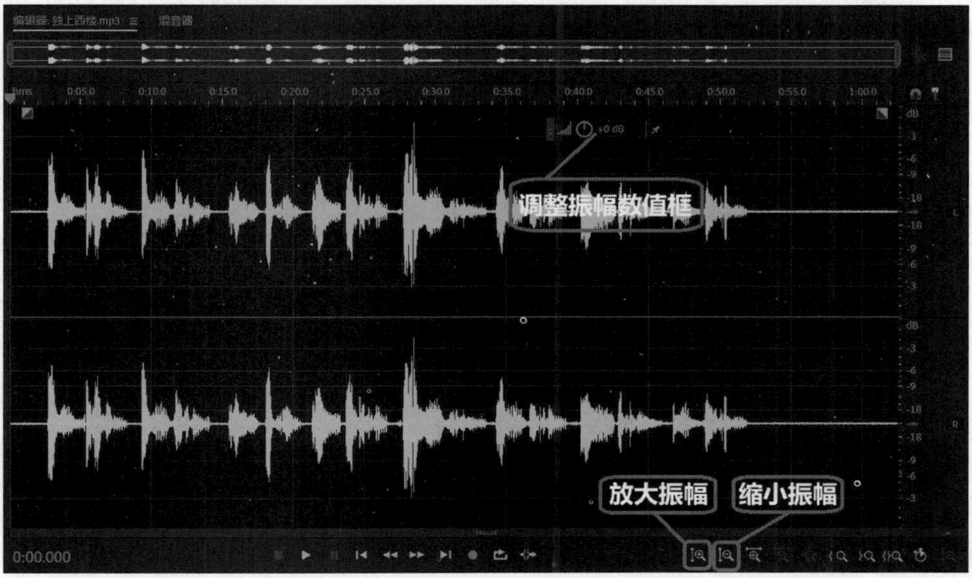

图 1-13-2　放大和缩小振幅

13.1.3 放大和缩小时间

在 Audition CC 的工作界面中，可以根据需要对音频轨道中的音频时间进行放大与缩小的操作，主要操作步骤如下：

通过编辑器窗口的“放大（时间）”按钮，来放大音频的时间；

通过编辑器窗口的“缩小（时间）”按钮，来缩小音频的时间。

13.2 单轨音频的特效

Adobe Audition 拥有集成的效果菜单编辑视图，支持降噪、音量标准化、伸缩与变调、提取中置声道、匹配音量、优化人声等功能，为音乐、视频、音频和声音设计专业人员提供全面集成的音频编辑和混音解决方案。

13.2.1 提取中置声道

唱卡拉 OK 伴奏的音乐需要消除歌曲人声，提取伴奏，这个功能完全可由 Adobe Audition 的“提取中置声道”实现。

视频

例13.1 人声移除

【例 13.1】对单轨模式音频文件添加淡入淡出效果。

（1）打开 Adobe Audition，选择“文件”→“打开”命令，按照前述步骤打开“挥着翅膀的女孩 .mp3”。

（2）选择“效果”→“立体声声像”→“中置声道提取器”命令，弹出图 1-13-3 所示窗口，设置预设为“人声移除”，边听边微调窗口其他参数，效果满意后单击“确定”按钮。

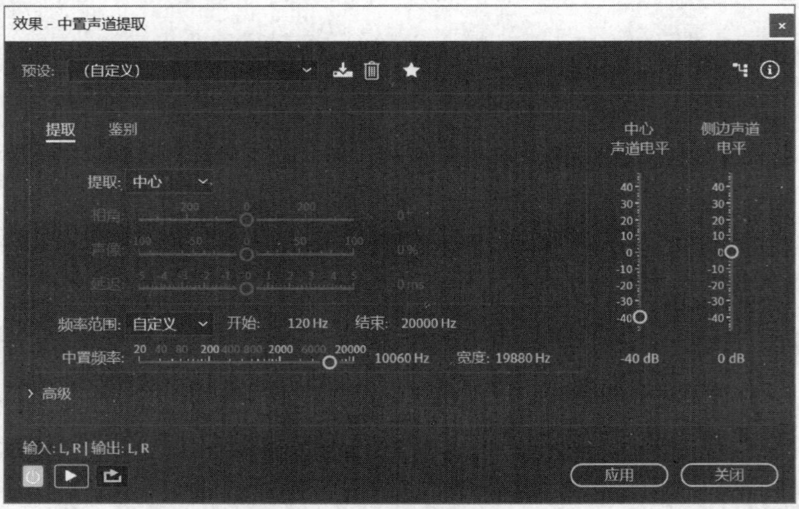

图 1-13-3 “效果 - 中置声道提取”对话框

（3）中置声道提取前后波形对比如图 1-13-4 所示，可以看到音频振幅增加，音量变化很小。

（4）本次操作将对音量进行处理。选择“效果”→“振幅与压限”→“增幅”命令，出现图 1-13-5 所示对话框。输入增益为 6.56 dB，预览播放，调整参数至合适数值，单击“应用”按钮应用效果。

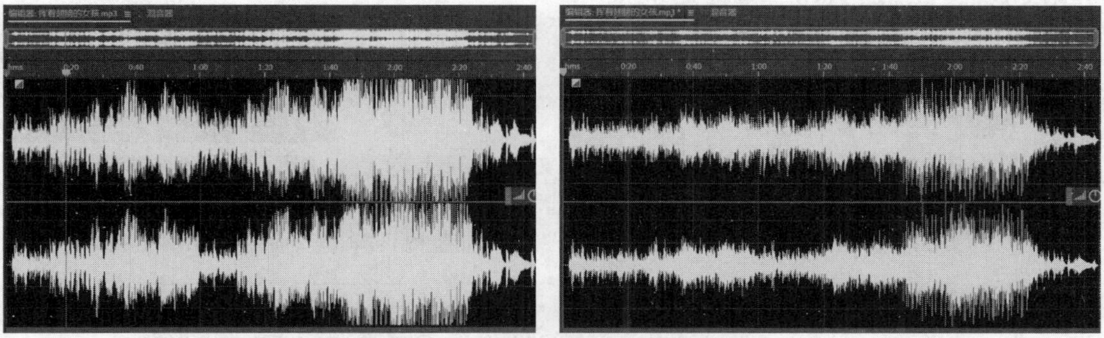

图 1-13-4　中置声道提取前、后波形

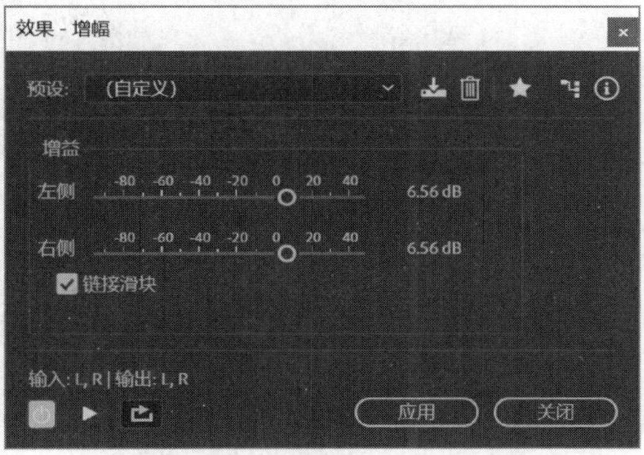

图 1-13-5　“效果 - 增幅”对话框

（5）中置声道提取前后波形对比如图 1-13-6 所示，可以看到音频振幅增加，音量变大了。

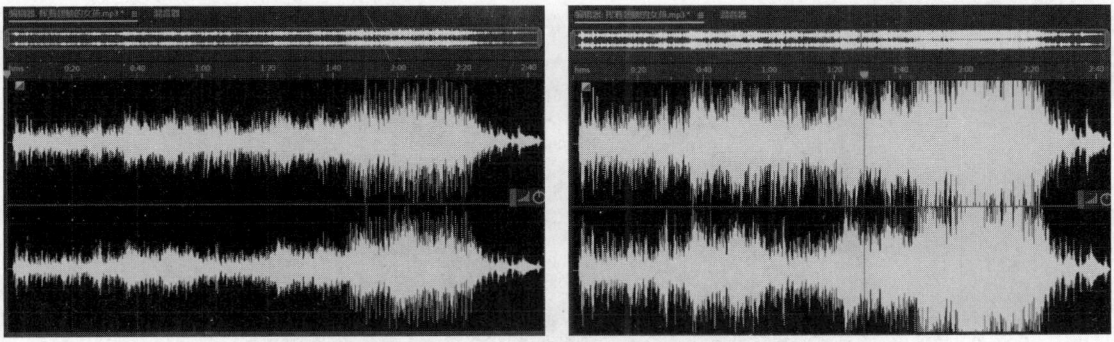

图 1-13-6　增幅前、后波形

（6）试听效果满意后，导出文件，选择“文件”→“导出”→“文件”命令，在“另存为”对话框中设置文件名、路径等参数，单击“确定”按钮。

13.2.2　降噪

在录音设备进行录音时，周围的环境或硬件等可能会产生一些噪声影响效果，因此需要进行降噪，使噪声减弱，但降低噪声会对音频文件产生破坏影响，过度降噪会导致声音失真，破坏原声。因此，要尽量在录音阶段取得较好的音频素材，提高降噪程度，以最大限度保持高音质。实际降噪程度取决于背景噪声类型和剩余信号可接受的品质损失，一般将信噪比提高 5 ～ 20 dB。Adobe Audition 提供了多种降噪方法。

视 频

例13.2 降噪

1. 通过捕捉噪音样本降噪

【例 13.2】消除“独上西楼 .mp3”低音部分的电流声噪声，操作步骤如下：

（1）打开 Adobe Audition 并导入文件“独上西楼 .mp3”，通过“选区 / 视图”面板设置选区，如图 1-13-7 所示。

图 1-13-7　设置噪声样本选区

（2）选择“效果”→“降噪 / 恢复”→“捕捉噪声样本”命令，如图 1-13-8 所示。

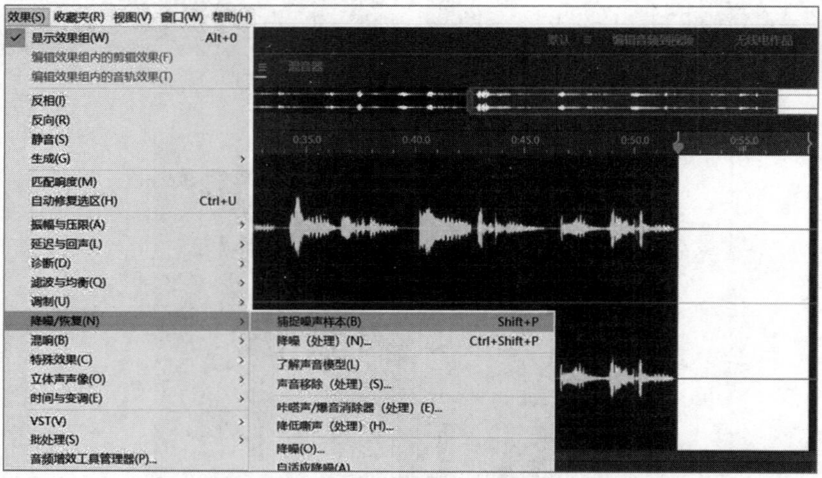

图 1-13-8　“捕捉噪声样本”命令

（3）选中全部波形，选择“效果”→“降噪 / 恢复”→“降噪（处理）”命令，出现窗口如图 1-13-9 所示。接下来将对此窗口做简要说明：

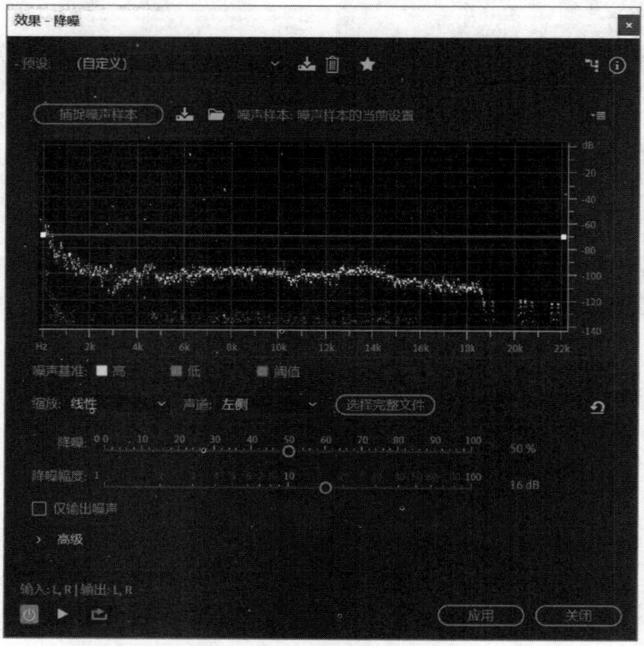

图 1-13-9　“效果 - 降噪”对话框

① 振幅。蓝色实线有控制点，可以通过拖动改变控制点位置从而改变不同频率范围中的降噪值，控制点可以自行增加（单击实线）和减少（将其拖动至外部）；红色部分为低振幅噪声；黄色部分为高振幅噪声；绿色部分为阈值，低于该值将进行降噪处理。

② 按钮。为已经打开降噪效果；为已经关闭降噪效果，二者可以单击切换；为预览播放 / 停止按钮；为切换循环按钮。

（4）设置上述参数，通过上述按钮测试降噪效果，应用确认。一般为达到较好的降噪效果，可以分多次进行取样、降噪处理，每次选取较小的降噪级别，这样对原始文件损伤程度较小。

2. 自适应降噪

自适应降噪可快速去除宽频噪声，如背景声音、隆隆声和风声等。选择“效果”→“降噪 / 恢复”→“自适应降噪”命令，将出现图 1-13-10 所示窗口，设置参数后，单击“应用”按钮退出。

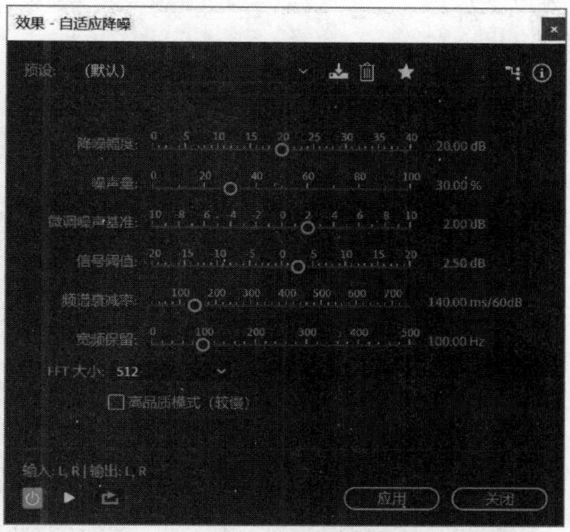

图 1-13-10　“效果 - 自适应降噪”对话框

3. 自动咔嗒声移除

如需去除黑胶唱片中的噼啪声和静电噪声，可使用自动咔嗒声移除效果降噪，操作方法为：执行“降噪 / 恢复”→“自动咔嗒声移除”命令，将出现图 1-13-11 所示窗口，设置好参数后，单击“应用”按钮退出。

4. 自动相位校正

如需去除未对准的磁头中的方位角误差、放置错误的麦克风的立体声模糊以及许多其他相位相关噪声，可使用自动相位校正效果，操作方法为：执行“降噪 / 恢复”→“自动相位校正”命令，将出现图 1-13-12 所示窗口，设置好参数后，应用退出。

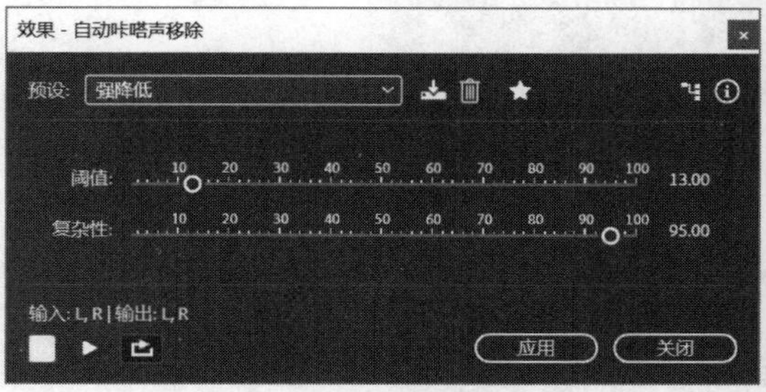

图 1-13-11　“效果 - 自动咔嗒声移除”对话框

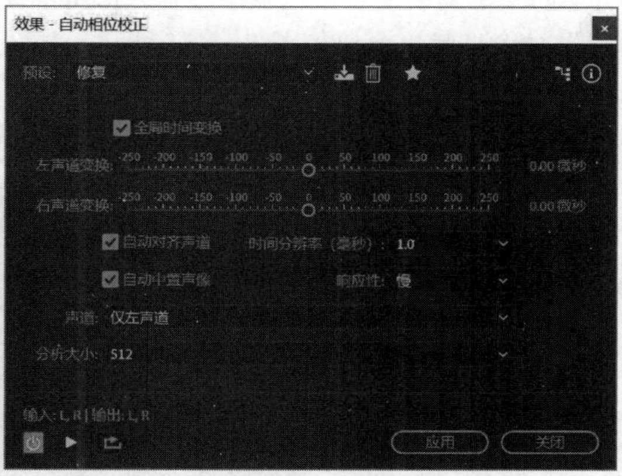

图 1-13-12　“效果 - 自动相位校正”对话框

5. 咔嗒声 / 爆音消除器

如需消除麦克风爆音、咔嗒声、轻微嘶声以及噼啪等噪声，可使用此命令，执行“降噪 / 恢复”→“咔嗒声 / 爆音消除器效果”命令，弹出窗口如图 1-13-13 所示。可无须关闭“效果”对话框，直到调整选区，并且修复多个咔嗒声。设置好参数后，应用退出。

6. 消除嗡嗡声

如需去除照明设备和电子设备的电线嗡嗡等窄频段及其谐波，可使用此选项，操作方法：选择“降噪 / 恢复”→“消除嗡嗡声”命令，弹出窗口如图 1-13-14 所示。设置好参数后，应用退出。

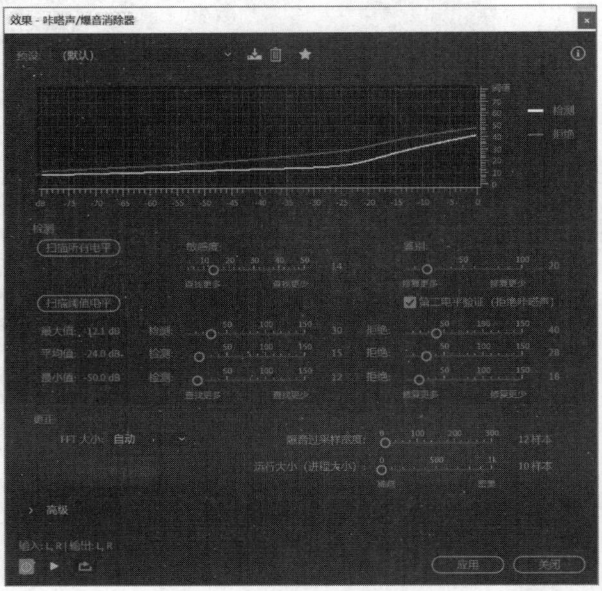

图 1-13-13 “效果 - 咔嗒声 / 爆音消除器”对话框

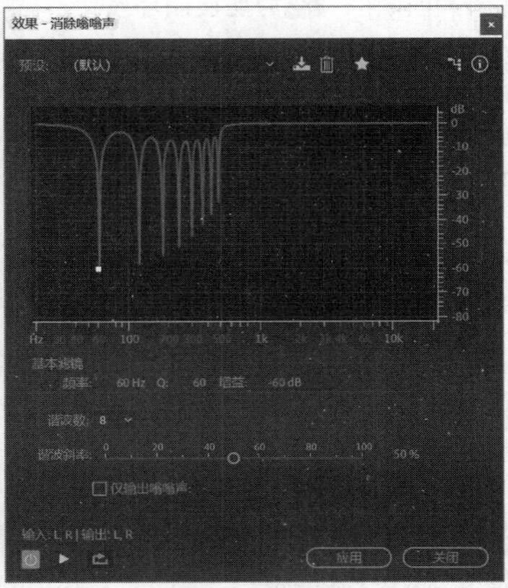

图 1-13-14 “效果 - 消除嗡嗡声”对话框

7. 降低嘶声（处理）

此效果只限波形编辑器中处理，可减少录音带、黑胶唱片或麦克风前置放大器等音源中的嘶声。如果某个频率范围在噪声门的振幅阈值以下，使用降低嘶声可以大幅降低该频率范围的振幅。而高于阈值的频率范围内的音频保持不变。操作方法：选择“降噪 / 恢复”→“降低嘶声（处理）”命令。弹出窗口如图 1-13-15 所示。设置好参数后，单击“应用”按钮退出。

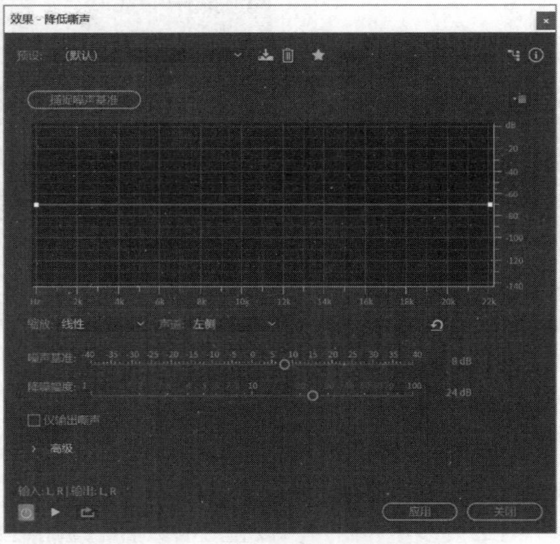

图 1-13-15 “效果 - 降低嘶声”对话框

13.2.3　音量标准化

音量标准化可以将波形按照比例放大或缩小。

视 频

例13.3 音量标准化

【例 13.3】调整“音量标准化串烧 .mp3”的音量到合适大小。

（1）打开 Adobe Audition，选择“文件”→“打开”命令，在弹出的对话框中选择需要打开的音频文件，单击“打开”按钮，编辑器将显示此文件波形图，波形图显示部分波形声音过高，如图 1-13-16 所示波形图框选部分。

（2）单击▶播放文件，观察电平面板，发现某些变化值高于标准量“0”，音频可能出现破音或爆音，如图 1-13-16 电平框选部分。

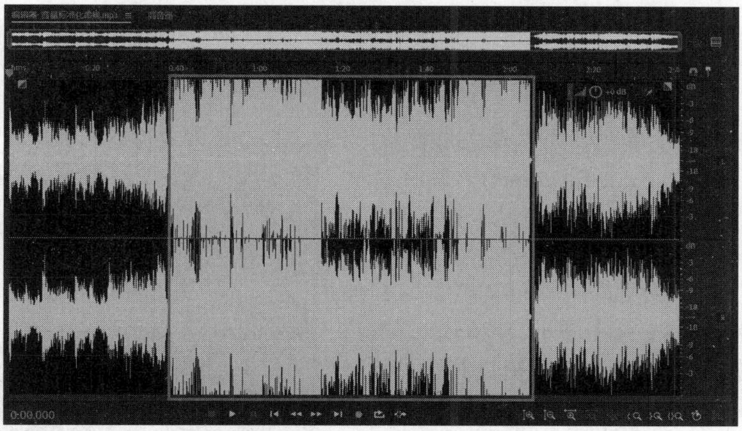

图 1-13-16　某些变化值高于标准量

（3）音量标准化，选择“效果”→“振幅与压限”→“标准化（处理）”命令，弹出对话框如图 1-13-17 所示。按照默认设置应用。

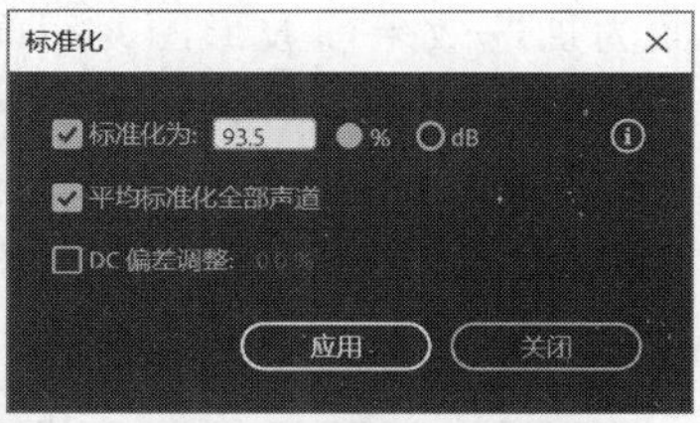

图 1-13-17　“标准化”对话框

（4）设置音量标准化前后波形对比如图 1-13-18 所示，可以看到变化值高于标准量“0”的波形部分有所减少，若不满意效果，试听后再次重复操作。

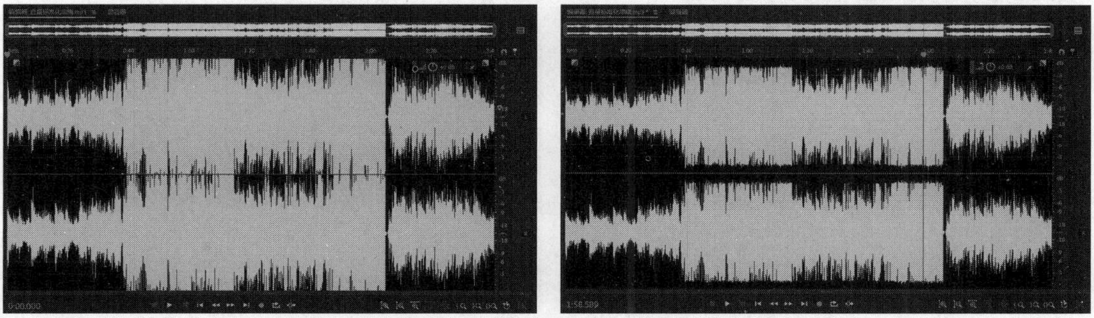

图 1-13-18　音量标准化前后波形

（5）导出文件，选择“文件”→“导出”→“文件”命令，在“导出文件”对话框中进行设置，如图 1-13-19 所示，单击“确定”按钮。

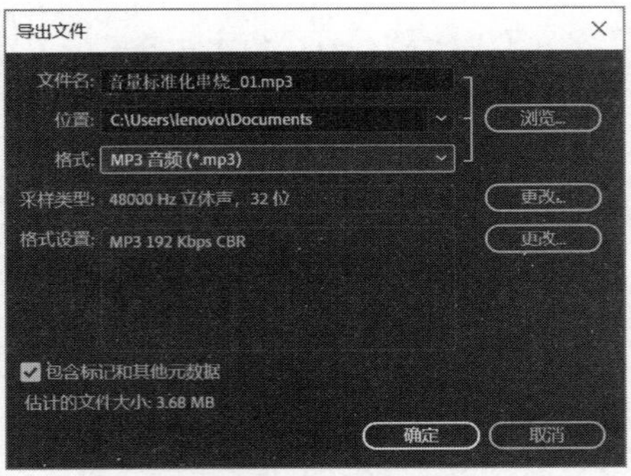

图 1-13-19 “导出文件”对话框

13.2.4 伸缩与变调

视 频

例13.4 生成快曲

【例 13.4】单轨模式生成快曲效果。

（1）打开 Adobe Audition，选择“文件”→“打开”命令，按照前述步骤打开“克罗地亚狂想曲 .mp3”。

（2）选择“效果”→“时间与变调”→“伸缩与变调”命令，弹出图 1-13-20 所示窗口，设置预设为“加速”，边听边微调窗口其他参数，效果满意后单击“确定”按钮。

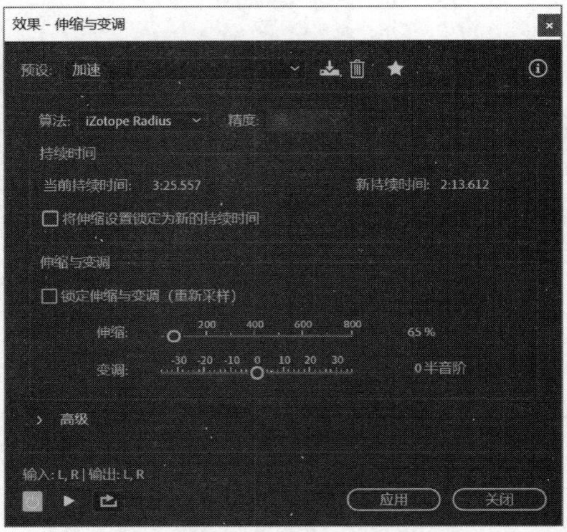

图 1-13-20 “效果 - 伸缩与变调”对话框

（3）仔细观察对比，如图 1-13-21 所示，前面为加速效果前波形图，后面为加速效果后波形图。可想而知，波形主要的变化在时间上。

（4）导出文件，选择“文件”→“导出”→“文件”命令，在弹出的对话框中设置文件名、路径等参数，单击“确定”按钮。

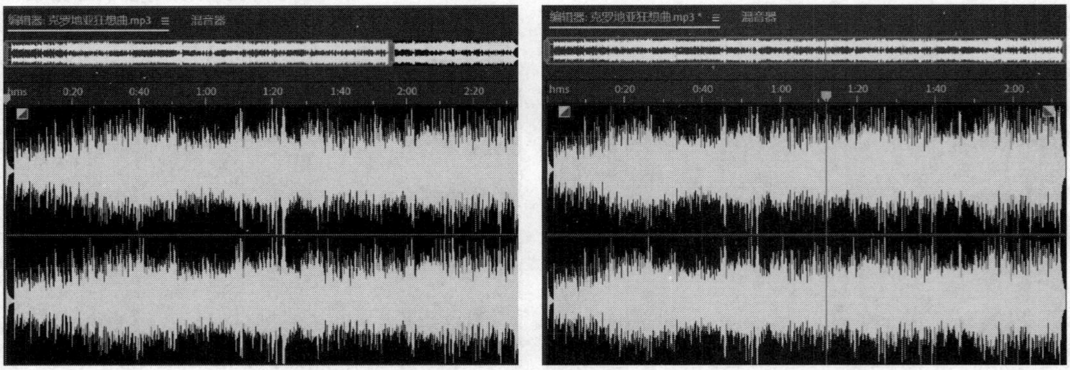

图 1-13-21 添加回声前后的波形对比

【例 13.5】单轨模式下为音乐降调。

（1）打开 Adobe Audition，选择“文件”→“打开”命令，打开“克罗地亚狂想曲 .mp3”。

（2）选择“效果”→“时间与变调”→“伸缩与变调”命令，弹出图 1-13-22 所示窗口，设置预设为“降调”，继续微调其他参数，效果满意后单击“确定”按钮。

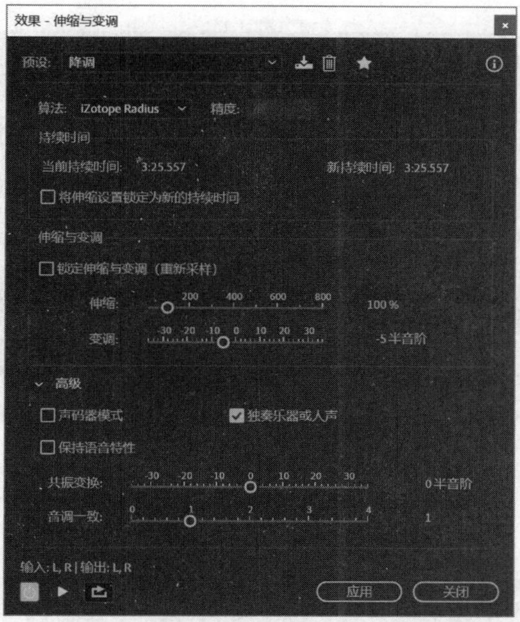

图 1-13-22　“效果 - 伸缩与变调”对话框

视　频

例13.5 音频降调

（3）仔细观察对比，如图 1-13-23 所示，前面为添加降调前波形图，后面为添加降调后波形图。同样，波形的变化主要在时间上。

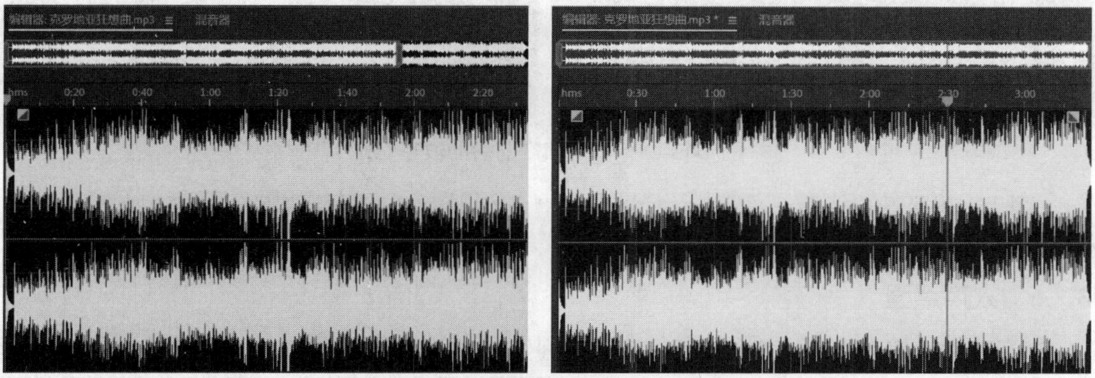

图 1-13-23　添加降调前后的波形对比

（4）导出文件，选择“文件”→“导出”→“文件”命令，在弹出的对话框中设置文件名、路径等参数，单击“确定”按钮。

13.2.5　回声

Adobe Audition 中也可向声音添加一系列重复的衰减回声。

【例 13.6】添加回声效果。

（1）打开 Adobe Audition，选择“文件”→“打开”命令，打开“我曾经爱过你.mp3”。

（2）选择“效果”→“延迟与回声”→“回声”命令，弹出图 1-13-24 所示窗口，设置预设为“偶偶细语”，继续微调其他参数，效果满意后单击“确定”按钮。

视　频

例13.6 回声

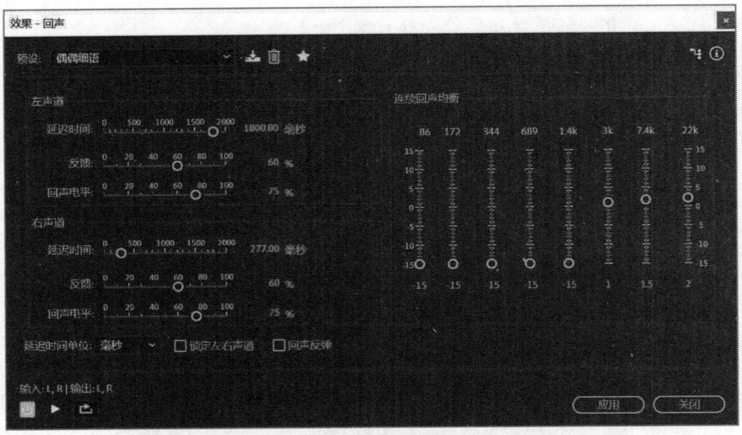

图 1-13-24 “效果 - 回声”对话框

（3）仔细观察对比，如图 1-13-25 所示，前面为添加回声前波形图，后面为添加回声后波形图，波形变化较大。

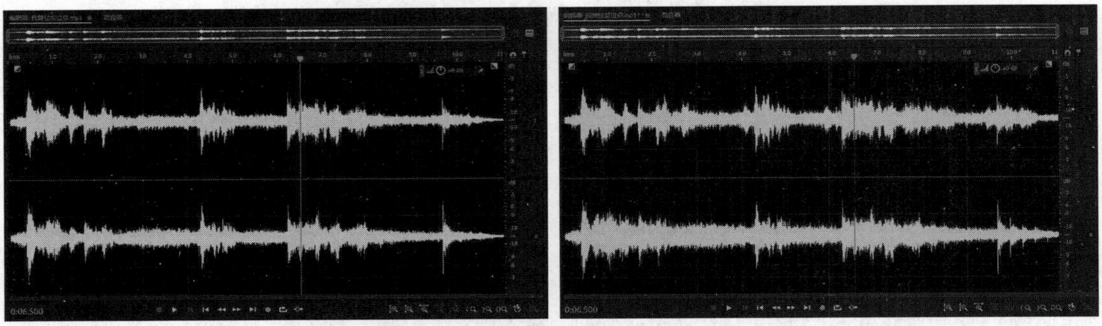

图 1-13-25 添加回声前后的波形对比

（4）导出文件，选择“文件”→“导出”→“文件”命令，在弹出的对话框中设置文件名、路径等参数，单击“确定”按钮。

13.2.6 人声增强

当音频中人声太小时，可以使用“人声增强”效果器很方便地将音频中的声音增强，得到更为丰富自然的音频效果。“人声增强”效果中提供三个选项：

（1）男性：优化男生的音频。

（2）女性：优化女生的音频。

（3）音乐：对音乐或背景音频应用压缩或均衡。

下面详细介绍优化音频中人声的操作方法。

【例 13.7】添加人声增强效果。

（1）打开素材文件“歌曲 .mp3”，将 18 s 开始的人声部分波形选中，如图 1-13-26 所示。

图 1-13-26 选中人声波形

（2）在菜单栏中选择“效果”→“特殊效果”→“人声增强”命令，如图 1-13-27 所示。

视　频

例13.7 人声增强

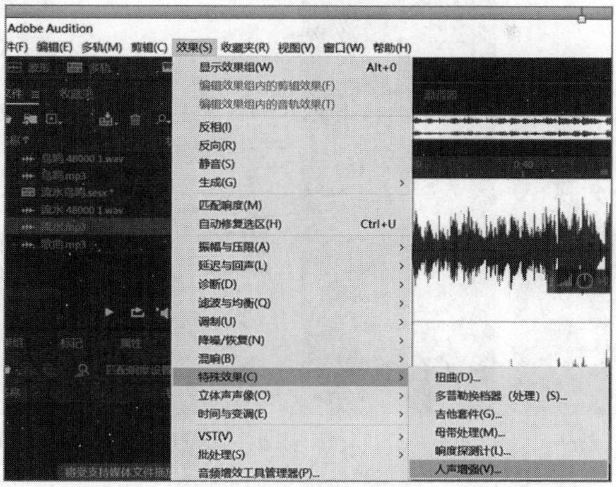

图 1-13-27　人声增强

（3）打开“效果 - 人声增强”对话框，选中“男性”单选按钮并单击“应用”按钮，如图 1-13-28 所示。

（4）在“编辑器”窗口，可以观察到增强人声后的音频波形变换效果，如图 1-13-29 所示。

图 1-13-28　“效果 - 人声增强”对话框

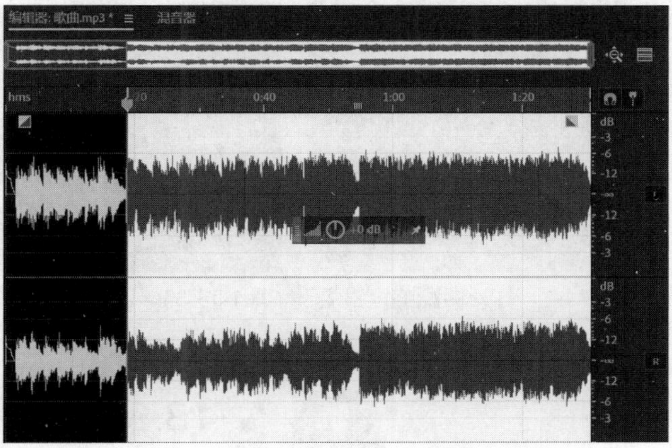

图 1-13-29　人声增强后的波形效果

（5）在菜单栏中选择“文件”→“另存为”命令，保存相关的音频文件。

13.2.7　同时匹配多个音频的音量

要完成一个项目，经常需要对多个音频进行处理，但是由于这些音频素材来自不同的位置，除了采样会有所不同外，音量也会有所不同，这时可以通过使用“匹配音量”命令，实现对多个音频音量的统一。

【例 13.8】同时匹配多个音频音量。

（1）启动 Audition 软件，打开素材文件“独上西楼 .mp3”“哭不出来 .mp3”“夏洛特烦恼 .mp3”“勇敢的我 .mp3”，如图 1-13-30 所示。

（2）在菜单栏中选择“效果”→“匹配响度”命令，如图 1-13-31 所示。

视　频

例13.8 匹配音量

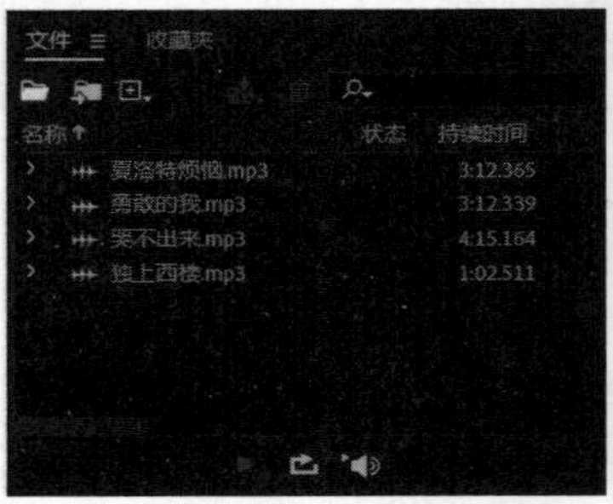

图 1-13-30　打开素材文件

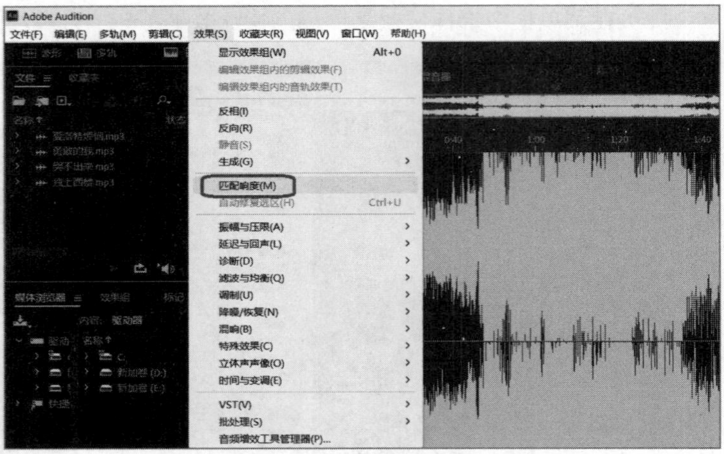

图 1-13-31　“匹配响度”命令

（3）打开“匹配响度”面板，单击“匹配响度设置”按钮，如图 1-13-32 所示，设置匹配到“总计 RMS”，设置“目标响度”为 -10，如图 1-13-33 所示。

（4）将刚刚打开的 4 个音频素材文件拖动到“匹配响度”面板中，单击“运行”按钮，在线等待一段时间后，即可对素材的音量进行匹配，如图 1-13-34 所示。

图 1-13-32　打开匹配响度设置

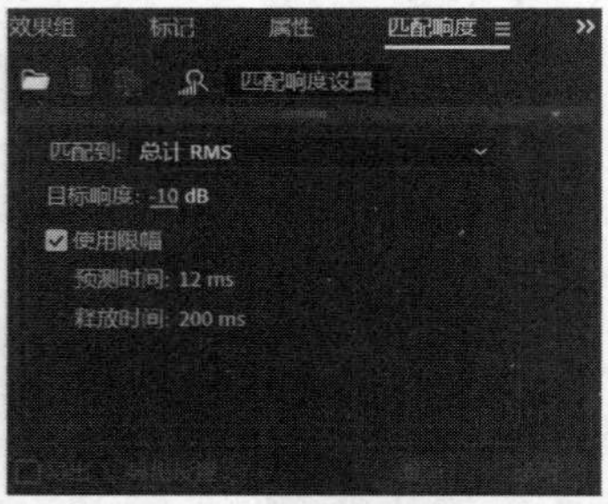

图 1-13-33　匹配响度参数设置

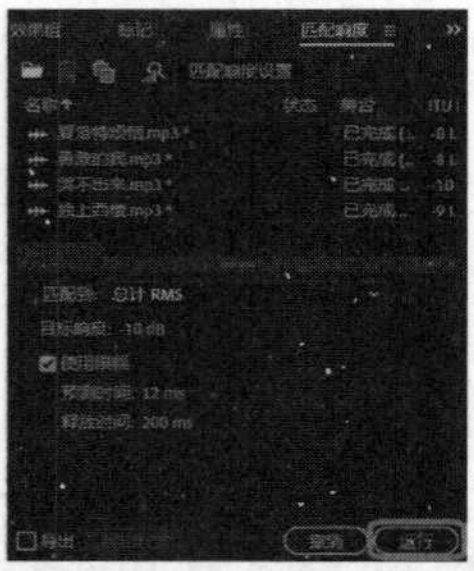
图 1-13-34　匹配响度完成后的效果

13.3　应用举例

视　频

13.3 应用举例
–歌曲串烧

【案例】制作歌曲串烧。

【设计思路】用 Adobe Audition 将“哭不出来 .mp3”“夏洛特烦恼 .mp3”及“勇敢的我 .mp3”三首歌曲连接在一起，制作为歌曲串烧形式。

【设计目标】通过本案例，掌握导入文件、音频编辑、“选区 / 视图”操作等相关知识。

【操作步骤】

（1）打开 Adobe Audition，选择“文件”→“打开”命令，在对话框中选择“哭不出来 .mp3”“夏洛特烦恼 .mp3”及“勇敢的我 .mp3”，单击“打开”按钮。

（2）选择“文件”→“新建”→“音频文件”命令，在弹出的窗口中设置如图 1-13-35 所示参数，单击“确定”按钮。

（3）在文件面板中双击“勇敢的我 .mp3”，此时，编辑器将直接显示文件波形图，可单击

“播放”按钮进行播放试听。

（4）采用“选区 / 视图”面板设置选区，参数如图 1-13-36 所示。

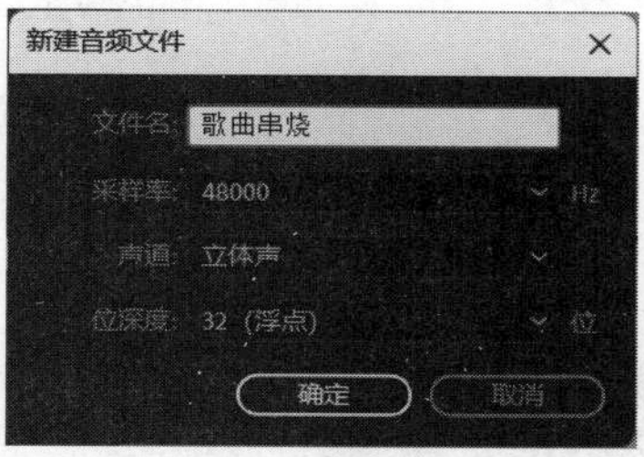

图 1-13-35　“新建音频文件”对话框

图 1-13-36　设置“勇敢的我”选区

（5）选择“编辑”→“复制”命令将波形复制至剪贴板。

（6）在文件面板中双击“歌曲串烧”，设置插入点为起始位置，选择“编辑”→“粘贴”命令，将“勇敢的我 .mp3”的部分波形粘贴至“歌曲串烧”中。

（7）在文件面板中双击“夏洛特烦恼 .mp3”，参考（4）、（5）步骤，在“选区 / 视图”面板设置选区，参数如图 1-13-37 所示。选择“编辑”→“复制”命令将波形复制至剪贴板。

图 1-13-37　设置“夏洛特烦恼”选区

（8）在文件面板中双击“歌曲串烧”，设置播放指示器为波形结尾处，选择“编辑”→“插入”→“静音”命令，在弹出的对话框中设置参数如图 1-13-38 所示，单击“确定”按钮，操作结果如图 1-13-39 所示。

图 1-13-38　“插入静音”对话框

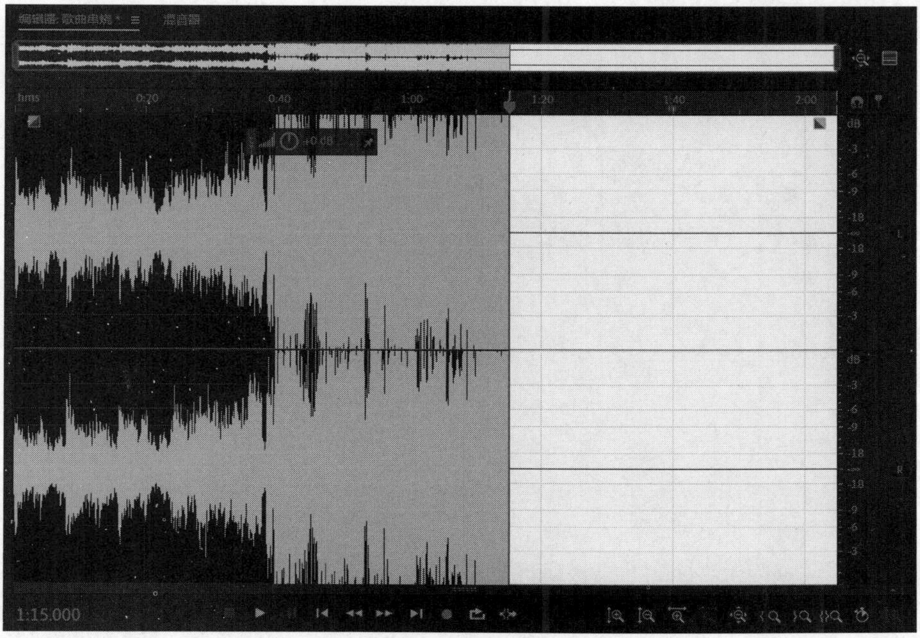

图 1-13-39　插入静音后波形图

（9）选择“编辑”→“粘贴”命令，将“勇敢的我 .mp3”的部分波形粘贴至“歌曲串烧”尾部。

（10）重复执行步骤（7）、（8）、（9），将“哭不出来 .mp3”的 1 分 0 秒至 1 分 36 秒部分波形粘贴至“歌曲串烧”尾部。

（11）试听“歌曲串烧 .mp3”文件效果，选择“文件”→“保存”命令，在“另存为”对话框中设置如图 1-13-40 所示参数，单击“确定”按钮。

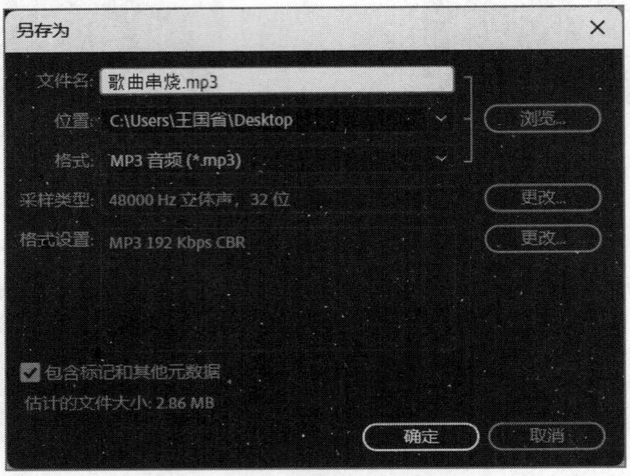

图 1-13-40 “另存为”对话框

第 14 章 多轨音频的编辑

学习目标

◎创建多轨声道。
◎掌握多轨音频的合成与制作。
◎掌握多轨音频的编辑与修饰。

学习重点

◎编辑多轨音乐。
◎音频的合成。
◎多轨音频的特效制作。

本章主要介绍创建多轨声道、混音为新文件、编辑多轨音乐以及设置多轨音频特效等知识与技巧，讲解了剪辑合成流水鸟鸣、淡入淡出、为朗诵音频文件配乐等案例，通过本章的学习，读者将掌握多轨音频合成与制作方面的知识。

14.1 创建和管理多轨音频

所谓多轨音频，就是包含多个音频轨道的音频，常见的包括混音文件、立体声文件等。如果要创建多轨音频文件，可以通过选择“文件”→“新建”→“多轨会话”命令进行创建。

14.1.1 创建多轨声道

使用 Audition CC 软件编辑多轨音频素材时，可以在“编辑器”窗口中创建多轨声道。创建的多轨声道类型有单声道音轨、立体声音轨、5.1 音轨和视频轨等，如图 1-14-1 所示。

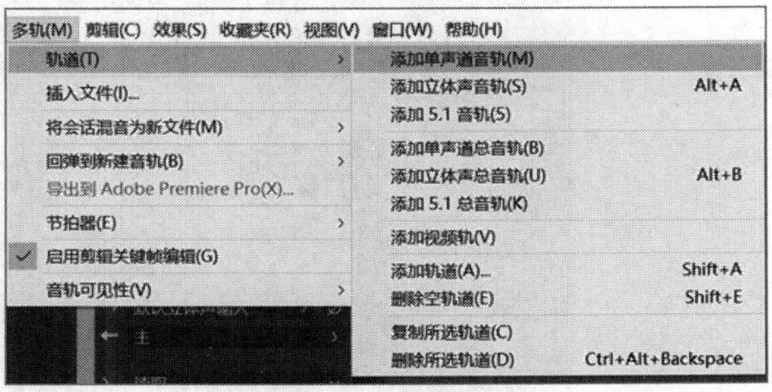

图 1-14-1 创建多轨道

14.1.2 管理与设置轨道

在 Audition 中，用户可以对各轨道进行重命名、复制、删除、设置输出音量等管理操作。

（1）重命名轨道：在准备重命名的轨道上，单击轨道名称，输入准备重命名的名称，按【Enter】键确认，如图 1-14-2 所示。

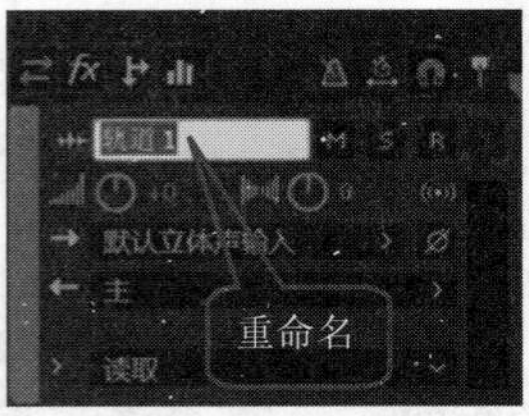

图 1-14-2　重命名轨道

（2）复制轨道：选择准备复制的轨道，然后在菜单栏中选择“多轨”→“轨道”→“复制所选轨道”命令，即可完成复制轨道的操作，如图 1-14-3 所示。

（3）删除轨道：选择准备复制的轨道，在菜单栏中选择“多轨”→“轨道”→“删除所选轨道”命令，即可删除选择的轨道。

（4）设置输出音量：选择需要调整的轨道，然后单击并拖动“音量”按钮，调整音量的大小，也可在其后面的参数栏中直接输入参数值，如图 1-14-4 所示。

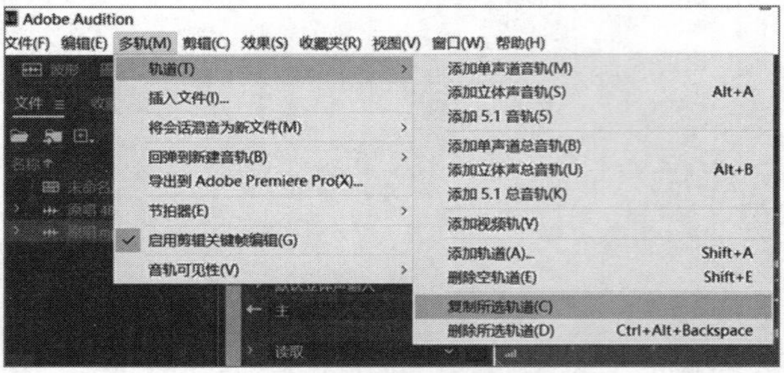

图 1-14-3　复制所选轨道

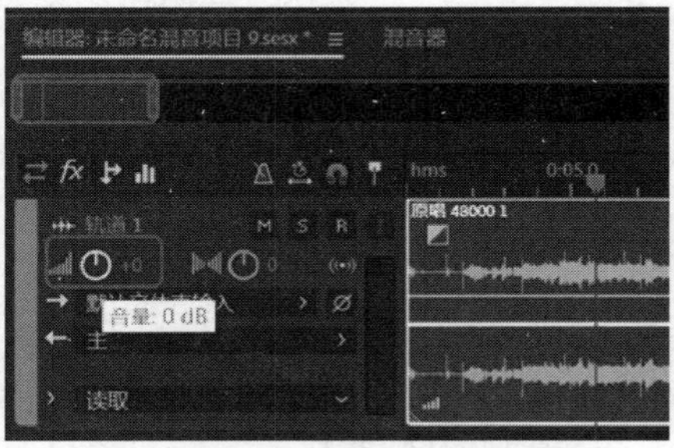

图 1-14-4　设置输出音量

14.1.3 提取多轨音频中的单个音频

在 Audition 软件中，处理完成的项目文件格式为 .sesx。在项目文件中，可以将不同的音频素材放置在不同的轨道中，如果希望将某一个单独的音轨提取出来，可以通过以下操作步骤来实现：

（1）启动 Audition 软件，打开素材文件“混合轨道 .sesx”，在想要提取音频所在的轨道 1 中，单击要选择的音频波形，并右击，在弹出的快捷菜单中选择“变换为唯一副本”命令，如图 1-14-5 所示。

（2）此时，文件面板中自动添加了一个音频文件，双击该音频文件，在菜单栏中选择“文件”→“另存为”命令，即可完成音频的提取。

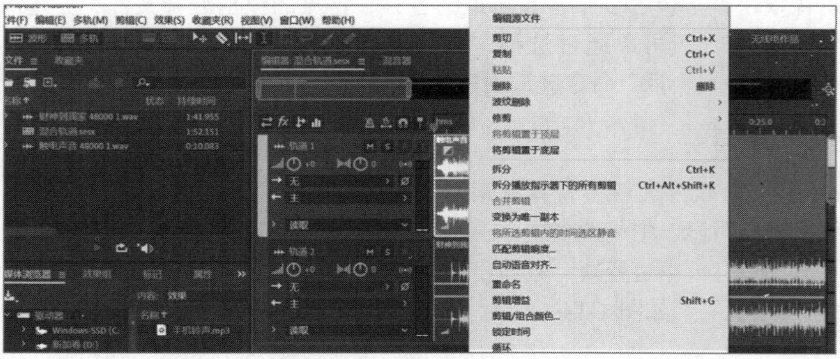

图 1-14-5　提取单个音频

14.1.4　多轨音频剪辑

视　频

例14.1 手机铃声

多轨音频剪辑主要是指利用多轨下的各种工具对音频进行选择、删除、合并等剪辑操作。

【例 14.1】制作手机铃声。

（1）打开 Adobe Audition，选择“文件”→“新建”→“多轨会话”命令，在弹出的窗口中设置会话名称、文件夹位置等参数，如图 1-14-6 所示，单击“确定”按钮。

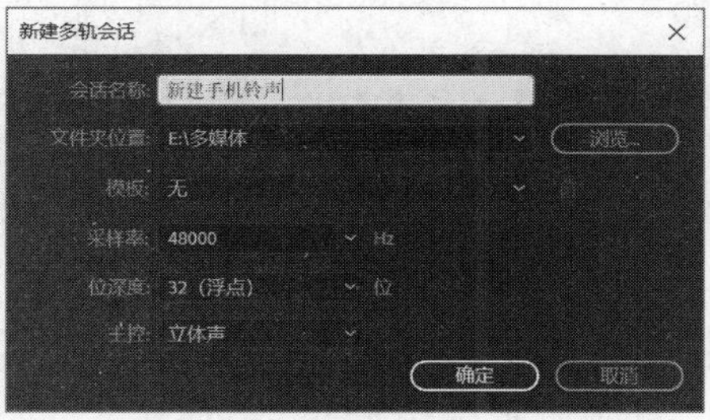

图 1-14-6　“新建多轨会话”对话框

（2）通过对媒体浏览器面板的相关操作，使得其右侧的内容窗口显示存放素材的文件夹，并右击此对象，在弹出的快捷菜单中选择“添加快捷方式”命令，如图 1-14-7 所示。

（3）单击并查看媒体浏览器左侧的树形窗口，通过双击展开“快捷方式”项目，出现刚才所创建对象的快捷方式，效果如图 1-14-8 所示，这个操作极大地方便了后续文件查找操作。

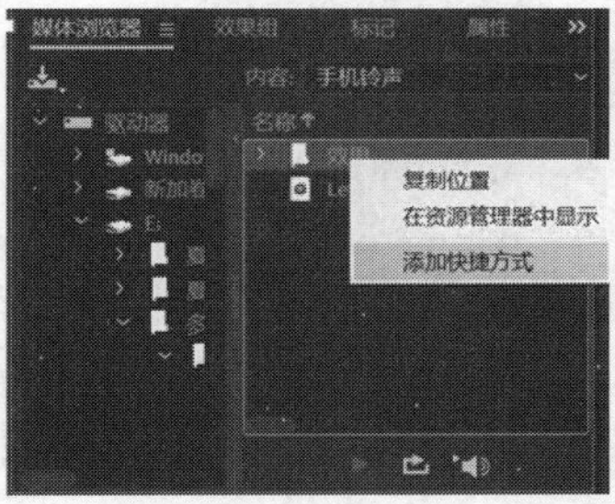

图 1-14-7　“添加快捷方式”快捷菜单

图 1-14-8　添加快捷方式效果

（4）通过快捷方式，快速找到文件“let it go.mp3”并将其拖动至文件面板。文件被导入，文件窗口即出现了音频文件，如图 1-14-9 所示，但编辑器的轨道尚无对象。

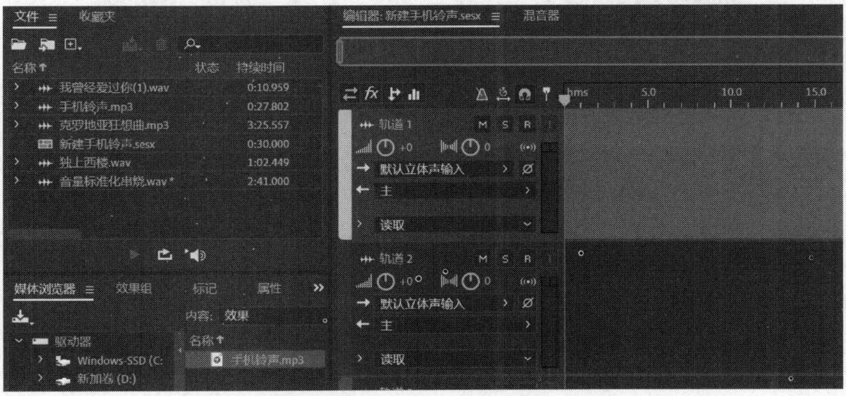

图 1-14-9　导入文件

（5）切换到多轨，将文件面板的文件拖动到轨道 1，操作结果如图 1-14-10 所示。

图 1-14-10　文件拖动到轨道 1

（6）单击常用工具栏的“切断所选剪辑”工具，在波形的 1:00.700 和 1:28.000 单击，将其拆分为三段剪辑，如图 1-14-11 所示。

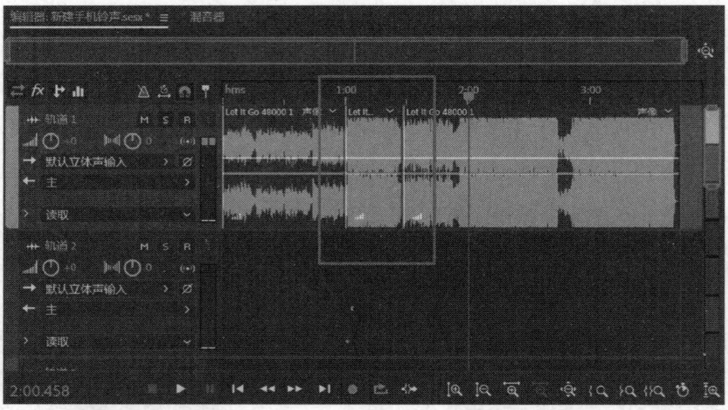

图 1-14-11　“切断所选剪辑”工具拆分波形

（7）切换到“时间选择”工具，右击第一段剪辑，在弹出的快捷菜单中选择“波纹删除”→“所选剪辑”命令，如图 1-14-12 所示。同样的操作删除第三段剪辑。

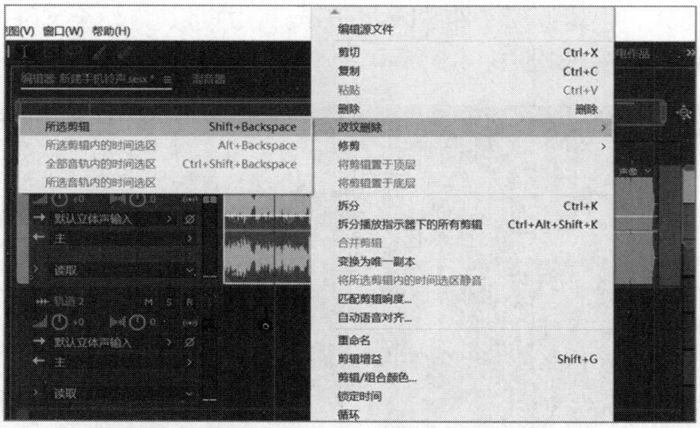

图 1-14-12　“删除剪辑”快捷菜单

（8）删除剪辑后波形如图 1-14-13 所示，试听效果满意，则选择“文件”→“导出”→“多轨混音”→“整个会话”命令，出现导出多轨混音对话框，设置相应选项，如图 1-14-14 所示，单击“确定”按钮。

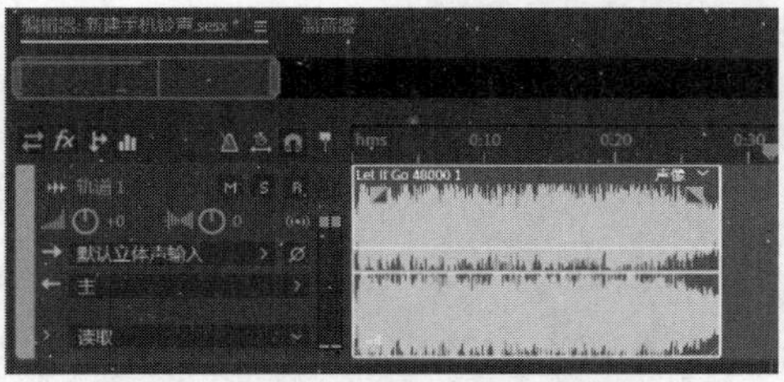

图 1-14-13　删除剪辑后波形

图 1-14-14　“导出多轨混音”对话框

14.1.5　制作混音

使用 Audition 软件时，可以将制作的多轨文件混音为新的文件进行保存。

在单轨模式下编辑音频时，除了操作不方便外，还经常会破坏原来的音频文件，所以在很多情况下，会在多轨模式下编辑音频。下面介绍在多轨模式下剪辑合成流水鸟鸣的操作方法。

【例 14.2】剪辑合成流水鸟鸣。

视 频

例14.2 流水鸟鸣

（1）启动 Audition 软件，单击“文件”→“新建”→“多轨会话”按钮，如图 1-14-15 所示。

（2）在菜单栏中选择“多轨”→“插入文件”按钮，分别导入“流水 .mp3”文件和“鸟鸣 .mp3”文件，如图 1-14-16 所示。

（3）使用移动工具调整“鸟鸣 .mp3”素材的位置，并按【Enter】键进行试听，如图 1-14-17 所示。

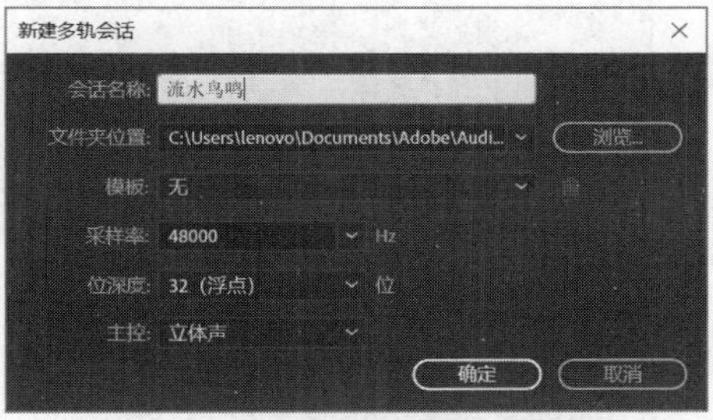

图 1-14-15　“新建多轨会话”对话框

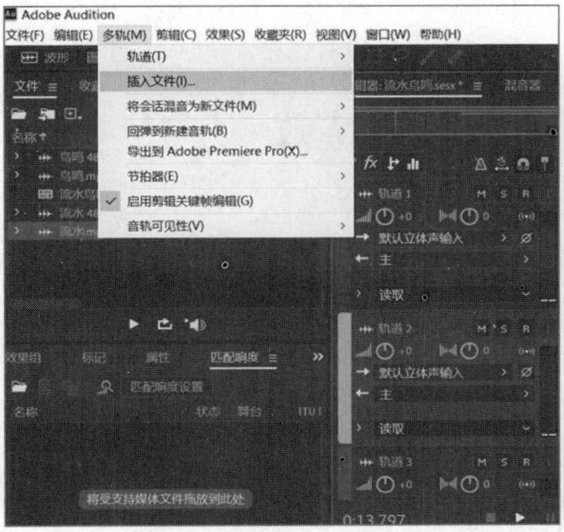

图 1-14-16　插入文件

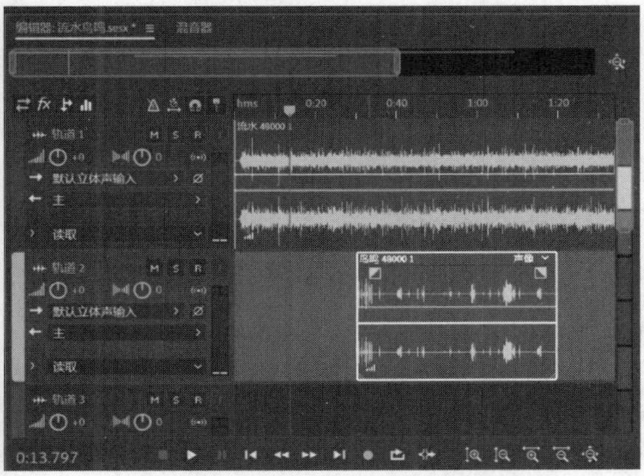

图 1-14-17　移动音频素材位置

（4）选中轨道 2，设置音量为 +10，设置“立体声平衡”为 R20，如图 1-14-18 所示。

（5）使用时间选择工具▮，选择准备创建选区的片段，如图 1-14-19 所示。

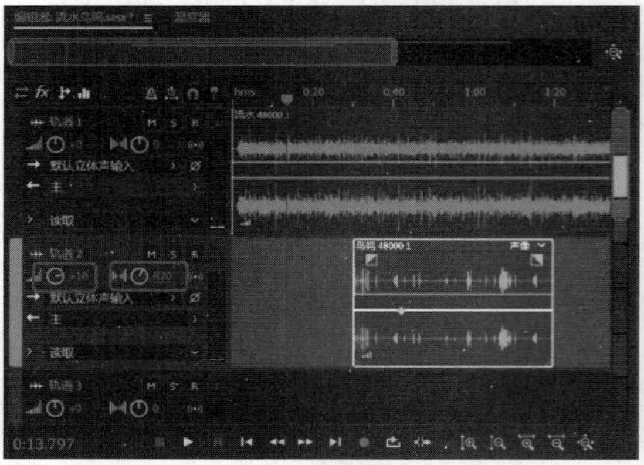

图 1-14-18　设置音量和立体声平衡

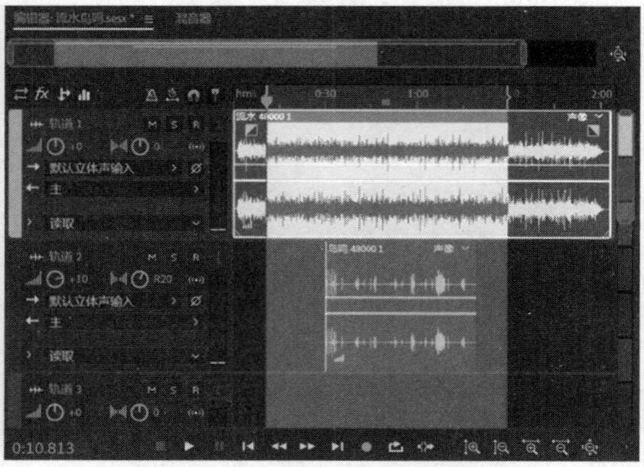

图 1-14-19　创建选区片段

（6）在菜单栏中选择“文件”→“导出”→“多轨混音”→“时间选区”命令，在弹出的“导出多轨混音”对话框中，设置文件名和其他参数，如图 1-14-20、图 1-14-21 所示。

图 1-14-20　“导出多轨混音”对话框

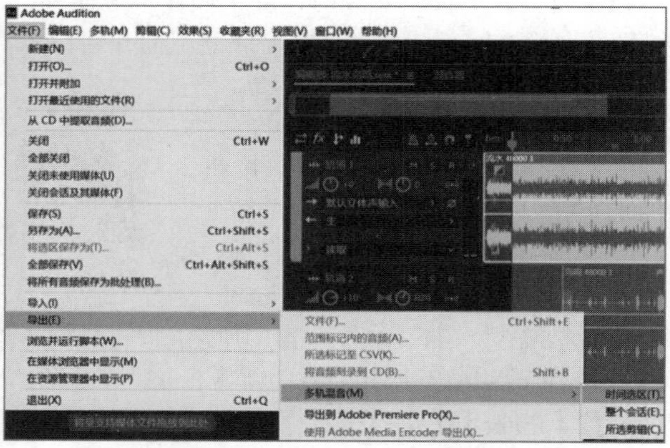

图 1-14-21　导出多轨混音菜单

14.2　多轨音频的特效

14.2.1　淡入与淡出

• 视频

例14.3 淡入淡出

淡入淡出效果在音乐处理上经常用到，使得音乐的进入和结束都有平稳的过渡，不会让人感到很突兀。

【例 14.3】对音频文件添加淡入淡出效果

（1）打开 Adobe Audition，选择“文件”→“新建”→“多轨会话”命令，在弹出的窗口中设置会话名称、文件夹位置等参数，如图 1-14-22 所示，单击“确定”按钮。

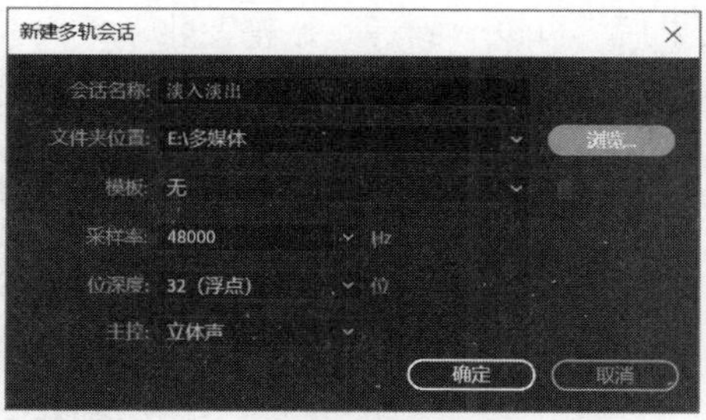

图 1-14-22　“新建多轨会话”对话框

（2）选择“文件”→“导入”→“文件”命令，在导入文件窗口中选择“渐出渐入音量标准化串烧 .mp3”，将文件窗口的“渐出渐入音量标准化串烧 .mp3”拖动到轨道 1。

（3）使用常用工具栏的“切断所选剪辑工具”■，在轨道 1 的 1 分 15 秒、2 分 5 秒处将其切断，将其拆分为 3 段音频。

（4）切换到移动工具■，拖动第 2 剪辑至第 2 轨道，第 3 剪辑至第 3 轨道，调整好位置，如图 1-14-23 所示。拖动轨道 3 的音量按钮使得轨道 3 的音量稍微增加。

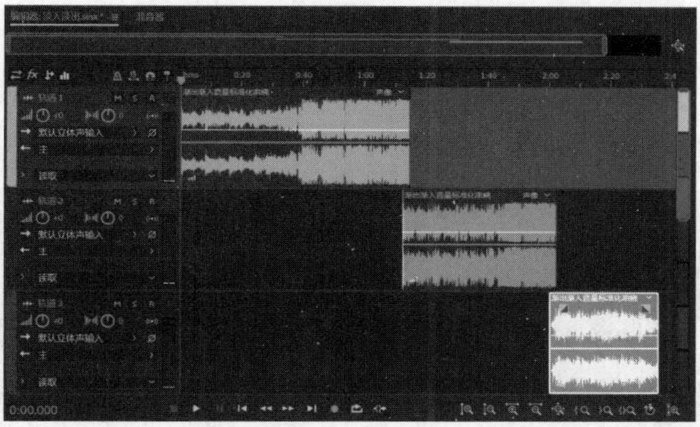

图 1-14-23　分离轨道

（5）拖动轨道 1 的左侧的淡入按钮设置淡入效果，右侧的淡出按钮设置淡出效果。用同样的方法对轨道 2、轨道 3 进行操作，如图 1-14-24 所示。

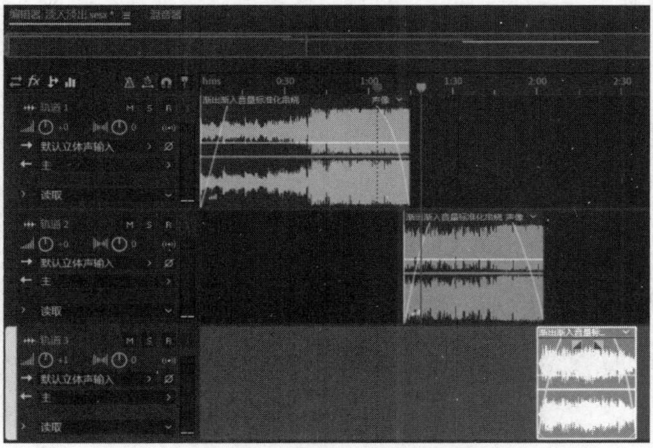

图 1-14-24　添加淡入淡出效果

（6）设置淡入、淡出效果后，可以看到音频振幅变化得更平缓。

（7）试听后，效果满意，导出文件，选择“文件”→“多轨混音”→“导出多轨混音”命令，在弹出的对话框中进行设置，如图 1-14-25 所示，单击“确定”按钮。保存工程文件。

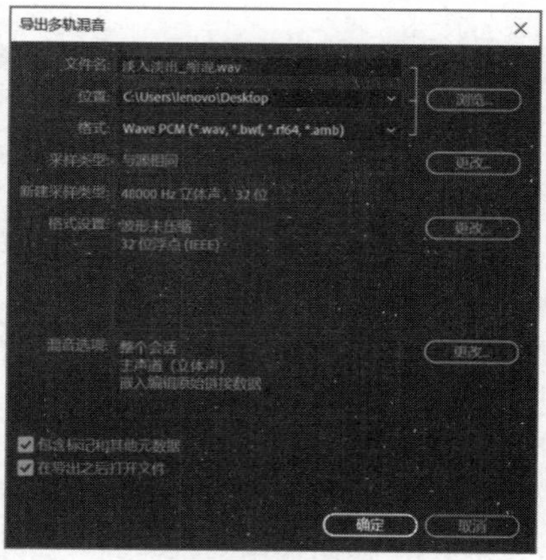

图 1-14-25　“导出多轨混音”对话框

14.2.2　和声效果

有些时候为了增加声音的厚度，常常会希望声音的层次多一些，使用 Audition 软件中的“和声”效果器可以非常容易地对人声进行润色，还可以将一个单独的声音处理成好像很多人在一起合唱的效果。具体操作方法如下：

视 频

例14.4 和声效果

【例 14.4】制作和声效果。

打开素材文件“清唱 .mp3”，试听该音频，使用“时间选择工具”将音频的后半段波形选中，如图 1-14-26 所示。

在菜单栏中选择“效果”→“调制”→“和声”命令，在弹出的“效果 - 和声”对话框中，设置延迟时间参数为 39 ms，延迟率为 1.2 Hz，反馈参数为 20.5%，扩散参数为 131.1 ms，调制深度 0.9 dB，调制速率为 4.2 Hz，声音数量为 5 个，在“立体声宽度”中勾选平均左右声道输入，并测试声音效果，如图 1-14-27 所示。

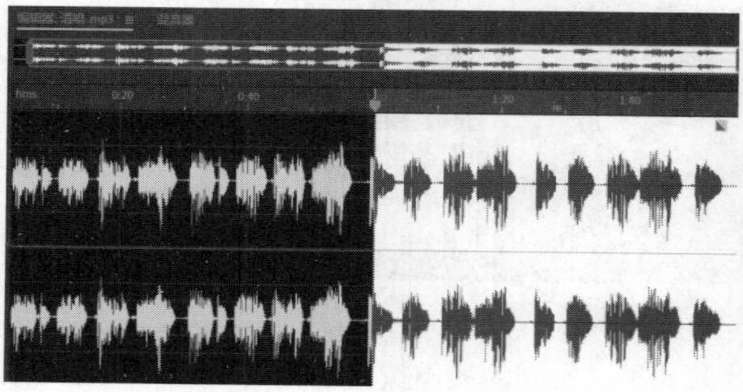

图 1-14-26　选中后半段音频波形

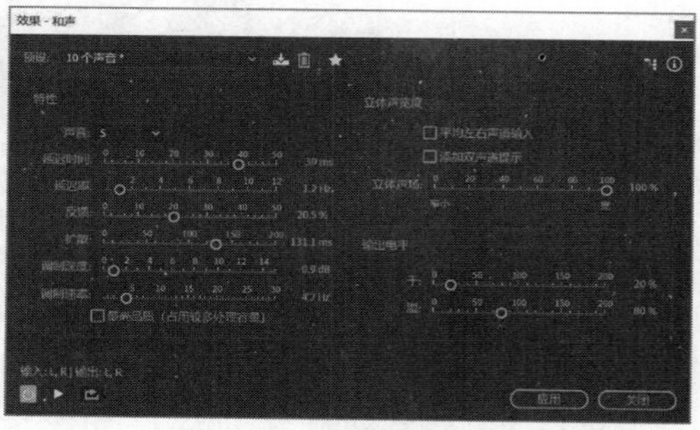

图 1-14-27　设置和声参数

用户可以看到音频正在被处理的计算过程，完成后另存为相关文件，即可完成将单独的声音制作合唱的操作。最终效果如图 1-14-28 所示。

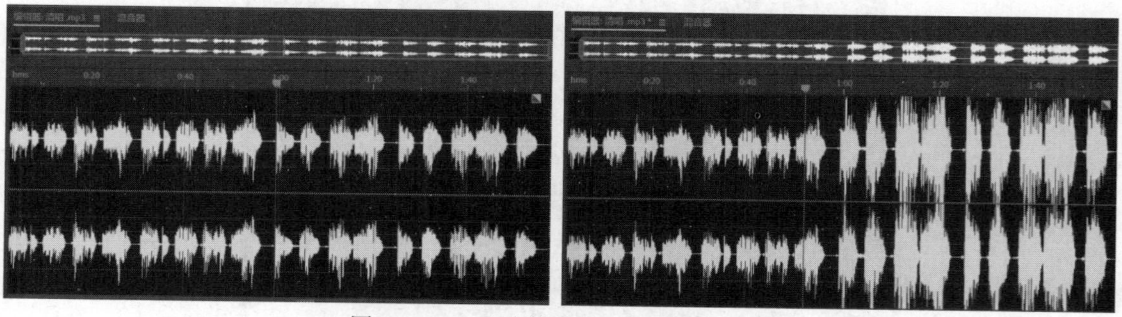

图 1-14-28　和声效果前后的对比波形图

14.2.3　剪辑合成

视 频

例14.5 剪辑合成音频氛围

如果录制的音频文件内只有人声，没有背景音乐和音效的话，听起来就会显得非常乏味，不能给人带来太多兴致。所以显示生活里的广播中，一般都会为音频加上丰富的背景音乐和音效。下面介绍剪辑合成音频氛围的操作方法。

【例 14.5】剪辑合成音频氛围。

（1）打开多轨项目文件“剪辑合成音频氛围 .sesx”，将素材文件“背景氛围 .mp3”导入“文件”面板中，如图 1-14-29 所示。

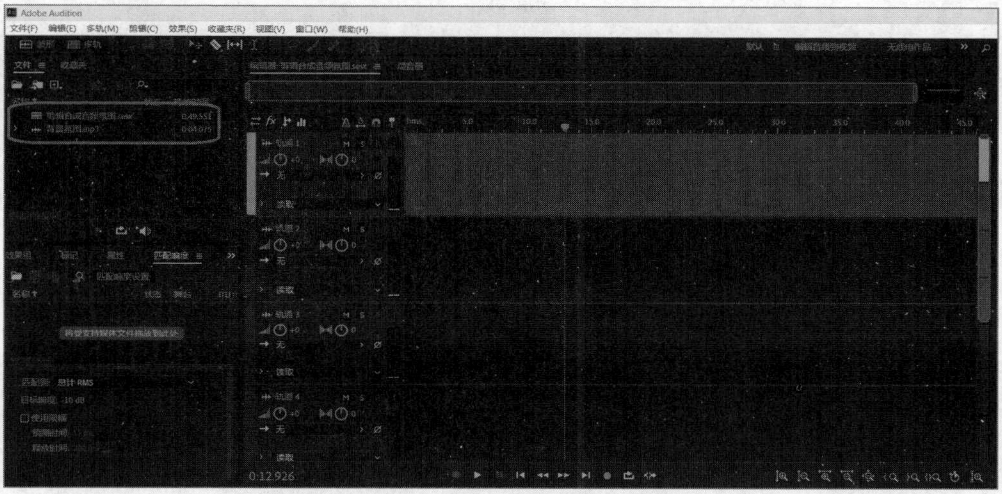

图 1-14-29　导入素材到文件面板

（2）右击“背景氛围 .wav”，在弹出的快捷菜单中选择“插入到多轨混音中”→“剪辑合成音频氛围”命令，如图 1-14-30 所示。

（3）单击“放大（时间）”按钮，将音频的波形放大，如图 1-14-31 所示。

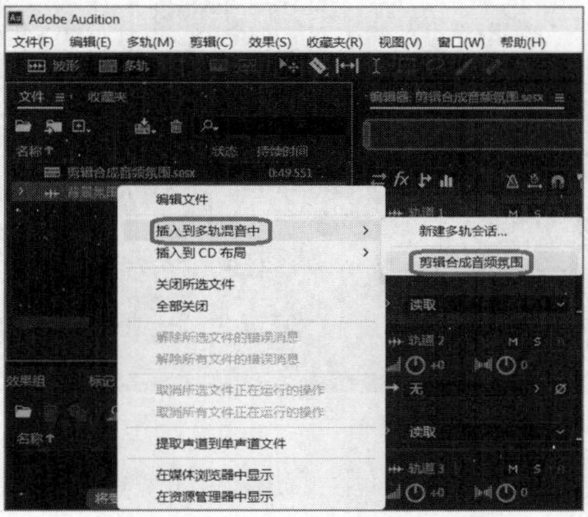

图 1-14-30　剪辑合成音频氛围

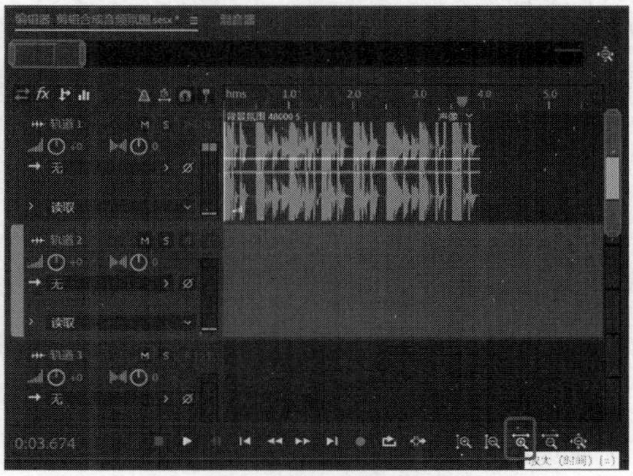

图 1-14-31　放大时间

（4）通过“剪辑”→“淡出”→“淡出”命令，在音频的结尾处得到音频的淡出效果。

（5）在菜单栏中选择“文件”→“导入”命令，将“幽默故事 .mp3”素材文件导入“文件”面板中，同时将“幽默故事 .wav”素材拖到轨道 2 中，如图 1-14-32 所示。

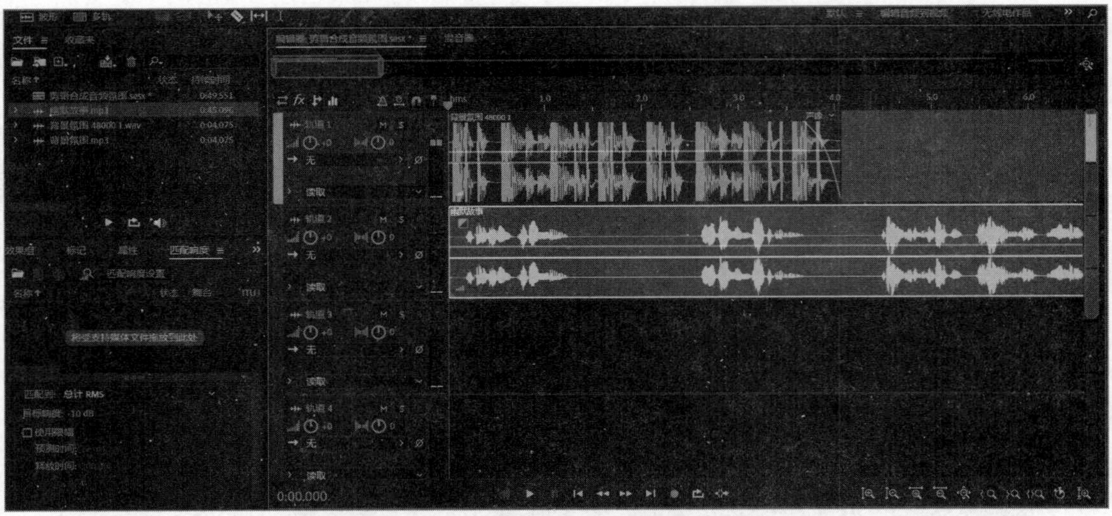

图 1-14-32　导入素材并拖动到轨道 2

（6）使用移动工具调整剪辑位置，使其对齐“轨道 1”的剪辑，拖动“轨道 2”上音频的右下角位置，将音频尾部的静音部分删除，如图 1-14-33 所示。

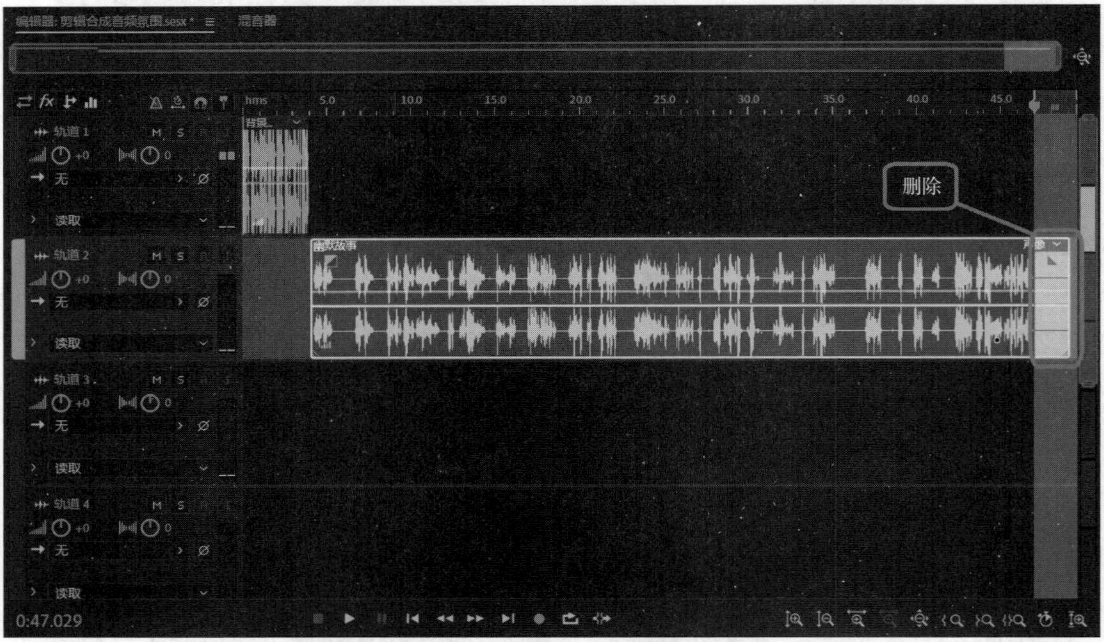

图 1-14-33　移动轨道 2 波形并删除尾音

（7）将素材文件“大笑 .mp3”文件导入，并移动到“轨道 3”中，使用移动工具调整剪辑的位置，使其对齐“轨道 2”的剪辑尾部部分，如图 1-14-34 所示。

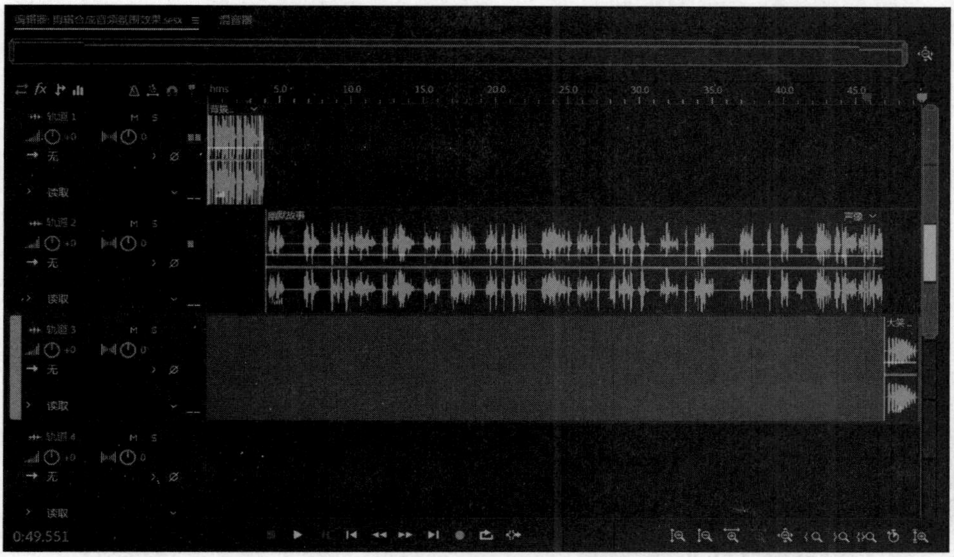

图 1-14-34　剪辑轨道 3 素材

（8）选择“文件”→“导出”→“多轨混音”→“整个会话”命令，设置文件名、保存位置等参数，完成整个案例的制作，如图 1-14-35 所示。

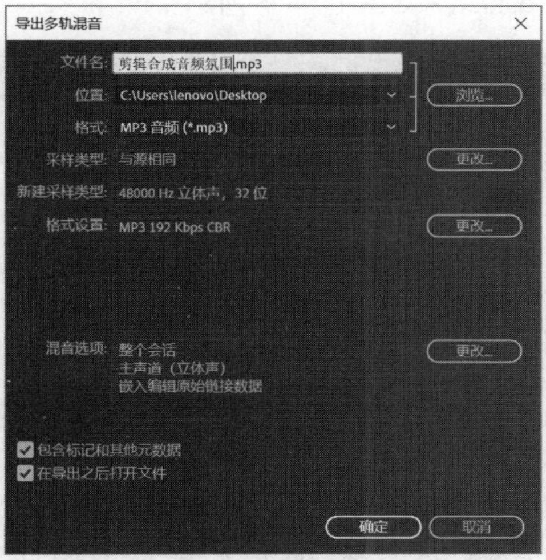

图 1-14-35　“导出多轨混音”对话框

14.3 应用举例

视频

14.3 应用举例——朗诵配乐

【**案例 1**】为朗诵音频文件配乐。

【设计思路】利用多轨会话为一段朗诵音频配上背景音乐并添加特效。

【设计目标】通过本案例，掌握创建多轨会话、导入文件、音频编辑、淡入淡出特效添加等相关知识。

【操作步骤】

（1）打开 Adobe Audition，选择“文件”→“新建”→“多轨会话”命令，在弹出的窗口中设置会话名称、文件夹位置等参数，如图 1-14-36 所示，单击“确定”按钮。

（2）选择“文件”→“导入”→“文件”命令，弹出“打开文件”对话框。选择文件“Right here waiting for you.mp3”及“You 朗诵版 .mp3”，单击“打开”按钮，如图 1-14-37 所示。

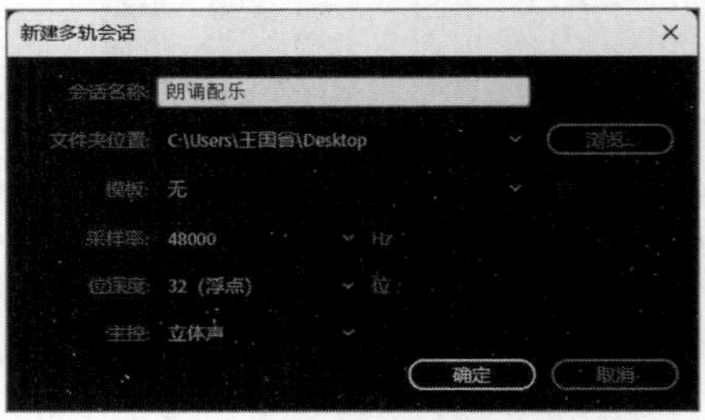

图 1-14-36 “新建多轨会话”对话框

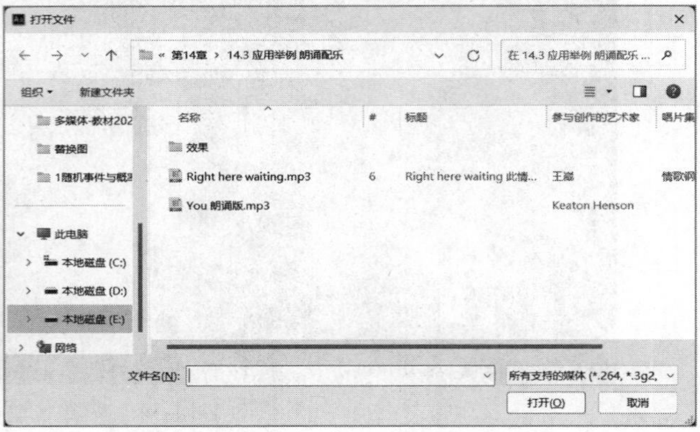

图 1-14-37 “打开文件”对话框

（3）分别将文件面板的“You 朗诵版 .mp3”及“Right here waiting for you.mp3”拖动到轨道 1 和轨道 2 的起始位置，操作结果如图 1-14-38 所示。

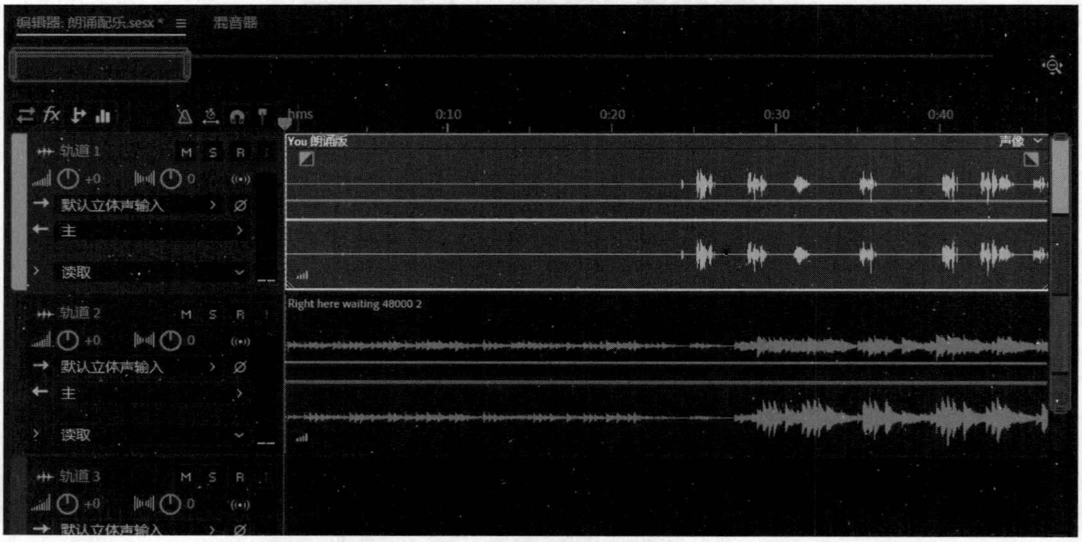

图 1-14-38 多轨编辑器窗口

（4）单击常用工具栏的“切断所选剪辑工具”，在轨道 1 的第 20 s 单击，将其拆分为 2 段音频。

（5）单击常用工具栏的时间选择工具，选择前面部分，选择“文件”→“波纹删除”→“所选剪辑”命令，将前部分剪辑删除，此时后部分剪辑会往前移动填补空位。编辑器状态如图 1-14-39 所示。

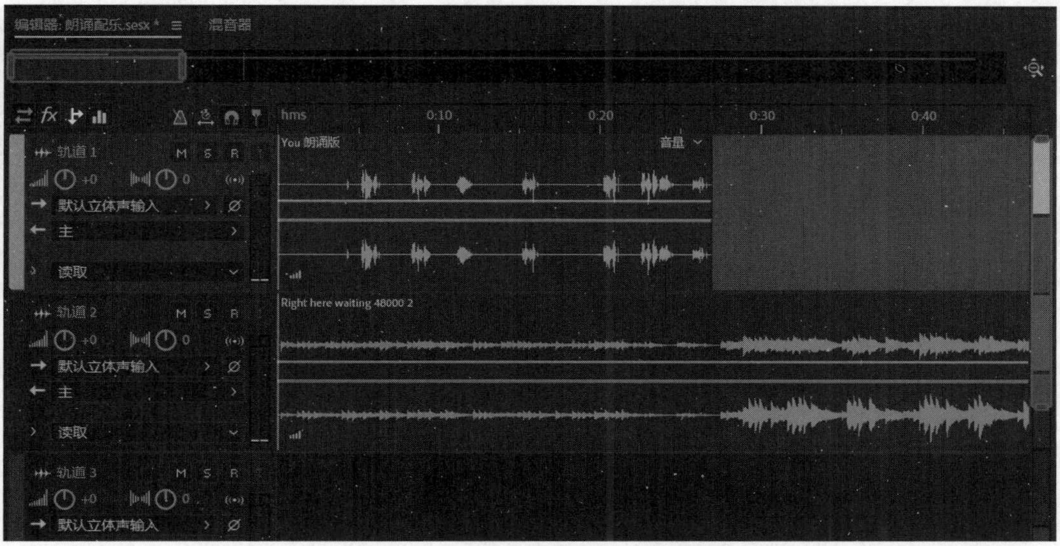

图 1-14-39　轨道 1 波形剪辑

（6）下面将编辑轨道 2，单击常用工具栏的切断所选剪辑工具，在轨道 2 对齐轨道区的结尾处单击，将其拆分为两段音频。

（7）单击常用工具栏的时间选择工具，选择轨道 2 后面部分，选择“文件”→“波纹删除”→“所选剪辑”命令，将后部分剪辑删除，如图 1-14-40 所示。

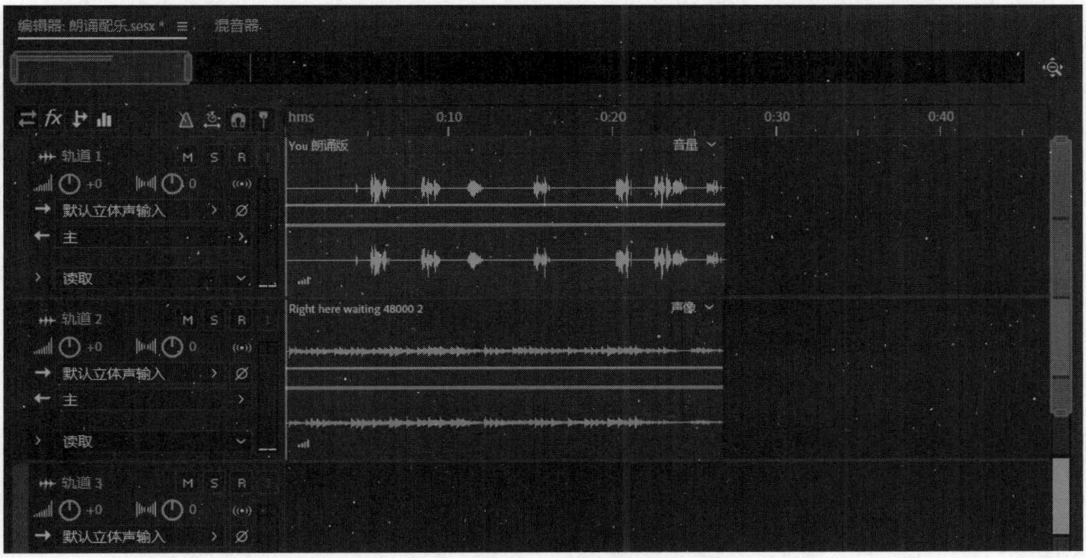

图 1-14-40　轨道 2 波形剪辑

（8）单击轨道 1 波形，向右拖动轨道左侧的音量按钮，如图 1-14-41 所示。

（9）为轨道 1 设置淡入淡出效果，拖动左侧的（上下或左右拖动）淡入按钮设置淡入效果，拖动右侧的（上下或左右拖动）淡出按钮设置淡出效果。用同样的方法为轨道 2 设置淡入淡出效果，如图 1-14-42 所示。

图 1-14-41　增大音量

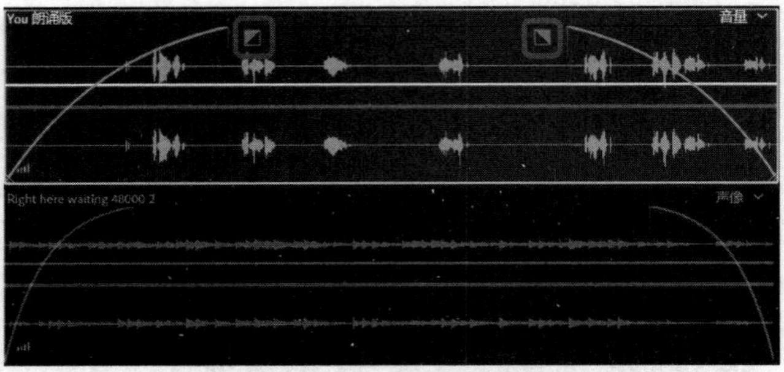

图 1-14-42　添加淡入淡出效果

（10）单击将播放指示器移到上一个按钮，循环播放按钮，最后单击播放按钮试听效果，调整至满意效果。

（11）选择“文件”→“导出”→“多轨混音”→“整个会话”命令，单击“确定”按钮，保存文件。

实 践 篇

实验 1

图像的基本绘制

实验目的

◎熟悉 Photoshop 的操作环境。
◎掌握 Photoshop 常用工具的使用。
◎熟练掌握图像变换、选取操作。
◎掌握图层的基本应用。
◎掌握滤镜的基本应用。

实验内容

视频 实验1 图像的基本绘制–1–三维锥体

视频 实验1 图像的基本绘制–2–毛茸茸的卡通人物1

视频 实验1 图像的基本绘制–2–毛茸茸的卡通人物2

（1）利用 Photoshop 绘图工具，绘制一个三维锥体，效果如图 2-1-1 所示。

（2）利用 Photoshop 绘图工具及滤镜等，绘制一个毛茸茸的卡通人物，效果如图 2-1-2 所示。

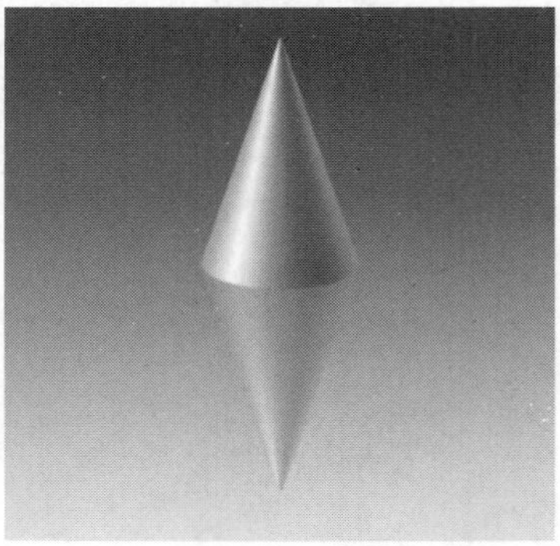

图 2-1-1　三维锥体

图 2-1-2　毛茸茸的卡通人物

操作步骤

1. 绘制三维锥体

（1）新建一个 400 像素 ×400 像素 @200 ppi、RGB 颜色模式、白色背景的图像文件；设置前景色为"#727171"，背景色为"#efefef"，利用"渐变工具"填充"线性渐变"背景。

（2）创建一个名为“三维锥体”的图层，利用“矩形选框工具”，在画布的中上方绘制一个矩形选区，如图 2-1-3 所示。

视频

实验1 图像的基本绘制-2-毛茸茸的卡通人物3

（3）选择“渐变工具”，设置渐变色（#c9caca、白色、#b5b5b6、#898989、#b5b5b6），按住【Shift】键，从左到右填充“线性渐变”效果，如图 2-1-4 所示，取消选区。

图 2-1-3　绘制选区

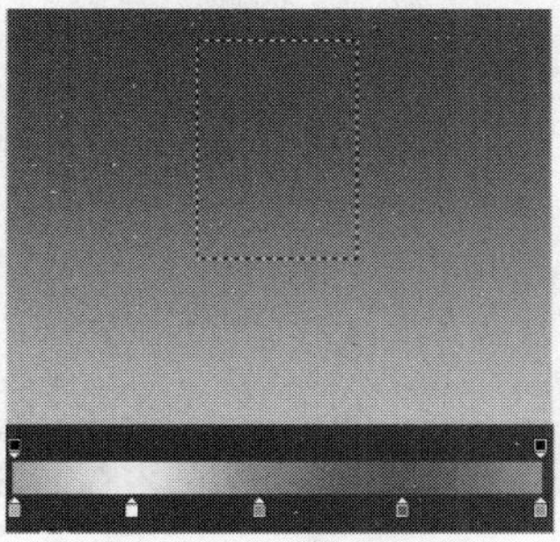

图 2-1-4　填充选区

（4）选择“编辑”→“变换”→“透视”命令，调整控制点，效果如图 2-1-5 所示；利用“椭圆选框工具”，在图形底部绘制一个椭圆选区，如图 2-1-6 所示。

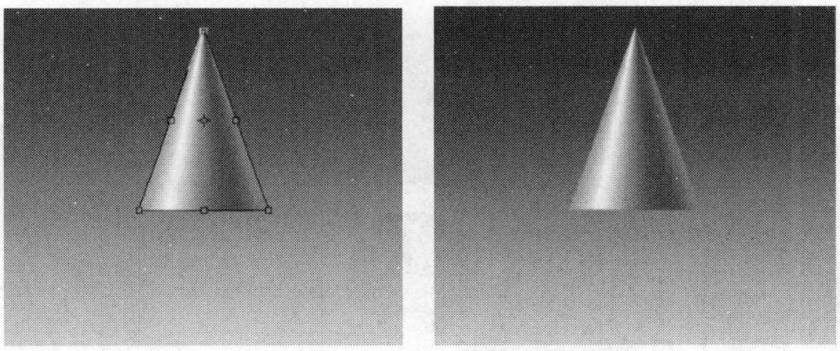

图 2-1-5　透视效果

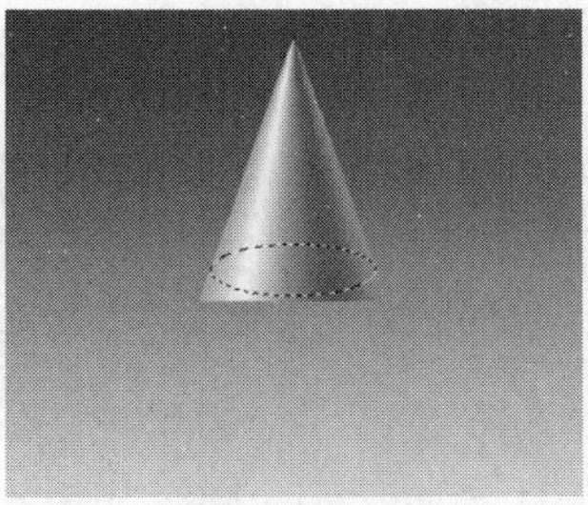

图 2-1-6　椭圆选区

（5）选择“矩形选框工具”，按住【Shift】键，绘制一个矩形选区，如图 2-1-7 所示；按【Shift+Ctrl+I】组合键，反选选区，并按【Delete】键清除图形，取消选区，如图 2-1-8 所示。

（6）按【Ctrl+J】组合键，复制三维锥体，选择“编辑”→“变换”→“垂直翻转”命令，利用“移动工具”调整图形位置，如图 2-1-9 所示；并将“三维锥体 拷贝”图层调整到“三维锥体”图层下方，修改“三维锥体 拷贝”图层的“不透明度”为 35%，效果如图 2-1-1 所示。

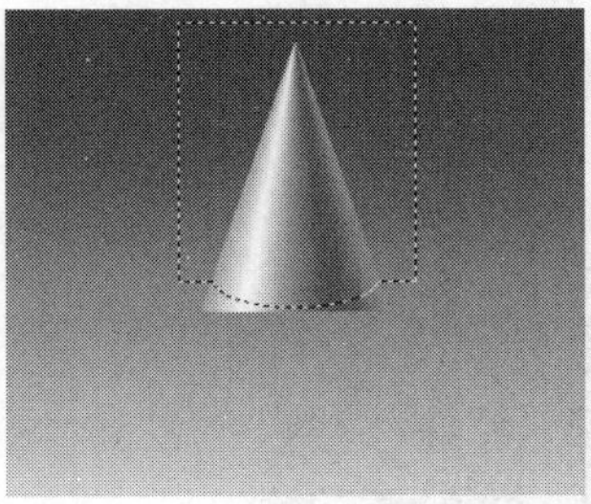

图 2-1-7　矩形选区

图 2-1-8　圆锥锥体效果

图 2-1-9　垂直翻转

2. 绘制毛茸茸的卡通人物

（1）新建一个 800 像素 ×600 像素 @150 ppi、RGB 颜色模式、白色背景的图像文件；设置前景色为“#eca40c”，背景色为“白色”，利用“渐变工具”填充背景。

（2）利用“椭圆选框工具”绘制两个圆形选区，创建一个名为“眼睛底部”的图层，用白色填充该选区，应用“投影”图层样式创建阴影，如图 2-1-10 所示。

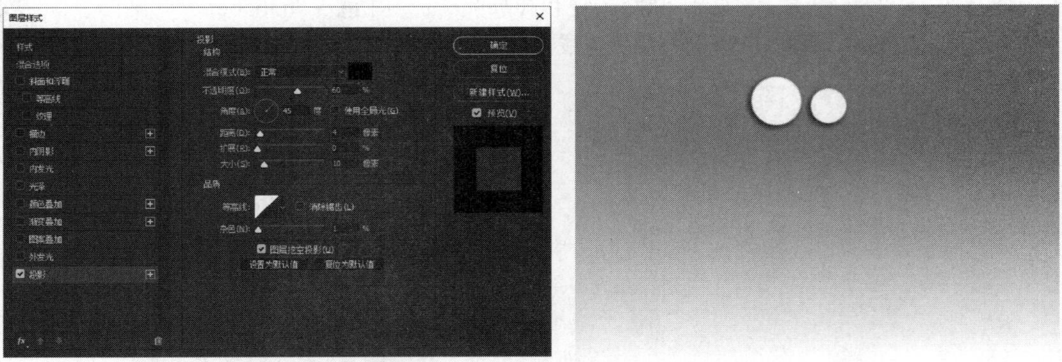

图 2-1-10　眼睛底部

（3）利用“椭圆选框工具”在白色圆圈中间绘制一个圆形选区，新建一个“左眼虹膜”图层，然后用淡蓝色（#0b8aec）填充选区；为了有凹凸效果，为“左眼虹膜”图层添加“内阴影”图层样式；利用“减淡工具”，取消保护色调选项，在“左眼虹膜”图层上减淡颜色，如图 2-1-11 所示。

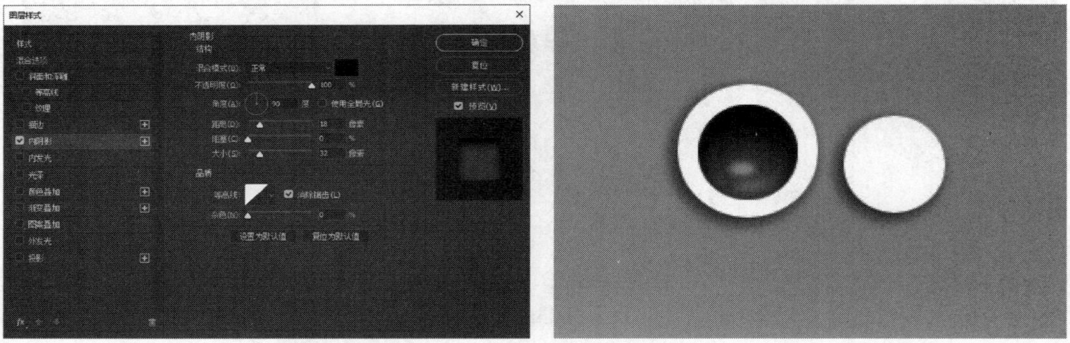

图 2-1-11　左眼虹膜

（4）新建一个“左眼虹膜纹理”图层，用“钢笔工具”创建一条路径；选择“画笔工具”，在工具属性栏上选择“平点中等硬度”笔尖，大小 3 像素，如图 2-1-12 所示；切换到“路径”面板，单击调板菜单，选择“描边路径”，选中“模拟压力”复选框，如图 2-1-13 所示。隐藏除“左眼虹膜纹理”图层外的所有图层，选择“编辑”→“定义画笔预设”命令，命名为“虹膜纹理”。

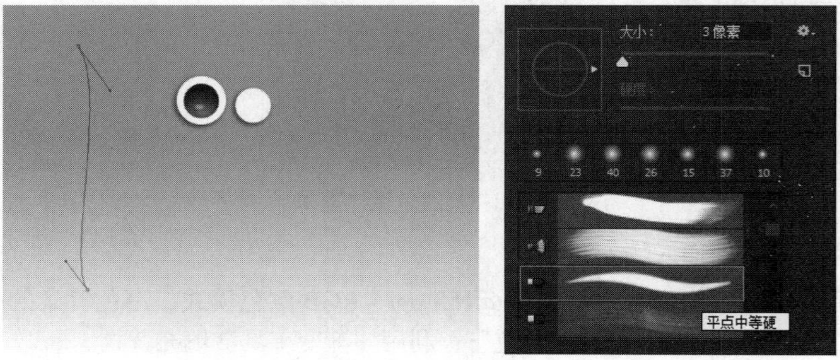

图 2-1-12　绘制路径

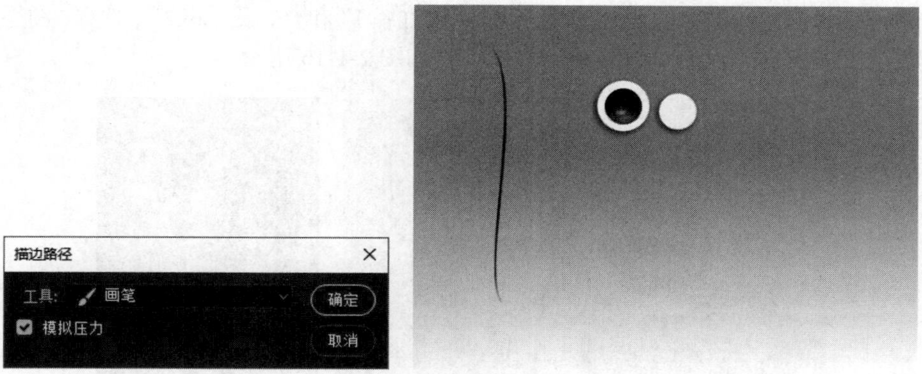

图 2-1-13　描边路径

（5）清除“左眼虹膜纹理”图层中的图像，按【F5】键，打开“画笔”面板，设置“画笔笔尖形状”和“形状动态”，绘制一个径向虹膜纹理，如图 2-1-14 所示。

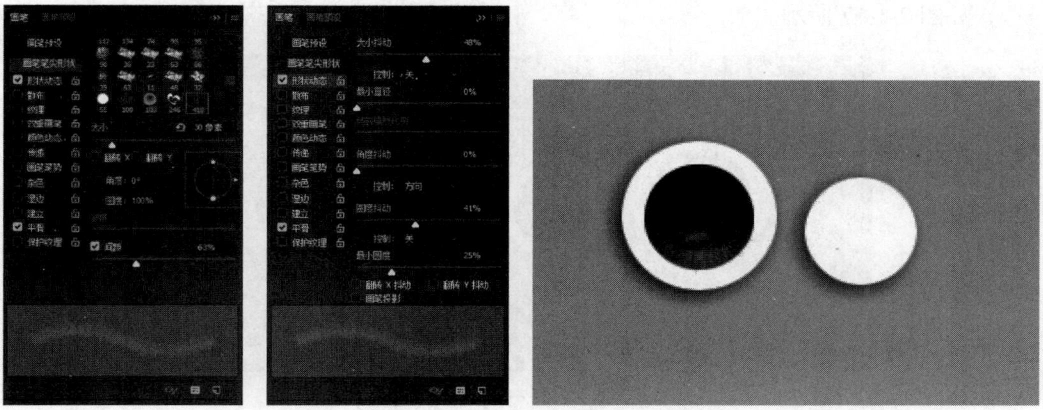

图 2-1-14　左眼虹膜纹理

（6）载入“左眼虹膜”图层的选区，设置前景色为“#07497b”，在“左眼虹膜纹理”图层上方新建一个“左眼虹膜 1”图层，选择“编辑”→“描边”命令，描边宽度为 4 像素，设置混合模式为“叠加”，如图 2-1-15 所示。

图 2-1-15　左眼虹膜 1

（7）在“左眼虹膜 1”上方新建图层，命名为“左眼虹膜 2”，利用画笔绘制眼球黑暗和光亮区域。链接“左眼虹膜”“左眼虹膜纹理”“左眼虹膜1”和“左眼虹膜2”，选择“图层”→“新建”→“从图层建立组”命令，命名为“左眼”，如图2-1-16所示。

图2-1-16　左眼虹膜2

（8）复制“左眼”图层组，重命名为“右眼”，并重命名“右眼”图层组中所有图层为“右眼…”，如图2-1-17所示。

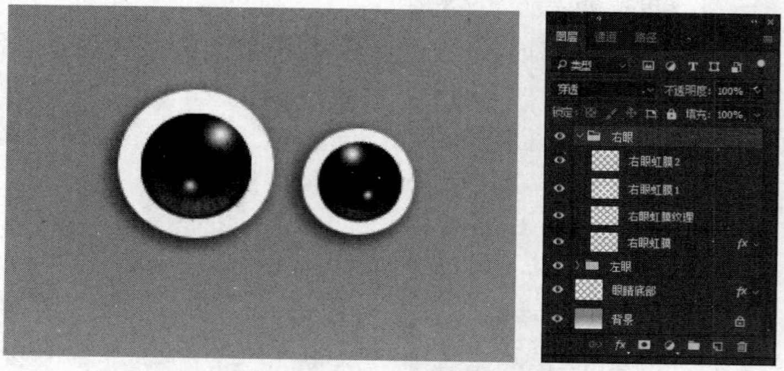

图2-1-17　“右眼”图层组

（9）设置前景色为“#ce8c00”，选择“套索工具”，设置羽化值为5像素，绘制身体部分；在“背景”图层上方新建“身体”图层，按【Alt+Delete】组合键，填充选区，取消选区，如图2-1-18所示；选择“滤镜”→“液化”命令，利用“向前变形工具”的形式进行更精确地调整手臂、腿、脸和头部的形状，如图2-1-19所示。

图2-1-18　绘制身体

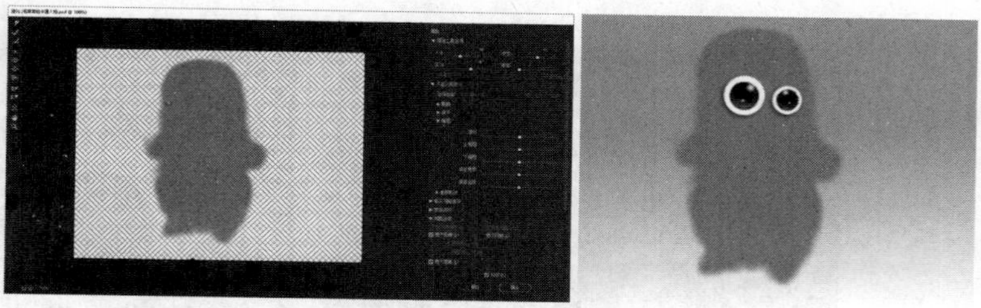

图2-1-19　液化身体

（10）选择“滤镜”→“杂色”→“添加杂色”命令，设置数量25，高斯分布；选择“滤镜”→“模糊”→“高斯模糊”命令，设置半径为2.0像素；选择“滤镜”→“模糊”→“径向模糊”命令，设置数量25，模糊方法缩放，品质好；再利用“涂抹工具”，设置笔尖大小5像素，涂抹“身体”图层边缘部分（可以添加一个图层填充为黑色，作为临时背景，涂抹好后删除此图层），如图2-1-20所示。

图 2-1-20　毛茸茸身体

（11）在所有图层的最上方新建“眉毛”图层，设置前景色为“#755000”，利用“画笔工具”的喷溅的笔尖绘制眉毛，利用“涂抹工具”设置笔尖大小为 5 像素，涂抹“眉毛”图层，如图 2-1-21 所示；添加“投影”图层样式，样式颜色为“#422d02”，如图 2-1-22 所示。

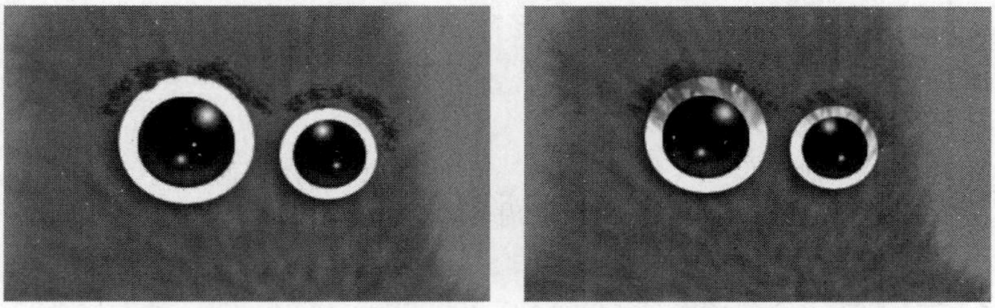

图 2-1-21　画眉毛

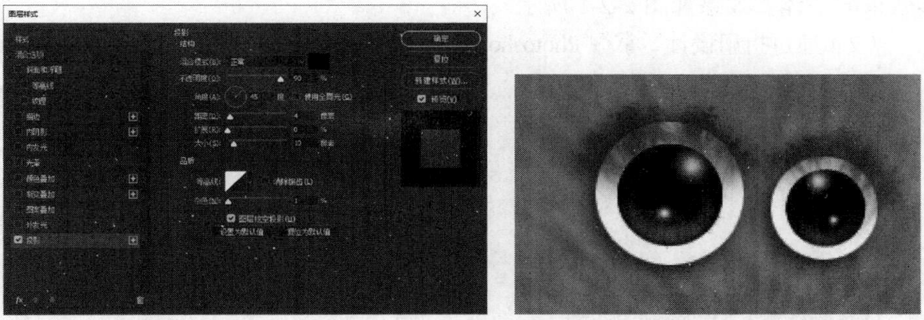

图 2-1-22　添加投影

（12）设置前景色为“#422d02”，利用“画笔工具”选择喷溅笔尖，画嘴巴，画质如图 2-1-23 所示；利用“添加杂色”“高斯模糊”“径向模糊”处理嘴巴，如图 2-1-24 所示。

图 2-1-23　画嘴巴

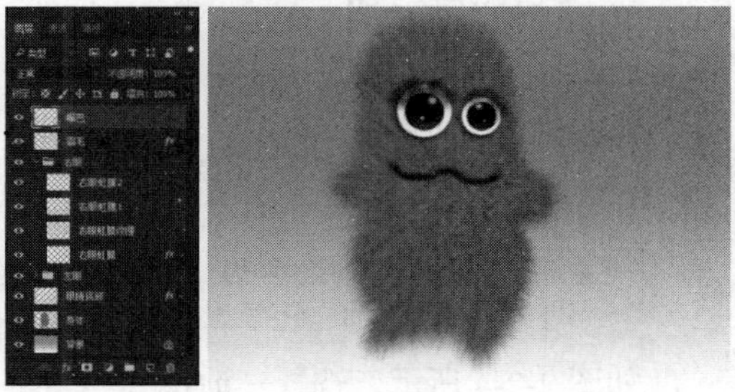

图 2-1-24　最终效果

实验 2 图层的应用

实验目的

◎熟悉 Photoshop 的图层面板。
◎掌握图层的基本操作。
◎掌握图层混合模式的应用。
◎熟练掌握图层样式在图层操作中的应用。

视频
实验2 图层的应用–1–水雾字

实验内容

（1）水雾字。以带水的玻璃为背景，通过图层的混合模式展示出一款具有真实水雾效果的字体。效果如图 2-2-1 所示。

（2）通过折扇设计，掌握 Photoshop 在设计中的常用方法和技术，效果如图 2-2-2 所示。

视频
实验2 图层的应用–2–折扇1

图 2-2-1　水雾字

图 2-2-2　折扇

操作步骤

视频
实验2 图层的应用–2–折扇2

1. 制作水雾字

（1）打开“雨玻璃.jpg”图像文件，在图层面板中，复制“背景”图层为“背景 拷贝”；新建“图层 1”；在工具箱中选择画笔工具，设置画笔笔尖“硬边圆”，大小为 30 像素，硬度 70%，设置前景色为“黑色”；在“图层 1”上书写英文字母，如图 2-2-3 所示。

（2）选择“滤镜”→“扭曲”→“波纹”命令，设置数量为“140%”，大小为“小”，如图 2-2-4 所示。选择“滤镜”→“扭曲”→“波浪”命令，参数设置如图 2-2-5 所示。

图 2-2-3　添加文字

图 2-2-4　波纹滤镜

图 2-2-5　波浪滤镜

（3）在工具箱中选择涂抹工具，设置画笔笔尖“软边圆”，大小为 15 像素，硬度 70%，设置前景色为“黑色”；在“图层 1”文字上涂抹，添加流淌的效果，如图 2-2-6 所示。将“图层 1”的混合模式设置为“叠加”，“不透明度”为 70%，如图 2-2-7 所示。

（4）复制“图层 1”为“图层 1 拷贝”，将“图层 1 拷贝”的混合模式设置为“正常”，“不透明度”为 30%，如图 2-2-8 所示。

图 2-2-6　流淌效果

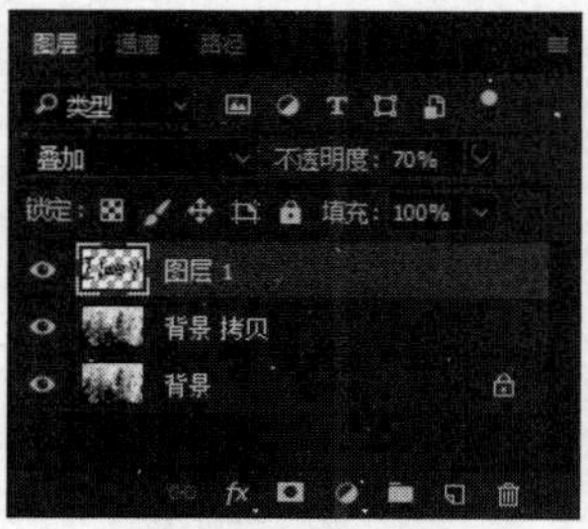

图 2-2-7　叠加

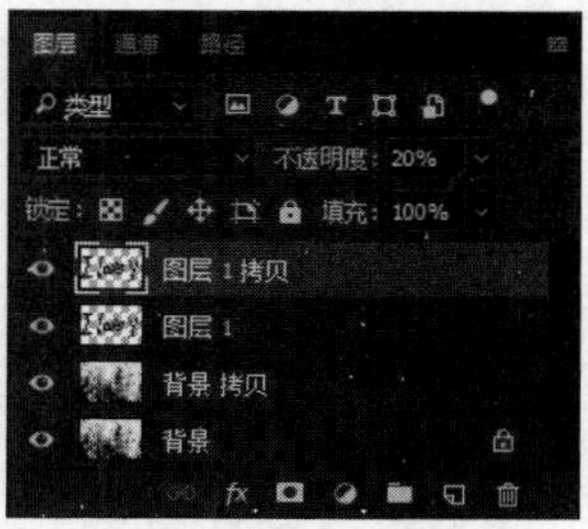

图 2-2-8　复制图层

（5）新建“图层 2”，并填充为白色，“图层 2”的混合模式设置为“柔光”，“不透明度”为 30%，如图 2-2-9 所示。

图 2-2-9　最终效果

2. 设计折扇

（1）新建一个 20 cm × 18 cm@150 ppi、RGB 颜色模式、白色背景的图像文件；选择“视图”→“显示”→“网格”命令，打开网格。

（2）新建“图层 1”，利用“钢笔工具”绘制出路径，按【Ctrl+Enter】组合键将路径转换为选区，如图 2-2-10 所示。

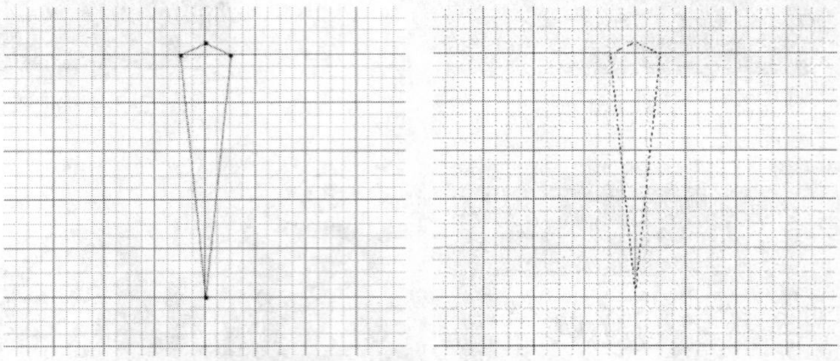

图 2-2-10 路径转换选区

（3）将前景色设置成灰色“#9e9e9e”，按【Alt+Delete】组合键填充颜色，按【Ctrl+D】组合键取消选区，如图 2-2-11 所示。

（4）新建“图层 2”，将前景色设置为黑色“# 000000”，在“图层 2”中，利用“画笔工具”在图形的底部画一个小黑点，如图 2-2-12 所示。

（5）选择“图层 1”，选择“多边形套索工具”，添加选区，如图 2-2-13 所示；按【Ctrl+Shift+I】组合键，将选区反选，如图 2-2-14 所示。

（6）选定“图层 1”，按【Delete】键，删除图像，如图 2-2-15 所示；利用“多边形套索工具”，绘制选区，如图 2-2-16 所示。

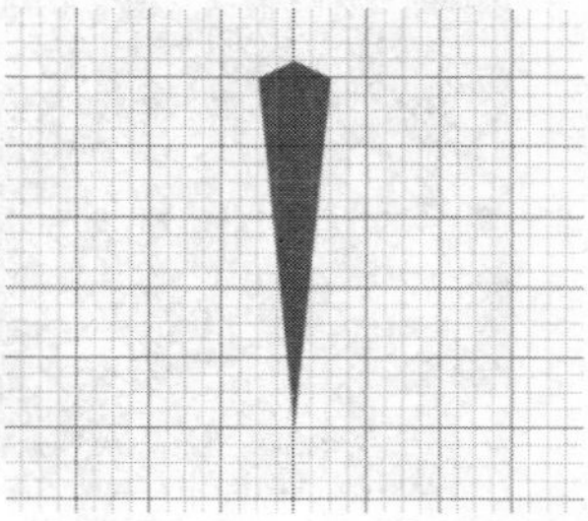

图 2-2-11 填充选区

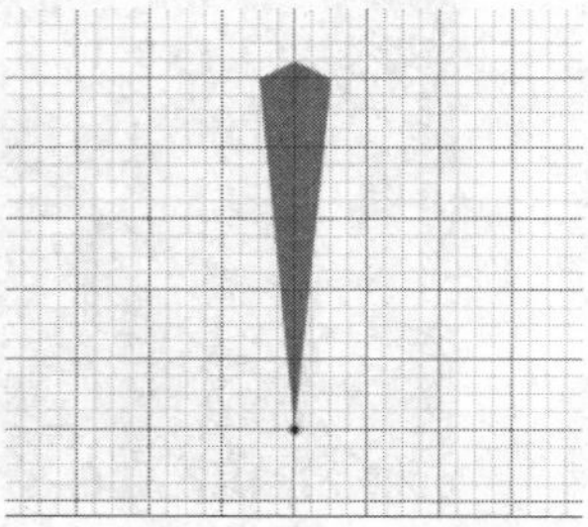

图 2-2-12 绘制黑点

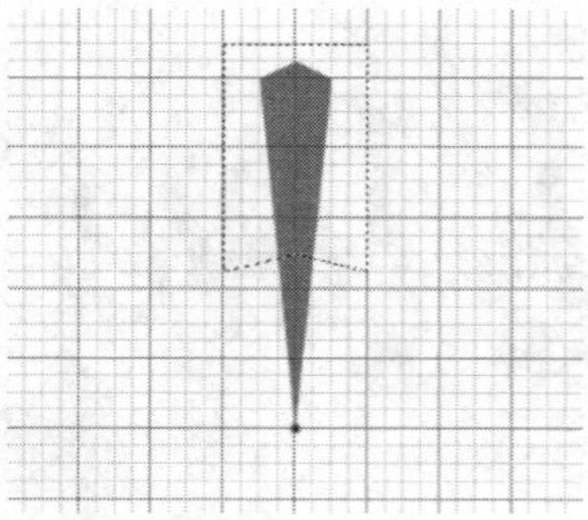

图 2-2-13 建立选区

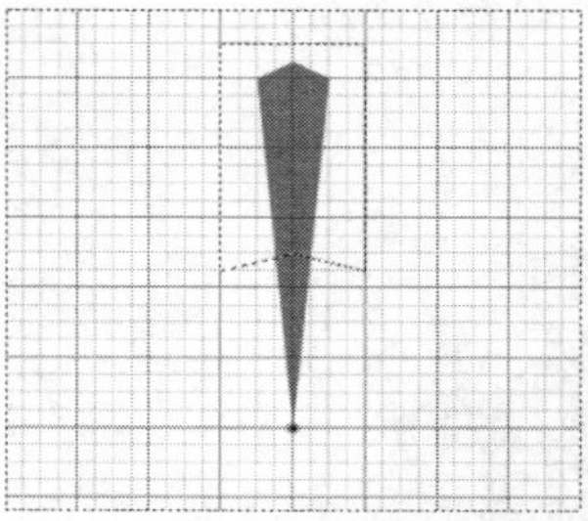

图 2-2-14 反选选区

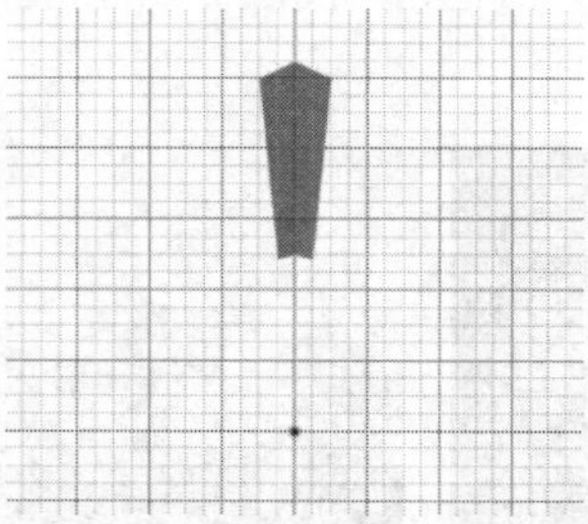

图 2-2-15 删除图像

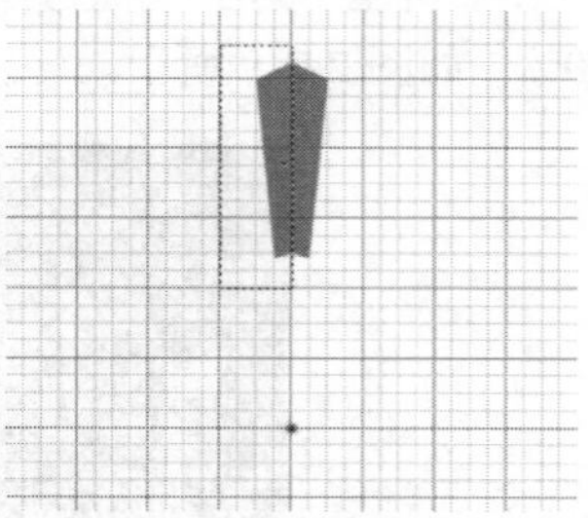

图 2-2-16 绘制选区

（7）按【Ctrl+M】组合键，打开“曲线”对话框，设置数值为 180、126，如图 2-2-17 所示；取消选区，用“多边形套索工具”继续绘制选区，调出“曲线”选项，设置为 99、163，如图 2-2-18 所示，取消选区。

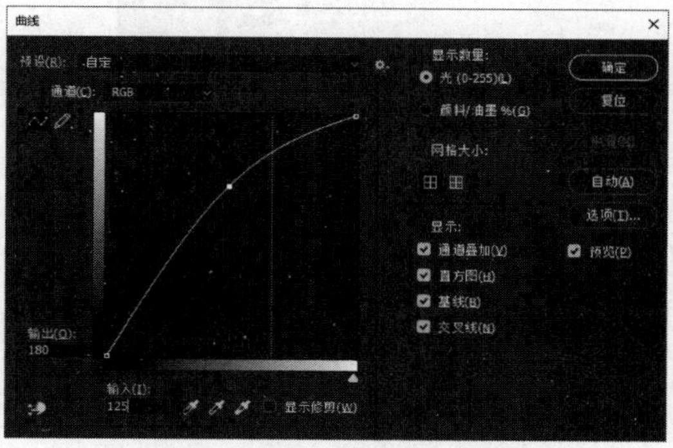

图 2-2-17　“曲线”对话框

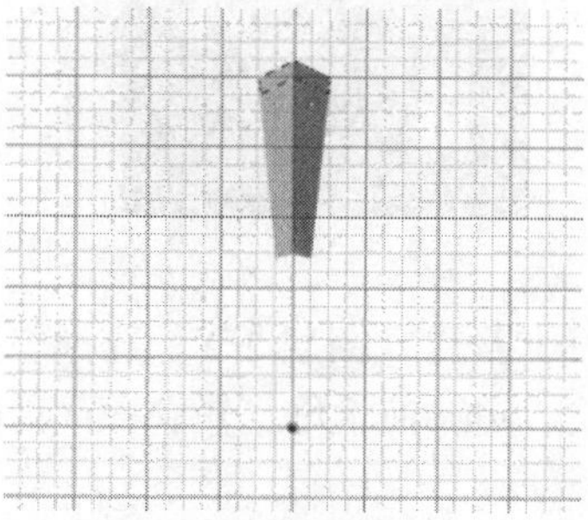

图 2-2-18　再建选区

（8）在“图层 1”中，按【Ctrl+Alt+T】组合键，将“图层 1”复制，按【Ctrl+T】组合键，打开自由变换，将中心点移动到“图层 2”的点处，旋转“图层 1 拷贝”，如图 2-2-19 所示。按住【Ctrl+Shift+Alt】组合键，然后按【T】键 12 次，如图 2-2-20 所示。

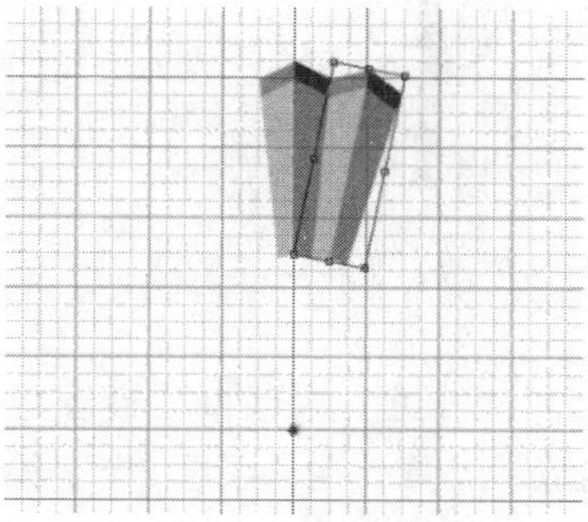

图 2-2-19　旋转图像

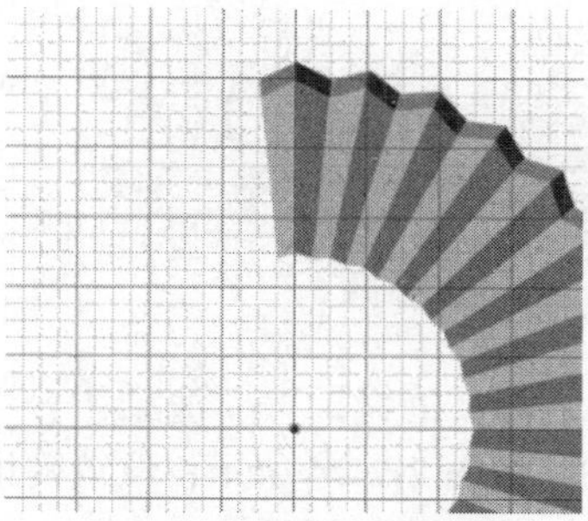

图 2-2-20　复制扇叶

（9）按【Ctrl+E】组合键，合并各“图层 1 拷贝”到图层 1，按【Ctrl+T】组合键，打开自由变换，调整到图 2-2-21 所示位置。

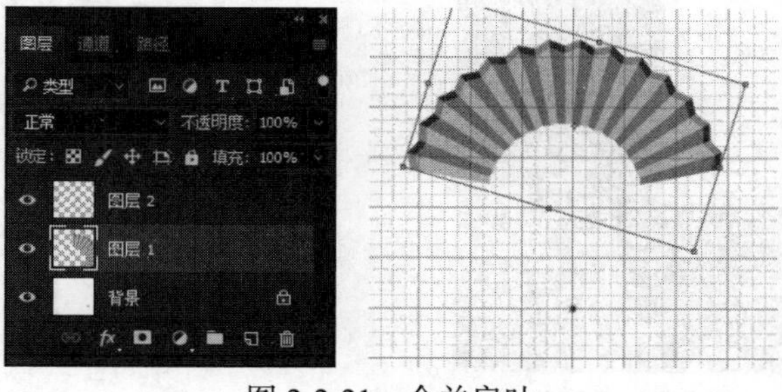

图 2-2-21　合并扇叶

（10）按住【Ctrl】键，单击“图层 1”的缩略图，单击“调整”按钮，选择“色相与饱和度”，打开“色相与饱和度”窗口，调整颜色，选择“着色”，颜色为 178、22，删除图层 2，如图 2-2-22 所示。

图 2-2-22　添加色相与饱和度

（11）新建“图层 2”，选择“矩形选框工具”，绘制一个矩形选区，设置前景色为“#740606”，填充前景色，并设置背景色为“#4d0404”，如图 2-2-23 所示。

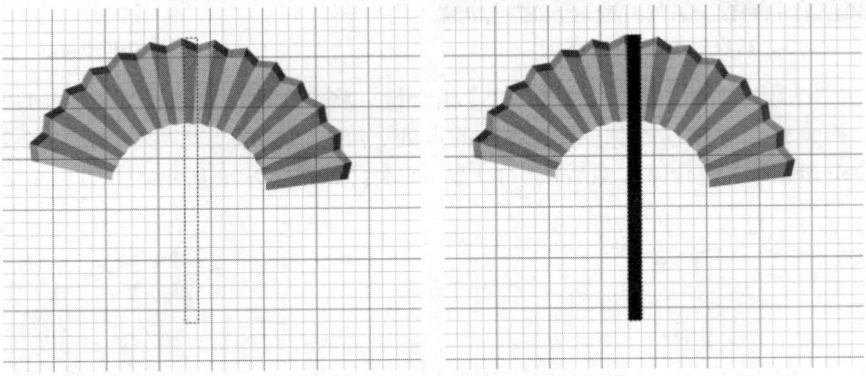

图 2-2-23　绘制扇柄

（12）选择“滤镜”→“渲染”→“纤维”命令，打开“纤维”对话框，设置数值为差异 27、强度 13，如图 2-2-24 所示；取消网格显示，选取“钢笔”工具，在“图层 2”上绘制路径，制作扇茎，如图 2-2-25 所示。

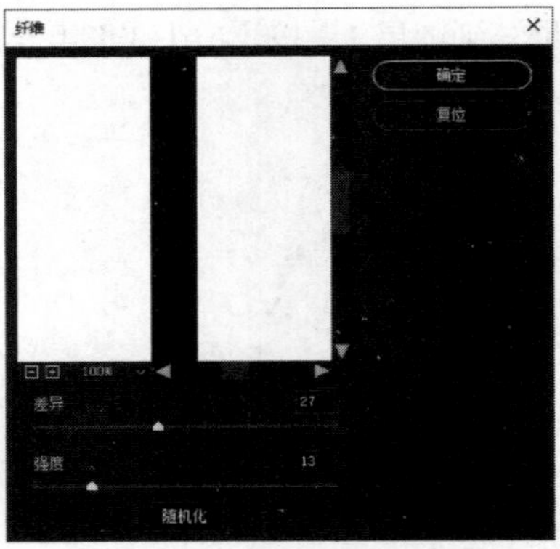

图 2-2-24　“纤维”对话框

图 2-2-25　绘制路径

（13）按【Ctrl+Enter】组合键将路径转换为选区，选择“图层 2”，按【Ctrl+Shift+I】组合键反选，按【Delete】键删除，按【Ctrl+D】组合键取消选区，如图 2-2-26 所示。

（14）双击“图层 2”打开“图层样式”对话框，添加“斜面和浮雕”，深度为 144，大小为 8，添加“图层样式”，如图 2-2-27 所示。

图 2-2-26　删除图像

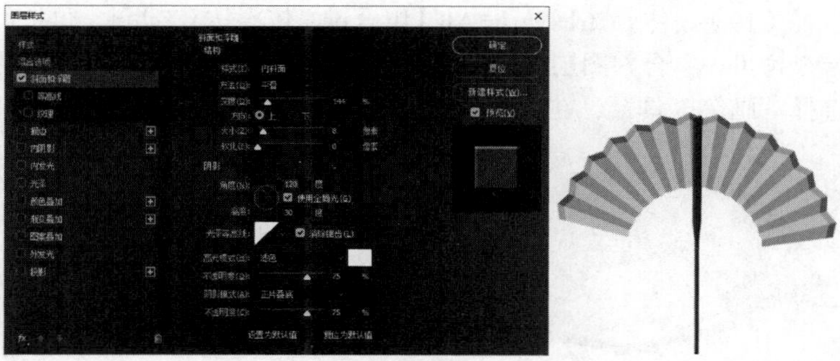

图 2-2-27　斜面和浮雕

（15）按【Ctrl+T】组合键，旋转调整位置，按【Enter】键，如图 2-2-28 所示；复制“图层 2”，按【Ctrl+T】组合键，中心点移动到扇茎下面，旋转到折扇的另一边，调整移动，然后将“图层 2 拷贝”移动到“图层 1”下方，如图 2-2-29 所示；删除“图层 2 ”和“图层 2 拷贝”上多余的扇茎，如图 2-2-30 所示。

图 2-2-28　旋转扇茎

图 2-2-29　调整扇茎

图 2-2-30　三处多余扇茎

（16）选定“图层 2 拷贝”，新建“图层 3”，选择“矩形选框工具”，绘制矩形选区，填充为红色（前景色为“#740606”，背景色为“#4d0404”），选择“滤镜”→“渲染”→“纤维”命令，制作出类似的效果，如图 2-2-31 所示。

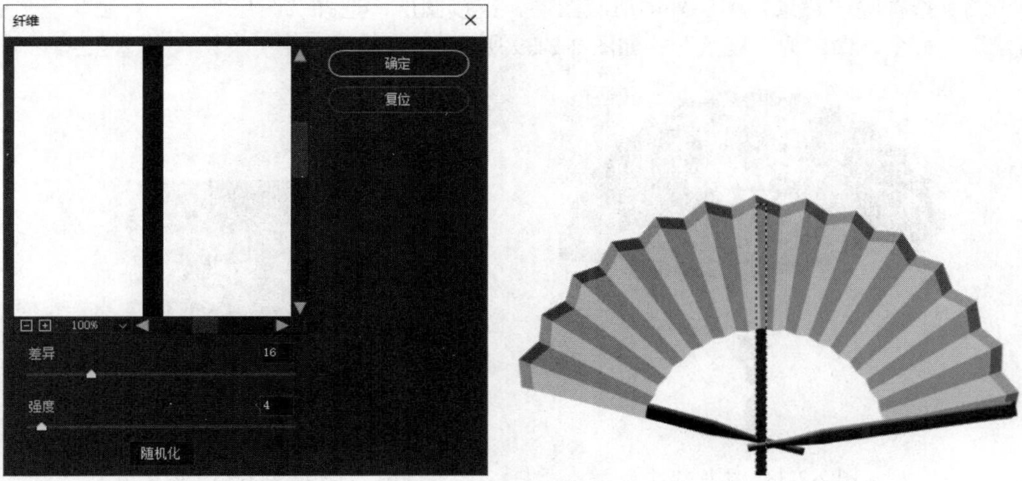

图 2-2-31　绘制内扇茎

（17）将“图层 2 拷贝”的样式复制到“图层 3”中，按【Ctrl+T】组合键调整“图层 3”，取消选区，删除“图层 3”上多余的扇茎，如图 2-2-32 所示。

（18）按【Ctrl+Shift+Alt+T】组合键，进行一次复制，按【Ctrl+T】组合键将中心点调整到交接点，再旋转，如图 2-2-33 所示。

（19）按住【Ctrl+Shift+Alt】组合键，依次按【T】键，再按【Ctrl+E】组合键，把所有的“图层 3 拷贝…”合并图层到“图层 3”，在所有图层最上面新建图层 4，前景色为红色“#ef1a08”，选择“画笔工具”，在扇子茎交接的地方单击，添加一个红色小圆点，如图 2-2-34 所示。

图 2-2-32　制作内扇茎

图 2-2-33　旋转内扇茎

图 2-2-34　绘制小圆点

（20）按住【Ctrl】键，单击“图层 1”的缩略图，载入选区，如图 2-2-35 所示。

（21）打开“水墨画 .jpg”文件，按【Ctrl+A】组合键全选，再按【Ctrl+C】组合键复制图像，选择折扇文件，选择“编辑”→“选择性粘贴”→“贴入”命令，将水墨画粘贴到扇子中，调整图像位置，如图 2-2-36 所示；把水墨画所在的图层混合模式设置为“线性加深”，如图 2-2-37 所示。

图 2-2-35　载入选区

图 2-2-36　加水墨画

图 2-2-37　线性加深

（22）打开“挂件 .psd”，利用“移动工具”把挂件移动复制到折扇文件中，调整大小，移动到扇子交接处画的红色小圆点上，把“挂件”图层移至“图层 4”下方，如图 2-2-38 所示。

（23）选择除“背景”图层外的所有图层，链接图层，选择“图层”→“新建”→“从图层新建组”命令，命名为“扇子”，如图 2-2-39 所示。

图 2-2-38　添加挂件

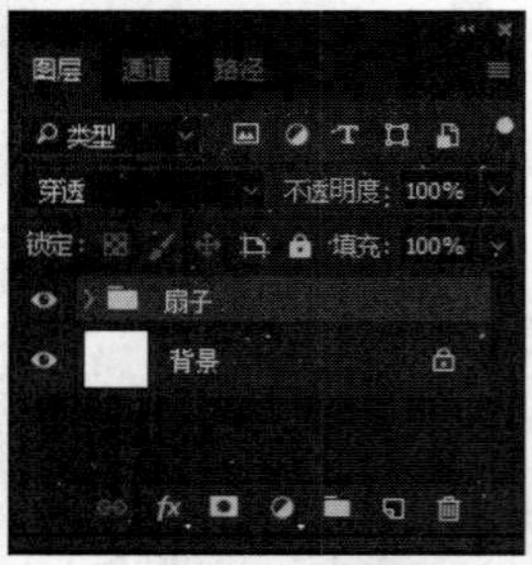

图 2-2-39　新建扇子图层组

（24）在“图层 5”的图层蒙版上右击，在弹出的快捷菜单中选择“应用图层蒙版”，把图层蒙版应用到“图层 5”中。选择“扇子”组，利用“移动工具”调整扇子的位置到画布的中间；选定“背景”图层，设置前景色为“#9ebe48”，按【Alt+Delete】组合键，填充“背景”图层，如图 2-2-40 所示。

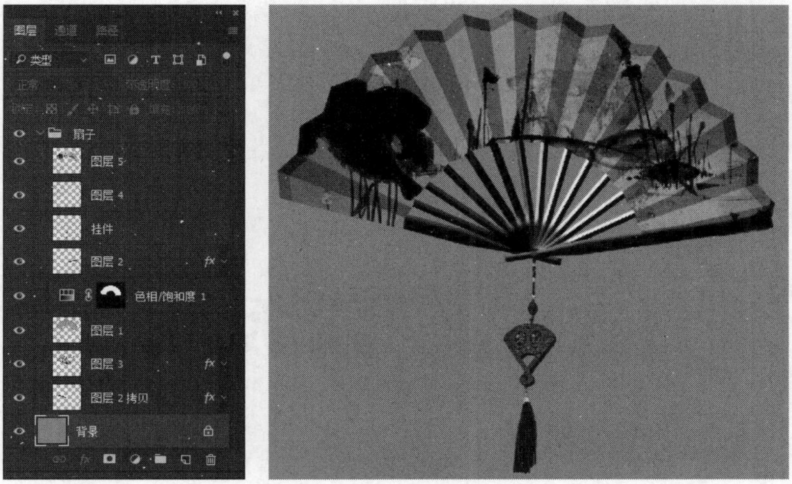

图 2-2-40　填充背景

实验 3

蒙版与通道应用

实验目的

◎了解蒙版、通道的作用。
◎熟练掌握蒙版的应用。
◎掌握通道的基本操作。

实验内容

（1）利用图层蒙版，合成“层峦叠嶂”的山峰。效果如图 2-3-1 所示。

（2）通过制作五彩缤纷的文字效果，掌握 Photoshop 设计中通道的常用方法和技术，效果如图 2-3-2 所示。

视频
实验3 蒙版与通道应用–1–层峦叠嶂1

视频
实验3 蒙版与通道应用–1–层峦叠嶂2

视频
实验3 蒙版与通道应用–2–五彩缤纷

图 2-3-1　层峦叠嶂的山峰

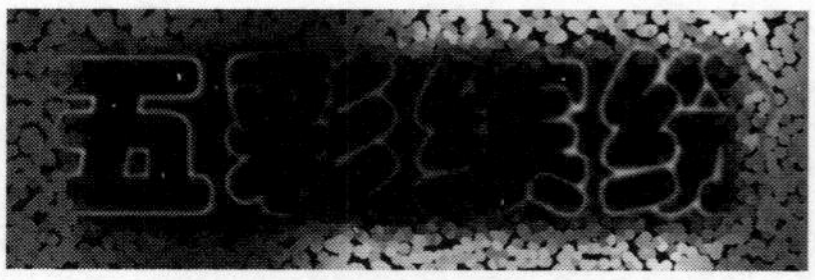

图 2-3-2　五彩缤纷

操作步骤

1. 合成“层峦叠嶂”的山峰

（1）新建一个 16 cm × 12 cm@150 ppi、RGB 颜色模式、白色背景的图像文件；打开“瀑布 .jpg”文件，利用移动工具把图像拖到新建的图像文件中，命名为“瀑布”，调整图像大小，并添加图层蒙版，修饰图像，如图 2-3-3 所示。

（2）打开“山峰 1.jpg”文件，利用移动工具把图像拖到新建的图像文件中，命名为“山峰 1”，调整图像大小，并添加图层蒙版，修饰图像，如图 2-3-4 所示。

图 2-3-3　添加瀑布

图 2-3-4　添加山峰 1

（3）打开“太阳 .jpg”文件，利用移动工具把图像拖到新建的图像文件中，命名为“太阳”，调整图像大小，并添加图层蒙版，修饰图像，如图 2-3-5 所示。

（4）打开“山峰 2.jpg”文件，利用移动工具把图像拖到新建的图像文件中，命名为“山峰 2”，调整图像大小，并添加图层蒙版，修饰图像，如图 2-3-6 所示。

图 2-3-5　添加太阳

图 2-3-6　添加山峰 2

（5）打开“山峰 3.jpg”文件，利用移动工具把图像拖到新建的图像文件中，命名为“山峰 3”，调整图像大小，并添加图层蒙版，修饰图像，如图 2-3-7 所示。

（6）打开“山峰 4.jpg”文件，利用移动工具把图像拖到新建的图像文件中，命名为“山峰 4”，调整图像大小，并添加图层蒙版，修饰图像，如图 2-3-8 所示。

图 2-3-7　添加山峰 3

图 2-3-8　添加山峰 4

（7）打开“山峰 5.jpg”文件，利用移动工具把图像拖到新建的图像文件中，命名为“山峰 5”，调整图像大小，并添加图层蒙版，修饰图像，如图 2-3-9 所示。

（8）打开“楼阁 .jpg”文件，利用移动工具把图像拖到新建的图像文件中，命名为“楼阁”，调整图像大小，并添加图层蒙版，修饰图像，如图 2-3-10 所示。

图 2-3-9　添加山峰 5

图 2-3-10　添加楼阁

（9）在“图层”面板所有图层的最上方，添加“色彩平衡”调整图层，在属性中设置中间调的绿色系为“+15”，如图 2-3-11 所示。“图层”面板图层情况如图 2-3-12 所示。最终效果如图 2-3-1 所示。

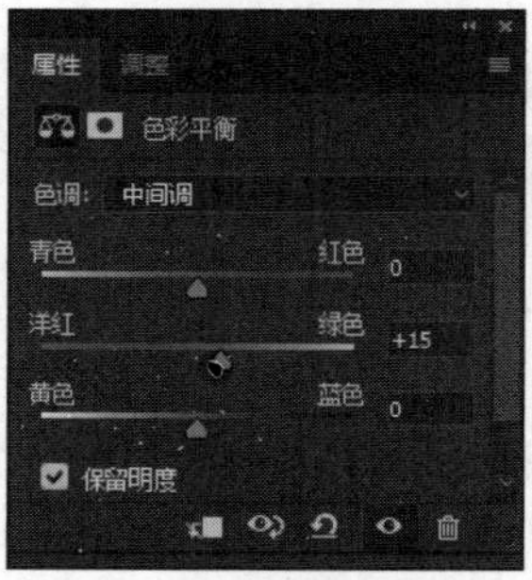

图 2-3-11　色彩平衡

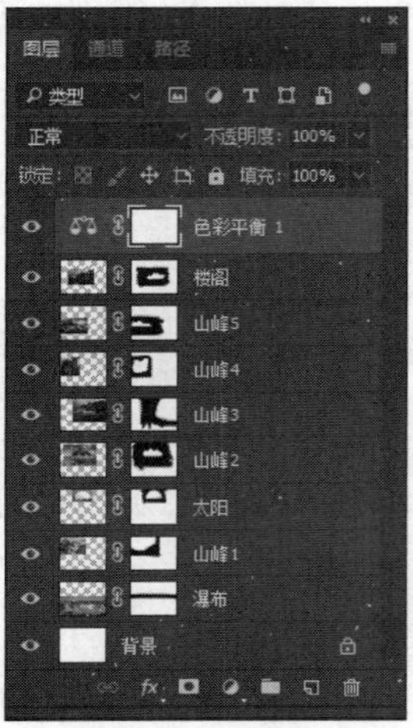

图 2-3-12　图层面板

2. 制作五彩缤纷的文字效果

（1）新建一个 900 像素 ×300 像素 @150 ppi、RGB 颜色模式、黑色背景的图像文件。

（2）切换到“通道”面板，新建一个名为“Alpha 1”的通道，选择“横排文字工具”，设置字体为“华文彩云”，大小 100 点，颜色为“白色”。输入“五彩缤纷”，利用移动工具将文字移动至画布中央，取消选区。

（3）选择“滤镜”→“模糊”→“高斯模糊”命令，设置半径为 3.0；复制“Alpha 1”通道，得到“Alpha 1 拷贝”通道，选择“滤镜”→“其他”→“位移”命令，参数设置如图 2-3-13 所示。

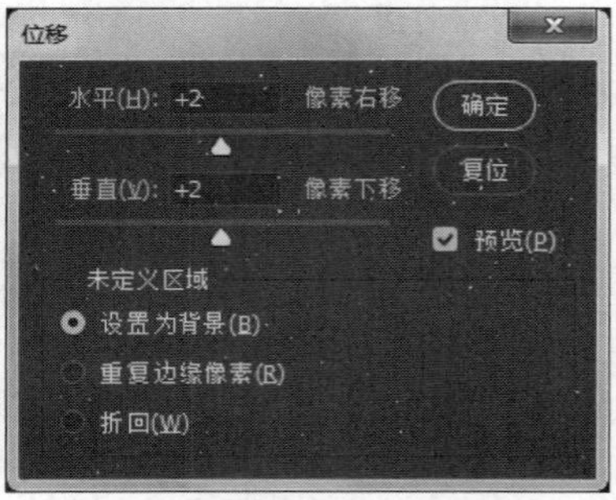

图 2-3-13　“位移”对话框

（4）选择“图像”→“计算”命令，打开“计算”对话框，参数设置如图 2-3-14（a）所示，得到“Alpha 2”通道；再次选择“计算”命令，参数设置如图 2-3-14（b）所示，得到“Alpha 3”通道。

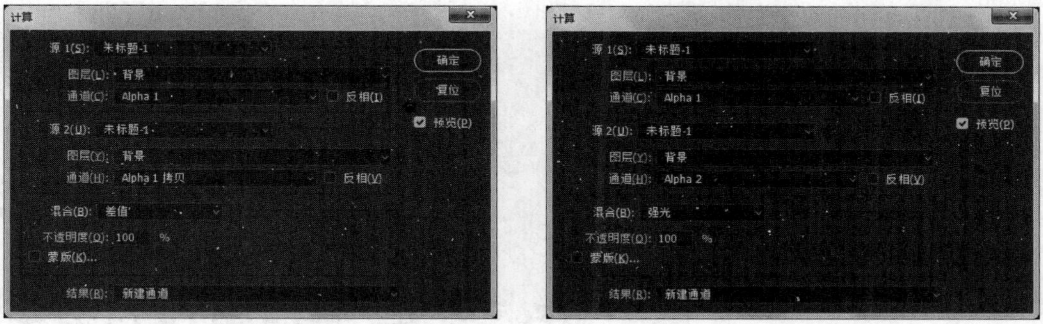

（a）　　　　　　　　（b）

图 2-3-14　计算参数设置

（5）按住【Ctrl】键，单击“Alpha 3”通道缩略图，载入选区；切换到“图层”面板，新建“五彩缤纷”的新图层。

（6）选择“渐变工具”，设置渐变色为预设中的“色谱”，渐变类型为“径向渐变”，模式为“叠加”，从字的中央向右侧拖动鼠标，绘制渐变，如图 2-3-15 所示。

图 2-3-15　绘制渐变

（7）切换到“通道”面板，新建“Alpha 4”通道，利用“矩形选框工具”在中央建立一个矩形选区，填充白色，取消选区。

（8）选择“滤镜”→“模糊”→“高斯模糊”命令，设置半径为 16.0；选择“滤镜”→“像素化”→“点状化”命令，设置单元格大小为 15，如图 2-3-16 所示。

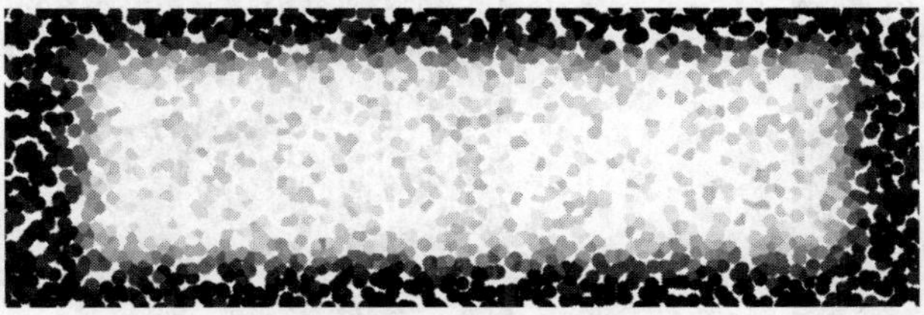

图 2-3-16　Alpha 4 通道

（9）按住【Ctrl】键，单击“Alpha 4”通道缩略图，载入选区；按【Shift+Ctrl+I】组合键，反选选区；切换到“图层”面板，在“背景”图层上方新建一个名为“彩色背景”的图层。

（10）选择“渐变工具”，设置渐变色为预设中的“色谱”，渐变类型为“线性渐变”，模式为“正常”，从画布左上角向右下角拖动鼠标，绘制渐变，取消选区，最终效果如图 2-3-2 所示。

实验 4

色彩与色调的调整

实验目的

◎了解图像色彩的基本属性。
◎掌握图像色调调整。
◎掌握图像色彩调整。
◎熟练掌握校正图像色调的方法。
◎熟练掌握调整图像颜色的方法。

视频

实验4 色彩与色调的调整-1-火红的暮色

视频

实验4 色彩与色调的调整-2-草丛秋色调

实验内容

（1）火红的暮色，通过色调的调整，掌握 Photoshop 在设计中的常用方法和技术，效果如图 2-4-1 所示。

（2）草丛秋色调。通过调整对比度作为主色的铺垫，在此基础上利用色相的调整方法制作出最终的秋色调，效果如图 2-4-2 所示。

图 2-4-1 火红的暮色

图 2-4-2 草丛秋色调

操作步骤

1. 制作火红的暮色

（1）打开“暮色 .jpg”文件，复制“背景”图层为“背景 拷贝”，新建“色彩平衡”调整图层，调整“中间调”和“高光”，使图像颜色偏红一点，如图 2-4-3 所示。

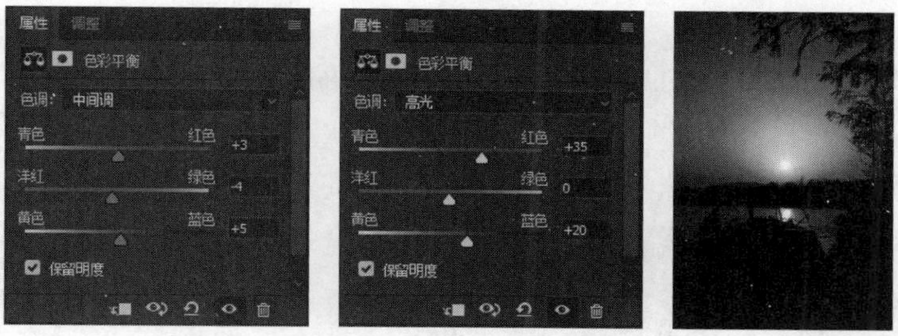

图 2-4-3　新建色彩平衡

（2）新建“曲线”调整图层，调整“亮部”和“暗部”使对比度明显一点，如图 2-4-4 所示。

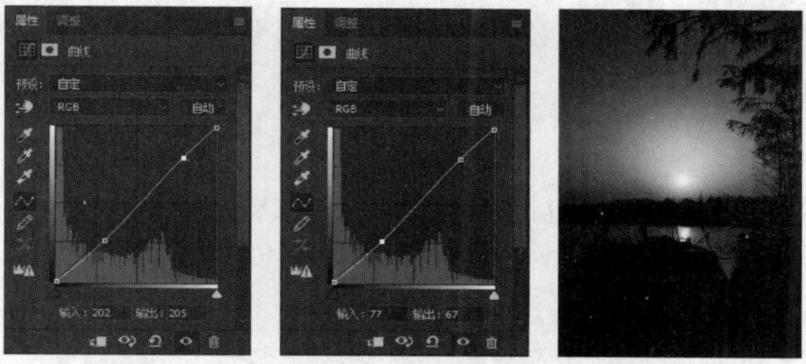

图 2-4-4　新建曲线

（3）新建“色相 / 饱和度”调整图层，调整“全图”和“蓝色”使对比度更强一点，如图 2-4-5 所示。

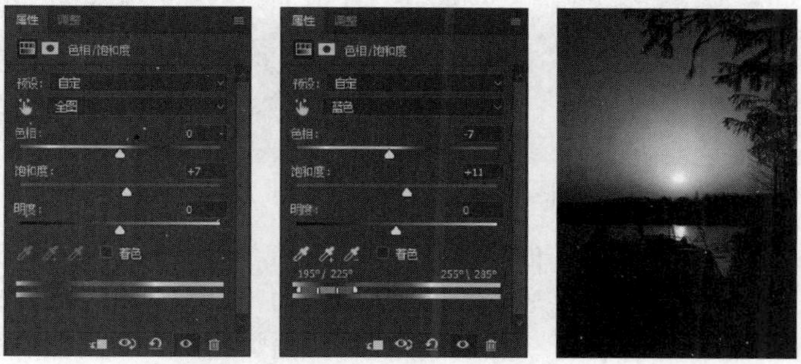

图 2-4-5　色相 / 饱和度

（4）新建“颜色查找”调整图层，载入 3DLUT 为“Crisp_Warm.look”，如图 2-4-6 所示；设置图层不透明度为“30%”，如图 2-4-7 所示，最终效果如图 2-4-1 所示。

图 2-4-6　新建颜色查找

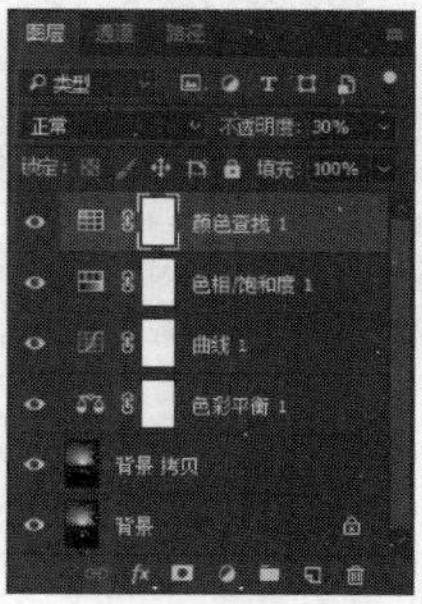

图 2-4-7　设置不透明度

2. 制作草丛秋色调

（1）打开“草丛.jpg”文件；在“图层”面板上创建“可选颜色”调整图层，在属性面板上设置：颜色选择“红色”，青色为 +15%；颜色选择“绿色”，青色为 -60%，洋红为 +20%，黄色为 -15%，黑色为 +16%，如图 2-4-8 所示。

图 2-4-8　可选颜色

（2）在“图层”面板上，创建“色相/饱和度”调整图层，在属性面板上设置：选择“全图”，饱和度为 -20；选择“黄色”，色相为 -60，饱和度为 -40；选择“绿色”，饱和度为 -20，如图 2-4-9 所示。

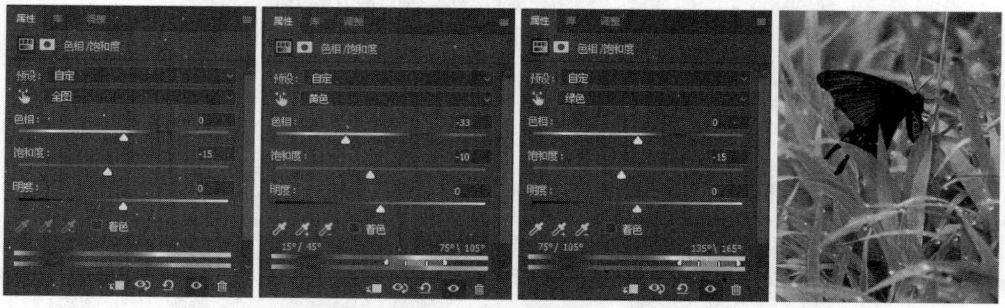

图 2-4-9　色相/饱和度 1

（3）在“图层”面板上，创建“曲线”调整图层，在属性面板上设置：选择“RGB”通道，调整曲线增加图像亮度；选择“红”通道，调整曲线增加图像中的红色；选择“绿”通道，调整曲线降低图像中的绿色；选择“蓝”通道，调整曲线增加图像中的蓝色，如图 2-4-10 所示。

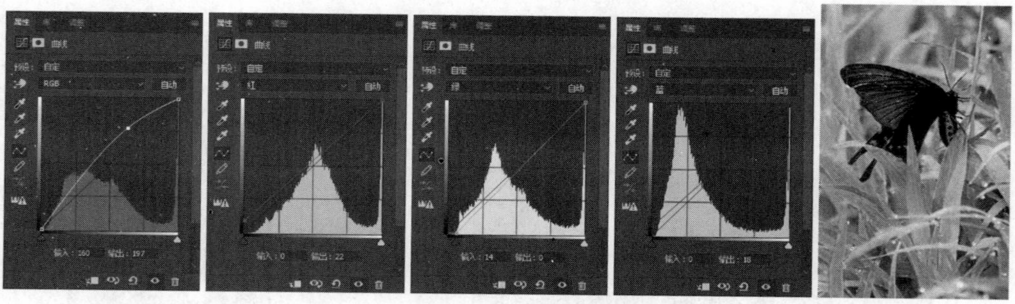

图 2-4-10　曲线 1

（4）在“图层”面板上，创建“色相/饱和度”调整图层，在属性面板上设置：选择“全图”，色相为 +10；选择“蓝色”，色相为 -180，如图 2-4-11 所示。

图 2-4-11　色相 / 饱和度 2

（5）按【Ctrl+Alt+Shift+E】组合键，盖印可见图层，此时会新建“图层 1”；选择“图层 1”，选择“图像”→“模式”→“Lab 颜色”命令，单击“拼合”按钮，图像转换成“Lab 模式”，同时所有图层合并到“背景”图层，如图 2-4-12 所示。

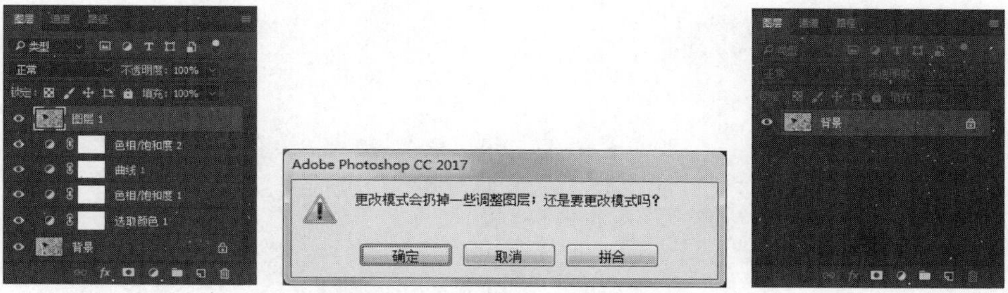

图 2-4-12　盖印、合并图层

（6）选择“图像”→“应用图像”命令，设置参数如图 2-4-13 所示；按【Ctrl+Alt+2】组合键，载入图像高光区域的选区，再按【Ctrl+Shift+I】组合键，反选选区，如图 2-4-14 所示。

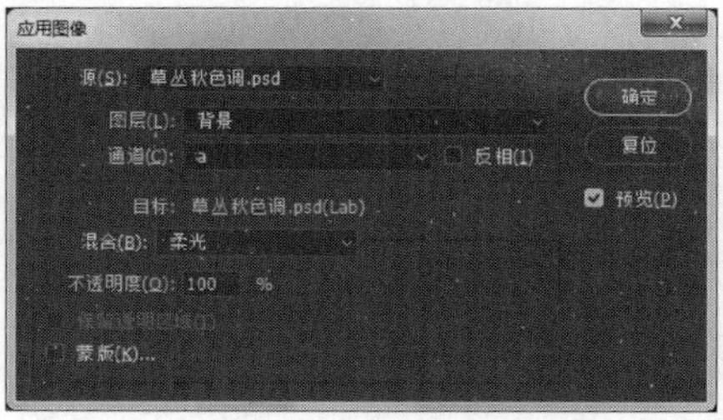

图 2-4-13　“应用图像”对话框

图 2-4-14　建立选区

（7）在“图层”面板上，创建“曲线”调整图层，在属性面板上设置：选择“明度”通道，调整曲线降低图像亮度；选择“b”通道，调整曲线增加图像中的暖红色，如图 2-4-15 所示。

图 2-4-15　曲线 2

（8）按【Ctrl+Alt+Shift+E】组合键，盖印可见图层，此时会新建“图层 1”；选择“图层 1”，在图层面板中，设置图层混合模式为“柔光”，“不透明度”为 30% 左右，如图 2-4-16 所示。

图 2-4-16　盖印图层和柔光模式

实验 5

路径与滤镜应用

实验目的

◎掌握路径绘制方法。

◎掌握路径应用方法。

◎熟练掌握常用滤镜对图像进行各种特效处理。

实验内容

（1）树叶字。树叶字制作思路就是用设置好的画笔描边文字路径即可，效果如图 2-5-1 所示。

（2）利用滤镜制作漂亮的彩色烟花图案效果，效果如图 2-5-2 所示。

图 2-5-1　树叶字效果

图 2-5-2　彩色烟花效果

视 频
实验5 路径与滤镜应用-1-树叶字1

视 频
实验5 路径与滤镜应用-1-树叶字2

视 频
实验5 路径与滤镜应用-2-漂亮彩色烟花

操作步骤

1. 制作树叶字

（1）新建一个 1 024 像素 ×768 像素 @150 ppi、RGB 颜色模式、白色背景的图像文件。打开“纹理 .jpg”文件，复制到新建的图像文件中。为“图层 1”添加“颜色叠加”图层样式，模式为“正片叠底”，颜色“#572306”，不透明度为 95%，如图 2-5-3 所示。重命名“图层 1”为“背景”图层。

（2）再新建 500 像素 ×500 像素大小的文档，新建图层，画出一片树叶；给树叶添加“渐变叠加”的图层样式，如图 2-5-4 所示。

（3）选择“编辑”→“定义画笔预设”命令，定义名为“树叶”的画笔；转到“树叶字”窗口。

（4）选择“横排文字工具”，设置字体“Berlin Sans FB”，字号150点，输入“HELLO”；格式化文字图层，并复制两个图层，如图2-5-5所示。

（5）按住【Ctrl】键，单击“HELLO”图层的缩略图，载入选区；切换到“路径”面板，单击“从选区生成工作路径”按钮，将选区转换成路径，如图2-5-6所示。再把工作路径转换成路径保存。

图2-5-3　处理背景

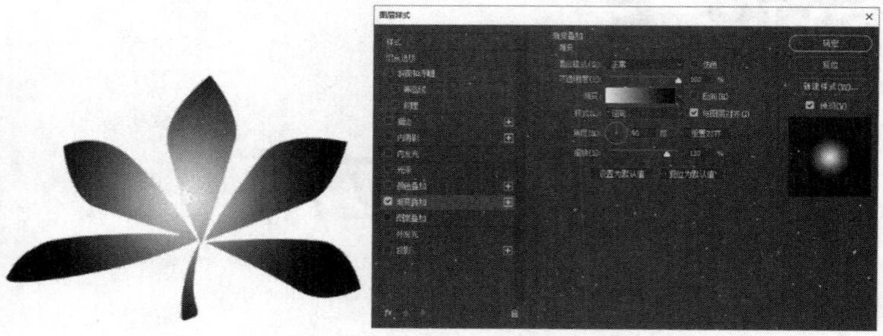

图2-5-4　绘制树叶

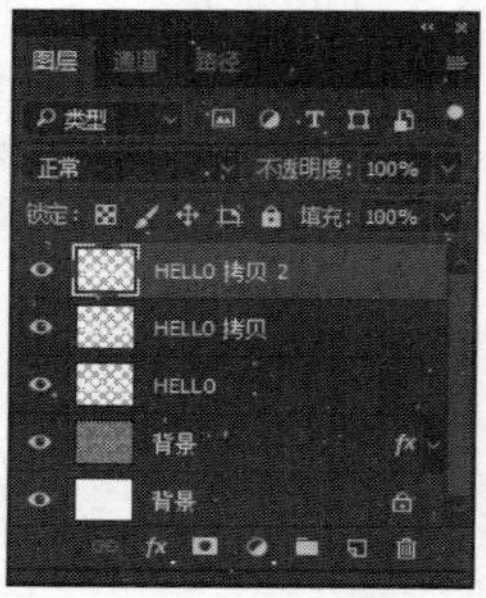

图2-5-5　复制图层

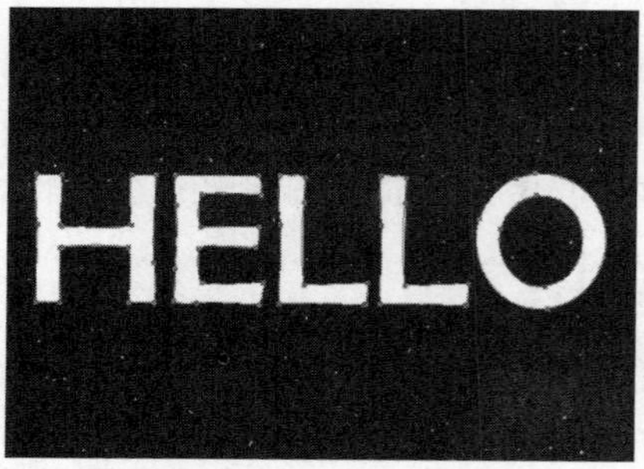

图2-5-6　生成路径

（6）选择“画笔工具”，设置“画笔笔尖形状”“形状动态”“散布”和“颜色动态”，如图2-5-7所示。

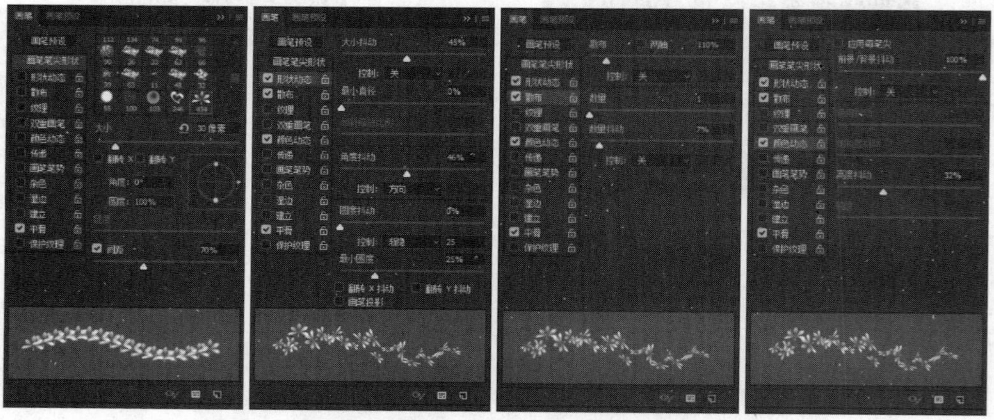

图2-5-7　设置画笔

（7）在“路径”面板和“图层”面板之间，“HELLO”图层用画笔笔尖大小50像素描边路径，“HELLO拷贝”图层用画笔笔尖大小40像素描边路径，“HELLO拷贝2”图层用画笔笔尖大小30像素描边路径，3个图层可以多描几次。效果如图2-5-8所示。

（8）给“HELLO拷贝”图层添加“投影”（#472b0f）图层样式，如图2-5-9所示，内阴影（#5c2e0f）和内发光（#b0ac3a）图层样式如图2-5-10所示。

图 2-5-8　描边路径

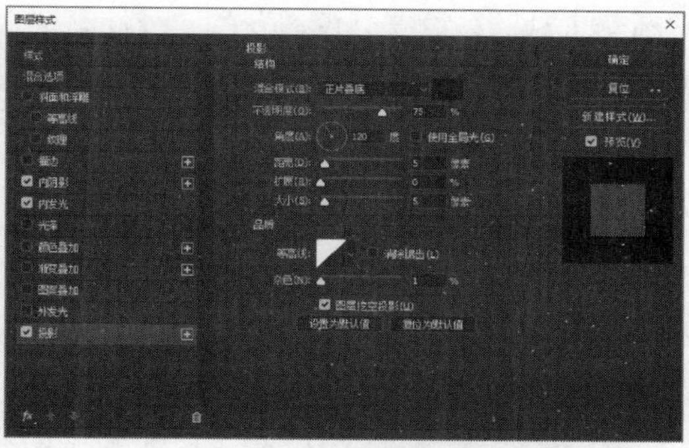

图 2-5-9　投影图层样式

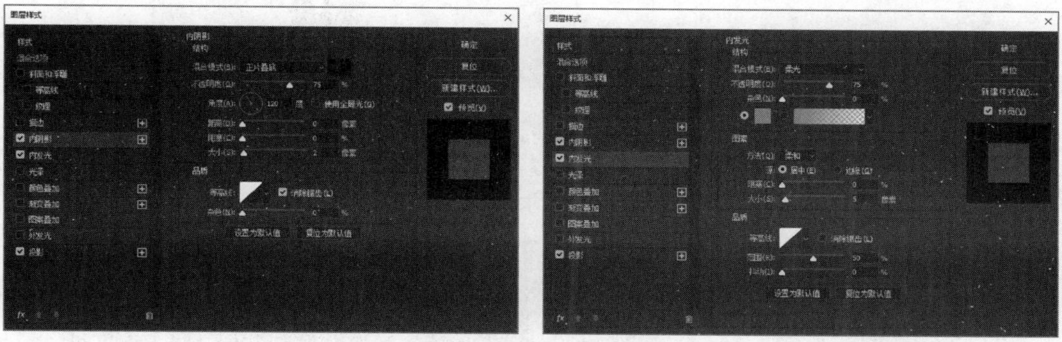

图 2-5-10　内阴影和内发光图层样式

（9）在所有图层最上方，添加“照片滤镜”调整图层，如图 2-5-11 所示。添加“曝光度”调整图层，如图 2-5-12 所示。

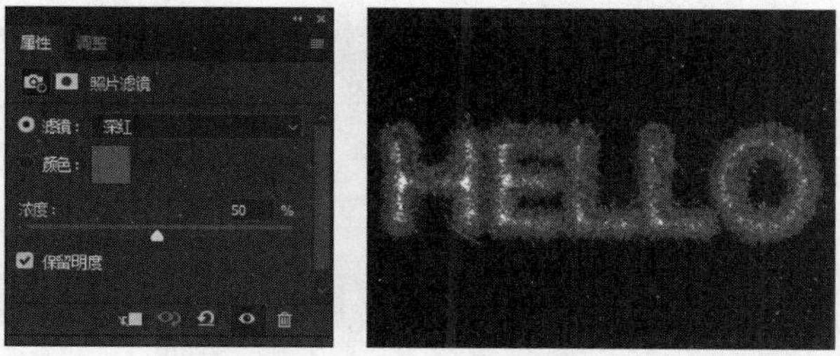

图 2-5-11　照片滤镜

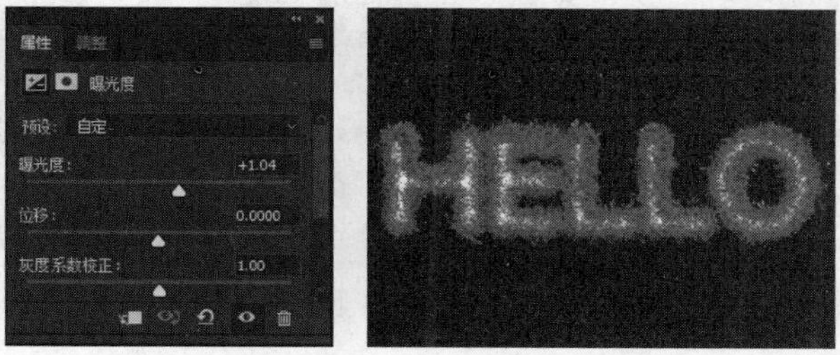

图 2-5-12　曝光度

2. 制作漂亮的彩色烟花图案

（1）新建一个 15 cm × 15 cm、72 ppi 分辨率、RGB 颜色模式、白色背景内容的新文档。选择“渐变工具”，设置“色谱”的“线性渐变”，模式“正常”，不透明度“100%”，效果如图 2-5-13 所示。

（2）按字母键【D】把前、背景颜色恢复到默认黑白颜色；选择“滤镜”→“扭曲”→“极坐标”命令，设置选择“平面坐标到极坐标”，效果如图 2-5-14 所示。

（3）选择“滤镜”→“模糊”→“高斯模糊”命令，设置半径为 20，效果如图 2-5-15 所示；选择“滤镜”→“像素化”→“点状化”命令，设置单元格大小为 15，效果如图 2-5-16 所示。

图 2-5-13　色谱渐变

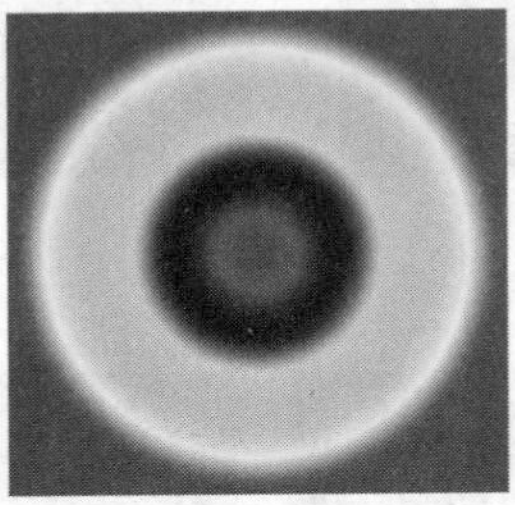
图 2-5-14　极坐标 1

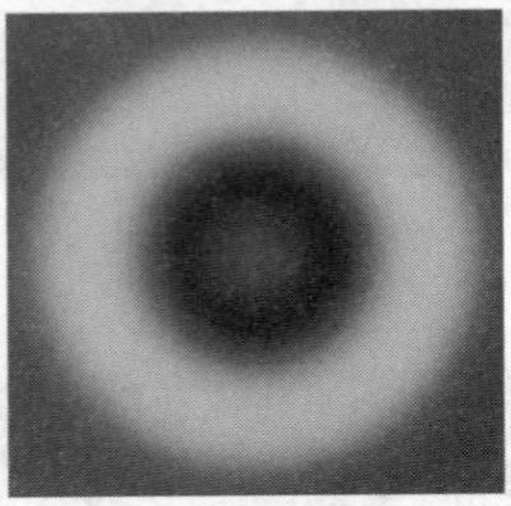
图 2-5-15　高斯模糊

（4）选择“图像”→“调整”→“反相”命令，效果如图 2-5-17 所示；选择“滤镜”→“风格化”→“查找边缘”命令，效果如图 2-5-18 所示。

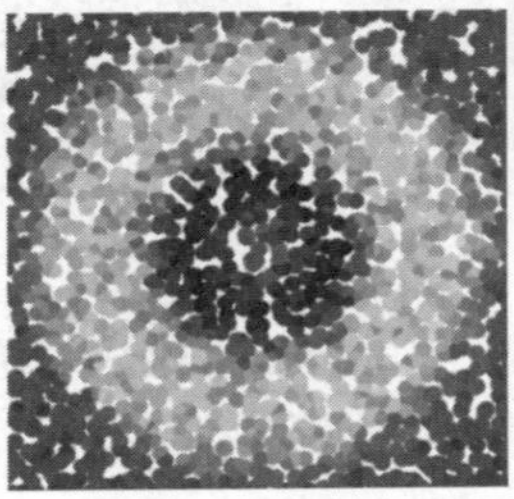
图 2-5-16　点状化 1

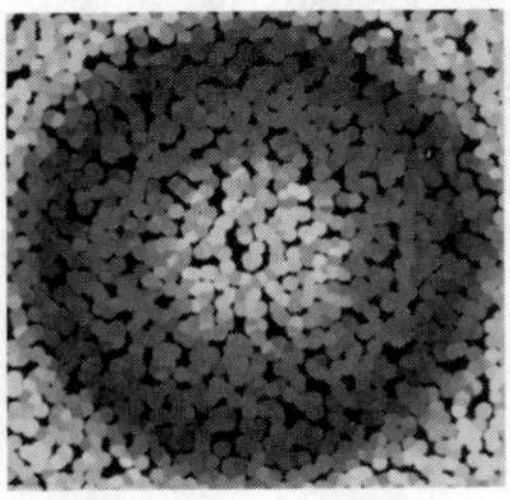
图 2-5-17　反相 1

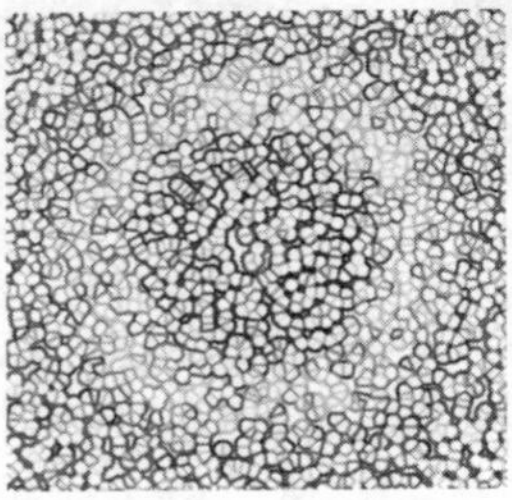
图 2-5-18　查找边缘

（5）选择“图像”→“调整”→“反相”命令，效果如图 2-5-19 所示；设置前景色为白色，背景色为黑色；选择“滤镜”→“像素化”→“点状化”命令，设置单元格大小为 5，如图 2-5-20 所示。

（6）创建一个纯色调整图层，颜色设置为黑色。选择“椭圆选框工具”，按【Alt+Shift】组合键拉出图 2-5-21 所示的选区，然后按【Shift+F6】组合键羽化，数值为 80。

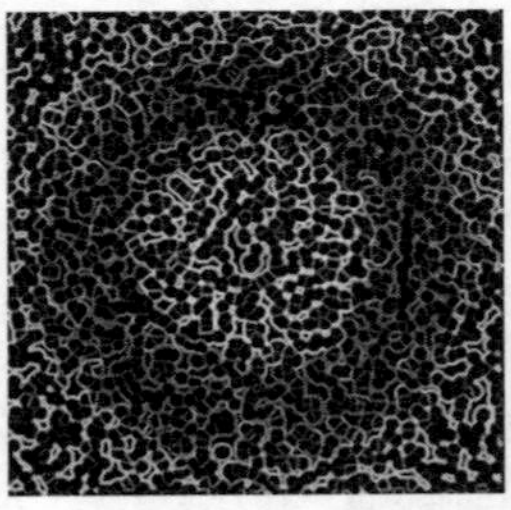
图 2-5-19　反相 2

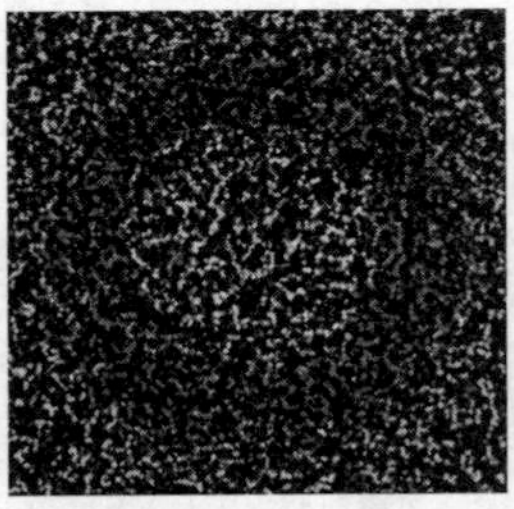
图 2-5-20　点状化 2

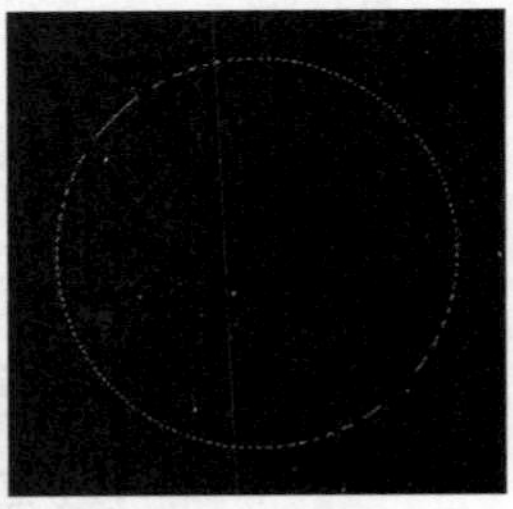
图 2-5-21　创建选区

（7）选中蒙版，按【Alt+Delete】组合键，填充选区为“黑色”，取消选区，效果如图 2-5-22 所示；新建一个图层，按【Ctrl+Alt+Shift+E】组合键，盖印图层；把“图层 1”图层混合模式改为“正片叠底”，如图 2-5-23 所示。按【Ctrl+J】组合键，把当前图层复制一层，效果如图 2-5-24 所示。

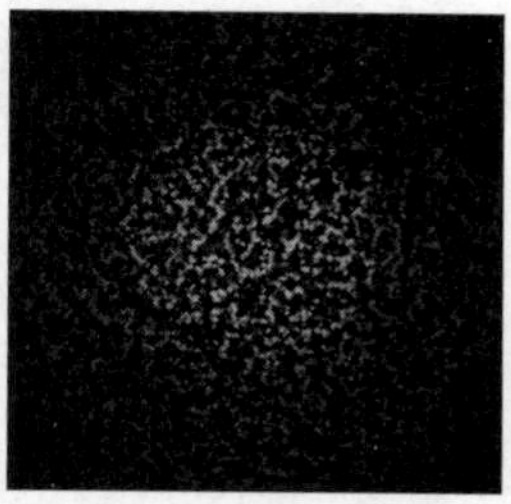

图 2-5-22　填充蒙版

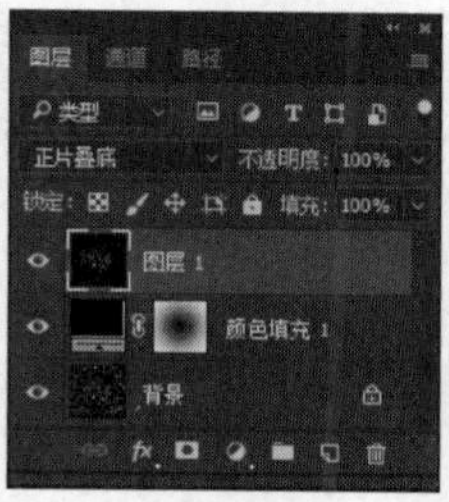

图 2-5-23　盖印图层

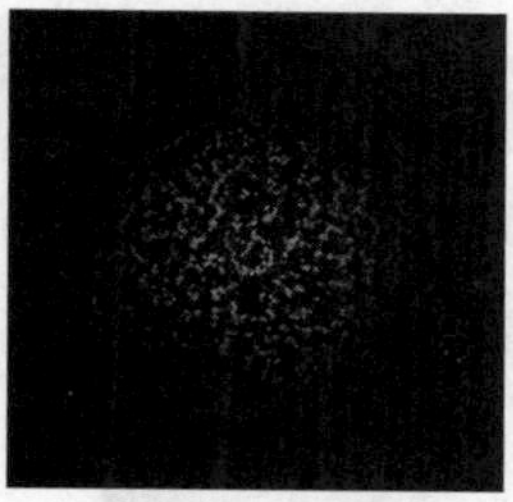

图 2-5-24　盖印图层

（8）按【Ctrl+Alt+Shift+E】组合键，盖印图层；选择“滤镜”→“扭曲”→“极坐标”命令，设置选择“极坐标到平面坐标”，效果如图 2-5-25 所示。

（9）选择“图像”→“图像旋转”→“顺时针 90 度”命令，效果如图 2-5-26 所示；选择“滤镜”→“风格化”→“风”命令，设置方法“风”，方向“从左”；确定后按【Ctrl+F】组合键两次，加强风效果，如图 2-5-27 所示。

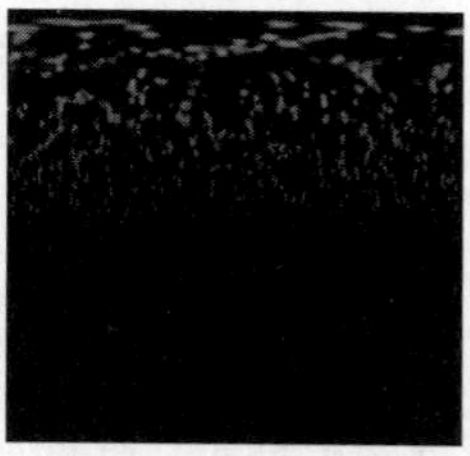

图 2-5-25　极坐标 2

图 2-5-26　旋转 90 度

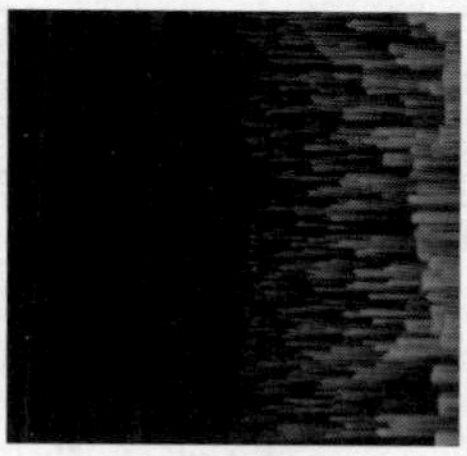

图 2-5-27　风滤镜效果

（10）选择“图像”→“图像旋转”→“逆时针 90 度”命令；选择“滤镜”→“扭曲”→“极坐标”命令，设置选择“平面坐标到极坐标”，效果如图 2-5-28 所示。

（11）创建“色相 / 饱和度”调整图层，把烟花调成合适的颜色，如图 2-5-29 所示。

图 2-5-28　极坐标 3

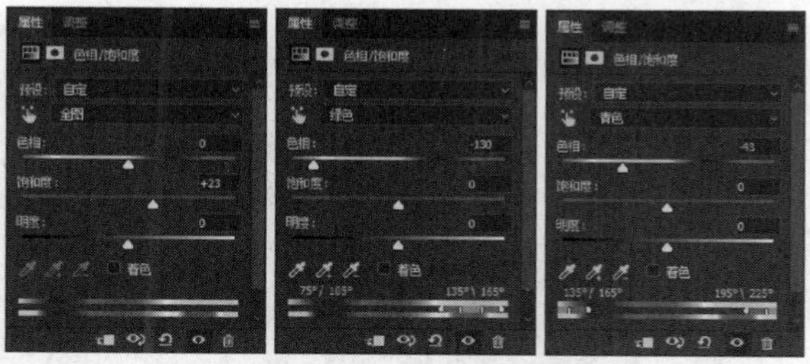

图 2-5-29　色相 / 饱和度

（12）创建“亮度 / 对比度”调整图层，稍微调大一点亮度，如图 2-5-30 所示。

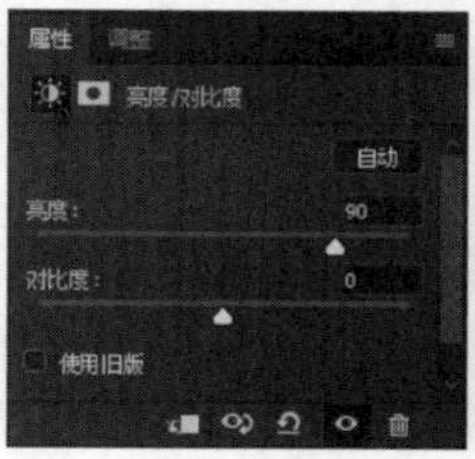

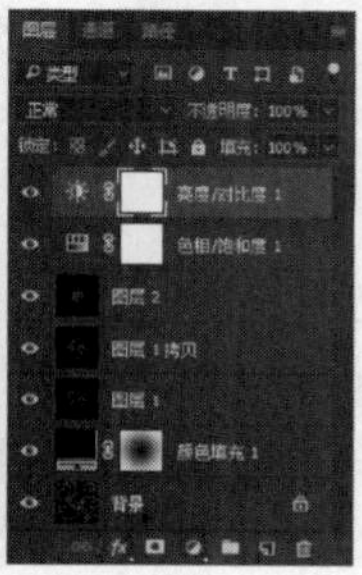

图 2-5-30　亮度 / 对比度

实验 6
图像的修复与合成

实验目的

◎掌握使用修复工具修复图像的方法。
◎掌握图像其他工具的应用。
◎掌握图像的合成操作。

实验内容

视 频

实验6 图像的修复与合成-1-冰块水果

（1）水果冰块。先抠出草莓，移到冰块图层下面，修改冰块图层模式；再复制草莓，拖到图层最上面，用蒙版修饰一下即可，如图 2-6-1 所示。

（2）证件照的制作。本案例从镜头校正、校色、处理瑕疵、液化、处理皮肤质感和换背景来处理图像，最后处理成常用的一寸照排版，如图 2-6-2 所示。（2 寸的尺寸为 3.5 cm × 5.3 cm，6 寸的尺寸为 10.2 cm × 15.2 cm）

视 频

实验6 图像的修复与合成-2-证件照制作1

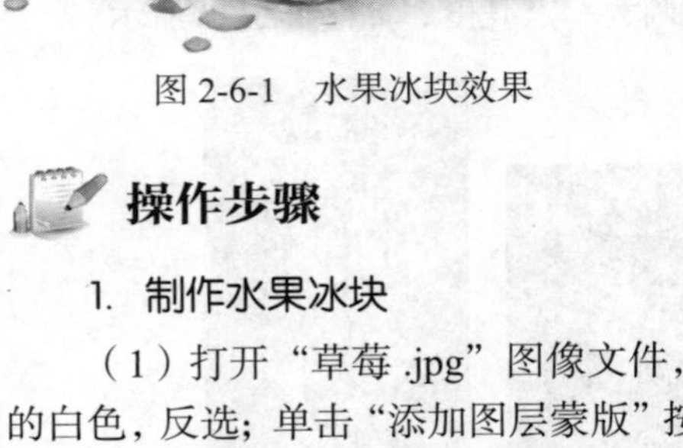

图 2-6-1　水果冰块效果

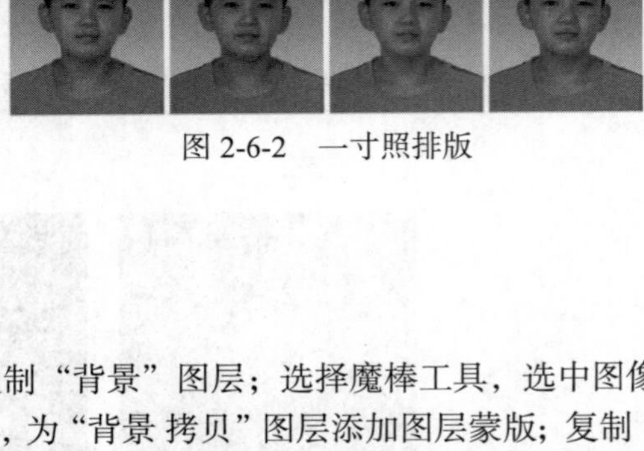

图 2-6-2　一寸照排版

视 频

实验6 图像的修复与合成-2-证件照制作2

操作步骤

1. 制作水果冰块

（1）打开“草莓 .jpg”图像文件，复制“背景”图层；选择魔棒工具，选中图像中的白色，反选；单击“添加图层蒙版”按钮，为“背景 拷贝”图层添加图层蒙版；复制“背景 拷贝”图层，调整两个图层的草莓大小、位置等，合并“背景 拷贝”和“背景 拷贝 2”

图层，如图 2-6-3 所示。

（2）打开“冰块 .jpg”图像文件的；利用移动工具，把处理好的“草莓”素材拖到“冰块”图像文件中，并修改图层为“草莓”，按【Ctrl+T】组合键，把草莓调整到合适的大小、位置，如图 2-6-4 所示。

视 频

实验6 图像的修复与合成-2-证件照制作3

图 2-6-3　处理草莓

图 2-6-4　调整草莓

（3）切换到“图层”面板，把“草莓”图层的图层模式改成“滤色”，如图 2-6-5 所示；此时发现草莓几乎看不清楚，为了更好地表现草莓在冰块中的感觉，按【Ctrl+J】组合键，复制草莓图层，把“草莓 拷贝”图层的图层模式改成“正常”。

（4）单击“添加图层蒙版”按钮，为“草莓 拷贝”图层添加图层蒙版；设置前景色为“黑色”，利用画笔工具调整不同的“不透明度”，把不需要的部分涂抹掉，如图 2-6-6 所示。

图 2-6-5　滤色图层模式

图 2-6-6　修改草莓

（5）打开“橙子 .jpg”图像文件，复制“背景”图层；选择魔棒工具，选中图像中的白色，反选；单击“添加图层蒙版”按钮，为“背景 拷贝”图层添加图层蒙版。利用移动工具，把处理好的“橙子”素材拖到“冰块”图像文件中，并修改图层为“橙子”，按【Ctrl+T】组合键，把调整草莓合适的大小、位置；修改图层模式为“滤色”；按【Ctrl+J】组合键，复制橙子图层，把“橙子 拷贝”图层的图层模式改成“正常”。

（6）选择画笔工具，按【D】键，设置前景色为“黑色”，设置前景色为“黑色”或“白色”，利用画笔工具调整不同的“不透明度”把不需要部分涂抹掉，如图 2-6-7 所示。

（7）打开“樱桃 .jpg”图像文件，处理过程与橙子类似，如图 2-6-8 所示。

图 2-6-7　添加橙子

图 2-6-8　添加樱桃

（8）为了使整体色彩的纯度更亮些，在“图层”面板单击“创建新的填充或调整图层”按钮，创建“色相 / 饱和度”调整图层，增加饱和度，如图 2-6-9 所示。

图 2-6-9　色相 / 饱和度

2. 制作证件照

（1）打开“男孩 .jpg”图像文件，复制“背景”图层为“背景 拷贝”图层，选择“滤镜”→“镜头校正”命令，利用“拉直工具”拉一直线，其他参数如图 2-6-10 所示。

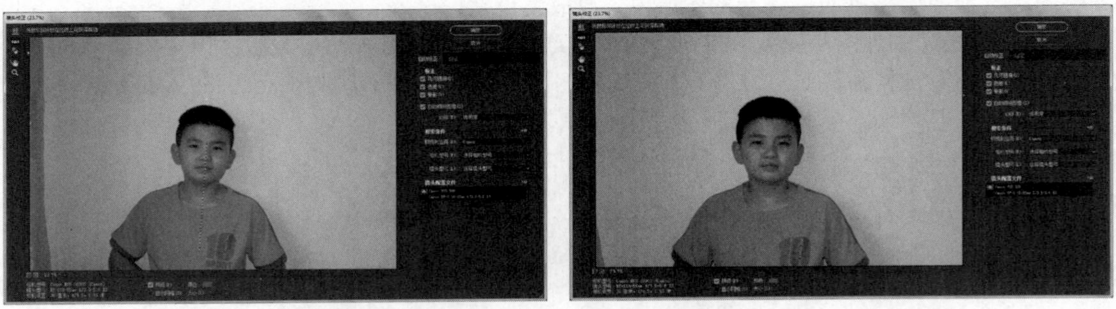

图 2-6-10　镜头校正前后效果

（2）选择“滤镜”→“Camera Raw 滤镜”命令，利用“白平衡工具”在图像左下方背景部分吸取，调整色温，即校色，如图 2-6-11 所示。

（3）新建“图层 1”，选择“修复画笔工具”，在工具属性栏选中“对齐”复选框、源：取样、样本：当前和下方图层，修复脸等部分有瑕疵的部分（如痘痘、黑痣等），如图 2-6-12 所示。按【Ctrl+E】组合键，把“图层 1”合并到“背景 拷贝”中。

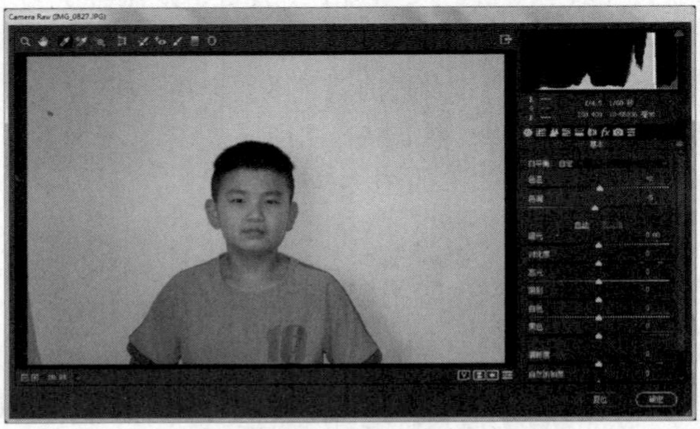

图 2-6-11　校色

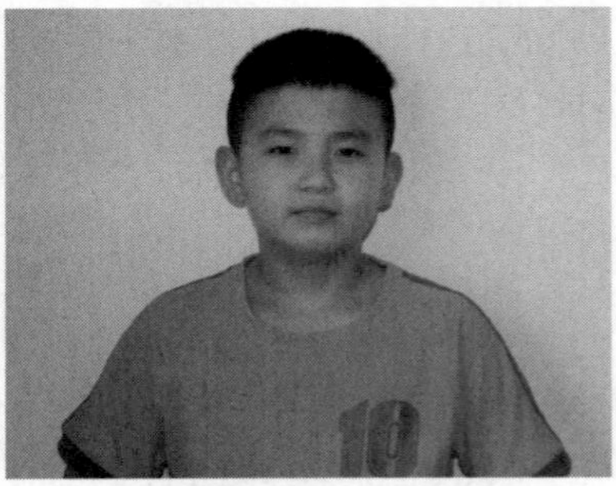

图 2-6-12　处理瑕疵

（4）选择“滤镜”→“液化”命令，设置眼睛大小为 10，“嘴唇”中的微笑为 20，“脸部形状”

中的前额为 5、下巴高度为 -50、下颌为 -40，其他参数默认；利用“向前变形工具”，设置画笔工具选项中压力为 40 左右，修理头发，如图 2-6-13 所示。（瘦脸也可以利用“向前变形工具”，配合画笔工具选项中大小和压力等）

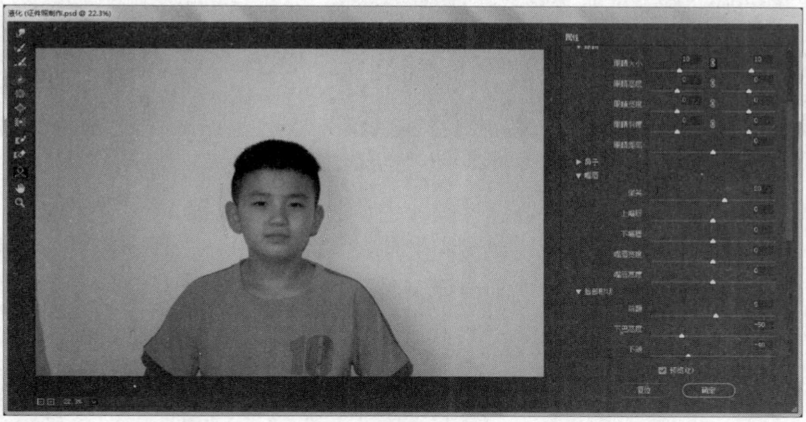

图 2-6-13　液化

（5）进行磨皮操作。按两次【Ctrl+J】组合键，复制两个前面处理好的图层，并命名为“low”和“high”；隐藏“high”图层，选择“low”图层，选择“滤镜”→“模糊”→“高斯模糊”命令，设置模糊半径为 3 像素；显示“high”图层，选择“high”图层，选择“图像”→“应用图像”命令，设置参数，如图 2-6-14 所示。

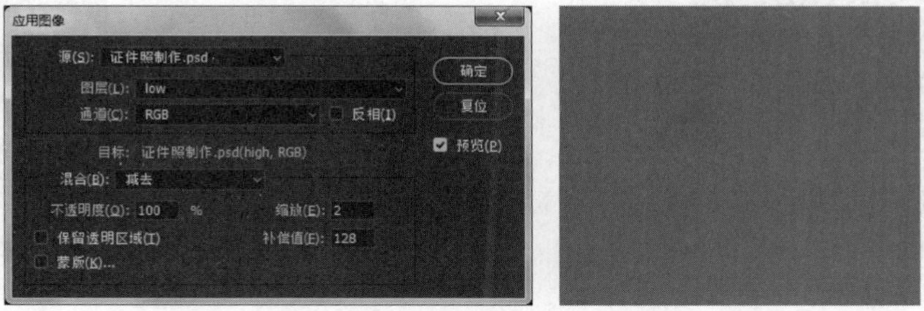

图 2-6-14　应用图像

（6）把“high”图层的图层模式改为“线性光”，效果如图 2-6-15 所示；复制“high”图层，修改图层“不透明度”为 50%，效果如图 2-6-16 所示。

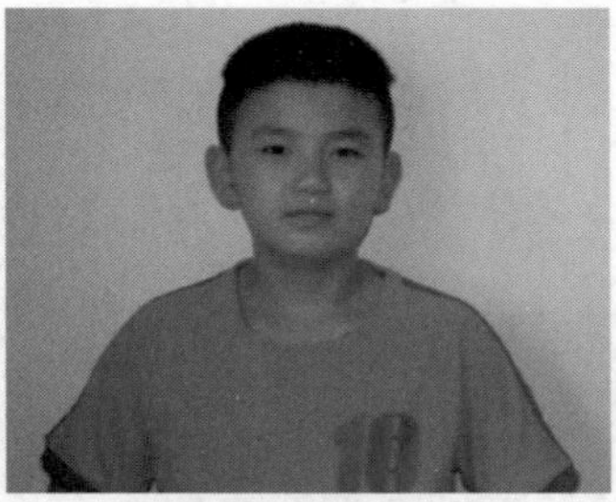

图 2-6-15　线性光

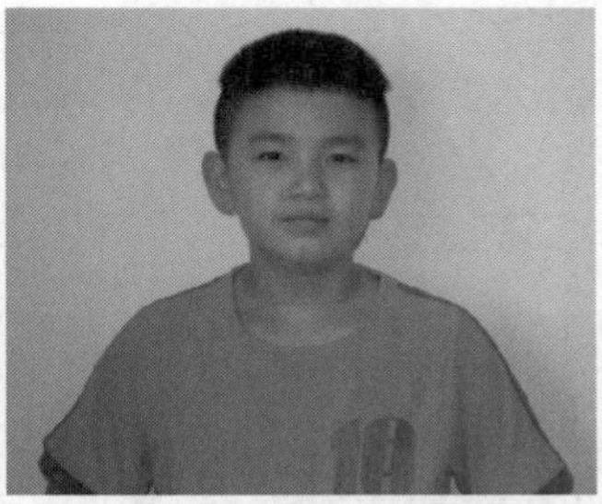

图 2-6-16　复制“high”图层

（7）在“图层”面板中，创建“可选颜色”调整图层，对“红色”和“黄色”都进行减青、加黄和减黑设置，如图 2-6-17 所示。

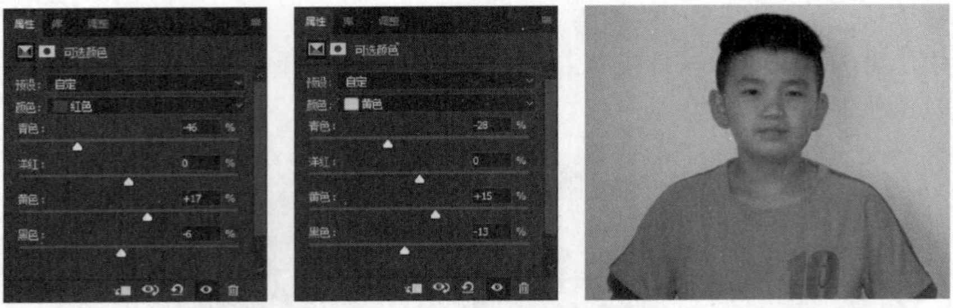

图 2-6-17　可选颜色

（8）按【Ctrl+Alt+Shift+E】组合键，盖印图层，得到“图层 1”，隐藏除“图层 1”外的所有图层，如图 2-6-18 所示；选择“快速选择工具”，单击工具属性栏中的“选择并遮住”按钮，选择视图为“闪烁虚线”，利用“快速选择工具”“多边形套索工具”等选取人像部分，如图 2-6-19 所示。

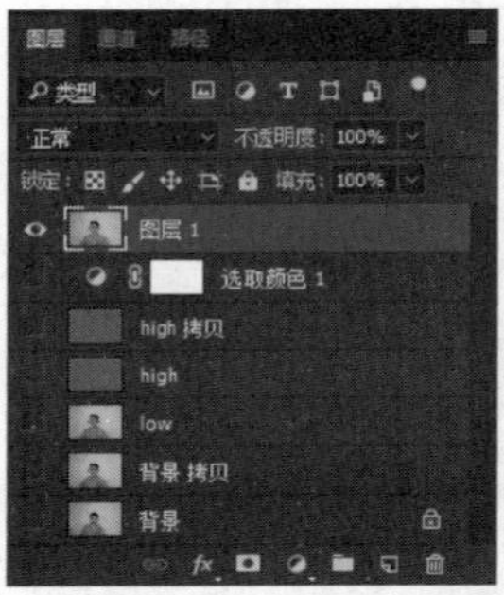

图 2-6-18　盖印图层

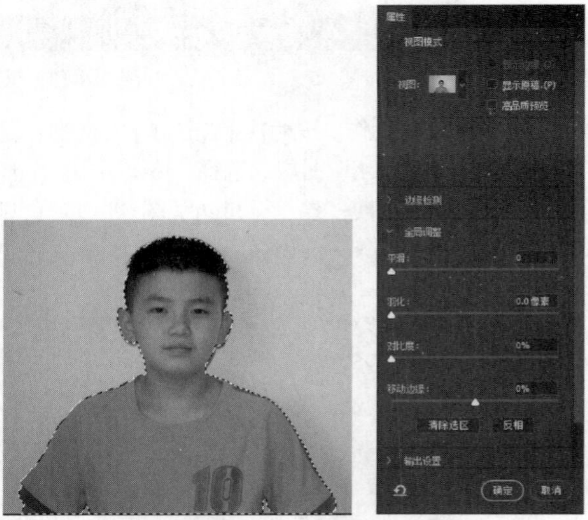

图 2-6-19　选取人像

（9）把视图改为“叠加”，尽量放大图像，利用“画笔工具”在发丝处涂抹（选择较小的笔刷，越精细的选择，整个边缘越完善），如图 2-6-20 所示。

（10）在属性面板中，将“输出设置”中“输出到”设置为“新建带有图层蒙板的图层”，如图 2-6-21 所示。

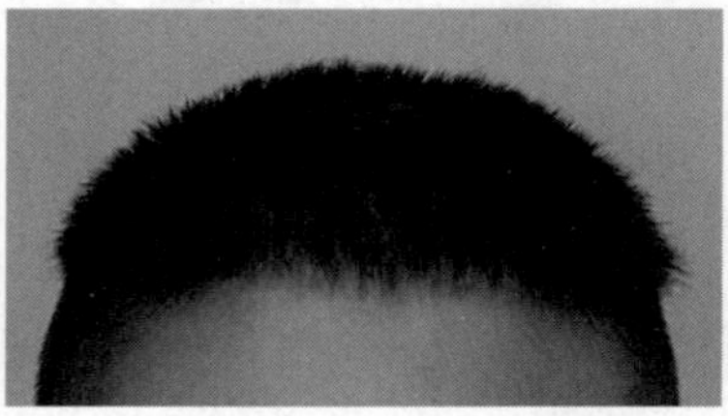

图 2-6-20　精修发丝

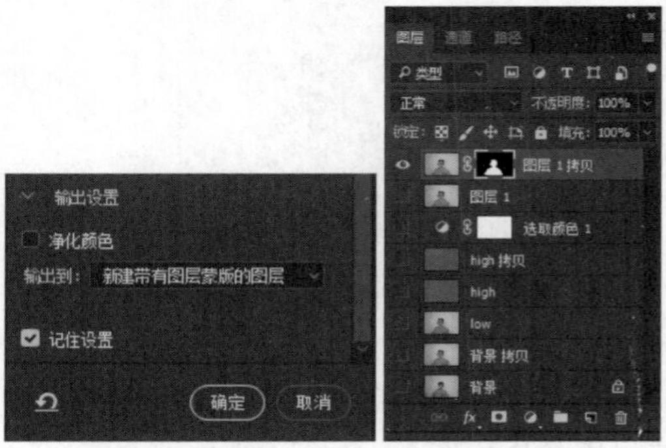

图 2-6-21　输出设置

（11）在“图层 1 拷贝”下方新建“图层 2”，并填充黑色，此时发现发丝发白，如图 2-6-22 所示；在“图层 1 拷贝”上方新建“图层 3”，填充模式设置“明度”，并创建剪切蒙版，选择“吸管工具”吸取头发的颜色，再利用“画笔工具”在发丝部分涂抹（设置 50 像素大小笔尖和 50% 的透明度），复制“图层 3”，把“图层 3 拷贝”的图层模式改为“颜色”，如图 2-6-23 所示。

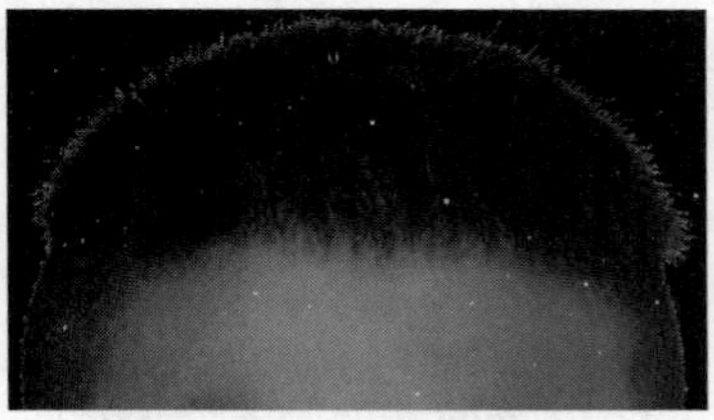
图 2-6-22　发白发丝

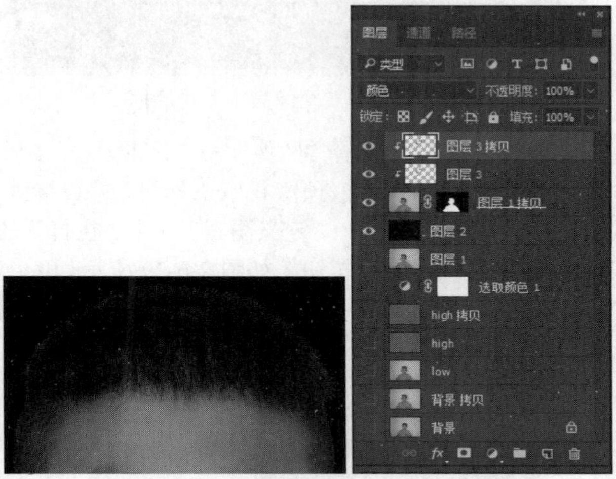

图 2-6-23　修复发丝

（12）把“图层 2”重新填充为“白色”，新建“图层 4”，设置前景色为天蓝（#438edb），背景色为黑色，按住【Shift】键，利用渐变工具填充前景色到背景色的线性渐变，效果如图 2-6-24 所示。

（13）选择“裁剪工具”，设置就裁剪比例为 2.5∶3.5，裁剪图像，如图 2-6-25 所示。选择“图像”→“图像大小”命令，打开“图像大小”对话框，设置分辨率为 300 ppi。

图 2-6-24　设置背景

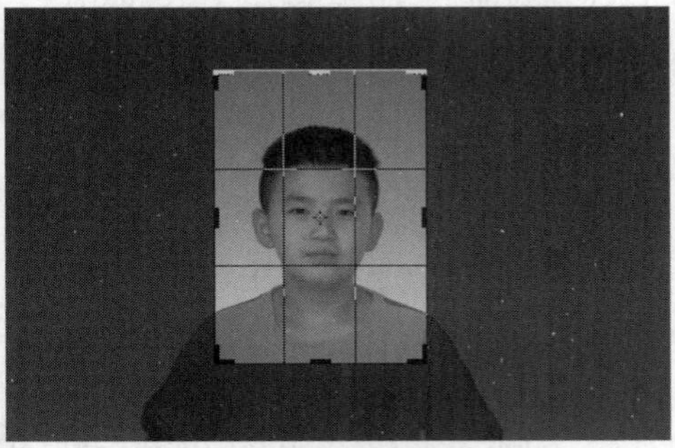
图 2-6-25　裁剪图像

（14）下面排版一寸证件照，把文件保存为“证件照制作 2.jpg”，重新打开“证件照制作 2.jpg”；选择“图像”→“图像大小”命令，在打开的“图像大小”对话框中观察具体参数，如图 2-6-26 所示，1 寸证件照的标准是 295 像素 ×413 像素（2.5 cm×3.5 cm）；要想照片打印出来清晰度高，一般分辨率都要设置成 300 ppi（证件照的打印标准）；本案例当高度改为 3.5 cm 时，宽度为 2.5 cm，分辨率正确；确定后，选择“图像”→“画布大小”命令，查看宽高为 2.5 cm×3.5 cm，此时像素大小的宽度与高度即为 295 像素 ×413 像素，这是标准的 1 寸证件照的打印参数，如图 2-6-27 所示。

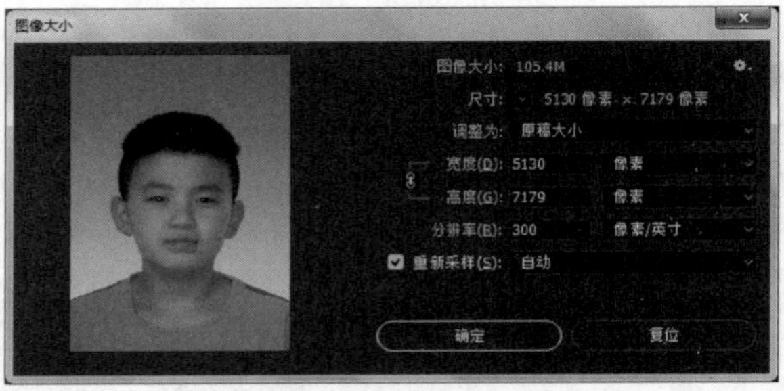

图 2-6-26 “图像大小”对话框

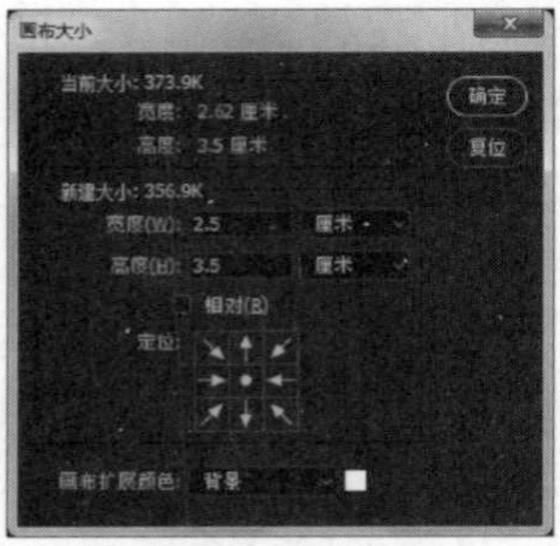

图 2-6-27 “画布大小”对话框（1）

（15）设置白边。选择“图像”→“画布大小”命令，在打开的“画布大小”对话框中，选中“相对”复选框，白边一般预留 0.1 cm 即可，并设置画布的扩展颜色为白色，如图 2-6-28 所示。

（16）选择“编辑”→“定义图案”命令，在打开的“图案名称”对话框设置图案名称为“证件照 2”，单击“确定”按钮，如图 2-6-29 所示。

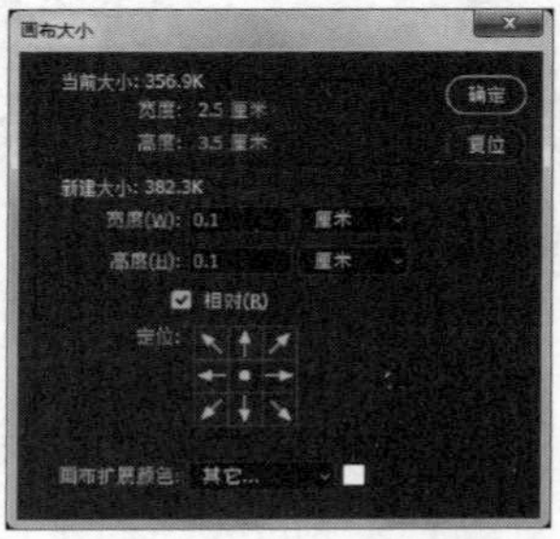

图 2-6-28 “画布大小”对话框（2）

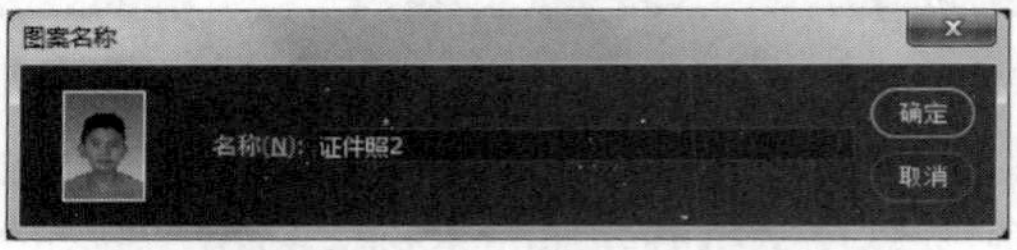

图 2-6-29 “图案名称”对话框

（17）新建一个能够容纳 4 × 2 共 8 张 1 寸证件照的空白文档，由于预留了白边，因此要观察加了白边后的 1 寸证件照大小，选择“图像”→“图像大小”命令，从“图像大小”对话框中可以观察到加了白边后图像大小为 307 像素 × 425 像素，则计算出 4 × 2 共 8 张的排版的文档大小为 1 228 像素 × 850 像素。

（18）按【Ctrl+N】组合键，新建一个 1 228 像素 × 850 像素 @300 ppi、RGB 颜色模式、白色背景的图像文件，如图 2-6-30 所示。

（19）选择“编辑”→“填充”命令，在打开的“填充”对话框中，设置内容使用为“图案”，同时在自定图案的下拉列表中选择前面定义好的图案，如图 2-6-31 所示；单击“确定”按钮，应用填充后即可观察到填充后的效果，如图 2-6-2 所示。

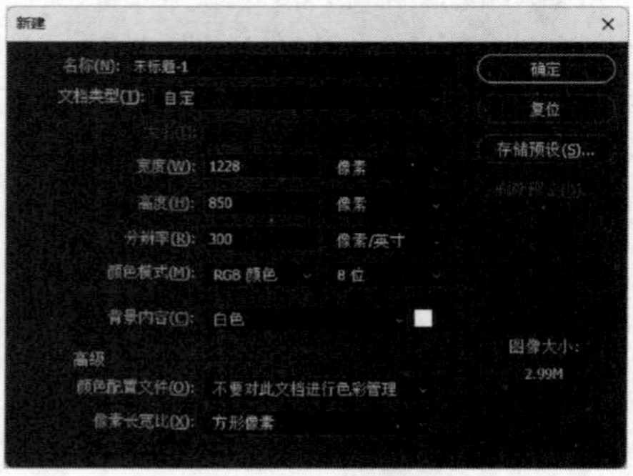

图 2-6-30 “新建文档”对话框

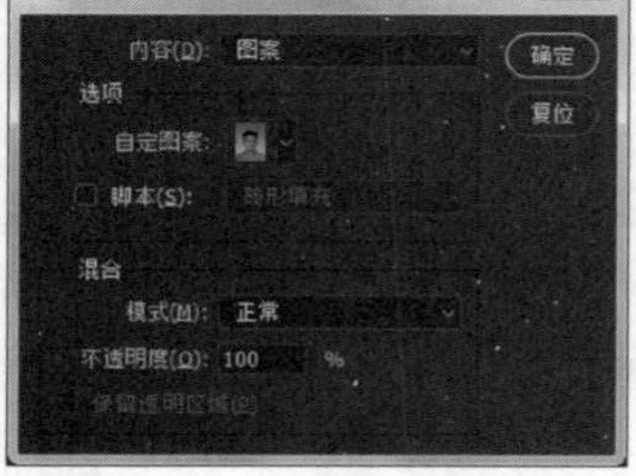

图 2-6-31 “填充”对话框

实验 7

音频的编辑、效果添加、合成操作

实验目的

◎熟悉 Adobe Audition 的操作环境。

◎掌握 Adobe Audition 编辑操作方法。

◎掌握 Adobe Audition 效果添加方法。

◎掌握 Adobe Audition 合成操作。

实验内容

（1）新建多轨会话，导入音频素材。

（2）单轨模式下进行声音的编辑、效果添加等操作。

（3）多轨模式下声音的编辑。

（4）添加淡入淡出效果。

操作步骤

视 频

实验7 音频的编辑、效果添加、合成操作

1. 打开与新建

（1）选择“文件”→“导入”→“文件”命令，将出现导入文件窗口，如图 2-7-1 所示。选择文件“掌声 .wav”“我不知道风是在哪一个方向吹 .mp3”“Right here waiting.mp3”。

（2）单击常用工具栏的“多轨”按钮，在打开的“新建多轨会话”对话框中设置会话名称、文件夹位置等参数，单击“确定”按钮，如图 2-7-2 所示。

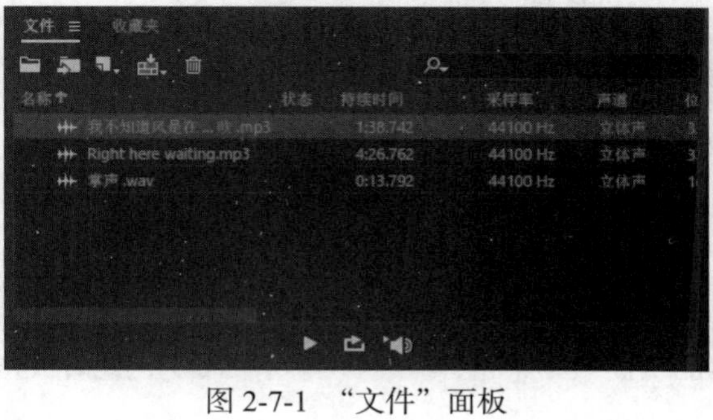

图 2-7-1 “文件”面板

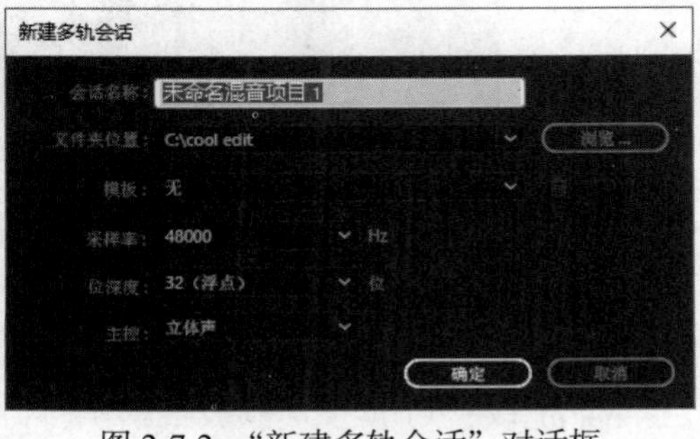

图 2-7-2 “新建多轨会话”对话框

（3）分别将“文件”面板中的“我不知道风是在哪一个方向吹.mp3”“Right here waiting.mp3”“掌声.wav”，拖入第1、2、3音轨，如图2-7-3所示。

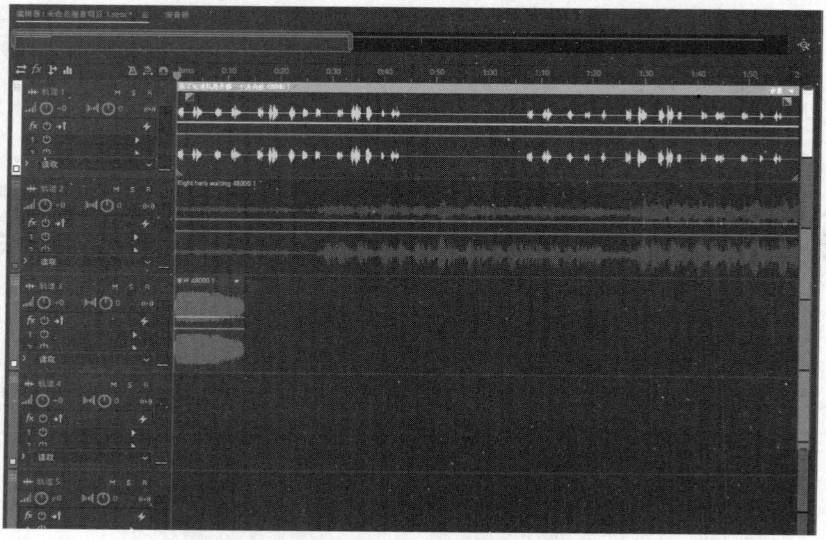

图 2-7-3　多轨模式

2. 多轨模式下编辑“我不知道风是在哪一个方向吹.mp3”

（1）选择第1音轨，编辑“我不知道风是在哪一个方向吹”音频，在波形第0:45.000时间点右击，选择“拆分”命令，同样，在波形第1:07.000时间点右击，选择“拆分”命令。这样将整个波形拆分为三段，如图2-7-4所示。

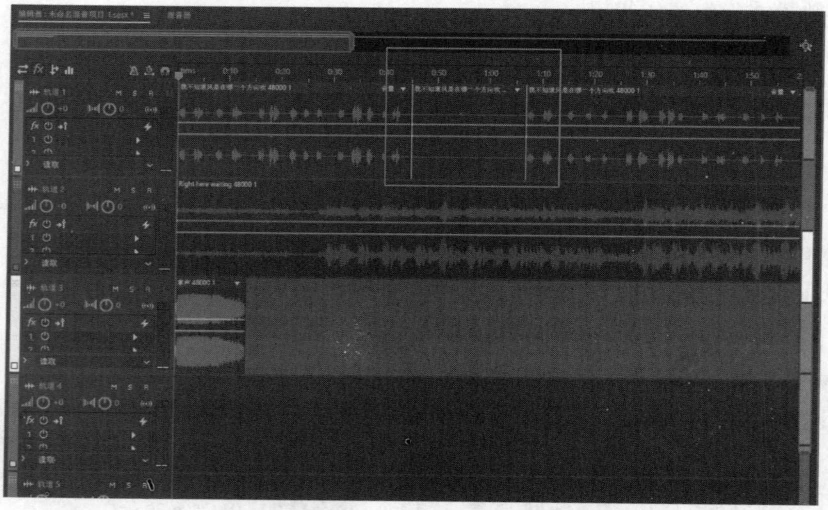

图 2-7-4　拆分后的波形

（2）右击第2段剪辑，选择“波纹删除”→“所选剪辑”命令，删除多余的静音波形部分，删除后波形如图2-7-5所示，此时波形只剩下第1、2剪辑部分。

（3）选择剩下的2段剪辑，右击，在弹出的快捷菜单中选择“合并剪辑”命令，此时波形图如图2-7-6所示。

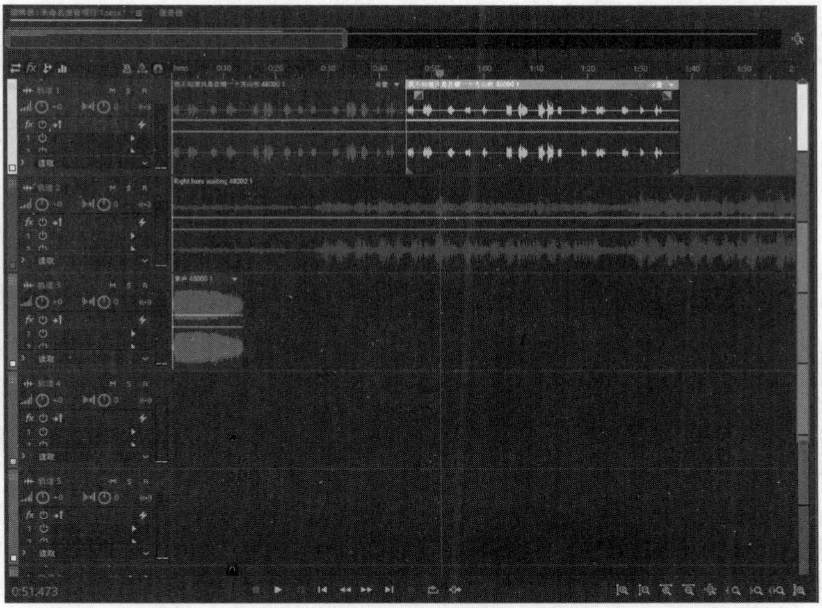

图 2-7-5　删除第 2 段剪辑后的波形

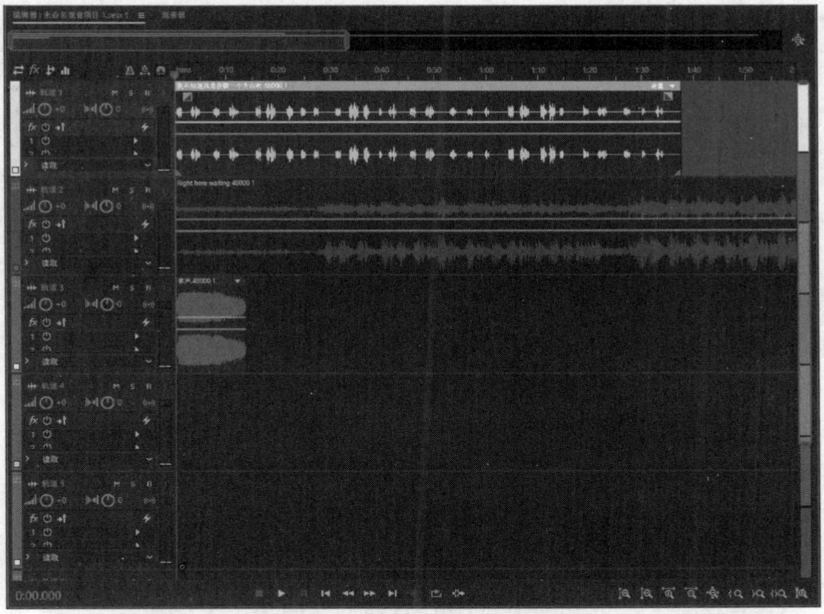

图 2-7-6　合并剪辑后的波形

3. 单轨模式下编辑波形

（1）双击第一音轨，切换到单轨模式。利用“选区 / 视图”面板，如图 2-7-7 所示；选择区域 0:15.000 至 0:30.000，选择“效果”→“时间与变换”→“伸缩与变调”命令，打开图 2-7-8 所示窗口，设置预设为“升调”，微调其他选项，单击预览播放按钮试听满意后，单击“应用”按钮。

图 2-7-7 “选区 / 视图”面板

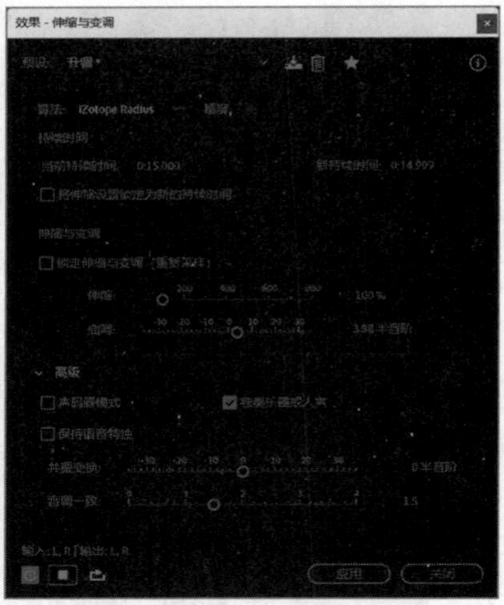

图 2-7-8 “效果 - 伸缩与变调”对话框

（2）用同样的方式设置波形 0:45.000 至 1:03.000 区域以及波形 1:18.000 至结束的升调效果，3 段区域设置升调效果前后波形图如图 2-7-9 所示。

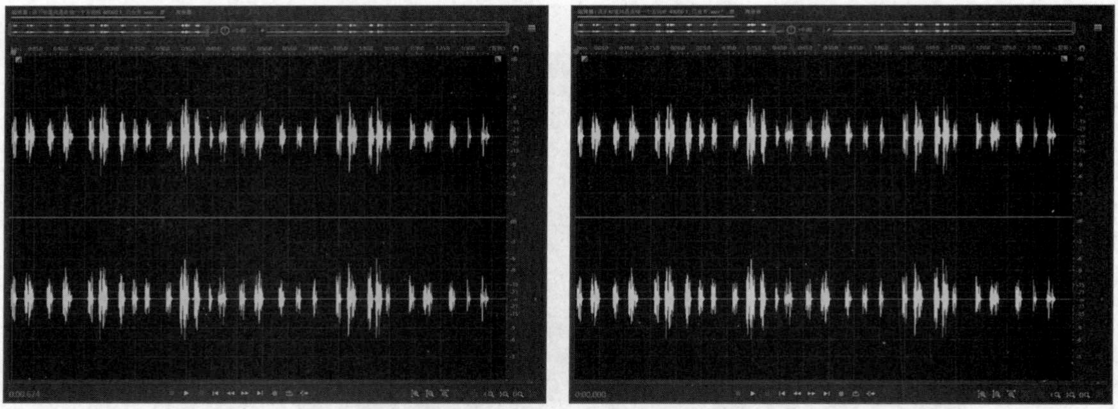

图 2-7-9 3 段区域设置升调效果前后波形图

（3）选择“效果”→“混响”→“环绕声混响”命令，打开图 2-7-10 所示对话框，设置预设为“中央舞台”，微调其他选项，单击预览播放按钮试听满意后，单击“应用”按钮，设置混响前后声音波形，如图 2-7-11 所示。

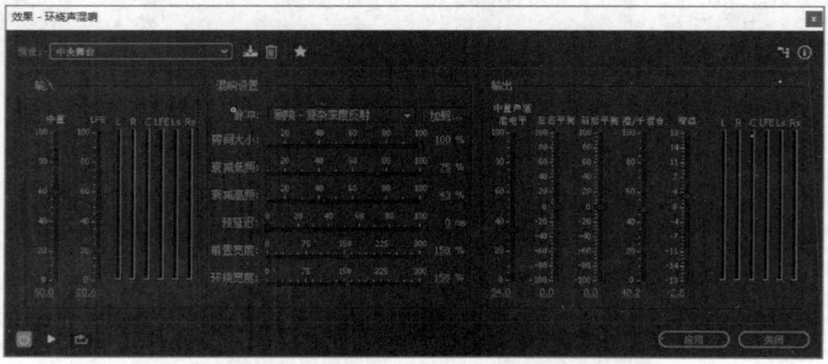

图 2-7-10 “效果 - 环绕声混响”对话框

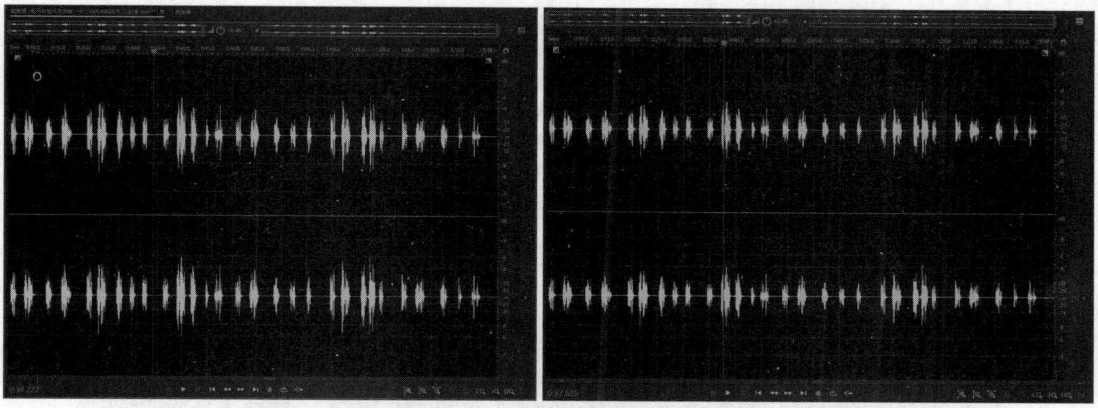

图 2-7-11　混响前后声音波形

4. 添加淡入淡出效果

（1）单击常用工具栏的按钮进入多轨视图，单击音轨 2、3 前的按钮设置其静音状态。单击音轨 1 上部，将其向后拖动 10 s，并拖动其左上侧的“淡入”按钮，设置淡入效果；拖动其右上侧的“淡出”按钮，设置淡出效果。通过轨道前的音量按钮，设置轨道 1 的音量增加 9.9 dB。其操作结果如图 2-7-12 所示。

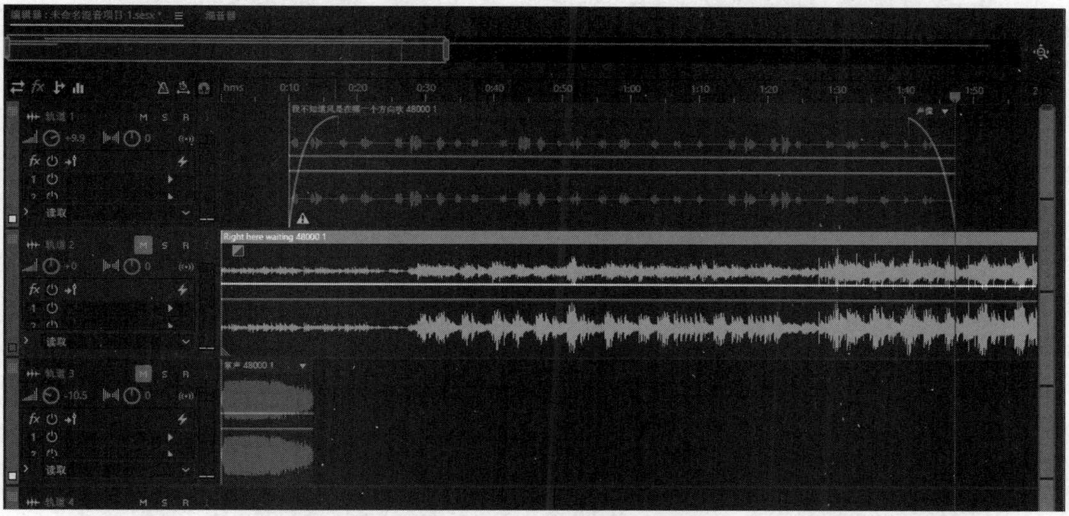

图 2-7-12　多轨模式下编辑第 1 音轨

（2）单击第 2 音轨按钮取消静音，点击音轨 2 上部，将其向后拖动 5 s。将播放指示器移到音轨 1 的尾部，右击，选择“拆分”命令，将波形拆分为两段。单击第二段剪辑，选择“波纹删除”→“所选剪辑”命令。参照前面步骤为第 2 音轨添加淡入淡出效果，如图 2-7-13 所示。

（3）单击第 3 音轨按钮取消静音，按照前面的方法删除其第 10 s 以后的波形。通过轨道前的音量按钮，设置轨道声音降低 20 dB。按照前面的方法，设置其淡入和淡出效果（若此轨道波形时间太短不方便操作，可以通过缩放按钮，从时间上放大波形），如图 2-7-14 所示。

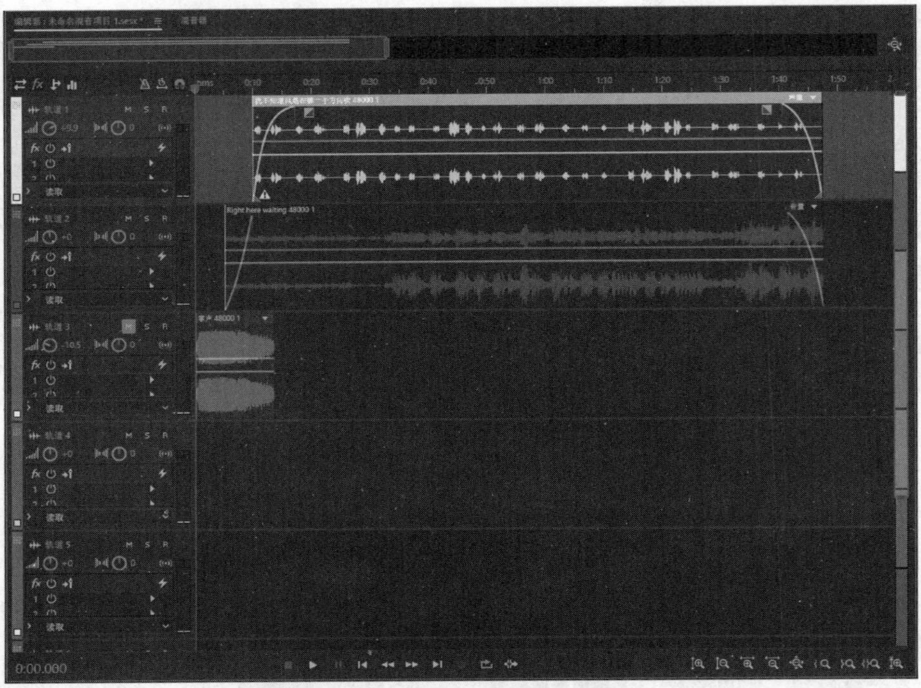

图 2-7-13　添加淡入淡出效果

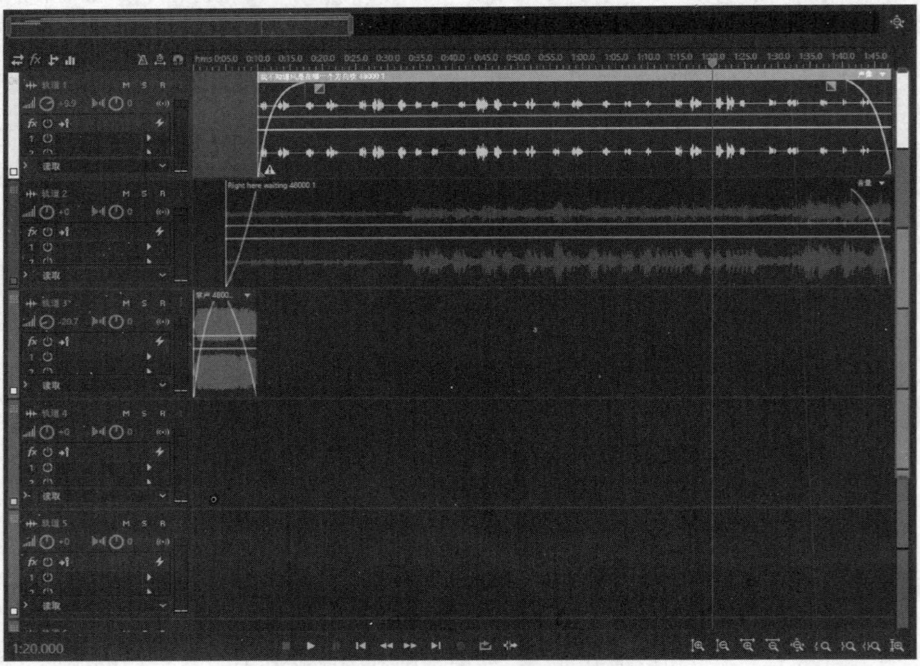

图 2-7-14　混音合成结果

（4）试听效果满意，选择“文件”→“导出”→“多轨混音”→“整个会话”命令，打开“导出多轨混音”对话框，设置相应选项，单击“确定”按钮。导出波形如图 2-7-15 所示。选择“文件”→“保存工程”命令，保存工程文件。

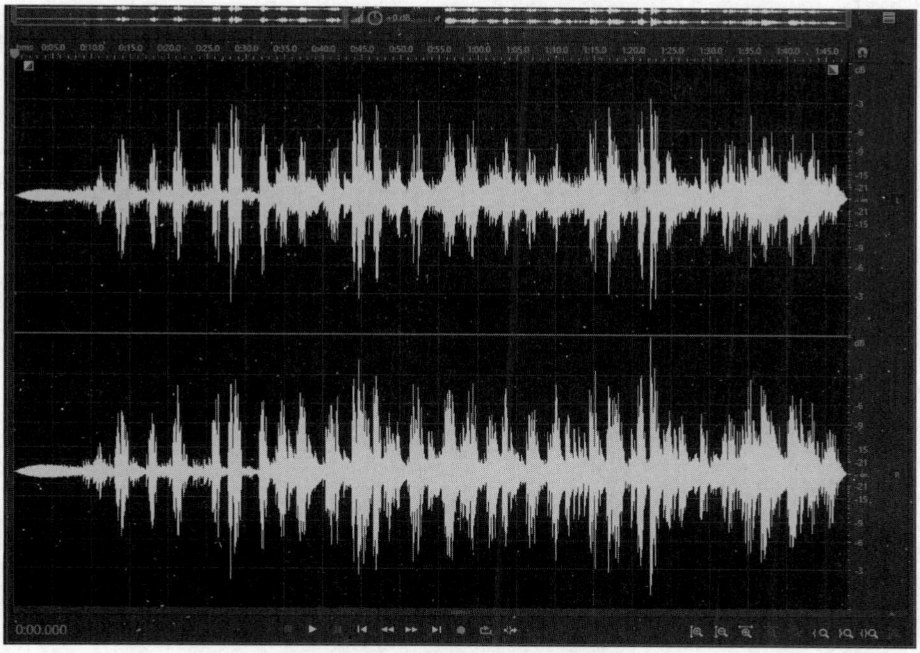

图 2-7-15　合成结果导出波形图

实验 8

使用音调编辑基本音符

实验目的

视 频

实验8 使用音调编辑基本音符-1-报警声

◎熟悉 Audition 工作环境。

◎掌握利用音调制作音符。

◎掌握编曲合成。

实验内容

（1）报警声制作。利用音调制作高低报警声，再多轨合成。

（2）编曲音符。根据音符频率，利用音调制作音符，再根据简谱编曲。

操作步骤

视 频

实验8 使用音调编辑基本音符-2-编曲音符

1. 制作报警声

（1）打开 Audition 软件，在“文件”窗口中新建音频文件，名为“报警声”、采样率为 48 000、声道为立体声、位深度为 32（浮点），如图 2-8-1 所示。

（2）在菜单栏中选择“效果”→“生成”→“音调”命令，打开“效果 - 生成音调”对话框，先预设恢复默认，再设置基频为 2 000，在持续时间中输入 0.3，表示持续时间 300 ms，此效果是设置报警声的高音效果，如图 2-8-2 所示。

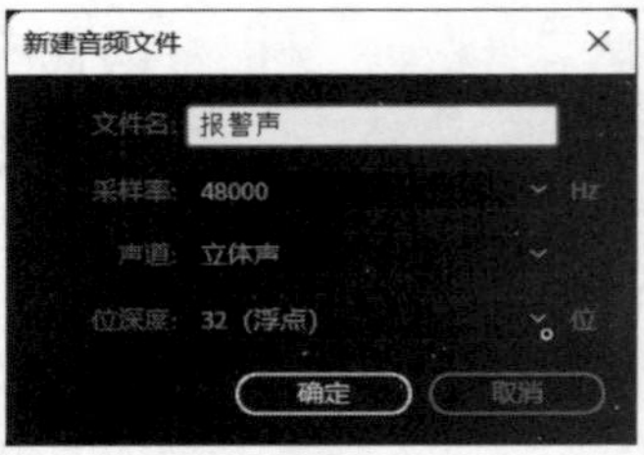

图 2-8-1 “新建音频文件”对话框

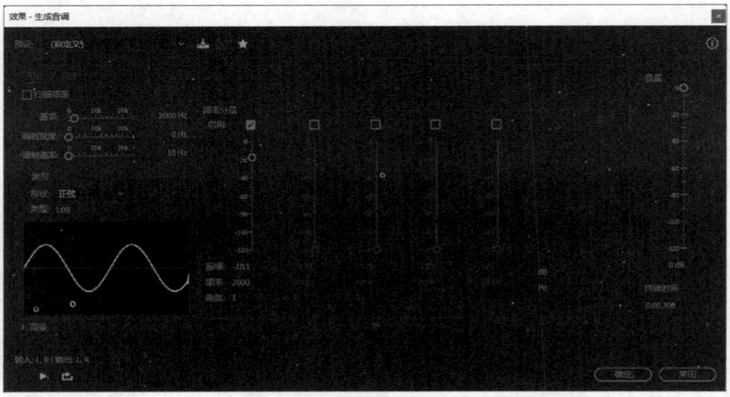

图 2-8-2 “效果 - 生成音调”对话框

（3）把“播放头”移至最后，在菜单栏中选择“效果”→“生成”→“音调”命令，打开“效果 - 生成音调”对话框，设置基频为 1 000，在持续时间中输入 0.6，此效果是设置报警声的低音效果，如图 2-8-3 所示。

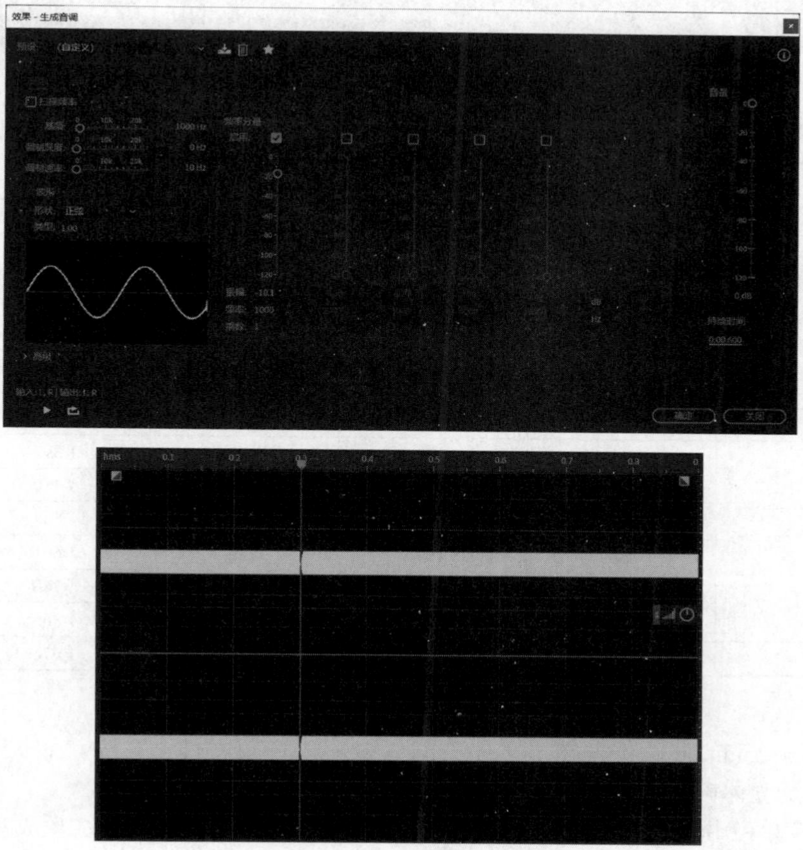

图 2-8-3　设置低音

（4）在“文件”窗口中新建多轨混音项目，命名为“报警声”、文件夹位置选择桌面、模板为无、采样率为 48 000、位深度为 32 浮点、主控为立体声，如图 2-8-4 所示。

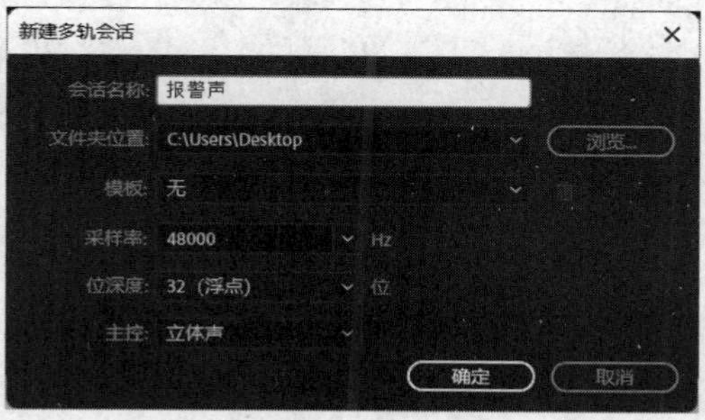

图 2-8-4　“新建多轨会话”对话框

（5）把上述制作的报警声音频移至多轨文件的轨道 1 中，选择“移动工具”，选择音频，按住【Alt】键拖动音频复制一个；选择两个音频，用同样的方法再复制两个；选择四个音频，再复制四个，如图 2-8-5 所示。

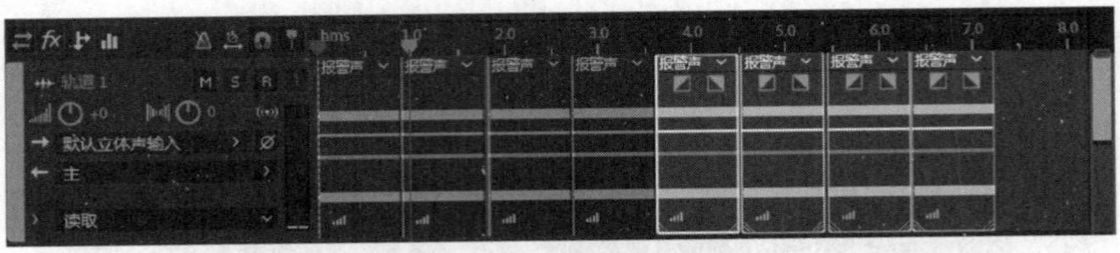

图 2-8-5　复制报警声

2. 编曲音符

（1）音符频率，如图 2-8-6 所示。

简谱	音符	低音区 频率 /Hz	中音区 频率 /Hz	高音区 频率 /Hz
1	DO	262	523	1 046
	#DO	277	554	1 109
2	RE	294	587	1 175
	#RE	311	622	1 245
3	M	330	659	1 318
4	FA	349	698	1 397
	#FA	370	740	1 480
5	SO	392	784	1 568
	#SO	415	831	1 661
6	LA	440	880	1 760
	#LA	466	932	1 865
7	SI	494	988	1 976

图 2-8-6　音符频率

（2）打开 Audition 软件，在“文件”窗口中新建音频文件，名为“低 1”、采样率为 48 000、声道为立体声、位深度为 32 浮点。

（3）在菜单栏中选择“效果”→“生成”→“音调”命令，打开“效果 - 生成音调”对话框，先预设恢复默认，再设置基频为 262，在持续时间中输入 0.4，表示持续时间 400 ms，如图 2-8-7 所示。

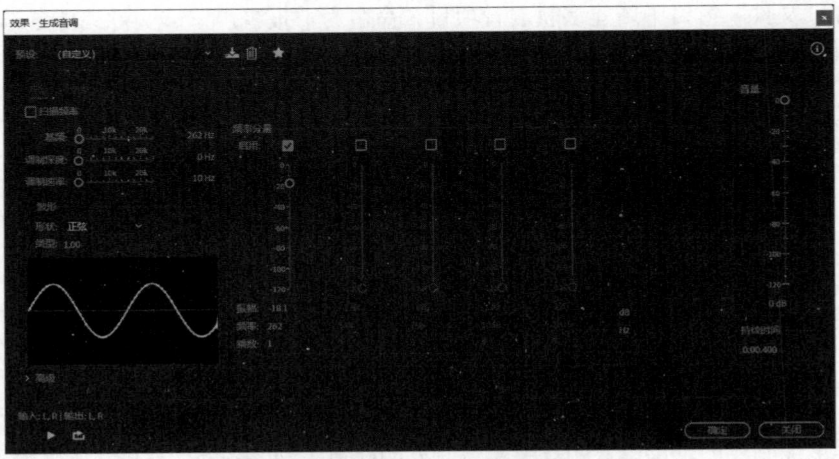

图 2-8-7　生成音符低 1

（4）在“文件”窗口中新建音频文件，名为“低 #1”，其他参数同上，再打开“效果 - 生成音调”对话框，设置基频为 277，持续时间为 400 ms，如图 2-8-8 所示。

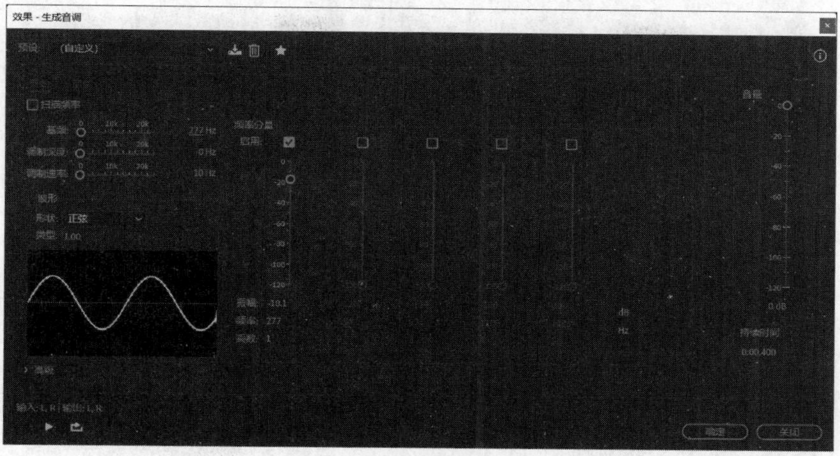

图 2-8-8　生成音符低 #1

（5）用同样的方法生成低音区的“低 2- 低 7”，中音区的“中 1- 中 7”，高音区的“高 1- 高 7”，如图 2-8-9 所示。

（6）用同样的方法生成名为“空 1 拍”的音频，设置基频为 0，持续时间为 400 ms；“高 4 半”“高 5 半”“高 6 半”，设置基频分别为 1 397、1 568、1 760，持续时间都为 200 ms。

（7）一首儿歌的简谱，如图 2-8-10 所示，来编辑此谱。

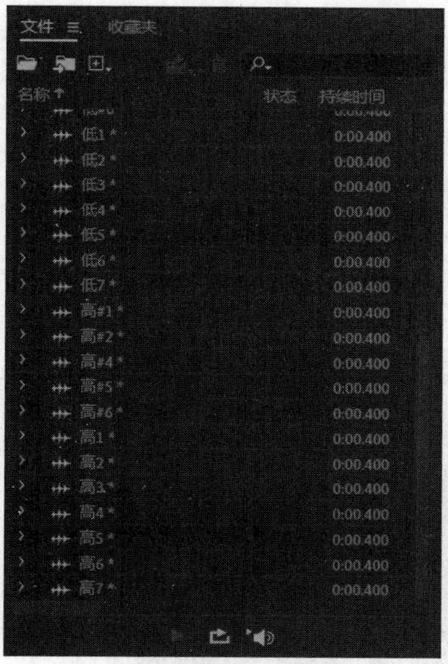

图 2-8-9　生成音符

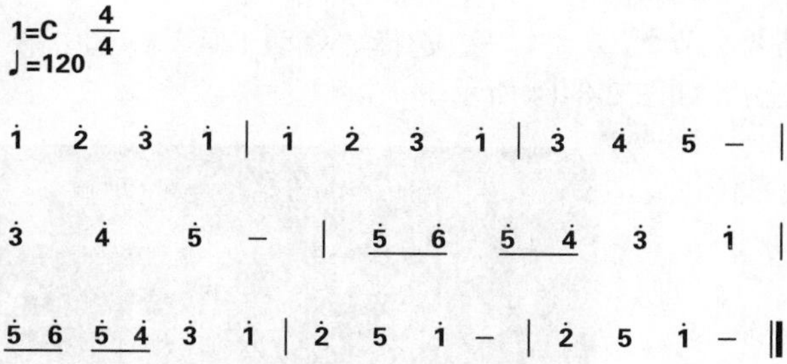

图 2-8-10　儿歌简谱

（8）在“文件”窗口中新建多轨混音项目，命名为“儿歌”、文件夹位置选择桌面、模板为无、采样率为 48 000、位深度为 32 浮点、主控为立体声。

（9）第 1 小节 1̇ 2̇ 3̇ 1̇，分别把“高 1”“高 2”“高 3”“高 1”拖动到轨道 1 中；第 2 小节 1̇ 2̇ 3̇ 1̇，选择“移动工具”，选中第 1 小节 4 拍，按住【Alt】键，向右拖动复制一份，如图 2-8-11 所示。

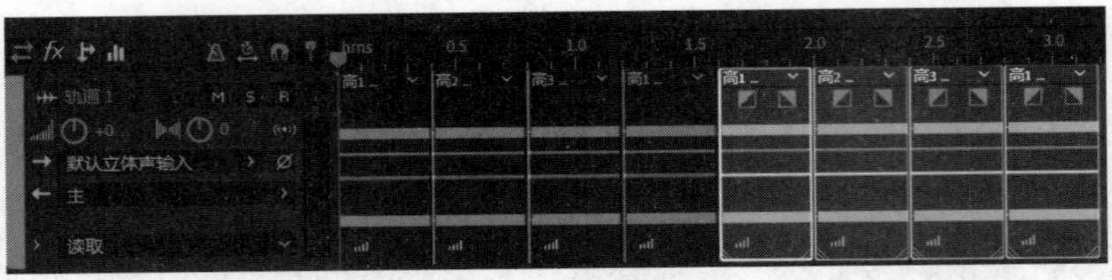

图 2-8-11　第 1、2 小节

（10）第 3 小节 $\dot{3}\ \ \dot{4}\ \ \dot{5}\ \ -$，分别把“高 3”“高 4”“高 5”“空 1 拍”拖动到轨道 1 中；第 4 小节 $\dot{3}\ \ \dot{4}\ \ \dot{5}\ \ -$，选择“移动工具”，选中第 3 小节 4 拍，按住【Alt】键，向右拖动复制一份，如图 2-8-12 所示。

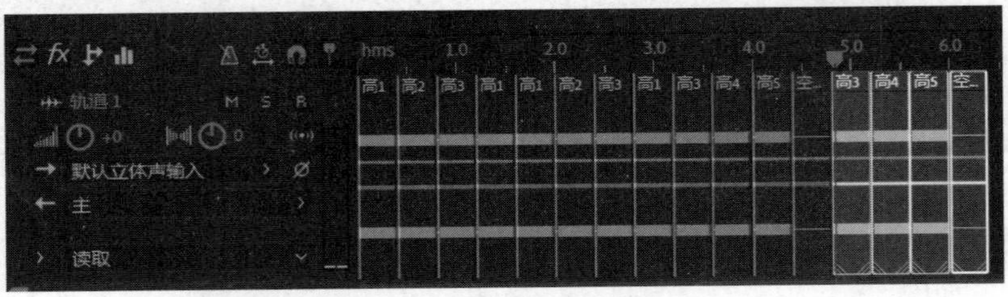

图 2-8-12　第 3、4 小节

（11）第 5 小节 $\underline{\dot{5}\ \dot{6}}\ \ \underline{\dot{5}\ \dot{4}}\ \ \dot{3}\ \ \dot{1}$，分别把“高 5 半”“高 6 半”“高 5 半”“高 4 半”“高 3”“高 1”拖动到轨道 1 中；第 6 小节 $\underline{\dot{5}\ \dot{6}}\ \ \underline{\dot{5}\ \dot{4}}\ \ \dot{3}\ \ \dot{1}$，选择“移动工具”，选中第 5 小节 4 拍，按住【Alt】键，向右拖动复制一份，如图 2-8-13 所示。

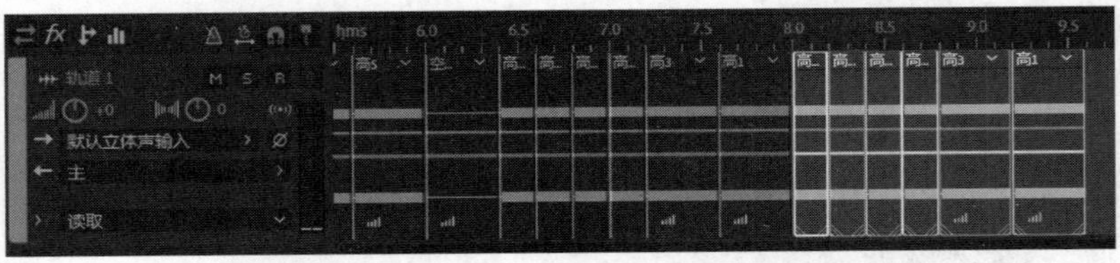

图 2-8-13　第 5、6 小节

（12）第 7 小节 $\dot{2}\ \ 5\ \ \dot{1}\ \ -$，分别把“高 2”“中 5”“高 1”“空 1 拍”拖动到轨道 1 中；第 8 小节 $\dot{2}\ \ 5\ \ \dot{1}\ \ -$，选择“移动工具”，选中第 7 小节 4 拍，按住【Alt】键，向右拖动复制一份，如图 2-8-14 所示。

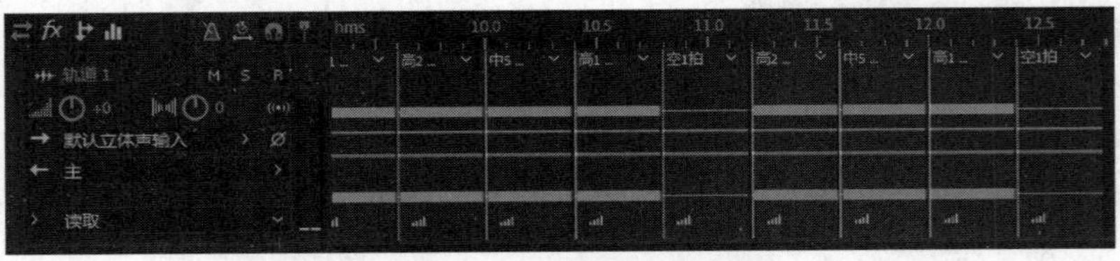

图 2-8-14　第 7、8 小节